■酒店管理与烹饪专业规划教材

中国饮食文化

谢定源　编著

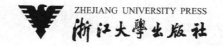

ZHEJIANG UNIVERSITY PRESS
浙江大学出版社

内容简介

本教材共分 8 章,分别讲述饮食文化的概念、研究内容、基础理论及主要特性;中国饮食文化的区域性;中国饮食文化的层次性;中国饮食民俗;中国饮食礼仪;中国菜点文化;中国茶文化;中国酒文化。本教材注重科学性、学术性、系统性与知识性、应用性、实用性的有机结合,既重视中国饮食文化的辉煌历史,又力求突出当代饮食文化的时代特征。尽量做到资料翔实、图文并茂、通俗易懂、雅俗共赏,理论阐述与实例分析相结合。

本教材适合酒店管理、烹饪、餐饮管理、旅游管理、食品科学与工程、食品加工等专业教学使用,也可供饮食文化研究者和饮食文化爱好者作为参考。

图书在版编目(CIP)数据

中国饮食文化 / 谢定源编著. —杭州:浙江大学出版社,2008.11 (2025.1 重印)

酒店管理与烹饪专业规划教材
ISBN 978-7-308-06333-3

Ⅰ.中… Ⅱ.谢… Ⅲ.饮食－文化－中国－高等学校－教材 Ⅳ.TS971

中国版本图书馆 CIP 数据核字(2008)第 167130 号

中国饮食文化

谢定源 编著

责任编辑	王元新
封面设计	刘依群
出版发行	浙江大学出版社
	(杭州市天目山路 148 号 邮政编码 310007)
	(网址:http://www.zjupress.com)
排　版	浙江时代出版服务有限公司
印　刷	杭州高腾印务有限公司
开　本	787mm×960mm　1/16
印　张	23
字　数	425 千字
版 印 次	2008 年 11 月第 1 版　2025 年 1 月第 13 次印刷
书　号	ISBN 978-7-308-06333-3
定　价	58.00 元

前　言

当今,人们的饮食生活从质量到内涵都发生了前所未有的变化。随着消费结构的升级换代,消费者的消费需求逐渐过渡到了精神消费阶段。吃不仅仅只是为了解决温饱,人们已从过去的吃饱吃好,发展到要吃健康、吃品位、吃文化。人们希望从中吃出艺术的美感、文化的内涵、享受的情趣。从某种意义上来讲,顾客到餐厅,是消费文化、享受文化,除了充饥之外,也是去体会一种精神上的享受,这种能带来享受的根源就是特色鲜明的文化,饮食产品已成为充满人性化的载体。近几十年,中国餐饮业经历了菜品风味战、价格战,现在已步入品牌战阶段,品牌化的实质正是企业文化建设的过程。只有当消费者在消费文化时产生激动、乐趣,企业才能真正建立起消费者的品牌忠诚度,因此企业的文化力将成为未来企业的核心竞争力。"小企业做事,中企业做人,大企业做文化"、"一流企业做文化,二流企业做服务,三流企业做产品"已成为商界人士的共识。这种时代变革与潮流,对餐饮、食品等相关专业的大学生提出了应加强饮食文化学习的要求。

大学教育应重视技术教育,但不应只强调技术教育。如果在大学里过分强调实用技术,而忽略了基础学问的深植,忽略了人文素质和创新能力的培养,将来会很容易被淘汰。因此,高等教育须培养既有专业特长,又知识面宽、富有人文素养、有创新能力、能适应社会需要的全面发展的人才。作为新时代的烹饪、餐饮、食品科学与工程等专业的大学生不仅需要学习烹调技术知识,掌握食品制作的科学与技术,学习营养配餐知识,研究怎么才能吃得科学、吃得有滋味,还应该熟悉中国饮食文化,增强宏观思维、综合思维能力及想象力,学会如何鉴赏与品尝美食,懂得美食的创造艺术,研究怎么才能吃得有文化、有艺术,怎样才能给人提供高尚的精神享受,并增强透过饮食现象分析制约其存在与发展的内在因素。在未来菜品开发、食品生产时,充分注意食品与人及人群关系的意识,以便能自主开发出富有文化含量与品位、附加值高的菜点美食。

笔者自 1981 年涉足烹饪与饮食文化,1994 年起在华中农业大学为食品科学与工程、烹饪科学与营养保健等专业本科生开设中国饮食文化课程。经多年的学习研究与教学实践,日益觉得该领域大有学问,在烹饪、食品等专业开设此课程很有必要。笔者1999年曾与我国著名的饮食文化专家赵荣光教授合作编写了一本《饮食文化概论》教材,该教材在被全国各地高校广泛使用后我们曾收到一些反馈信息。此次编写《中国饮食文化》,吸取了有关院校及教师的意见,并结合自己的教学体会,对教材内容作了较大幅度的调整,力争做到科学性、学术性、系统性与知识性、应用性、实用性的有机结合,尽量做到资料翔实、图文并茂、通俗易懂,以期能更好地满足教学需要。

在编写此教材过程中,得到了浙江工商大学赵荣光教授的热情鼓励与帮助,还得到了华中农业大学领导与老师的大力支持,参考了国内外同行的有关论著,在此特致以衷心的感谢。因笔者学识水平有限,书中难免有不足之处,恳请专家学者、广大读者批评指正。

华中农业大学　

2007 年 9 月

目　录

第一章

绪　论

学习目标

1. 了解中国饮食文化的研究状况。
2. 熟悉中国饮食文化的研究内容。
3. 掌握饮食文化的概念、中国饮食文化的四大基础理论。
4. 理解中国饮食文化的五大特性。

本章概要

本章主要介绍文化、饮食文化的概念；饮食文化的研究内容；古今对中国饮食文化研究的基本状况；饮食疗疾、饮食养生、本味主张、孔孟食道等中国饮食文化的四大基础理论；食物原料选取的广泛性、进食选择的丰富性、肴馔制作的灵活性、区域风格的历史传承性、各区域间文化的通融性等中国饮食文化的五大特性。

第一节　中国饮食文化的概念及研究内容

一、文　化

关于文化的定义，一百多年来各国学者提出了众多不尽相同的看法，据《大英百科全书》统计，世界上仅在正式的出版物中给文化所下的定义即达 160 种之多，可谓众说纷纭,见仁见智,莫衷一是。

从字源上看,英文与法文的"文化"一词均为 culture,原从拉丁文的 cultura 而来。拉丁文 cultura 有耕种、居住、练习、注意、敬神几种含义,可见它的含义比较广泛。英文中的"农业"一词 agriculture、"蚕丝业"一词 silkculture、"体育"一词 physicalculture,都由 culture 构成,显然都有文化的含义在内。

英国人类学家 I. B. 泰勒先后给"文化"下了两个定义:"文化是一个复杂的总体,包括知识、艺术、宗教、神话、法律、风俗,以及其他社会现象"(《人类早期历史与文化发展之研究》,1865);"文化是一个复杂的总体,包括知识、信仰、艺术、道德、法律、风俗,以及人类在社会里所得一切的能力与习惯"(《原始文化》,1871),两个都是非常宽泛的"大文化"的概念。

20 世纪初,德国哲学家 T. 莱辛认为,文化就是"精神"支配生活。这种理解又被 F. 普洛格等人推衍为"文化是一种适应方式"的观点(《文化演进与人类行为》,辽宁人民出版社,1988)。有"后工业社会之父"之称的美国社会学家丹尼尔·贝尔,在《后工业社会的来临》(1973)一书中写到,社会可以分为"经济、政治、文化分立"的三个领域。他说:"我想文化应定义为有知觉的人对人类面临的一些有关存在意识的根本问题所作的各种回答。这些问题的反复出现就构成了文化世界,只要对存在的极限有所意识的人所在的社会里都可以碰见这些问题。"

顾康伯在他的《中国文化史》(上海泰东图书局,1924)自序中则持更宽泛论述:"夫所谓文化者,举凡政治、地理、风俗、宗教、军事、经济、学术、思想及其他一切有关人生之事象,无不毕具。"梁漱溟则认为,文化"是生活的样法"(梁漱溟著《东西文化及其哲学》第三章);"文化之本义,应在经济、政治,乃至一切无所不包"(梁漱溟著《中国文化要义》第 2 页)。在梁启超尚未写成的《中国文化史目录》一书中,列有 28 个几乎囊括中国民族生活全部内容的"篇",其中便有一个独立的"饮食篇"。

综上可见,对文化的理解,中外比较一致的倾向是宽泛论观点,即"大文化"观点。诚然,在众多的歧义互见的定义中,宽窄程度是不尽相同的,但它具有广泛和侧重精神方面两个主要特点。

"文化"一词,在我国是古已有之的。不过,它不同于近代的概念。在我国历史上,"文化"一词用来指中国古代封建王朝所施行的"文治"和"教化"的总称。"凡武之兴,为不服也,文化不改,然后加诛"(汉·刘向《说苑·指武》);"文化内揖,武功外悠"(《文选》晋·束皙《补亡诗》)。引文意义是相同的。

在先秦典籍中,虽时而见到"文"、"化"二字,却还没有合成一词。如《尚书·序》:"由是文籍生焉";《尚书·大禹谟》:"文命敷于四海";《论语·学而》:"行有余力,则以学文";《论语·雍也》:"质胜文则野,文胜质则史。文质彬彬,然后君子"

等。而且上引诸典,"文"字的含义又不尽相同。《易》贲卦《象传》中有了"……观乎人文,以化成天下"句,"文"与"化"已有靠近的趋势。孔颖达在《周易正义》中仍释为:"言圣人观察人文,则诗书礼乐之谓,当法此教而化成天下也。"可见,中国古籍中的"文化",是指诗文礼乐、政治制度、道德礼俗等的综合体。

将文化的各种解释归纳起来,则可分为狭义和广义两种。

狭义的文化,是指社会意识形态(如思想、道德、风尚、宗教、文学艺术、科学技术、学术等)以及与之相适应的组织和制度。

广义的文化,是指人类社会历史实践过程中所创造的物质财富和精神财富的总称。

物质文化是指人类用各种材料对自然加工造成的器物的、技术的、非人格化的、客观的东西,即人创造的物质财富,如城池、宫殿、祠庙、桥梁、器皿、工具、服饰、饮食等。精神文化是指人类对自然进行加工或塑造自我过程中形成的用语言或符号表现出来的,精神的、人格的、主观的东西,即人类创造的精神财富,如文字、语言、宗教、哲学、音乐、绘画、书法、风俗、制度等。

文化体系的构成有三层说、四层说、五层说、六层说等。四层说将文化分为物态文化层、制度文化层、行为文化层、心态文化层。

(1)物态文化层约相当于物质文化,表现为物体形态,故称物态文化,它是人的物质生产活动及其产品的总和,属实体文化。如服饰文化、饮食文化、建筑艺术文化均属物态文化层。物态文化以满足人类最基本的衣、食、住、行等方面的生存需要为目标,直接反映人与自然的关系,反映社会生产力的发展水平。

(2)制度文化层:指各种社会规范,它规定人们必须遵循的制度,反映出一系列的处理人与人相互关系的准则。如家族制度、婚姻制度、官吏制度、经济制度、政治法律制度、伦理道德。

(3)行为文化层:多指人际关系中约定俗成的礼仪、民俗、风俗,即行为模式。这是一类以民俗民风形态出现,见之于日常起居动作之中,具有鲜明的民族、地域特色的行为模式,如男方给女方送茶,用茶不能移植来寓意一女不嫁二夫。行为文化有三个特征,一是集体约定俗成,并反复履行,如春节、五月五端午节、八月十五中秋节等。二是形式类型化、模式化。如春节要贴对联、放鞭炮、包饺子;端午节包粽子;八月十五吃月饼。三是时间上一代传一代。

(4)心态文化层:指价值观念、审美情趣、思维方式、心理活动等。这是文化的核心。

二、饮食文化的概念

饮食文化是一个涉及自然科学、社会科学及哲学的普泛的概念,是介于文化的狭义和广义之间,又融通二者的一个边缘不十分清晰的文化范畴。

饮食文化是指食物原料开发利用、食品制作和饮食消费过程中的技术、科学、艺术以及以饮食为基础的习俗、传统、思想和哲学,即由人们食生产和食生活的方式、过程、功能等结构组合而成的全部食事的总和。

三、饮食文化的研究内容

饮食文化研究食物原料、饮食器具、饮食制作、饮食消费、饮食礼俗、饮食方式、饮食养生、饮食思想、饮食文献等内容。

(1)食物原料是人类饮食的物质基础。自古以来饮食资源的采集、开发和利用,便成为人类社会最重要的物质生产活动之一。从史前社会人类的采集渔猎至后来的"以农立国",均体现了这一原则。因此,通过对中国历史上饮食资源开发、利用的考察,既有助于人们加深对中国文明史,特别是中国饮食文化的具体发展过程及其规律的认识,也有助于科学地预测它的今后发展方向。

(2)饮食器具作为人类调制饮食赖以存在和延续的工具载体,是人类饮食文明各个发展阶段的一大标记。因此,通过对中国历史上各种饮食器具的用途、质地、形制及其发明、发展、演变的具体过程的考察和研究,有助于我们加深对中华文明史的认识。

(3)饮食制作按加工方法和性能可以分为烹饪和食品加工两个部分。通过对中国历史上各种食品原料加工、烹饪方法等发展过程的考察与研究,有助于我们对中国饮食文化的起源、发展及其演变过程、规律与作用等有一个比较清晰的认识。

(4)饮食消费以饮食市场为对象,通过对饮食中的商品与市场消费关系的研究,来认识和探讨历代人们的饮食消费心理、饮食消费价值取向及饮食市场的发展规律。饮食市场又可分为原料市场和餐饮业两类。原料市场包括粮食、蔬菜、禽肉、水产品饮料、餐具、燃料等商品,历史上所谓的粮市(或米市)、菜市、肉市、酒市、茶市、盐市以及柴市、炭市等均属于原料市场的范畴。餐饮业又称为饮食业,包括食店、酒楼、茶肆、小吃店等。我们在研究饮食市场时,必须对历代饮食市场的经营管理、商品的供应与流通、商品的价格等作重点的分析研究。

(5)饮食礼俗包括饮食礼仪、饮食习俗两个方面的内容。两者关系极为密切,一般而言,饮食礼俗是以饮食习俗为基础的,也就是说,俗是社会的习惯,礼是这个社会的"规则",饮食习俗中如果加上了社会的"规则",则俗就变成了礼俗。

(6)饮食方式是指人们在一定条件下饮食生活的样式和方法,它包括进食方式、餐饮方式等方面的内容。人类历史上的进食方式共有三种,即手指、筷子和叉子。中国历史上的餐饮方式可分为围食、分餐和合食三种。

（7）食疗养生主要包括饮食营养保健和食物医疗两个部分。它不仅是中国饮食史中不可或缺的重要组成部分，也是祖国传统医学宝库中一笔珍贵的文化遗产。

（8）饮食交流。饮食作为文化的重要组成部分，自然它的存在和发展也离不开文化的交流。饮食所具有的鲜明的地域性和民族性，是饮食文化交流的客观基础。

（9）饮食文献。中国历史上丰富的饮食文献，是我国文化遗产中的重要组成部分。但由于这些文献资料分散各处，再加上没有经过科学的归纳整理，给人们的研究工作带来了极大的不便。因此，迫切需要我们加强这一方面的工作，以中国历史上有关的饮食文献为研究对象，对其进行科学的整理、鉴别和运用，确定其来源和史料价值，从而为中国饮食史研究提供可靠的、合理的科学依据。中国历史上的饮食文献，大体上可以分为两类：一类是无文字记载的；另一类是有文字记载的。

（10）饮食思想。从进入文明社会以来，中国人的饮食思想与中国文化共生同长，历经数千年盛行不衰，成为中华文明中一朵璀璨的奇葩。中国餐馆开遍世界各地，受到世界各国人民的欢迎，中国烹调在世界上赢得"烹饪王国"的崇高美誉，追根溯源，是由于在中国思想史上，自古以来的诸子百家和各种学派都密切关注人们的生活方式，对饮食思想多有建树，形成了高度成熟而又发展完备的饮食理论体系。以食为天的儒家饮食思想、养生为尚的道家饮食思想、茹素修行的佛家饮食思想、清净为本的伊斯兰教饮食思想对人们在什么条件下吃、吃什么、怎么吃产生了重要影响。

第二节　中国饮食文化研究的基本状况

一、中国历代饮食文献概述

（一）饮食文献的界说

"文献"一词，出现在中国古书上，是从《论语》开始的，《论语·八佾》记载孔子所说："夏礼，吾能言之，杞不足征也；殷礼，吾能言之，宋不足征也。文献不足故也。"这里的"文献"，宋人朱熹解释为："文，典籍也；献，贤也。"即指历朝的文书档案和当时贤者的学识。这说明要了解过去的文化历史，一方面要取证于书本记载；另一方面要注意探索耆旧言论，而言论的内容，自然包括历代相承的许多传说和文人学士的一些评议。

"文献"这一名词，随着人类文明的进步和一些新的发现问世，其范围也在不断发展，人们把近代出土的龟甲、金石、竹简以及古代缯帛、绘画等都列入文献的范畴。现在出版的《辞海》对"文献"解释为："今专指具有历史价值的图书文物资料，如历史文献。亦指与某一学科有关的重要图书资料。"可见,文献是由图、书、文物资料组成的。也可以说,"文献"是指以文字、符号、形象为主要形式,并通过一定的技术手段,即写、刻、印、制等,使其记录有知识、有价值的一切载体。在这些载体中,记录着人类从事社会实践的全部史实和经验,反映了当时的历史和文化,并为后世获得知识、发展科学文化提供了条件。所以,"文献"是人类文化发展到一定阶段的产物。

"文献"的范围如此广博,而其中的每一种都包含有众多饮食文化史资料,因此,我们要研究饮食文化,必须要充分利用古代典籍、传说、龟甲、金石、缯帛、绘画等各种形式的艺术品。这些古代文献是中华民族古代文明发展史的物质见证,也是我们从中发掘饮食文化史资料的重要源泉。

(二)中国古代饮食文献典籍概述

有文字记录的饮食文化史料极其丰富。我国古代的目录学,一般是按经、史、子、集四部排列的,现把其中有关饮食文化的著作分述如下。

1. 经　部

自从汉武帝罢黜百家、独尊儒术以来,我国封建王朝的历代统治者,都把儒家的一些重要著作奉为经典,叫做"经书"。这些经书及后人解释这些书的著作,在我国古代的四部分类法中,都归于"经部",放在各类图书的首位。清朝乾隆年间编的《四库全书总目》,把经部书籍分为易、书、诗、礼、春秋、孝经、五经总义、四书、乐和小学等十类。其中主要部分就是儒家的经典(十三经),即《易》、《书》、《诗》、《周礼》、《仪礼》、《礼记》、《左传》、《公羊传》、《穀梁传》、《论语》、《孟子》、《孝经》、《尔雅》。这13部经书是我们研究古代饮食,特别是汉代以前饮食的基本材料,仅以《周礼》、《仪礼》、《礼记》这三礼为例,其中就有众多篇章介绍古代的饭食、酒浆、膳馐、饮食器皿、饮食礼俗和习俗。

2. 史　部

列入历代书目中的史部书很多,《四库全书总目》把这些书分为正史、编年、纪事本末、别史、杂史、诏令奏议、传记、史钞、载记、时令、地理、职官、目录、史评15个子目,没有专列饮食类或食货类。但正史中有《食货志》,如《史记·平准书》、《汉书·食货志》都记有耕稼饮食之事,历代正史从《汉书》开始,相继撰有《食货志》。据不完全统计,史部中有关饮食的典籍有:《四民月令》、《南方草木状》、《岭表录异》、《东京梦华录》、《都城纪胜》、《武林旧事》、《南宋市肆记》、《梦粱录》、《中馈录》、《馔史》、《酒史》、《闽小记》、《清稗类钞》等。

3. 子　部

西汉刘歆的《七略》中,把先秦和汉初诸子思想分为10家,即儒、道、阴阳、法、名、墨、纵横、杂、农、小说家。后来因为时代的变迁,10 家之中有的已经失传;有的虽然流传下来,但后继无人;有的合并;有的增立,到编《四库全书》时,诸子百家之书不仅数量繁多,而且流派也发生了重大变化,因此《四库全书总目》分"子部"图书为 14 类,饮食图书属农家类,《四库全书总目》的作者在《农家类·序言》中指出:"农家条目,至为芜杂,诸家著录,大抵辗转旁牵,……因五谷而及《圃史》,因《圃史》而及《竹谱》、《荔枝谱》、《橘谱》。……因蚕桑而及《茶经》,因《茶经》而及《酒史》、《糖霜谱》,至于《蔬食谱》,而《易牙遗意》、《饮膳正要》相随入矣。"可见农家类中饮食典籍十分庞杂,现将书名略示如下:《吕氏春秋·本味篇》、《禽经》、《食珍录》、《齐民要术》、《食经》、《备急千金要方·食治》、《食谱》、《食疗本草》、《茶经》、《煎茶水记》、《食医心鉴》、《酉阳杂俎·酒食》、《膳夫经手录》、《膳夫录》、《笋谱》、《本心斋蔬食谱》、《山家清供》、《茹草记事》、《寿亲养老新书》、《北山酒经》、《玉食批》、《茶录》、《荔枝谱》、《东溪试茶录》、《品茶要录》、《酒谱》、《橘谱》、《糖霜谱》、《宣和北苑贡茶录》、《北苑别录》、《蟹谱》、《菌谱》、《食物本草》、《农书》、《日用本草》、《饮膳正要》、《农桑衣食撮要》、《饮食须知》、《云林堂饮食制度集》、《居家必用事类全集》、《易牙遗意》、《天府聚珍妙馔集》、《神隐》、《救荒本草》、《便民图纂》、《野菜谱》、《宋氏养生部》、《云林遗事·饮食》、《食物本草》、《食品集》、《广菌谱》、《本草纲目》、《墨娥小录·饮膳集珍》、《多能鄙事》、《茹草编》、《居家必备》、《遵生八笺·饮馔服食笺》、《野蔌品》、《海味索隐》、《闽中海错疏》、《野菜笺》、《食鉴本草》、《山堂肆考》、《野菜博录》、《上医本草》、《觞政》、《农政全书》、《养余月令·烹制》、《饮食须知》、《调鼎集》、《食物本草会纂》、《江南鱼鲜品》、《箧贰约》、《日用俗字·饮食章·菜蔬章》、《食宪鸿秘》、《饭有十二合说》、《居常饮馔录》、《续茶经》、《养生随笔》、《随园食单》、《吴蕈谱》、《记海错》、《证俗文》、《醯略》、《养小录》、《扬州画舫录》、《调疾饮食辨》、《清嘉录》、《桐桥倚棹录》、《随息居饮食谱》、《艺能篇·治庖》、《湖雅·酿造饵饼》、《食品佳味备览》等。

　　4. 集　部

　　集部图书是历代的诗文集以及文学评论与词曲方面的新作。因此,集部的饮食文献不多,主要有:《楚辞》"大招"及"招魂"、《士大夫食时五观》、《闲情偶寄》饮馔部、颐养部等。

　　5. 类　书

　　类书是我国古代的百科全书,它记录了古书中各种材料,并按类编排而成。类书的内容非常广泛,天文地理、草木虫鱼、饮馔服饰、典章制度,无所不包。所以《四库全书总目》说:"类事之书,兼收四部,而非经非史,非子非集,四部之内,乃无类可归。"类书中的饮食资料十分丰富,主要有:《北堂书钞·酒食部》、《艺文类聚·食物部》、《太平御览·饮食部》、《渊鉴类函·食物部·菜蔬果部》、《古今图书集成·食货典》、《格致镜原·饮食类》、《成都通览·饮食》等。

二、国内辛亥革命以来的中国饮食文化研究

（一）中国饮食文化著作

1. 民国时期(1911—1949)的中国饮食文化研究

中国人开始认真的反省，以及传统文化的深刻反思，应当说是资产阶级民主思想发生以后，尤其是近代西风东渐和民族先驱"睁眼看世界"以后。正是这种中西文化交流，确切些说应当是 19～20 世纪以来的，西方文化对中国传统文化的振刷，不仅带给了我们新的方法，也给了我们新的力量、新的生机。中国饮食文化的研究，一方面要跳出传统的文学之士余暇笔墨的模式，另一方面更要用近代科学来武装研究者的头脑。而这两者在封闭的传统文化空间中是难以办到的。中华民族饮食文化的科学研究，如同历史文化其他专项研究的开展一样，基本上是 20 世纪以来的事情。

给民族饮食文化以科学认识，并明确指出其为"文化"，当首推伟大的中国革命先行者孙中山先生。这位哲人在他的《建国方略》、《三民主义》等文献中，曾对祖国饮食文化作了很精辟的论述。他指出："是烹调之术本于文明而生，非深孕乎文明之种族，则辨味不精；辨味不精，则烹调之术不妙。中国烹调之妙，亦足表明进化之深也。"孙先生认为，作为饮食文化重要组成部分的烹调技艺的发展与整个饮食文化水平的提高，同整个民族的经济、文化的发展紧密相连，并且是社会进化的结果，是文明程度高低的重要标志。他从中西文化比较的角度，论述了中国饮食文化的特点和优点。孙先生之后，诸如蔡元培、林语堂、郭沫若等文化名人，也都不乏此类论点。他们一致认为，"烹饪是属于文化范畴，饮食是一种文明，可以说是'饮食文化'……烹饪既是一门科学，又是一种艺术……要看一个时代、一个民族的生活文明，从饮食去观察，多少总可以看出一些的。"（汪德耀：《回忆蔡元培先生关于我国烹饪的评价》）"总括起来烹调这一门应属于文化范畴，我们国家历史文化传统悠久，烹调是劳动人民和专家们辛勤地总结了多方面经验积累起来的一门艺术。"（鲁耕：《烹饪属于文化范畴》）但以上这些还只是一般性的议论，或是缘事兴说，或为借题而论，尚不属学科和专业的研究。特别值得提出的是林语堂先生。林语堂 1936 年赴美任教前和长期居留美国期间撰写了许多旨在向欧美国家介绍中国文化的文章，如《中国养生术》、《我们怎样吃》等。虽然林先生对中国饮食文化有独到的见地，但是他所著的关于饮食方面的文章，基本上属于漫笔散文之类，还算不得严格意义的食文化学术著作。

　　1911年出版的张亮采《中国风俗史》一书将饮食作为重要的内容加以叙述,并对饮食的作用与地位等问题提出了自己的看法。此后,相继发表有:董文田《中国食物进化史》(《燕大月刊》第5卷第1~2期,1929年11月版);《汉唐宋三代酒价》(《东省经济月刊》第2卷第9期,1926年9月);郎擎霄《中国民食史》(商务印书馆1934年版);全汉昇《南宋杭州的外来食料与食法》(《食货》第2卷第2期,1935年6月);杨文松《唐代的茶》(《大公报·史地周刊》第82期,1936年4月24日);胡山源《古今酒事》(世界书局1939年版);《古今茶事》(世界书局1941年版);黄现璠《食器与食礼之研究》(《国立中山师范季刊》第1卷第2期,1943年4月);韩儒林《元秘史之酒局》(《东方杂志》第39卷第9期,1943年7月);许同华《节食古义》(《东方杂志》第42卷第3期);李海云《用骷髅来制饮器的习俗》(《文物周刊》第11期,1946年12月版);刘铭恕《辽代之头鹅宴与头鱼宴》(《中国文化研究汇刊》第7卷,1947年9月版);友梅《饼的起源》(《文物周刊》第71期,1948年1月28日版);李劼人《漫游中国人之衣食住行》(《风土杂志》第2卷第3—6期,1948年9月—1949年7月);等等。

　　2.新中国改革开放前(1949—1979)的中国饮食文化研究

　　中华人民共和国成立后至1979年的30年时间里,由于各种政治运动的不断开展,中国饮食文化的研究也受到了严重的影响,基本上处于停滞状态,发表的论著屈指可数。在20世纪50年代,有关的中国饮食文化论著有:王拾遗《酒楼——从水浒看宋之风俗》(《光明日报》1954年8月8日);杨桦《楚文物(三)两千多年前的食器》(《新湖南报》1956年10月24日);冉昭德《从磨的演变来看中国人民生活的改善与科学技术的发达》(《西北大学学报》1957年第1期);林乃燊《中国古代的烹调和饮食——从烹调和饮食看中国古代的生产、文化水平和阶级生活》(《北京大学学报》1957年第2期);等等。此外,吕思勉著《隋唐五代史》(上海中华书局1959年版)专辟有一节内容论述这一时期的饮食。20世纪60年代的论著主要有:冯先铭《从文献看唐宋以来饮茶风尚及陶瓷茶具的演变》(《文物》1963年第1期);杨宽《"乡饮酒礼"与"飨礼"新探》(《中华文史论丛》1963年第4期);曹元宇《关于唐代有没有蒸馏酒的问题》(《科学史集刊》第6期,1963年版);方杨《我国酿酒当始于龙山文化》(《考古》1964年第2期)。20世纪70年代,"文革"结束后,又有学者对中国饮食文化进行研究,其中见诸报刊的有:白化文《漫谈鼎》(《文物》1976年第5期);唐耕耦等《唐代的茶业》(《社会科学战线》1979年第4期)。这个时期台湾、香港地区的中国饮食文化研究也处于缓慢发展阶段,主要成果有:杨家骆主编《饮馔谱录》(世界书局1962年版);袁国藩《13世纪蒙人饮酒之习俗仪礼及其有关问题》(《大陆杂志》第34卷5期,1967年3月);陈祚龙《北宋京畿之吃喝文明》(《中原文献》第 4 卷第 8 期,1972 年 8 月);许倬云《周代的衣、食、住、行》(《史语所集刊》第 47 本第 3 分册,1976 年 9 月);张起钧《烹调原理》等。在这些成果中,张起钧先生的《烹调原理》一书,从哲学理论的角度对我国的烹调艺术作了融会贯通的阐释,使传统的烹调理论变得更有系统性。另外,刘伯骥《宋代政教史》(台北"中华书局"1971 年版)、庞德新《宋代两京市民生活》(香港龙门书局 1974 年版)等书都辟有一定的篇幅,对宋代的饮食作了比较系统、简略的阐述。

3.20 世纪 80 年代以来的中国饮食文化研究

进入 20 世纪 80 年代,中国饮食文化研究开始进入繁荣阶段。出版、发表了大量的饮食文化专著、论文。

● 著　作

20 世纪 80 年代,中国饮食文化的研究进入了以中国人自己的研究为重心的深化阶段。对饮食的研究是以烹饪为中心进行的,许多意见都是在"烹饪王国"的旗帜和意识下发表的。

1981:庄晚芳《饮茶漫话》、陈祖规等《中国茶叶历史资料选辑》、陶文台《江苏名馔古今谈》。

1982:中国商业出版社自 1982 年以来推出了《中国烹饪古籍丛刊》,相继重印出版了《先秦烹饪史料选注》、《吕氏春秋·本味篇》、《齐民要术》(饮食部分)、《千金食治》、《能改斋漫录》、《山家清供》、《中馈录》、《云林堂饮食制度集》、《易牙遗意》、《醒园录》、《随园食单》、《素食说略》、《养小录》、《清异录》(饮食部分)、《闲情偶寄》(饮食部分)、《食宪鸿秘》、《随息居饮食谱》、《饮馔服食笺》、《饮食须知》、《吴氏中馈录》、《本心斋蔬食谱》、《居家必用事类全集》、《调鼎集》、《菽园杂记》、《升庵外集》、《饮食绅言》、《粥谱》、《造洋饭书》等书籍。

1983:陶文台《中国烹饪史略》(江苏科学技术出版社);杨文骐《中国饮食文化和食品工业发展简史》(中国展望出版社);熊四智《中国烹饪学概论》(四川科学技术出版社);邱庞同《古烹饪漫谈》(江苏科学技术出版社);杨文骐《中国饮食民俗学》(中国展望出版社);林则普《烹饪基础》(江苏科学技术出版社)。

1984:洪光住《中国食品科技史稿(上)》(中国商业出版社);陈椽《茶业通史》(农业出版社);周光武《中国烹饪史简编》(科学普及出版社广州分社);邢渤涛《全聚德史话》(中国商业出版社)。

1985:王仁兴《中国饮食谈古》(中国轻工业出版社);王子辉《素食纵横谈》(陕西科学技术出版社)。

1986:陶振纲、张廉明《中国烹饪文献提要》(中国商业出版社);王仁兴《满汉全席源流》（中国旅游出版社）；吴正格《满汉全席》（天津科学技术出版社）。

1987：王仁兴《中国古代名菜》（中国食品出版社）；王尚殿《中国食品工业发展简史》（山西科学教育出版社）；李廷芝《简明中国烹饪词典》（山西经济出版社）；《中国年节食俗》（中国旅游出版社）；邢渤涛《北京特味食品老店》（中国食品出版社）；洪光住《中国豆腐》（中国商业出版社）；吴觉农《茶经述评》（中国农业出版社）；熊四智《中国烹饪学概论》（四川科学技术出版社）；叶大宾、乌丙安主编《中国风俗词典》（上海辞书出版社）。

1988：夏家馂《中国人与酒》（中国商业出版社）；王明德、王子辉《中国古代饮食》（陕西人民出版社）；曾纵野《中国饮馔史》第一册（中国商业出版社）；庄晚芳《中国茶史散论》（科学出版社）；张劲松《饮食习俗》（辽宁大学出版社）；张孟伦《汉魏饮食考》（兰州大学出版社）；吴正格《满族食俗与清宫御膳》（辽宁科学技术出版社）；秦一民《红楼梦饮食谱》（华岳文艺出版社）；陶文台《中国烹饪概论》（中国商业出版社）；马之骕《中国的婚俗》（岳麓书社）；马承源《中国青铜器》（上海古籍出版社）。

1989：林乃燊《中国饮食文化》（上海人民出版社）；林永匡、王熹《食道·官道·医道——中国古代饮食文化透视》（陕西人民教育出版社）；姚伟钧《中国饮食文化探源》（广西人民出版社）；施继章、邵万宽《中国烹饪纵横》（中国食品出版社）；张廉明《中国烹饪文化》（山东教育出版社）；林正秋、徐海荣、隋海清《中国宋代果点概述》（中国食品出版社）；贾大泉、陈一石《四川茶业史》（巴蜀书社）；王仁湘《民以食为天Ⅰ、Ⅱ》（香港"中华书局"）；王学太《中国人的饮食世界》（香港"中华书局"）；赵荣光等《天下第一家衍圣公府饮食生活》（黑龙江科学技术出版社）；陈先国《从五谷文化中走来》（上海百家出版社）；蒋荣荣《红楼美食大观》（广西科学技术出版社）；熊四智《食之乐》（重庆出版社）。

20世纪90年代的中国饮食文化研究，无论是研究的角度还是研究的深度，都远远超过80年代。著作有：

1990：赵荣光《中国饮食史论》（黑龙江科学技术出版社）；林永匡、王熹《清代饮食文化研究》（黑龙江教育出版社）；王仁兴《中国饮食结构史概论》（北京市食品研究所印行）；李东印《民族食俗》（四川民族出版社）；高启东、曾纵野主编《中国烹调大全》（黑龙江科学技术出版社）；林永匡《美食·美味·美器：清代饮食文化研究》（黑龙江教育出版社）；陶思炎《中国鱼文化》（中国华侨出版公司）；王治寰《中国食糖史稿》（中国农业出版社）；齐滨清《中国少数民族和世界各国风俗饮食特点》（黑龙江科学技术出版社）；王守国《酒文化中的中国人》（河南人民出版社）；钱茂竹《绍兴酒文化》（中国大百科全书出版社上海分社）；朱世英、季家宏《中国茶文化辞典》（黄山书社）。

1991:金小曼《中国酒令》(天津科学技术出版社);姚国坤、王存礼、程启坤《中国茶文化》(上海文化出版社);王子辉《隋唐五代烹饪史纲》(陕西科技出版社);林正秋、徐海荣主编《中国饮食大辞典》(浙江大学出版社);梅方《中国饮食文化》(广西民族出版社);陈诏《食的情趣》(香港商务印书馆);陈诏《美食寻趣:中国馔食文化》(上海古籍出版社);杨福泉《火塘文化录》(云南人民出版社);史红《饮食烹饪美学》(科学普及出版社);《首届中国饮食文化国际研讨会论文集》(中国食品工业协会等);《烹饪理论与实践(首届中国烹饪学术研讨会论文选集)》(中国商业出版社);《茶的历史与文化(90 杭州国际茶文化研讨会论文选集)》(浙江摄影出版社);王从仁《玉泉清茗:中国茶文化》(上海古籍出版社)。

1992:王玲《中国茶文化》(中国书店);郑昌江《中国菜系及其比较》(中国财经出版社);谭天星《御厨天香——宫廷饮食》(云南人民出版社);鲁克才《中华民族饮食风俗大观》(世界知识出版社);傅允生、徐吉军、卢敦基《中国酒文化》(中国广播电视出版社);姜习主编《中国烹饪百科全书》(中国大百科全书出版社);萧帆主编《中国烹饪辞典》(中国商业出版社);陈耀昆《中国烹饪概论》(中国商业出版社);熊四智《中国人的饮食奥秘》(河南人民出版社);赵荣光《天下第一家衍圣公府食单》(黑龙江科学技术出版社);柴继光《中国盐文化》(新华出版社);《食俗大观》(知识出版社);汪青玉《竹筒饭·羊肉串·鸡尾酒:别具风味的饮食习俗》(四川人民出版社);朱世英《中国茶文化辞典》(安徽文艺出版社)。

1993:季鸿崑《烹饪学基本原理》(上海科技出版社)、陈伟明《唐宋饮食文化初探》(中国商业出版社);王学泰《华夏饮食文化》("中华书局");张哲永主编《饮食文化辞典》(湖南出版社);马宏伟《中国饮食文化》(内蒙古人民出版社);王仁湘《饮食与中国文化》(人民出版社);徐旺生《民以食为天:中华美食文化》(海南出版社);邵华安《满汉全席》(辽宁科技出版社);蓝翔《筷子古今谈》(中国商业出版社);王莉莉《宴时梦幻——饮食文化美学谈》(北京燕山出版社);刘琦《麦黍文化研究论文集》(甘肃人民出版社);杨晓东《灿烂的吴地鱼稻文化》(当代中国出版社);张铁忠《饮食文化与中医学》(福建科学技术出版社);冷启霞《寿膳、寿酒、寿宴:饮食与长寿》(四川人民出版社);佟玉华《百国地区礼俗与食俗》(中国商业出版社);张磊《广东饮食文化汇览》(暨南大学出版社);孟庆丽《红楼梦食膳与戏剧》(天津古籍出版社);财团法人中国饮食文化基金会编《中国饮食文化学术研讨会论文集》(1993 年起每两年一集)。

1994:王仁湘:《饮食考古初集》(中国商业出版社);姚伟钧《宫廷饮食》(华中理工大学出版社);汪福宝主编《中国饮食文化辞典》(安徽人民出版社);杨菊华《中华饮食文化》(首都师范大学出版社);杨福泉《灶与灶神》(学苑出版社);杨晓东《吴地

稻作文化》（南京大学出版社）；刘景文《民俗与饮食趣话》（光明日报出版社）；翁洋洋《中国传统节日食品》（中国轻工业出版社）；贾银忠《彝族饮食文化》（四川大学出版社）；赵忠《河湟民族饮食文化》（敦煌文艺出版社）；傅荣《〈红楼梦〉与美食文化》（北京经济学院出版社）；李士靖主编《中华食苑（第1集）》（经济科学出版社）、《中华食苑（第2～10集）》（中国社会科学出版社）；《中国普洱茶文化研究（中国普洱茶国际学术研讨会论文集）》（云南科技出版社）；梁子《中国唐宋茶道》（陕西人民出版社）。

1995：林永匡《饮德·食艺·宴道——中国古代饮食智道透析》（广西教育出版社）；陈光新《中国筵宴大典》（青岛出版社）；万建中《饮食与中国文化》（江西高校出版社）；胡德荣、张仁庆等《金瓶梅饭食谱》（经济时报出版社）；胡汉传《烹饪史话》（辽宁人民出版社）；邱庞同《中国面点史》（青岛出版社）；向春阶《食文化》（中国经济出版社）；林苟步《满汉全席论略》（上海交通大学出版社）；李向军《清代荒政研究》（中国农业出版社）；章仪明《淮扬饮食文化史》（青岛出版社）；伍青云《广东食府文化》（广东高等教育出版社）；何金铭《长安食话》（陕西人民出版社）；王增能《客家饮食文化》（福建教育出版社）；陈诏《红楼梦的饮食文化》（台湾"商务印书馆"）；胡德荣《金瓶梅饮食谱》（经济时报出版社）；《中国烹饪走向新世纪（第二届中国烹饪学术研讨会论文选集）》（经济日报出版社）；赵荣光《赵荣光食文化论集》（黑龙江人民出版社）；冈夫《茶文化》（中国经济出版社）。

1996：曾纵野《中国饮馔史（第二卷）》（中国商业出版社）；潘英《中国饮食文化谈》（中国少年儿童出版社）；李曦《中国烹饪概论》（中国旅游出版社）；陈诏《美食源流》（上海古籍出版社）；秦炳南《人生第一欲——中国人的饮食世界》（天津社会科学院出版社）；赵荣光《满族食文化变迁和满汉全席问题研究》（黑龙江人民出版社）；刘云《中国箸文化大观》（科学出版社）；夔宁《吴地饮食文化》（中央编译出版社）；徐德明《中国茶文化》（上海古籍出版社）。

1997：赵荣光《中国古代庶民饮食生活》（商务印书馆国际有限公司）；季羡林《文化交流的轨迹——中华蔗糖史》（经济日报出版社）；杨文翻《食品史》（辽宁少年儿童出版社）；王仁湘《中国史前饮食史》（青岛出版社）；林乃燊《中国古代饮食文化》（中华书局）；赵连友《中国饮食文化》（中国铁道出版社）；张明远《饮食文化漫谈》（中国轻工业出版社）；林少雄《口腹之道：中国饮食文化》（沈阳出版社）；路新生《烹饪饮食》（上海三联书店）；朱伟《考吃》（中国人民大学出版社）；苑洪琪《中国的宫廷饮食》（商务印书馆国际有限公司）；李春万《闾巷话蔬食：老北京民俗饮食大观》（北京燕山出版社）；《福建饮食文化》（海潮摄影艺术出版社）；魏敏《民间食俗（河南）》（海燕出版社）；王子辉《中国饮食文化研究》（陕西人民出版社）；丁文《大唐

茶文化》(东方出版社);严文儒《中国茶文化史话》(黄山书社);罗时万《中国宁红茶文化》(中国文联出版公司);杨英杰《四季飘香:清代节令与佳肴》(辽海出版社);《中国食文化学术研讨会论文集》(中国食文化研讨会)。

1998:黎虎主编《汉唐饮食文化》(北京师范大学出版社);王明德《中国古代饮食》(陕西人民教育出版社);李东祥《饮食文化》(中国建材工业出版社);林乃燊《饮食志》(上海人民出版社);熊四智《中国烹饪概论》(中国商业出版社);郭家骥《西双版纳傣族的稻作文化研究》(云南大学出版社);张洪光《饮食风俗(山西)》(山西科学技术出版社);戴宁《浙江美食文化》(杭州出版社);石文年《厦门饮食》(鹭江出版社);朱新海《济南烹饪文化》(山东科学技术出版社);何金铭《百姓食俗(陕西)》(陕西人民出版社);赵建民主编《药膳食疗理论与实践('98首届国际药膳食疗学术研讨会论文集)》(山东文化音像出版社);赵建民主编《〈金瓶梅〉酒食文化研究('98景阳冈〈金瓶梅〉酒食文化研讨会论文集)》(山东文化音像出版社);胡德荣《胡德荣饮食文化古今谈》(中国矿业大学出版社);陈香白《中国茶文化》(山西人民出版社)。

1999:任百尊主编《食经》(上海文化出版社);徐海荣主编《中国饮食史(六卷)》(华夏出版社);曹健民《中国全史:简读本——21.风俗史饮食史服饰史》(经济日报出版社);刘芝凤《中国侗族民俗与稻作文化》(人民出版社);李志慧《饮食篇:终岁醇浓味不移》(三秦出版社);姚伟钧《中国传统饮食礼俗研究》(华中师范大学出版社);蓝翔《筷子三千年》(山东教育出版社);赵建民《中国人的美食——饺子》(山东教育出版社);王宏升《饮食文化与海洋》(中国大地出版社);王崇熹《乡风食俗》(陕西人民教育出版社);周家望《老北京的吃喝》(燕山出版社);顾承甫《老上海饮食》(上海科学技术出版社);湛玉书《三峡人的食俗》(香港中华国际出版社);贾蕙萱《中日饮食文化比较研究》(北京大学出版社);王守初主编《饮食文化与餐饮经营管理探索('98广州国际美食节饮食文化·管理学术研讨会论文集)》(广东旅游出版社);焦桐主编《赶赴繁花盛放的飨宴(饮食文学国际研讨会论文集)》(台湾时报文化出版企业股份有限公司);陈光新《春华秋实:陈光新教授烹饪论文集》(武汉测绘科技大学出版社);赵建民《鼎鼐谭薮》(中国文联出版社);余悦《茶路历程:中国茶文化流变简史》(光明日报出版社);赖功欧《茶哲睿智:中国茶文化与儒释道》(光明日报出版社)。

21世纪(2000年至今),饮食文化研究出现了新势头,辞典类基础性书籍明显减少,具有较高学术水平的专著大量涌现。

2000:王利华《中古华北饮食文化的变迁》(中国社会科学出版社);李曦《中国烹饪概论》(旅游教育出版社);刘云《筷子春秋》(百花文艺出版社);李炳泽《多味的餐桌:中国少数民族饮食文化》(北京出版社);马德清《凉山彝族饮食文化》(四川民

族出版社);王子华《彩云深处起炊烟:云南民族饮食》(云南教育出版社);《第六届国际茶文化研讨会论文选集》(浙江摄影出版社);刘勤晋《茶文化学》(中国农业出版社);黄志根《中华茶文化》(浙江大学出版社);韩胜宝《姑苏酒文化》(古吴轩出版社);《国际酒文化学术研讨会论文集》(西北轻工业学院学报);赵荣光、谢定源《饮食文化概论》(中国轻工业出版社)。

2001:熊四智、杜莉《举箸醉杯思吾蜀:巴蜀饮食文化纵横》(四川人民出版社);王仁湘《饮食之旅》(台湾"商务印书馆");邱庞同《中国菜肴史》(青岛出版社);贾明安《隐藏民族灵魂的符号:中国饮食象征文化论》(云南大学出版社);李志刚《烹饪学概论》(中国财政经济出版社);陈诏《中国馔食文化》(上海古籍出版社);安平《中外食人史话》(时代文艺出版社);王远坤《饮食美论》(湖北美术出版社);刘芝凤《中国土家族民俗与稻作文化》(人民出版社);张平真《中国酿造调味食品文化:酱油食醋篇》(新华出版社);王明辉《古今食养食疗与中国文化》(中国医药科技出版社);包亚明《上海酒吧:空间、消费与想象》(江苏人民出版社);康健《中华风俗史——饮食·民居风俗史》(京华出版社);李维冰《扬州食话》(苏州大学出版社);薛麦喜《黄河文化丛书·民食卷》(山西人民出版社);杨胜能《西双版纳傣族美食趣谈》(云南大学出版社);韦体吉《广西民族饮食大观》(贵州民族出版社);徐熊《美国饮食文化趣谈》(人民军医出版社);颜其香主编《中国少数民族饮食文化荟萃》(商务印书馆国际有限公司);施连方《饮食·生活·文化:〈西游记〉趣谈》(中国物资出版社);王从仁《中国茶文化》(上海古籍出版社);刘广伟主编《中国烹饪高等教育问题研究》(东方美食出版社有限公司);方爱平、姚伟钧《中华酒文化辞典》(四川人民出版社);罗启荣《中国酒文化大观》(广西民族出版社);姚伟钧、方爱平、谢定源《饮食风俗》(湖北教育出版社)。

2002:王赛时《中国千年饮食》(中国文史出版社);王仁湘《珍馐玉馔:古代饮食文化》(江苏古籍出版社);王明德《中国古代饮食艺术》(陕西人民出版社);李曦《中国饮食文化》(高等教育出版社);华国梁《中国饮食文化》(东北财经大学出版社);陈彦堂《人间的烟火:炊食具》(上海文艺出版社);邱国珍《中国传统食俗》(广西民族出版社);潘江东《中国餐饮业祖师爷》(南方日报出版社);高岱明《淮安饮食文化》(中共党史出版社);李自然《生态文化与人:满族传统饮食文化研究》(民族出版社);马德清《凉山彝族饮食文化概要》(四川民族出版社);赵净修《纳西饮食文化谱》(云南民族出版社);朱世英《中国茶文化大辞典》(汉语大词典出版社);葛景春《诗酒风流赋华章:唐诗与酒》(河北人民出版社);齐士《中华酒文化史话》(重庆出版社)。

2003:王赛时《唐代饮食》(齐鲁书社);赵荣光《中国饮食文化概论》(高等教育

出版社）；朱永和《中国饮食文化》（安徽教育出版社）；陈诏《饮食趣谈》（上海古籍出版社）；刘士林《谁知盘中餐：中国农业文明的往事与随想》（济南出版社）；赵荣光《满汉全席源流考述》（昆仑出版社）；郝铁川《灶王爷·土地爷·城隍爷：中国民间神研究》（上海古籍出版社），蓝翔《古今中外筷箸大观》（上海科学技术文献出版社）；周沛云《中华枣文化大观》（中国林业出版社）；薛党辰《辣椒·辣椒菜·辣椒文化》（上海科学技术文献出版社）；薛理勇《食俗趣话》（上海科学技术文献出版社）；张辅元《饮食话源》（北京出版社）；翟鸿起《老饕说吃（北京）》（文物出版社）；刘福兴《河洛饮食》（九州出版社）；高树田《吃在汴梁：开封食文化》（河南大学出版社）；杜莉《川菜文化概论》（四川大学出版社）；赵萍《水浒中的饮食文化》（山东友谊出版社）；王子辉《周易与饮食文化》（陕西人民出版社）；赵荣光《中国饮食文化研究》（香港东方美食出版社有限公司）；于观亭《茶文化漫谈》（中国农业出版社）；高旭晖《茶文化学概论》（安徽美术出版社）；韩胜宝《华夏酒文化寻根》（上海科学技术文献出版社）；程殿林《酒文化》（中国海洋大学出版社）；沈亚东《走入中国酒文化》（兰州大学出版社）。

2004：王晓华《吃在民国》（江苏文艺出版社）；王建中《东北地区食生活史》（黑龙江人民出版社）；张征雁《昨日盛宴：中国古代饮食文化》（四川人民出版社）；华国梁《中国饮食文化》（湖南科学技术出版社）；车前子《好吃》（山东画报出版社）；李波《吃垮中国：中国食文化反思》（光明日报出版社）；裴安平《长江流域的稻作文化》（湖北教育出版社）；陈益《阳澄湖蟹文化》（上海辞书出版社）；史幼波《素食主义》（北京图书馆出版社）；野萍《素食纵横谈》（中国轻工业出版社）；王稼句《姑苏食话》（苏州大学出版社）；承嗣荣《澄江食林（江阴）》（上海三联书店）；《饮食（齐鲁特色文化丛书）》（山东友谊出版社）；梁国楹《齐鲁饮食文化》（山东文艺出版社）；杨文华《吃在四川》（四川科学技术出版社）；车幅《川菜杂谈》（三联书店）；张楠《云南吃怪图典》（云南人民出版社）；高启安《敦煌饮食探秘》（民族出版社）；高启安《唐五代敦煌饮食文化研究》（民族出版社）；姚伟钧《长江流域的饮食文化》（湖北教育出版社）；博巴《中国少数民族饮食》（中国画报出版社）；苏衍丽《红楼美食》（山东画报出版社）；闫艳《唐诗食品词语语言与文化之研究》（巴蜀书社）；李贻衡主编《湘菜飘香（加快湘菜产业发展研讨会文集）》（湖南科学技术出版社）；姚国坤《中国茶文化遗迹》（上海文化出版社）；滕军《中日茶文化交流史》（人民出版社）；蒋雁峰《中国酒文化研究》（湖南师范大学出版社）；清月《酒文化》（地震出版社）；日本酿造学会、日本酒类综合研究所、中国酿酒工业协会编《第五届国际酒文化学术研讨会论文集》。

2005：杜莉、姚辉《中国饮食文化》（旅游教育出版社）；熊四智《四智论食》（巴蜀书社）；徐文苑《中国饮食文化概论》（清华大学出版社）；刘国初《湘菜盛宴》（岳麓书社);乔木森《茶席设计》(上海文化出版社);李曦《中国烹饪概论》(旅游教育出版社);陈文华《长江流域茶文化》(湖北教育出版社);管彦波《中国西南民族社会生活》(黑龙江人民出版社);朱鹰《饮食》(中国社会出版社)。

2006:王辑东《茶马古道差异浓》(中国轻工业出版社);房学嘉《客家民俗》(华南理工大学出版社);何宏《中外饮食文化》(北京大学出版社);邵万宽《现代烹饪与厨艺秘笈》(中国轻工业出版社);徐先玲、李相状《中国饮食文化》(中国戏剧出版社);徐先玲、李相状《中国茶饮文化》(中国戏剧出版社);张海英《中国传统节日与文化》(书海出版社);乔继堂《细说中国节》(九州出版社);马银文《中国民俗艺术大全》(中国三峡出版社)。

● 论 文

比较而言,更大量的则是散见于一些期刊上的学术论文或食文化专篇,这是一个很难确切统计的数字。若按食品原料、食品科技、烹调、食文化等分类,这些文章大都发表在《中国油料》(原《油料作物》1964)、《淡水渔业》(原《淡水渔业科技资料》1971)、《中国食品》(原《食品科技》1972)、《甘蔗糖业》(1972)、《中国乳品工业》(原《食品科技情报》1973)、《酿酒》(原《黑龙江发酵》1974)、《食品与发酵工业》(1975)、《粮油食品科技》(原《北京粮油科技》1975)、《中国调味品》(原《调味品科技》1976)、《食品工业科技》(1979)、《中国茶叶》(1979)、《食用菌》(1979)、《食品科学》(原《国外食品科技》1980)、《中国烹饪》(1980)、《酿造科技》(原《贵州酿酒》1980)、《中国蔬菜》(1981)、《水产科学》(1981)、《中国酿造》(1982)、《四川烹饪》(1982)、《烹调知识》(1983)、《扬州大学烹饪学报》(原《中国烹饪研究》1985)、《烹饪教育》(原《烹饪教育通讯》1987)、《东方美食》(原《烹饪者之友》1987)以及《甜菜糖业》(1964)、《中国美食与营养》、《烹饪学刊》、《楚天美食》、《美食》等刊以及《中国食品报》等。此外,我们还可以在《考古学报》(原《田野考古报告》、《中国考古学学报》1936)、《文物》(原《文物参考资料》1950)、《考古》(原《考古通讯》1955)、《考古与文物》(1980)、《中原文物》(1977)、《自然科学史研究》(原《科学史集刊》1958)、《中国科技史料》(1980)、《农业考古》(1981)、《中国社会经济史研究》(1982)以及《农史研究》、《中国农史》、《历史研究》、《中国文化》等期刊上看到许多高水平的食文化论文、丰富的食文化资料和大量的信息。比较而言,江西省中国农业考古研究中心和江西省社会科学院历史研究所主办的《农业考古》杂志对中国食文化研究及信息的反映更多些。它迄今已刊出的共十四期《中国茶文化》专号,是茶文化研究的一次空前盛举,成果丰富,影响巨大。

三、海外的中国饮食文化研究

中国食文化近现代研究的兴起,并非在中国大陆,也并非由华人为中坚力量率先搞起来的。严格地说,中国食文化研究在近现代的兴起,是由日本学者率先开始并以日本学者为主力队伍的。早在 20 世纪 40～50 年代,日本学者就掀起了中国饮食文化研究的热潮。其时,相继发表有:青木正儿《用匙吃饭考》(《学海》,1994)、《中国的面食历史》(《东亚的衣和食》,1946)、《用匙吃饭的中国古风俗》(《学海》第 1 集,1949);篠田统《白干酒——关于高粱的传入》(《学芸》第 39 集,1948)、《向中国传入的小麦》(《东光》第 9 集,1950)、《明代的饮食生活》(收于薮内清编《天工开物之研究》,1955)、《鲊年表(中国部)》(《生活文化研究》第 6 集,1957)、《古代中国的烹饪》(《东方学报》第 30 集,1995);同人《华国风味》(东京,1949)、《五谷的起源》(《自然与文化》第 2 集,1951)、《欧亚大陆东西栽植物之交流》(《东方学报》第 29 卷,1959);天野元之助《中国臼的历史》(《自然与文化》第 3 集,1953);冈崎敬《关于中国古代的炉灶》(《东洋史研究》第 14 卷,1955);北村四郎《中国栽培植物的起源》(《东方学报》第 19 卷,1950);由崎百治《东亚发酵化学论考》(1945);等等。60 年代,日本关于中国饮食文化研究的文章有:篠田统《中世食经考》(收于薮内清《中国中世科学技术史研究》,1963)、《宋元造酒史》(收于薮内清编《宋元时代的科学技术史》,1967)、《豆腐考》(《风俗》第 8 卷,1968);同人《关于〈饮膳正要〉》(收于薮内清编《宋元时代的科学技术史》,1967);天野元之助《明代救荒作物著述考》(《东洋学报》第 47 卷,1964);桑山龙平《金瓶梅饮食考》(《中文研究》,1961)。70 年代,日本的中国饮食文化研究更掀起了新的高潮。1972 年,日本书籍文物流通会就出版了篠田统、田中静一编纂的《中国食经丛书》。此丛书是从中国自古迄清约 150 余部与饮食文化有关的书籍中精心挑选出来的,分成上下两卷,共 40 种。它是研究中国饮食史不可缺少的重要资料。其他著作还有:1973 年,天理大学鸟居久靖教授的系列专论《〈金瓶梅〉饮食考》公开出版;1974 年,柴田书店推出了篠田统所著的《中国食物史》和大谷彰所著的《中国的酒》两书;1976 年,平凡社出版了布目潮沨、中村乔编译的《中国的茶书》。80 年代以来,出版的著作有:1983 年,角川书店出版中山时子主编的《中国食文化事典》;1985 年,平凡社出版石毛直道编的《东亚饮食文化论集》;1986 年,河原书店出版松下智著的《中国的茶》;1987 年,柴田书店出版田中静一著的《一衣带水——中国食物传入日本》;1988 年,同朋舍出版田中静一主编的《中国料理百科事典》;1991 年,柴田书店出版田静一主编的《中国食物事典》。

美国的中国饮食史研究,当首推哈佛大学张光直教授主编的《中国文化中的食品》(Food in Chinese culture: Anthropological and Historical Perspectives, Yale Press,1978)一书。该书由 10 位美国学者分头撰写,内容包括自上古到现代。张光直先生是以治先秦器物史见长的史学名家,书中严实的考据、缜密的说理,读来令人信服,而其史料文物的精确诠释与理论方法的新颖则对国内治史者更具启发意义。虽然有的分撰人在史料掌握和汉学功力上仍嫌不足,但方法论上的意义则不可泯没。

美国河滨加州大学人类学教授尤金·N.安德森的代表作《中国食物》(The food of China,Yale Press,1998)2003年由江苏人民出版社翻译出版,其对中国饮食文化的独到视角值得研究。

四、中国饮食文化研究的趋势

随着科技的迅速发展和经济的高度发展,人们的饮食观念也在随之转变,进而对自己的饮食提出新的更高的时代要求。饮食文化呈现出前所未有的丰富、活跃、更新、发展的趋势,人们不仅希望吃到美味可口、营养丰富、快捷方便、风味多样、科学安全、功能有效的食品,而且对食生活开始有更新观念的审视。中国饮食文化研究的领域将不断拓宽犁深,既不会宥于某一或某些领域的事象层面,也不会仅仅局限于单纯的"弘扬",一定会在人类饮食文明和民族饮食文化的历史存在与发展结构中透视和探究民族食生产、食生活、食文化的更丰富表象与更深刻内涵;不仅注视食事的昨天,更会注重今天和明天。

作为饮食文化重要结构内容的烹饪研究,也将改变过去那种一度较偏颇的、厚古和国粹主义的观念与形而上学的方法,通过传统工艺规范化、标准化、科学化的研究整理,逐步实现传统食物加工的社会化、工业化、现代化。烹饪研究不仅要看过去,更要将注意力放在现实、放在民族大众日常三餐的内容及其变化上。

作为中国饮食文化重要组成部分的茶文化、酒文化以及食品和进食文化等,都将更深入地开展研究。史料钩沉(如从正史、方志、笔记、诗词、小说等史文典籍中搜检出饮食文化史料)、文献整理、饮食考古、文字训诂、食品科技史、民族饮食风习、中外饮食文化交流与比较等领域都将成为研究的重点。

第三节　中国饮食文化的基础理论与特性

一、中国饮食文化的基础理论

(一)饮食疗疾

饮食疗疾指根据不同的病症,选择具有不同作用的食物,或以食物为主并适当配伍其他药物,经烹调加工制成各种饮食以治疗疾病的医疗方法。

1.饮食疗疾源流

食疗在中国已有数千年的历史。早在远古时代,就有神农尝百草,以辨药食之性味的传说。中国最早的一部药物学专著《神农本草经》收药 365 种,分上、中、下三品,其中列为上品的大部分为谷、菜、果、肉等常用食物。唐代孙思邈的《千金要方》中专列"食治篇"。孟诜的《食疗本草》则总结了唐以前中医食疗的成果,是现存最早的食疗专著。宋代陈直的《养老奉亲书》,是用药膳治疗老年病的专著。元代宫廷饮膳太医忽思慧的《饮膳正要》,是一部著名的食疗专著,对养生、妊娠禁忌、营养疗法、饮食卫生、食物中毒等都有论述。明代,先后出现了《救荒本草》、《食物本草》等著作。李时珍的《本草纲目》也收载了许多药膳方。高濂的《遵生八笺》,专列《饮馔服食笺》,是一部中医养生学专著。清代,食疗有了很大发展,有王孟英的《随息居饮食谱》等著作。

2.饮食疗疾的特点及应用原则

● 饮食疗疾的特点

中医一贯重视饮食疗疾,并有"药食同源"、"寓医于食"的说法。许多食物本身就是中药,食物与中药并没有严格划分,但食疗与药物疗法则有所区别。药疗效果虽快,但药物性偏,苦口难吃,久服碍胃,故病人很难长期坚持服药。而食疗则配制得法,烹调有方,使人们乐于接受,可以长期制食,而且食药同用,食借药威,药助食性,相得益彰。

● 饮食疗疾的应用原则

要正确应用食疗,达到以食疗疾的目的,首先需要掌握食性。食物与药物一样,具有一定的性味。食疗正是利用食物的不同性味达到治病目的的。食物同药物一样,具有寒热温凉四性,但不如药物的四性明显,一般只分成温热性和寒凉性两类,而介于两类之间,微寒微热则归入平和性。

辨证施食是食疗的重要原则。食疗应针对不同的病症,施以恰当的配膳。病症有阴阳、寒热、虚实之分,食物的性能主治必须与病症的性质一致。辨证施食的原则是"寒者热之"、"热者寒之"、"虚者补之"、"实者泻之"。

对于阳证、热证患者,治宜清热解毒,宜食寒凉性食物,如西瓜、苦瓜、雪梨、绿豆、茄子、苋菜、小米、香蕉、兔肉、鸭肉等。若燥热伤肺,干咳无痰,治宜清热润燥宣肺,可选用贝母雪梨、枇杷叶粥、玉竹粥等。若热在营血,心烦不寐,治宜清营凉血,可选用竹叶粥、滑石粥、导赤清心粥等。若邪热内结,大便干燥,治宜清热润肠,可选用番泻叶粥、生地黄粥、冰糖炖香蕉等。若湿热蕴结,灼伤肠络,下痢赤白,里急后重,治宜清热解毒化湿,可选用紫苋粥、马齿苋槟榔茶、银花红糖茶等。

对于阴证、寒证患者,治宜温阳散寒,宜食温热性食物,如生姜、韭菜、芫荽、大葱、大蒜、红枣、板栗、桂圆、羊肉、狗肉、鳝鱼等。若过食寒凉,损伤脾胃,腹痛泄泻清稀,治宜温中散寒,可选用生姜粥、砂仁饼、豆蔻馒头等。若寒邪壅盛,痹阻胸阳,胸痛彻背,治宜辛温通阳散寒,可选用桂心粥、附子薏苡粥、瓜蒌薤白白酒汤等。若病后、产后体虚感寒,脘腹冷痛,大便清稀或宫冷崩漏,治宜温里散寒补虚,可选归地炖羊肉、当归狗肉汤、花椒鸡丁等。

对于虚证患者,给予补养食物时要区别是阴血亏虚还是阳气不足。在食疗时,要辨清气、血、阴、阳之虚而补之。

(1)气虚证。表现为少气懒言,疲倦乏力,食欲不振,心悸怔忡,头晕耳鸣,自汗等,治宜补气健脾,常选用党参、白术、山药、莲米、白扁豆、赤小豆、薏苡仁、大枣、猪肉、猪肚等,食疗方如参枣米饭、八宝糯米饭、山药包子、四君蒸鸭等。

(2)血虚证。表现为面色苍白或萎黄,唇舌爪甲色淡无华,头晕目眩,心悸怔忡,健忘失眠等,治宜补血养血,而气旺则血生,故在补血食疗方中常配补气之品,以益气生血,常选用当归、何首乌、枸杞子、桂圆肉、红枣、动物肝脏、鸡肉、蛋类、奶类、菠菜、胡萝卜等,食疗方如归参炖母鸡、桂圆红枣粥、菠菜炒肝片、枸杞肉丝等。

(3)阴虚证。表现为潮热盗汗,两颧发红,手足心发热,失眠梦多,口燥咽干,大便干结,尿少色黄等,治宜滋阴养液,常选用麦冬、百合、玉竹、冬虫夏草、蜂蜜、银耳、雪梨、甘蔗、鸭肉、甲鱼等,食疗方如银耳羹、虫草炖水鸭、百合煨瘦肉、清炖甲鱼等。

(4)阳虚证。表现为面色苍白,恶寒肢冷,神疲嗜睡,下利清谷,遗精阳痿,性欲减退等,治宜温补阳气,常选用核桃肉、杜仲、韭菜、干姜、羊肉、狗肉、麻雀肉、狗鞭、海马、海虾、鳝鱼等,食疗方如附片炖羊肉、海马鳝鱼、杜仲腰花、韭菜虾仁等。

对于实证患者,则要辨别是哪种实证,若暴饮暴食,食滞不化,表现为脘腹胀满疼痛,嗳腐吞酸,恶心厌食者,治宜消导化食,可选用山楂神曲粥、槟榔粥、莱菔粥等。若痰湿阻肺,肺失宣降,表现为咳嗽痰多,痰色白、质稠,胸闷脘痞者,治宜燥湿化痰,可选用橘红汤、橘皮粥、冬瓜苡仁粥等。若水湿为患,水液潴留,表现为全身水肿,按之凹陷,小便少,胸闷,纳呆,恶心,神倦,治宜健脾化湿、通阳利水,可选用冬瓜皮蚕豆汤、赤小豆炖鲤鱼、薏米粥等。若肝火犯肺,表现为咳嗽阵作,咳血量多,或痰血象兼,血色鲜红,胸胁牵痛,烦躁易怒,治宜清肺泻肝、和络止血,可选桑皮茅根鲜藕汤、杏仁桑皮炖猪肺、鲜藕柏叶汁等。

对于表证患者,要辨别是风寒还是风热。外感风寒,症见头痛,鼻塞,畏寒,全身酸痛,无汗者,治宜发汗解表以散寒,可选用葱白饮、姜糖苏叶饮、葱豉黄酒汤等。外感风热,症见头胀,咽痛,咳嗽,汗出,发热微恶风寒者,治宜辛凉轻宣以透邪,可选用桑菊薄荷饮、薄荷芦根饮、菊花茶等。

辨证施食还应辨明疾病属于哪一脏腑,对于不同的脏腑病症,须采用不同的食疗方法。由于人体是一个有机的整体,脏腑之间相互联系,相互影响,在进行食疗配膳时,可按五行生克关系,作为治疗上的补泻原则,采用虚则补其母、实则泻其子的方法。如脾为肺之母,肺为脾之子,对于肺气虚弱患者,除补益肺气外,常进食益气健脾的食物,如山药、扁豆、薏苡仁、芡实、红枣等,以培土生金,使疾渐愈。肾为肝之母,肝为肾之子,肝火亢盛,影响肾的封藏功能而引起遗精、梦泄,就不能补肾,而要清泻肝火,肝火得平,则遗精、梦泄随之而愈,可选食夏枯草荷叶茶、草决明海带汤、菊花饮等。

"同病异食"、"异病同食"也是辨证施食的重要内容。如胃脘痛可表现为不同的病症。饮食所伤,宜食山楂糕、莱菔粥以消食和胃;寒伤胃阳,宜食高良姜粥、豆蔻鸡以温胃止痛;肝气犯胃,宜食玫瑰花茶、佛手酒以疏肝和胃;脾胃虚寒,宜食干姜粥、姜汁鳝鱼以健脾温胃;胃阴不足,宜食沙参麦冬饮、甘蔗粥以养阴益胃,这就是"同病异食"。又如久泻、脱肛、崩漏、子宫下垂等可出现相同的中气下陷证,都可选用参芪粥、归芪炖鸡等以升提中气,这就是"异病同食"。

食疗还可用于急性病的辅助治疗。如神仙粥用于治疗四时疫气流行;茵陈粥用于治疗黄疸病;竹叶粥用于治疗发背痈疽、诸热毒肿。对于某些慢性病,食疗是比较理想的治疗方法。如长期高血压的患者,可常食芹菜粥、决明子粥、木耳粥;高血脂的患者,可常食何首乌粥、泽泻粥、玉米粉粥;糖尿病患者,可常食葛根粉粥、山药粥、玉米粉粥等。人体患病之后,生理机能减退,胃肠薄弱,消化力降低,此时以米粥调理最为妥当。如高热病后,由于高热伤津,阴液不足,可选用具有生津清热作用的食疗方,如蔗浆粥、芦根粥、石斛粥等。热邪蕴肺病后,高热虽退,但患者仍觉干咳、口渴,可选用止咳养肺的雪梨羹、天花粉粥、沙参粥等。

中医食疗十分重视保养脾胃。脾胃为后天之本,气血生化之源。脾胃功能的强弱,对于战胜病邪,协调人体阴阳,强壮机体,扶助正气,恢复机体功能等,具有重要的作用。一般说来,在疾病过程中,胃肠功能减弱,应适当控制食量,切忌进食过多,加重脾胃负担,以致不能消化而使疾病加重,或愈而复发(食复),或引起其他病症。

烹调方法选择。食疗膳食一般不应采取炸、烤、煎、爆等烹调方法,以免破坏其有效成分或改变其性质而失去治病作用。食疗膳食应采取蒸、炖、煮或煲汤等方法烹调制作。

(二)饮食养生

饮食养生指根据人的不同体质、年龄、性别以及气候、地理等环境因素的差异,选择适宜的饮食以调节人体脏腑功能,滋养气血津液,强身健体,预防疾病的养生保健方法。

饮食是为机体提供营养物质,维持人体生长、发育乃至保证生存的不可缺少的条件。中国古代养生家、医家已经认识到饮食与生命的重要关系。他们从长期的实践中认识到,人们只要能根据自身的需要,选择适宜的食物进行调养,就能保证健康,益寿延年。中医学历来强调饮食调养,重视饮食的养生保健作用,认为"食治则身治",就是说饮食调养得宜,身体就会健康,也就防止了疾病。唐代《千金要方》中指出:"安生之本,必资于食。不知食宜者,不足以存生也。"辨证施食是中医食疗的特点之一,食养同样应当遵循这一原则。

1. 不同人群的饮食养生

● 不同体质者的食养

人体素质有强弱之异和偏寒偏热之别,必须根据人的不同体质进行食养。

(1)气虚体质者。多表现为少气懒言,疲倦乏力,食欲不振,不耐劳动,稍动即感气短、汗出,平时易感冒等。宜常食补气健脾之品。因脾为气血生化之源,故补脾是补气的主要方法。常选食山药、莲米、薏苡仁、白术、芡实、糯米、红枣、猪肉、猪肚、鸡肉、黄鳝、鲫鱼等,膳食如山药莲米粥、山药包子、八宝糯米饭、补中益气糕等。

(2)血虚体质者。多表现为面色苍白或萎黄,唇色、指甲淡白,心悸怔忡,头晕眼花,健忘失眠,手足发麻,妇女行经量少色淡等。宜常食补血之品。中医认为"气为血帅",气旺则血生,故在补血的同时常配伍补气之品,气血双补。常选食当归、何首乌、桂圆肉、枸杞子、桑葚子、白芍、猪心、猪蹄、鸡肉、动物肝脏、菠菜、胡萝卜等,膳食如菠菜肝片、归参炖鸡、桂圆肉粥、桑葚里脊等。

(3)阴虚体质者。多表现为形体消瘦,手足心发热,两颧发红,潮热盗汗,虚烦不眠,口燥咽干,大便干结等。宜常食滋阴养液润燥之品。常选食银耳、蜂蜜、雪梨、芝麻、黑豆、麦冬、天冬、百合、冬虫夏草、龟肉、鳖肉、鸭肉、猪蹄、鸡蛋、牛奶等,膳食如虫草鸭子、银耳羹、麦冬粥、百合煨瘦肉等。

(4)阳虚体质者。多表现为神疲乏力,嗜睡畏寒,口淡不欲饮,喜温喜热食,性欲减退,入冬四肢冰冷,或遇寒凉、食生冷则腹痛或便溏,或尿后余沥不尽,或小便频数,或阳痿早泄等。宜常食温补阳气之品。常选食核桃肉、紫河车、杜仲、菟丝子、肉苁蓉、海马、羊肉、狗肉、麻雀肉、虾、动物肾脏、韭菜等,膳食如红烧狗肉、附片蒸羊肉、杜仲腰花、韭菜粥等。

人的体型不同,体质状况也不一样。中医认为肥胖之人多有气虚和痰湿内蕴,表现为动则气短,心悸,自汗,乏力易困倦,嗜睡,痰多等,食养应从健脾益气,化痰除湿着手,可选食薏苡仁、茯苓、白术、赤小豆、冬瓜、豆芽、莴苣、山楂、鲤鱼等,膳食如冬瓜粥、薏苡仁粥、茯苓饼、鲤鱼汤等。瘦弱之人多因脾胃虚弱,气血生化之源不足,肌肉得不到精微物质的营养,食养以健脾益气为主,可选食党参、黄芪、山药、莲米、糯米、香菇、猪肉、猪肚、兔肉、鸭肉等,膳食如参枣米饭、莲米猪肚、山药汤圆、枣莲蛋糕等。此外,"瘦人多阴虚火旺",如常感口干咽燥,心烦失眠,手足心发热,大便干燥等,每食辛辣之物或油炸燥热之品就口臭发干等。食宜养阴滋液润燥,可选食银耳、百合、蜂蜜、黑豆、雪梨、荸荠、豆浆、鳖肉、龟肉、牛奶等,膳食如蜂蜜银耳、百合绿豆粥、清炖鳖肉、荸荠豆浆等。

● 不同年龄者的食养

人的一生要经历从儿童到青年、壮年、老年的过程,人体气血盛衰和脏腑功能,随着年龄增长而发生不同的变化。因此,应根据各个年龄阶段的不同生理状况进行食养。脾为后天之本,脾胃健旺,营养充足则身体健康、发育正常。小儿生机旺盛,稚阴稚阳,脾常不足,而且饮食不知自节,稍有不当,就会损伤脾胃,伤食为患。食宜健脾消食,常选食山楂、山药、茯苓、白豆蔻、板栗、猪肚、猪瘦肉、鸡蛋、牛奶、蜂蜜等,膳食如山楂糕、山药茯苓包子、豆蔻馒头、猪肚汤等。肾为先天之本,人的生长发育,肾起着极为重要的作用。小儿肾气未充,牙齿、骨骼、智力尚处于发育中,故应适当补益肾气,以促进生长发育。可选食核桃肉、黑芝麻、黑豆、桑葚子、枸杞子、菟丝子、猪骨、猪肾、蜂乳等,膳食如核桃炖蜜糖、猪肾核桃粥、芝麻肝、猪骨汤等。

青壮年精力旺盛,气血充沛,无须专门补养。但有时自恃身强体壮,不注意劳逸结合,日夜钻研,精神高度紧张,劳逸失度,造成心脾或心肾不足,容易出现失眠多梦、健忘、心悸、食欲不振等。此时可食养心安神之品,常选食莲米、茯苓、山药、枸杞子、何首乌、酸枣仁、桂圆肉、松子仁、猪心、猪脑等,膳食如莲米猪心、枸杞肉丝、桂圆肉粥、茯苓饼等。

老年人生机减退,气血不足,阴阳渐衰,而以脾胃虚弱、肾气渐衰为主。人体生长、发育、衰老,主要取决于脾、肾两脏是否健旺。脾胃为后天之本,气血生化之源,维持人体生长、发育乃至各种生命活动的一切物质,都靠脾胃供给;肾为先天之本,生命之根,元阴元阳之所居,肾气是否旺盛,决定着衰老的速度和寿命的长短。可见,进食健脾补肾、益气养血之品,实为益寿延年、抗衰防老的关键。特别对于老年人,饮食的抗衰防老作用尤其重要。老人食宜健脾补肾,益气养血,多选食人参、黄芪、山药、茯苓、冬虫夏草、枸杞子、当归、桑葚子、核桃肉、芝麻、黑豆、银耳、何首乌、韭菜、猪瘦肉、猪心、动物肝脏、蛋类、奶类、海参、龟肉、鳖肉、菠菜、胡萝卜、虾等,膳食如核桃鸡丁、虫草鸭子、首乌肝片、枸杞海参鸽蛋汤等。平时饮食宜清淡、温热、熟软。因其脾胃虚弱，故最宜食粥，如红枣糯米粥、山药鸡子黄粥、薏米莲子粥、灵芝银耳羹、芝麻糊等。

● 不同性别者的食养

妇女有月经、妊娠、产育等生理特点，应根据各个时期的具体情况进行食养。女性每次月经失血总量约 50～80 毫升，故经期饮食应以补血食物为主，多选用菠菜、胡萝卜、红苋菜、红枣、桂圆肉、猪心、动物肝脏、蛋类等，膳食如菠菜肝片、桂圆红枣粥、炒苋菜、首乌煮鸡蛋等。妊娠以后，孕妇需要供给胎儿所需营养，故饮食应以补肾固胎、健脾养血为主，多食用桑葚子、山药、红枣、桂圆肉、黑芝麻、黑豆、动物肝脏、猪排骨、鲢鱼、海参、乌骨鸡、蛋类等，膳食如参地蒸乌鸡、桂圆童子鸡、油菜烧海参、山药芝麻糊等。分娩后，由于产创出血，容易出现气血不足；而且产妇还需要哺乳婴儿，而乳汁为血液所化生，只有气血充盛，乳汁才能源源不绝。故产妇食养应以补气益血、通经下乳为主，常选用当归、党参、黄芪、枸杞子、猪蹄、鸡肉、羊肉、鲫鱼、鲤鱼、花生、大枣、红糖、蛋类等，膳食如花生炖猪蹄、归参炖母鸡、当归生姜羊肉汤、鲫鱼汤等。妇女在 45 岁左右，月经开始终止，称为"绝经"。绝经前后，肾气渐衰，气血皆虚，常出现经行紊乱，烦躁易怒，心悸失眠，头晕耳鸣，烘热汗出，手足心发热，或腰酸骨痛，倦怠乏力，浮肿便溏，甚或情志异常等，食养以补肾益气血为主，常选用枸杞子、当归、杜仲、莲米、红枣、蜂蜜、猪心、猪肾、鳖肉、龟肉、鸭肉、海参等，膳食如当归羊肉羹、枸杞核桃鸡丁、红枣莲米粥、清炖龟肉等。

男人往往担负着比较繁重的体力和脑力劳动。体力劳动消耗大，出汗多，汗多则会耗气伤阴，导致气阴不足，可选用西洋参、石斛、莲米、红枣、花生、桑葚子、豆浆、银耳、雪梨、鸭肉等，膳食如石斛花生米、荸荠豆浆、冰糖雪梨、清炖鸭肉等。脑力劳动常因思虑过度，损伤心脾，耗伤脑髓，导致气血不足，可选用补益气血、养心安神之品，如枸杞子、桂圆肉、酸枣仁、柏子仁、莲米、何首乌、红枣、猪心、动物肝脏、奶类等，膳食如猪肝羹、当归猪心汤、桂圆枸杞子粥、冰糖莲子等。

2.不同季节与地域的饮食养生

(1)不同季节的食养。自然界四时气候的变化对人体有很大的影响。春季，万物萌生，阳气升发，人之阳气也随之升发，食宜扶助阳气，可选用红枣、花生、豆豉、大小麦、葱、芫荽、动物肝脏等，膳食如葱爆肝片、豆豉烧鱼、五香花生米、红枣粥等。夏季，万物茂盛，天气炎热而又多雨，食宜清热化湿、健脾开胃，可选用绿豆、赤小豆、乌梅、西瓜、雪梨、银耳、薏苡仁、莲米、兔肉、鸭肉等，膳食如绿豆粥、乌梅汤、薏苡仁粥、冰糖雪梨等。秋季，气候干燥，万物收敛，食宜养阴润燥，可选用雪梨、银耳、蜂蜜、百合、麦冬、冰糖、燕窝等,膳食如银耳羹、冰糖燕窝汤、川贝雪梨、麦冬粥等。冬季,万物伏藏,天寒地冻,容易感受寒邪,伤人阳气,食宜温补阳气,可选用羊肉、狗肉、麻雀肉、核桃肉、虾、海马、鳝鱼、韭菜、干姜等,膳食如当归羊肉汤、红烧狗肉、韭菜炒虾仁、海马鳝鱼等。冬季是一年中最佳的进补时节,因为此时人体阳气收藏,容易吸收营养,特别是老年人更应在此时适当进补,故民间有"冬季进补,开春打虎"的说法。

此外,中医还有"四季五补"之说。即春天,万物生发向上,这时五脏属肝,适宜升补,可食首乌肝片、人参米肚等。夏天,天气炎热,人体喜凉,五脏属心,适宜清补,可食解暑益气汤、银花露等。长夏,湿气充斥,五脏属脾,适宜淡补,可食薏苡肘子、雪花鸡汤等。秋天,气候凉爽,五脏属肺,适宜平补,可食参麦团鱼、虫草鸭子等。冬天,气候寒冷,人体阳气收敛潜藏,五脏属肾,适宜温补,可食附子羊肉汤、当归烧狗肉等。

(2)不同地域的食养。中国地域广阔,各地自然条件均不相同,故应根据不同地域的特点进行食养。如东南沿海地区,气候温暖潮湿,人们易感湿热,宜食清淡除湿的食物,常选用赤小豆、绿豆、薏苡仁、冬瓜、豆芽、萝卜、扁豆、鲤鱼、鲫鱼、鲩鱼、泥鳅等,膳食如绿豆赤小豆粥、清蒸鲩鱼、全鸭冬瓜汤、泥鳅烧豆腐等。西北高原地区,气候寒冷干燥,人们易感寒受燥,宜食温阳散寒、生津润燥的食物,常选用银耳、雪梨、葡萄、蜂蜜、豆浆、百合、冰糖、板栗、核桃肉、羊肉、狗肉、韭菜、鳝鱼、虾等,膳食如冰糖银耳羹、板栗烧肉、子姜鳝丝、清炖羊肉等。

(三)本味主张

注重原料的天然味性,讲求食物的隽美之味,是中华民族饮食文化很早就明确、并不断丰富发展的一个原则。先秦典籍对此已有许多记录,成书于战国末期的《吕氏春秋》一书的《本味篇》,集中地论述了"味"的道理。该篇从治术的角度和哲学的高度对味的根本,食物原料自然之味,调味品的相互作用、变化,水火对味的影响等均作了精细的论辩阐发,体现了人们对协调与调和隽美味性的追求与认识水平。唐"五世长者知饮食"一类人物段成式,在《酉阳杂俎》一书中概括了八字真言:"唯在火候,善均五味"(段成式《酉阳杂俎》前集卷之七"酒食")。它既表明烹调技术的历史发展已经超越了汉魏及其以前的粗加工阶段进入"烹"、"调"并重阶段,也表明了人们对味和对整个饮食生活有了更高的认识和追求。明清时期美食家辈出,他们对味的追求也就到了历史的更高水平,主张食物应当兼有"可口"与"益人"两种性能方为上品。18世纪的美食大家袁枚(1716—1797),更进一步认为,"求香不可用香料"(袁枚《随园食单·须知单·色臭须知》),"一物有一物之味,不可混而同之","一碗各成一味","各有本味,自成一家"(《随园食单·须知单·变换须知》)。数千年中国食文明历史的发展,中国人对食物隽美之味永不满足的追求,中国上流社会宴筵上味的无穷变化,美食家和事厨者精益求精的探索,终于创造了祖国历史上饮食文化"味"的独到成就,形成了中国饮食历史文明的又一突出特色,以至于使洋人惊呼:中国人不是在吃食物,而是在"吃味"。

在中国历史上,"味"的含义是在不断发展变化的。"味"的早期含义为滋味、美味,这里的"滋"具有"美"之意。触感与味感(指某种物质刺激味蕾所引起的感觉)共同构成"味"的内涵。也就是说,"味"的早期含义中包含着味感和触感两个方面的感觉,即指食物在口中的感觉。《吕氏春秋·遇合》中讲:"若人之于滋味,无不说甘脆。"甘是人们通过味蕾感受到的甜味,脆则是食物刺激、压迫口腔引起的触觉。《吕氏春秋·本味》中讲:"调和之事,必以甘、酸、苦、辛、咸,先后多少,其齐甚微,皆有自起。鼎中之变,精妙微纤,口弗能言,志不能喻。若射御之微,阴阳之化,四时之数。故久而不弊,熟而不烂,甘而不浓,酸而不酷,咸而不减,辛而不烈,澹而不薄,肥而不腻。"这里讲的是调和味道的技巧和调味之后的理想效果。文中甘、酸、咸、苦等属味感,辣是物质刺激口腔、鼻腔黏膜引起的痛感,而"熟而不烂"的"烂","肥而不腻"的"肥"、"腻",属触感无疑。联系到"味"归于口部而不归于舌部,说明"味"当不仅指味感,还应包括食物在口腔中的触感。

在"味"之初,"味"涵盖了味感和触感。但嗅感却是另立门户、分庭抗礼的。不过,那时表示嗅感的汉字是"臭",如《易·系辞》说"其臭若兰",注释是"气香馥若兰也"。《礼记·月令》中说:"中央土……其味甘,其臭香。"《列子·汤问》中说:"臭过椒兰,味过醪醴。"均把臭、味清楚地区分开来,臭是一种独立的由鼻产生的感觉。从臭字看,嗅觉起源于动物的谋生活动,包括逃避猛兽,所以臭字从犬。《说文》对臭的解释是:"禽走臭,而知其迹者,犬也。"段玉裁注云:"走臭犹言逐气。犬能行路踪迹前犬之所至,于其气知之也,故其字从犬。""自者,鼻也。引申假借为凡气息芳臭之称。"

先秦时,"臭"是中性词,一般没有美丑好恶之分,在当时的文献中是很难找到倾向不良的"臭"的。即使要表现不良气味,往往要在"臭"后加上恶、腐之类的字。如《吕氏春秋·本味》中讲:"夫三群之虫,水居者腥,肉玃者臊,草食者膻。臭恶犹美,皆有所以。"《庄子·知北游》说:"其所恶者为臭腐。""其所美者为神奇。"可见,"臭"没有好坏、香臭之分。

"臭"字变臭的时间大致在两汉之间。东汉的《说苑》说:"入芝兰之室,久而不闻其香;入鲍鱼之肆,久而不闻其臭。"而在西汉《大戴礼记》中,对大致相同的话,只是重复讲"久而不闻",还没有加香、臭二字。到了唐代,孔颖达在讲解《左传》时才分析到香臭的对立,讲:"臭……原非善恶之称。但既以善气为香,故专以恶气为臭耳。"

正是由于原本不分香臭,独表一感的"臭"分出了香臭,从口进入的为香,从后门排出的为臭,方使"臭"不能统领一切嗅感了。于是汉代出现了新字齆取"臭"而代之。可惜这个尚能较准确反映嗅感的字,在事后不久的晋代即被"嗅"所取代。宋元时期的《古今韵会》开始收入"嗅"字,而这部字典的前身是晋代的《韵会》。古代词典解释"嗅"为"鼻审气也",审气明明用鼻,却要加个口旁,看来"味"已步入了嗅感的领地。人们在进食过程中,嗅觉已大大失去了独立地位,而与"味"相结合,形成了不同以往意义的新"味"或"味道"。"味"统治味感、触感和嗅感在经历了一个相当长的时期后,最终分离开来。在"味"统治"三感"的时期,虽有人注意到香,甚至注意到触感的存在,并提出过看法,但在中国,真正将三者明确分开还是近几十年的事。传统意义上的"味"被一分为三:

味感(或称味觉、滋味、味)

"味"——触感(或称触觉、质感、质)

嗅感(或称嗅觉、香味、香)

"滋味"一词的再次使用,已不能等同于历史意义上的"美味"、"三感",通常认为,它只代表味感。

人们常讲,中国是"烹饪王国",而"味"在中国烹饪中居于显著地位,有中国烹饪"以味为本"之说;然而,"味"又是一个内涵十分丰富的概念。在此,对"味"的含义加以归纳。

(1)"味"是食物含在口中的美妙感觉,包括味感和触感。这是"味"的本义。

(2)"味"是食物在被人们食用过程中产生的味感、触感和嗅感的总和。我们姑且称之为"味"的衍义。这是"味"吸纳嗅感后的含义。

(3)"味"是某种物质刺激味蕾所引起的感觉,即滋味。这是"味"分离后"味"的含义,也是"味"的狭义。

(4)"味"是食物在被人们食用过程中产生的味觉和嗅觉的总和。这是化学味觉。"味"的这个含义当是近代的一种看法。早期的"味"曾包括味觉、触觉,后又发展为包括味觉、触觉和嗅觉,尚未见中国古代将味觉和嗅觉两者合并称作"味"。

(5)"味"是从人们看到食物开始,到食物进入口腔被食用所引起的味感、触感、嗅感和视感的总和。这是"味"的广义。

(6)"味"指菜品。这是引申义。

(7)"味"指意味、趣味,如语言无味,艺术韵味。这是引申义。

(8)"味"指体会,如体味。这是引申义。

（四）孔孟食道

孔孟食道是孔子和孟子饮食观点、思想、理论及其食生活实践所体现的基本风格与原则性倾向，即孔子的"二不厌、三适度、十不食"和孟子的食志—食功—食德。

孔、孟二人的食生活实践具有相当程度的相似性，而他们的思想则具有明显的师承关系和高度的一致性。孟子的一生经历、活动和遭遇都与孔子相似。他们的食生活消费水平基本是中下层的，这不仅是由于他们的消费能力，同时也是因为他们的食生活观念，而后者对他们彼此极为相似的食生活风格与原则性倾向来说更具有决定意义。他们追求并安于食生活的养生为宗旨的淡泊简素，以此励志标操，提高人生品位，倾注激情和信念于自己弘道济世的伟大事业。他们反对厚养重味，摈弃愉悦口味的追求，他们实在没有多少兴趣去关心自己如何吃，似乎只以果腹不饥为满足。

孔子在总结历史经验基础上概括和阐发出来的关于饮食的系统性的主张："食不厌精，脍不厌细。食饐而餲，鱼馁而肉败不食；色恶不食。臭恶不食；失饪不食；不时不食。割不正不食；不得其酱不食。肉虽多，不使胜食气。唯酒无量，不及乱。沽酒市脯不食。不撤姜食，不多食。祭于公，不宿肉。祭肉，不出三日，出三日，不食之矣。"（《论语·乡党篇第十》）这既是孔子饮食主张的完整表述，也是这位先哲对民族饮食思想的历史性总结。略去斋祭礼俗等因素，我们便过滤出孔子饮食主张的科学体系——孔子食道。这就是：饮食追求美好，加工烹制力求恰到好处，遵时守节，不求过饱，注重卫生，讲究营养，恪守饮食文明。若就原文来说，则可概括为"二不厌、三适度、十不食"。其中广为人知并最有代表性，就是"食不厌精，脍不厌细"八个字，人们把它作为孔子食道的高度概括来理解。孔子的"八字主张"，是他就当时祭祀的一般原则而发的，因而只能放到他关于祭祀食物要求和祭祀饮食规矩的意见中去理解。孔子主张祭祀之食，一要"洁"，二要"美"；祭祀之心要"诚"；有了洁和诚，才符合祭义的"敬"字。

"食不厌精，脍不厌细"八字主张，并非孔子对常居饮食的一般观点。孔子认为人生的真正辉煌和崇高价值在于追求"道"，"朝闻道，夕死可矣"，人生的乐趣全在于此，因此他非常鄙视讲究吃穿的人，认为若某"士志于道，而耻恶衣恶食者"，自己便与此类人没有相通的情感世界，没有可以交流的共同语言，"未足与议也"。孔子并没有厌恶富贵的自虐式的清教徒心理，他奉行的是"富与贵，是人之所欲也；不以其道得之，不处也。贫与贱，是人之所恶也；不以其道得之，不去也"的信念（《论语·里仁》）。"君子食无求饱，居无求安"（《论语·学而》），"君子谋道不谋食……忧道不忧贫"则是他毕生实践的准则（《论语·卫灵公》）。正因为如此，他陶醉于"道"的感悟与兴奋之中，竟至"三月不知肉味"（《论语·述而》）；毕生致力于"道"，"发愤忘食,乐以忘忧,不知老之将至"(《论语·述而》)。

孟子以孔子的行为为规范,可以说是完全承袭并坚定地崇奉着孔子食生活的信念与准则,不仅如此,通过他的理解与实践,更使之深化完整为"食志—食功—食德"坚定的食事理念和鲜明系统化的"孔孟食道"理论。他称那些为"养口腹而失道德"的人是"饮食之人",这种人"则人贱之矣,为其养小以失大也","养其小者为小人,养其大者为大人"(《孟子·告子上》)。孟子的"饮食之人",即孔子所鄙夷的"谋食"而不"谋道"之辈,在孔子是"不与为伍"的原则坚持,而孟子则表述为"人以群分"的定性标准,因而更具理论性和实践性。他提出不碌碌无为白吃饭的"食志"原则,这一原则既适用于劳力者也适于劳心者。劳动者以自己有益于人的创造性劳动去换取养生之食是正大光明的:"梓匠轮舆,其志将以求食也;君子之为道也,其志亦将以求食与",这就是"食志"。所谓"食功",可以理解为以等值或足当量的劳动成果换得来养生之食的过程,即事实上并没有"素餐","士无事而食,不可也。""食德",则是指坚持吃正大清白之食和符合礼仪进食的原则。在人们的交往中,不爱人而馈之以食,如同是喂猪;爱却不能敬如礼仪,则如同豢养禽兽,同样违礼。

二、中国饮食文化的五大特性

中华民族饮食文化的形态特征及其演变轨迹,若从纵横贯通的历史大时空来考察,则明显地存在着食物原料选择的广泛性、进食心理选择的丰富性、肴馔制作的灵活性、区域风格历史的延续性和各区域间文化交流的通融性等五大特性。这五大特性,广泛涉及食物原料生产、加工、利用,饮食思想、习惯、心理,肴馔制作工艺特点、传统,文化风格的历史成因、区域分野,区域间食文化的交互作用等民族食生活、食文化的诸多领域,是中华民族历史食文化民族性的突出风格与历史性特征。

(一)食物原料选取的广泛性

一方面是由于中国幅员辽阔,北南跨越寒温带、中温带、暖温带、亚热带、热带,东西递变为湿润、半湿润、半干旱、干旱区,高原、山地、丘陵、平原、盆地、沙漠等各种地形地貌交错,形成自然地理条件的复杂性和多样性特征。

另一方面则是中国人在"吃"的压力和引力作用下,表现出来的可食原料的开发极为广泛。中国历史上历代统治集团的愚民政策和过早出现的人口对土地等生态环境的压力,使中华民族很早就产生了"食为民天"的思想,吃饭问题数千年来就一直是摆在历代管理者和每一个普通百姓面前的攸关大事。中华民族的广大民众在漫长的历史性贫苦生活中造就了顽强的求生欲望和可歌可泣的探索精神。中国人开发食物原料之多,是世界各民族中所罕见的。中国人不仅使许多其他民族禁忌或闻所未闻的生物成为可食之物,甚至还使其中许多成为美食。当然,在这种原料开发中,与下层民众的无所不食的粗放之食相对应的,是上层社会求珍猎奇的精美之食。正是以上两个方向、两种风格的无所不食,造成了中国历史食文化民族性的食物原料选取的异常广泛性。

正是这种野蛮和痛苦的长期结合,造成了中国人的既往食文化史,给我们留下了许多哪些生物可以食以及如何食的记录,当然更重要的是养育了民族大众,丰富了他们的劳动生活、情感和创造性才智。早在距今三千年左右,以动物血液制作的各种"醢醯"、鲲鱼子制作的"卵醢"、蚁卵制作的"蚳醢"即已成为贵族平居常食。此外,包括蚕、蚕蛹、蝉,甚至蜘蛛在内的各类昆虫也是中国人自古吃到今的食物。就连令人生厌的老鼠、蝗虫,令人生畏的毒蛇、蝎子等也成了中国人的盘中餐。总之,一切可以充饥、能够入馔的生物,甚至某些对人有害无益的非生物也相继成了中国人的腹中之物。一个民族食生活原料利用的文化特点,不仅决定于它生存环境中生物资源的存在状况,同时也取决于该民族生存需要的程度及利用、开发的方式。

（二）进食选择的丰富性

与广泛性互为因果,相互促进的则是进食心理选择的丰富性。应当说这种进食心理选择的丰富性是世界各民族的共性,但我们中国人将这一人类共性发展为突出的民族个性。这种进食心理选择的丰富性表现在餐桌上,就是肴馔品种的多样性和多变性。在上层社会尤其是那些"食前方丈"的贵族之家,这一特性尤为突出。他们每餐有尽可能多的肴馔品种:远方异物、应时活鲜、山珍海味、肥畜美禽,同时还要勤于变化,不断更新。即便如此,"日费万钱犹言无下箸处"仍是此辈人的不时之慨。饮食不满足于习常,力求丰富变化,是中国历史上上层社会的主要食性。对于上层社会成员来说,饮食早已超越果腹养生的生物学本义而跃上了口福品味、享乐人生的层面。不仅如此,他们的食生活还大大超越了家庭的意义而具有相当的社会学功能。官场上的迎来送往,社交往来的酬酢以及为了声势地位、礼仪排场的需要等,都使上层社会成员的餐桌无限丰富,都使得他们的进食选择具有永不厌足的多变与多样性追求。而下层社会受到政治、经济、文化诸方面明显劣势的限制,心理选择的丰富性就要受到极大的制约。这同时也决定了下层民众更多地以廉价或无偿(如渔捞采集)的低档粗疏原料及可能的变化来调剂自己粗陋单调的饮食,许多流传至今的民间风味小吃、家常菜与此不无关联。

一方面是上层饮食社会层追求多样和多变的丰富心理,另一方面是庶民社会补充调剂的多样和多变的努力,于是整个社会表现出了似乎一致的追求食生活多样化的丰富心理倾向。历史上的中国人将这种丰富性的心理发展到了极致。中国人以为自然界中的万物都是"天"造地设以供人养生之需的,所以他们食一切可食之物便合于"天道"。因此,中国人食的想象、追求与创造便没有了什么禁忌。中国人主张的是与自然和谐相处的生存原则,提倡取之有时,用之有度,反对暴殄天物的用物原则,这既不限制中国人索取自然的自由,又使中国人对自然之物的利用充分发挥了物尽其用的创造性才智。这一点,从中国人对食物原料的加工利用几乎到了毫无弃遗的地步的传统可窥一斑。早在周代天子常膳的食谱中,仅肉酱"醢"和各种酸味的"醯"便各有百余种之多。上层社会豪侈之宴的"炙牛心"、"烧象鼻"、"燔熊掌"、"烧驼峰"、"扒豹胎"、"啜猴脑"、"煨鱼翅"、"烩鸭舌"以及鱼骨、燕窝、犴鼻、猩唇,甚至各种名堂古怪、创意离奇的虐食、怪食等纷纷登场亮相。任何一种未曾品尝过的食品,都极大地吸引中国人的食兴趣;每一种风味独特之馔,都鼓动中国人的染指之欲,中国的确是一个尚食而又永不满足于既有之食的民族。

　　(三)肴馔制作的灵活性

　　由于上述的广泛性和丰富性以及中国人对饮食、烹饪的独特观念,富于变化的传统烹调方法,从根本上决定了中国人肴馔制作的灵活性。

　　对于饮食,中国人以追求由感官而至内心的愉悦为要,追求的是一种难以言状的意境。对于那种"只可意会,不可言传"的美好感觉,人们又设法从感观上把握,用"色质香味形器"等可感可述可比因素将这种境界具体化,其中的美味又是人们最为珍视和津津乐道的。中国菜的制作方法是调和鼎鼐,最终是要调和出一种美好的滋味。一切以菜肴味道的美好、谐调为度,度以内的"鼎中之变"决定了中国菜的丰富和富于变化。因而中国烹饪界流行"千个师傅千个法"的宽松标准和"适口者珍"的准则,菜点制作缺乏严格的统一的量化指标,多信奉"跟着感觉走",将食之快乐列为优先考虑的要素。高明的厨师能匠心独运,有章法而无规矩,所以有中国烹调技法的复杂多变,有中国肴馔的万千名目,无穷花色。当然,这种灵活性表现在上、下两大不同等级的社会结构中是风格迥异、差别甚大的。上层社会的示夸、悦目和适口之需,要求他们的厨下不拘一格竟出新肴。

　　肴馔色、香、味、触、形、器等诸多审美指标的无穷变化,正是中国食品文化的优秀传统,也是尚食者追求的美学境界。是尚食者的价值指向,决定了美食创制的风格趋向,后者又不断培育了前者的审美观念和价值观倾向。中国肴品的制作,总是厨者依人们的尚食习惯,本人的传习经验,依据不同原料随心应手地操作而成。其中每一个参数都不是严格不变的,它们几乎都是变量。一切都在厨师每一次具体烹制的即兴状态下完成。没有也无法一成不变地把握每一道菜肴的量和质,它们都在厨者经验的眼光和灵巧的手的掌握中。因而,它们一直都属于"大致差不多"的模糊性质。应当说,这是中国菜肴制作的特点,也是其优点,至少既往数千年的历史上是如此。近数十年来,尤其近二十年来,人们试图用西餐的工业化模式来规范中餐厨师的手工操作,但是效果一直不尽如人意。关键在于忽略了两种文化的质的差异是难以硬性划一的。人们至多可能规范若干便于规范同时又易于为人们接受的品种,没必要也不可能规范中国人习惯了的民族、地区、季节等许许多多差异情况下的数百上千甚至更多的菜肴品种。因为它们大都是灵活制作的,而灵活性是它们因地、因时、因人诸多具体特异因素而成的中国肴馔文化的心理习惯的、历史文化的和技艺传统的民族性特点。

手工经验操作的中国肴馔,既然不是通过严格定量由机械规范生产的产品,它们就只能一地厨师一个样,一个厨师一个样,一时厨师一个样;这种千个厨师同时操作千个样,一个厨师千时操作千个样的文化现象,正是中国肴馔手工经验操作的必然结果。正是那种灵活而非机械、模糊而非精确的随意性、调和观,方使中国食文化完成了从感性到理性的超越,致使中国食文化充溢着丰富的想象力和巨大的创造性。

（四）区域风格的历史传承性

所谓传承性,是指民俗在约定俗成之后,即人相承,代相传,今俗袭古,古俗沿今,具有继承性和相对稳定性。它往往反映着对历史上某种经济形式及其残余的依存性。中国封建社会的长期存在,使得一切古老的适应封建社会经济基础的习俗得以比较稳定地保存下来,即使经济基础变了,一些古老的民俗事象也依旧延续着。其中,有的与某些新俗并行而存,有的则呈现出新中有旧、旧中有新的情况。饮食作为民俗之一,其习惯一旦形成,就具有相对的稳定性,甚至可以上千年不变。

我国疆域辽阔,各地气候、自然地理环境与物产存在着较大的差异,加之各区域民族、宗教、习俗等诸多情况的不同,在中国版图内历史上形成了众多风格不尽一致的饮食文化区。这种从食文化角度审视的文化区域风格的形成,是在漫长的历史过程中缓慢实现的,它的存在,它的发展,都体现了食文化的历史特性——封闭性、惰性和滞进性。这种特性,在以自给自足小农经济为基础的分割和封闭性很强的封建制时代尤为典型。从某种意义上说,某一人群的社会生活越是孤立和封闭,其文化的地域性便越明显,该种文化的民族的和历史的,即传统的色彩便越典型,个性的特征便越强。人类的历史文化,至少是殖民时代以前的世界多民族的文化,首先便是这种意义的地域性的文化。

中世纪时的中国,一方面由于自给自足自然经济的封闭性、封建政治的保守性,另一方面也由于商品经济的极不发达和广大庶民生活的非常贫苦,使得各区域的食文化在漫长的历史上保持着极强的"地方性","邻国相望,鸡犬之声相闻,民至老死不相往来"(《道德经》八十章),可以说是近代以前中国数千年广大农村、山区,尤其是边鄙地区经济文化生活的主体风貌。于是,自然地理的差异,经济生活的差异,人文的差异,进而是习俗和心理的差异,其结果便是封闭性极强的历史条件下区位文化的长久迟滞及内循环机制下的代代相因,即区域内食文化传承关系的坚实牢固保持。食物原料品种及其生产、加工,基本食品的种类、烹制方法,饮食习惯与风俗,总之是区位食文化的总体情况与风格,似乎都是这样代代相传地重复存在的,甚至区域内食品的生产者与消费者的心理与观念也是这样形成的。因为在迟滞生产力水平基础上高度封闭的人们,食生活的变化的确是太慢、太小了。这种传承性在区位文化历史顺序的每一个时期及历史过程的交替阶段表现得极为明显,它们几乎是凝滞的或周而复始、一成不变的。由于中国幅域广大,各文化区域彼此间存在着诸多的差异,对比之下,不相毗连,尤其是距离遥远的各区域的这种属性更为鲜明突出。当然,不是事实上的丝毫不变,只是说变化与发展非常微小和缓慢,因而表现为一种静态或黏结的表象。

(五)各区域间文化的通融性

文化就其本质来说是只有地域附着而没有十分严格的地理界限的,只要有人际往来,便有文化的交流;食文化因其核心与基础是关乎人们养生活命的基本物质需要,即以食物能食的实用性为全体人类所需要,便具有不同文化区域彼此间的天然通融性。无论历史上封闭是如何地高垒深浅、关梁阻断,也无论各地域内人们的生活是怎样单纯的自食其力,绝对的自给自足和完全的与区位外隔绝都是不存在的。各区域间的交流是随机发生的,并且事实上几乎是无时不在发生的。和平时期的商旅往来:"天下熙熙,皆为利来;天下攘攘,皆为利往"(《史记·货殖列传》卷一百二十九)。可以说,在食文化和更广泛意义的文化交流史上,无论时间发轫之早,范围之广,频率之高,渗透与习染能力之强,都是以商旅为最大的。商人的活动之外,官吏的从宦,士子的游学,役丁的徭戍,军旅的驻屯,罪犯的流配,公私移民,荒乱逃迁,甚至战争,都是食料食品通有无和食文化认识融会的渠道。而战争往往是更大规模、更迅速、更积极、更广泛和深刻有力的食文化交流。

中国饮食第一次大规模引进异质饮食文化,是在东汉时期。据文献记载,张骞出使西域时,从西域带回了葡萄、苜蓿、石榴、胡桃、大蒜、胡麻、胡豆、胡荽、胡葱、胡瓜、无花果等食物及葡萄酒的酿造技术,从而极大地丰富了中国饮食文化的内容。第二次是在唐代。在这一时期,波棱(菠菜)、浑提葱自尼泊尔传入中国;熬糖法自摩伽陀王国(今印度比哈尔邦南部地区)传入中国。第三次是明清时期。在这一时期,玉米、甘薯、花生、烟草、菠萝等食物从邻近的越南、菲律宾等国传入中国沿海地区;向日葵、西红柿等食物由西方传教士引种到中国;冰激凌、汽水、啤酒等西方食品及饮食方法也传到了中国,对近代中国人的饮食生活产生了极大的影响。在饮食文化方面使中国受到最显著影响的，可以说是后来世世代代在中国本土上经历兴衰的外来宗教。我们今天所见到的中国饮食，是在中国固有的儒教和道教的土壤中产生发展起来的。然而不容忽视的是，中国饮食是由作为其主流的中国菜与另外两大支流，即受佛教影响的素菜和受回教影响的清真菜交汇形成的一种大型的综合饮食。中国饮食在接受外来饮食文化辐射的同时，亦将自己的饮食文化源源不断地输往世界各地。从文献记载来看，中国饮食文化早在先秦时期便已传向世界。

　　国际食文化学界有一个"中华食文化圈"的观念，照这一观点的理解，以中国本土为中心，包括朝鲜半岛、日本列岛以及更广阔的中国周边地区在内的广大亚洲地区属于同一食文化区域。中华本土食文化与周边国家食文化的历史交流属于彼此通融，互补增益，相得益彰，因而呈现出毗连或邻近国土之间的共同体结构风格。就中华本土内部各食文化区域——"中华民族饮食文化圈"来说，是文化共同体母圈之中的子圈，它们彼此之间的联系当更为紧密，通融自是更加频繁。事实上，各食文化圈的历史孤立与独立，它们各自有别于其他子属区域的个性，都是相对的，既是历史形成中的相对，也是历史不断发展中的相对。那种各区域自身食文化风格的历史传承，同样也是在不断吸收本区域外文化影响的相互交流中实现的。胡饼于汉代进入中原地区，汉代长安等内地食用焙烤的胡饼已渐成风习。茶之作为饮料，其饮用风习最初形成于西南地区。汉以后，茶的种植沿长江而下至大江南北推广开来，并于唐代形成普遍种植与全社会广泛饮用的局面。唐代这种通国嗜饮之风又很快流行于西北广大地区。与中土盛行饮茶之风相辉映的，是西藏地区的饮茶之习，那里因与西南的川、滇地区早有商道相通，饮风流被或更早于唐代。其后的茶马互市更是中央政府或中原政权同周边少数民族的经济交流，至于茶通过几条丝绸之路长途输送域外则是更大范围的国际交往。中华民族在数千年漫长的历史上始终生存在一个相互依存、互勉共进的文化环境之中，并且随着时间的延续而不断加深这种彼此依存的关系。从根本上来说，就是各区域间互补性的经济结构决定了彼此的共存共荣关系，决定了这种结构之上彼此沟通联系的民族共同体的全部社会生活，决定了这种关系活性充分展示的各种文化形态。

复习思考题一

1. 什么是饮食文化？

2. 为什么中国古代会出现"发达的食文化，滞后的食研究"的现象？

3. 饮食疗疾与饮食养生有何差别？

4. 在中国历史上，"味"的含义是如何演变的？

5. 如何理解孔子的"食不厌精，脍不厌细"？

第二章

中国饮食文化的区域性

学习目的

1. 了解菜品文化地域特征表述的方法及其认识根据。

2. 掌握中国饮食文化圈的概念、中国饮食文化的区位类型，理解其成因。

3. 掌握中国各地区菜品风味特点、各地居民主要食用的主副食品。

本章概要

本章主要讲述中国菜地方性的表述方式、菜系数目、菜系含义与标准；饮食文化圈的概念、中国饮食文化区位类型、影响中国饮食文化区位形成的主要因素；东北、华北、西北、华东、华中、华南及西南等中国各地区菜品风味特点、各地居民食用的主副食品。

第一节　中国饮食文化区域性的划分

一、历史上饮食文化区域性的表述方式

中国幅员辽阔，自然条件千差万别，民族众多，饮食各异，很早就形成了区域性差异，早在商周时期中国饮食文化的地域差异便很明显了。《诗经》、《楚辞》、《山海经》等先秦诗文中对食物原料、食物品种及食风、食事的记述，已经可以看到这种区

位性的特点。如《楚辞》中的"陈吴羹些"、"吴酸蒿蒌"、"和楚沥只"(《招魂》)等诗句,表明人们已开始注意到饮食的地域性差异。

　　汉至唐宋时期,曾出现了"胡食"、"素食"、"北食"、"南食"、"川味"等称呼。"胡食"是指北方少数民族食品,以牛羊菜和面点为特色;"素食"是指在食素的饮食思想和生活原则的推动下,以植物性原料制成的、少油腻而较清淡的食品;"北食"多指盛行于中原地区的食馔;"南食"主要指江浙菜品,还包括闽、皖、湘、鄂风味,具有鱼米之乡的特色;"川味"即巴蜀菜品,带有川人"尚滋味、好辛香"的乡土气息。

　　明清以后,又出现了"京都风味"、"姑苏筵席"、"扬州炒卖"、"湘鄂大菜"以及"帮"、"帮口"、"风味"、"菜"等称谓。尤以"帮"的称呼影响较大,如"川帮"、"扬帮"、"徽帮"等。因"帮"之名主要在于区别不同地区的肴品及其口味,故又常常称某某"帮口"。以"帮"名菜大约起于清末民初,并一直流行于 20 世纪 50～60 年代。这种称谓的出现,或这种区别的必要,正是饮食业历史发展的结果。因为在一个都会(尤其是通都大邑)往往是楼、馆、堂、店鳞次栉比、星罗棋布,经营者、厨师也都是来自五湖四海,为适应不同地籍及口味的需要,当然也为了商业竞争的需要,便各以地方风味来标榜特色、招徕顾客。于是,区别和标识不同地方风味的特定称谓便应运而生了。这种特定称谓的历史选择就是"帮"。

　　与"帮"的说法大约同时,也有直接以地名菜的说法存在。如成书于清末民初的《孽海花》一书(该书第一回发表于 1903 年,最后一回发表于 1930 年)第二回提到,上海的饭店,"京菜有同兴、同新,徽菜也有新新楼、复新园。若英法大餐,则杏花楼、同香楼、一品香、一家春,尚不曾请教过。"书中并没有提"帮"而直以地名相称,这在当时是比较通俗习常的。

　　"菜帮"之说随着清末及民国都市(主要是沪、穗、宁、京、津、汉等开埠的大商业城市)饮食业的繁荣而流行开来,它鲜明地标志了某个店馆的地区性特征及其特有的区域性风味。因为各地区饮食文化发展的越来越鲜明的特异性,已经不能再用诸如宋代的"南食店"、"北食店"或"川食店"一类的称谓来做更确切地表达了。明清时期区域性经济文化的发展,也使该区域内的饮食文化得到了相应发展。这种饮食文化发展的区域性特点和风格,无疑需要有一个能更好地反映它们自身概念的表述。如上所述,历史的选择之一就是"帮"。

　　如此说来,"帮"之用于表示菜的地方性,是其历史的必然性所带有的旧制度下的隐约胎记以及随着"行帮"的消失和人们对"行帮意识"与"行帮习气"的逆反心理,使得它在新中国、新时代再继续沿用便变得越来越不适宜了。"菜帮"已经成了不利于饮食业发展和饮食文化研究的一个概念。"系"的概念正是在这种历史文化转型和社会观念转变的特定时期应运补阙出现和流行的。

二、菜系说

"菜系"一词何时出现,烹饪研究者曾有多种揣测性说法,但能见到的最早文录却是 20 世纪 70 年代中叶以后。中国财政经济出版社 20 世纪 70 年代中后期出版的《中国菜谱》丛书,一般省区专辑的"概述"中便有"江苏菜系"、"安徽菜系"、"湖南菜系"、"广东菜系"、"浙江菜系"等字样。进入 80 年代以来,尤其是第一次中国烹饪大赛(1983 年)以后,"中国烹饪"文化的研究很快形成热潮,"菜系"一词的高频率使用使其成了餐饮界的一个时尚术语。"菜系"之说也就随着饮食业的兴旺和烹饪文化研究热潮的兴起而流行了。

（一）不确切的"菜系"数目

中国到底有多少个"菜系",可谓众说纷纭,莫衷一是。有"四系"说、"五系"说、"六系"说、"八系"说、"十系"说、"十二系"说、"十四系"说、"十六系"说、"十八系"说、"十九系"、"二十系"说、"三水四系"说等,不少说法中,又包含几种不同的观点,而且还有产生更多新说法的趋势。这里将主要的说法列于表 2.1。

表 2.1　中国菜系数目主要观点

类别	组　成	资料来源
四系说	1.鲁、苏、川、粤	《鲁菜概述》,《中国烹饪》1985 年 3 月
	2.京、川、扬、粤	陶文台《江苏名馔古今谈》,江苏人民出版社,1981 年
	3.川、粤、苏、鲁	《试论中国的菜系》,《中国烹饪》1984 年 5 月
	4.粤、川、鲁、苏	周光武《中国烹饪史简编》,科学普及出版社广州分社,1984 年
	5.川、鲁、粤、淮扬	熊四智《中国烹饪学概论》,四川烹饪专科学校,1987 年
	6.鲁、川、粤、苏	《灿烂的齐鲁饮食文化》,《文史知识》1987 年 10 月
五系说	1.京、川、鲁、粤、淮扬	《烹调基础知识》,北京出版社,1981 年
	2.鲁、淮扬、川、粤、西北	师巩厍《何谓菜系》,《中国商业报》1988 年 8 月 13 日
六系说	1.京鲁、江浙、川滇、闽粤、徽赣、湘鄂	20 世纪 50 年代在行业内流行
	2.川、粤、苏、鲁、宫廷、民族	《烹调技术教材》
八系说	1.京朝、淮扬、川、粤、云、闽、豫、湘	张起钧《烹调原理》,中国商业出版社,1985 年(仅开列区域菜类型,而未讲"系"字)
	2.鲁、苏、川、粤、浙、徽、湘、闽(或鄂、京、沪)	据陈光新《菜系的认定》一文讲来自"有关文件",《四川烹饪》1992 年第 1 期

续表

类别	组　成	资料来源
十系说	1. 川、鲁、粤、苏、浙、闽、徽、湘、京、鄂	中等商业服务业技工学校试用教材《烹调技术》,1981 年
	2. 鲁、川、粤、扬、闽、徽、浙、京、沪、赣（或苏）	桃丹《风味流派略识》,《中国烹饪》1984 年 7 月
	3. 粤、鲁、川、闽、赣、徽、扬、京、沪、苏	周光武《中国烹饪史简编》,科学普及出版社广州分社,1984 年
十二系说	1. 京、鲁、川、粤、淮扬、浙、闽、鄂、徽、湘、沪、津	《烹调基础知识》
	2. 京、鲁、川、粤、苏、浙、闽、湘、徽、鄂、沪、少数民族	苏学生《中国烹饪》,中国展望出版社,1983 年
	3. 鲁、苏、川、粤、浙、闽、徽、湘、京、鄂、沪、秦	有关丛书编写计划
十四系说	鲁、苏、川、粤、浙、闽、徽、湘、京、鄂、沪、秦、豫、辽	《中国菜谱》丛书
十六系说	鲁、苏、川、粤、浙、闽、徽、湘、京、鄂、沪、秦、豫、辽、秦、清真	陈光新《菜系的认定》,《四川烹饪》1992 年第 1 期
十八系说	1. 京、鲁、徽、苏、沪、浙、闽、豫、鄂、湘、粤、川、滇、秦、辽、官府、清真、素	《中国名菜大观》
	2. 川、鲁、苏、粤、浙、闽、徽、湘、京、鄂、沪、秦、豫、辽、滇、仿膳、清真、素	菜系教学资料
十九系说	京、津、沪、苏、浙、徽、闽、鲁、豫、鄂、湘、粤、川、云、陕、辽、黑、清真、素	《中国名菜谱》
二十系说	京、沪、川、苏、粤、鲁、浙、闽、徽、湘、鄂、豫、秦、辽、滇、港、素、清真、仿膳、民族	《中国的菜系》(内部教材)

（二）"菜系"的含义与标准种种

到底什么是"菜系"，"菜系"的内涵和外延是什么，也一直是争论的焦点，并有多种观点。代表性的意见有：

菜肴体系说　"菜系就是菜肴的体系。""菜系就是在原料选择、烹饪技艺、花色品种上具有各自的特殊风格。"（杜世中《也谈中国的菜系》，《中国烹饪》1985 年 1 月）

地方特色最浓郁的风味菜肴体系说　"菜系的含义是什么？谓众多地方菜中地方特色最浓郁的风味菜肴体系也。"（熊四智《中国烹饪学概论》）

烹饪技艺与地方菜说　"所谓菜系，是指在一定区域内，因物产、气候、历史条件、饮食习俗的不同，经过漫长历史的演变而形成的一整套自成体系的烹饪技艺，并被全国各地所承认的地方菜。"（张舟《试论中国的"菜系"》，《中国烹饪》1984 年 5 月）

中国烹饪的风味流派说　"菜系，中国烹饪的风味流派，系指品类齐全、特色鲜明、在全国有较高声望的系列化菜种，如鲁菜、苏菜、川菜、粤菜、中国清真菜、素菜等。"（陈光新《菜系教学中的一些尝试》）

地方风味说　"所谓中国有几大菜系，主要指地方风味而言的。""菜系分野主要在于地方风味特色的区别。所谓地方风味特色。即选本地烹饪优质原料，用本地习用的优良的烹饪方法，制作出本地风味的肴馔，其中特别是口味上的差异，尤为重要。"（桃丹《风味流派略识》）

系统说　郑昌江先生在指出了"菜系"各种释说的弊端之后认为："完全可以称其为一个系统。这一系统是由菜肴、面点、烹饪技艺、饮食习俗、历史文化、自然条件等要素组成。"（《中国菜系及其比较》，中国财经出版社，1992）

杜说的核心是"菜肴"构成的"体系"。熊说的要点是"地方特色最浓郁的风味菜肴体系"，"菜系"只是"地方菜"中的佼佼者，"真正可以称之为菜系者"，淮扬菜、粤菜、川菜、鲁菜"是不会发生争议的"。桃说则指"地方风味"。张说的内涵则要丰富一些，除"地方菜"外，还有"烹饪技艺"。陈说认为是"中国烹饪的风味流派"，"系列化菜种"，包括"地方菜系"、"民族菜系"、"宗教菜系"、"家族菜系"等类型，并称"菜种"和"地方菜"基本是一个意思，与"乡土菜"、"民间菜"相近，"地方菜是菜系形成的前提和基本条件之一，而部分菜系则是某地方菜的升华和结晶。""菜种"是指"在选料、拼配、烹制、调味、质感、造型、器皿使用和食用习俗等方面有一定的内在联系，流行在某一区域，形成某些特色，并为部分群众所喜爱的日常菜品（如兰州菜、侗族菜等）。"而"菜品"是手工食品的统称，包括菜点羹汤等。

对于"菜系"的遴选标准，也有许多种观点。杜说主张的是原料选择、烹饪技艺、花色品种要具有"各自的特殊风格"。桃说认为主要在于"地方风味特色的区别",要点是"本地烹饪优质原料"、"本地习用的优良的烹饪方法"、"本地风味的肴馔",特别是"口味上的差异"。

熊说的条件则比较多,"重要标志"有诸如"独特的烹饪方法"、"特殊调味品和调味手段"、"众多的烹饪原料";"客观尺度"有系列复杂的"风味菜式"、国内外"公认的影响";"主要因素"则是"丰富的物产"、"悠久的传统饮食习俗"、"烹饪技术广泛普及"、"有一大批精于烹饪的技术人才"、"一定数量和规模的本菜系的风味餐馆"、"烹饪文化相对比较发达"。

陈光新先生鉴于"菜系的认定太滥了",主张以严格的政治和行政手段实行"统一立法"来规范。"谁都可以自由排列,谁都可以任意增减",认为"出现这种弊端、症结在于菜系研究没有'统一立法',是与不是之间缺乏科学论证的标杆"。他提出了一份"认定菜系"的"统一标准":食品原料是烹调工艺的作用对象和物质基础;烹调工艺(含炊具)是形成菜系特色的重要手段;事物的属性不仅取决于质,也依赖一定的量;融注进菜品风味中的乡土气息,是菜系的灵魂;倘若没有深厚广博的群众基础,菜系将会成为"滞销品";看待菜系应有历史的全面的辩证的观点(《菜系的实质》,《四川烹饪》1991 年第 3 期)。

(三)"菜系"问题论争的实质

"菜系"概念出现于 20 世纪 70 年代中叶,流行于 80 年代中叶至 90 年代中叶,现已渐趋平和淡漠这一过程足以表明人们的认识逐渐成熟,理智思考和理论深化逐渐取代"弘扬"性宣传的必然。关于这一问题展开的讨论和争论,其实质则是"中国菜地方性"的认识和表述的科学性问题。归纳起来,对于"菜系"迄今有四种基本意见,第一种是赞成"菜系"的提法;第二种主张"以地名菜";第三种是主张以"地方风味"的概念取代"菜系";第四种是仍用传统的"帮"的概念。

赞成"菜系说"者之间也存在着很大的争议。到底什么是"菜系"? 其内涵与外延如何界定? 是"烹调技艺"、"膳食结构"、"饮食习俗",还是"地方菜"、"地方菜种",抑或是"菜品体系"、"菜肴体系"、"系列化菜品"、"系列化菜肴"、"风味特色"?怎样表述? 分歧很大。连到底"菜系"是什么尚未明确,却出现了诸如四大菜系、八大菜系等许多"菜系",这不仅给人们带来不少困惑,而且不利于问题的解决。除了定义之争外,还有标准、数量、次序、支派等多方面的论争。"菜系"以什么做标准?应有多少条? 以什么为主? 由谁评定? 怎样评定? 可谓各执一词。中国到底有多少个"菜系"? 是四个、五个、六个、八个,或是十六个、二十个? "菜系"是越来越多?还是越来越少? 或者是固定不变? 更是仁者见仁,智者见智,提法五花八门,本来是要"评优",结果标准还未制定好,许多同志在尚未"评"的情况下便在著作、文章、讲台、会议上"公布"了"菜系"名单。"菜系"的排序也引起了不小的争论,先后出现了按形成时间、历史贡献、水平高低、影响大小、汉语拼音、地域方位,乃至分级划类等方法排序。但有一个现象十分有趣,著作、文章的作者在给"菜系"排名时,往往将作者自己所在地的名次前移,体现了一种"谁不说咱家乡好"的心理。当然,这未免有不够客观公正之嫌。在"菜系"内部有无必要再分支派? 如何分? 分多少? 谁先谁后? 谁主谁次? 有的地区也是争论不下。

有些同志对目前流行的四大菜系、八大菜系、十大菜系、十二大菜系等提出了疑问。他们提出:这些菜系是按什么标准评出来的? 是不是通过一定程序评出来的? 怎样评的? 如果不是通过一定标准、一定程序公平地评出来的,怎么服人? 人们若随意编排"菜系"名单和顺序,岂能不乱?

有研究者认为,"以地方风味代替菜系更好",因为在"争着入系"的过程中有明显的负面效应,"大家唇枪舌剑,纠缠于无谓的论争中,浪费了精力,伤了和气。"在修订商业部统编教材《烹调技术》的全国性会议上,"在讨论最后一章地方风味时,各地代表(技工学校烹饪教师)也一致反对菜系说"(邵建华《以地方风味代替菜系更好》,《四川烹饪》1992 年第 4 期)。

中国菜的地方性是客观存在的,不同地区的菜肴风味会有所不同,但用什么方式来表述确实值得探讨,而且应该慎重对待。地方性是客观的,不容许研究者个人的主观随意性,也不宜用行政方法来确定。作为饮食文化的区域性概念,"菜系"是不足以全面和准确涵盖的,而且将"菜系"释为"菜肴体系"或"系列化菜种"也是不够妥当的。"体系"的释义为"若干有关事物互相联系互相制约而构成的一个整体。如理论体系、语法体系、工业体系"等。这段释文有四部分内容或四层意义:①有关事物;②互相联系;③互相制约;④一个有机整体,而非松弛的群体。一个地区的菜肴之间虽有一定的共性,或原料组成相同,或制作方法类似,或口味一致,但菜与菜之间并不存在着制约关系,一款菜的存在并不对另一款菜的存在构成影响。这些菜肴也说不上是一个整体,最多只是一个群体而已。"系列化"是指"对规格复杂、作用相同的工业产品,加以选择、定型、归类的一项技术措施"。"系列化"体现的主要是人的主观意愿,而作为中国菜的地方性的概念,则应揭示和表述的是事物的内在本质和客观属性,称"菜系"是系列化菜品也是不够妥帖的。同时,主观意识色彩较浓的各种"菜系"排名,确实产生了一些负面效应。因此,还是称"××菜"较合适,如直接称京菜、川菜、鲁菜等。

三、饮食文化圈说

(一)"饮食文化圈"的概念

著名饮食文化专家赵荣光先生依据中国客观存在的饮食文化的区域差异,提出了"中华民族饮食文化圈"学说。在划分中国饮食文化区时,是从全国范围着眼的,立足于饮食文化的总体,分区界线的划分从全国饮食文化差异的大势出发,考虑的重点是饮食文化风格是否相近,并没有完全依照今天的行政省、区界线去确定界线。认为饮食文化圈是由于区域(最主要的)、民族、习俗、信仰等原因,历史地形成的具有独特风格的饮食文化区域。

(二)中国饮食文化区位类型

中国饮食文化的区域性差异,可以说是伴随饮食史的开端即显露出来了。原始人类赖以活命的食物原料,完全靠"上帝"的恩赐,即直接向大自然索取。因此,这时的饮食文化特征基本是由人群生息活动范围内的动植物种类、数量、存在与分布状态及水源等纯天然因素决定的。距今一万年左右,在今天中国的版图内,原始农业和原始畜牧业出现了。从原始农业和原始畜牧业的出现到新石器时代晚期,即距今四千余年前,在经历了五六千年漫长时间的食生产和食生活之后,中国史前时代的饮食文化区位特征明显形成。这就是以种植业为主生产方式的明确和以谷物为食料主体倾向逐渐强化的特征。这一时期具体体现为:粟、菽等五谷杂粮结构的黄河流域食文化区、稻为基本食料的长江流域食文化区,以及中北广阔草原地带的畜牧与狩猎食文化区三大史前食文化区域类型。经过漫长历史过程的发生、发展、整合的不断运动,至 19 世纪末,在中国域内大致形成了东北地区饮食文化圈、京津地区饮食文化圈、黄河地区中游饮食文化圈、黄河下游地区饮食文化圈、长江中游地区饮食文化圈、长江下游地区饮食文化圈、中北地区饮食文化圈、西北地区饮食文化圈、西南地区饮食文化圈、东南地区饮食文化圈、青藏高原地区饮食文化圈、素食文化圈。其中本来以侨郡形式穿插依附存在于其他相关文化区中的素食文化区,因时代政治等因素致使佛、道教迅速势微而于 19 世纪逐渐解析淡逝了,它在中华民族饮食文化史上大约存在了 13 个世纪。其余十一个饮食文化区,是经过了自原始农业和原始畜牧业发生以来的近万年时间的漫长历史发展,逐渐演变成今天的形态的。由于人群演变和食生产开发等诸多因素的特定历史作用,各饮食文化区的形成先后和演变时空均有各自的特点,它们在相互补益促进、制约影响的系统结构中,始终处于生息整合的运动状态,尽管一般来说,这种运动是惰性和渐进的。将各饮食文化区的大致区域绘成示意图(见图 3.1)来表示:

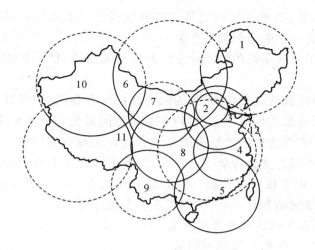

图 3.1　中华民族饮食文化圈示意图

1.东北地区饮食文化圈;2.京津地区饮食文化圈;3.黄河下游地区饮食文化圈;4.长江下游地区饮食文化圈;5.东南地区饮食文化圈;6.中北地区饮食文化圈;7.黄河中游地区饮食文化圈;8.长江中游地区饮食文化圈;9.西南地区饮食文化圈;10.西北地区饮食文化圈;11.青藏高原地区饮食文化圈;12.虚线部分为素食文化圈(约 6～19 世纪)

关于"中华民族饮食文化圈示意图",应当说明的是,它只是个示意图,表示的仅是其本质和原则关系的意义,还不是反映确切量的分布的文化地理图。本图旨在表达的意义主要有以下几点:

(1)"中华民族饮食文化圈"是一个以今日中华人民共和国版图为基本地域空间,域内民众——中华民族共同体大众为创造与承载主体的人类饮食文化区位性历史存在。

(2)"中华民族饮食文化圈"由 12 个子属文化圈,即相对独立、彼此依存的次文化区位构成;无论是"中华民族饮食文化圈"这个母圈,还是各次文化区位的子圈,其饮食文化形态及其内涵,都是历史发展的结果,都是有条件的历史存在。

(3)每个子圈显然不应当被简单理解为其所代表的次文化区位实际地理阈至同样也是 360°的绝对圆形态;事实上对"中华民族饮食文化圈"我们也没有作为一个圆形的轨迹来图示;各次文化区位圆周轨迹走向中华人民共和国版图以外的部分采取虚线表述,既表明"中华民族饮食文化圈"的现实地域分野,同时也表明中华饮食文化作为一种传播能力很强的文化不受政区地理界限限制的历史存在与现实影响。

(4)各个子圈的相交,表明各相邻次文化区位的文化传播与相互影响、渗透的地域空间交叉关系；邻近子圈的直接交叉和这种交叉的连环链锁，体现了"中华民族饮食文化圈"是一个密切相关的生命整体。

（5）以不同于其他虚线的特别虚点线标志的素食圈，已不作为一种区位性文化地域空间存在。

（6）与"中华民族饮食文化圈"作为同心圆同时存在的"中华饮食文化圈"，是一个以历史上中国版图为传播中心，以相邻或相近因而受中华饮食文化影响较深、彼此关系较紧的广大周边地区联结而成的饮食文化地域空间历史存在。这种历史存在，以历史上的中国为文化传播中心，中心文化同时也不断地积极和大量吸收周边文化因素，整个"中华饮食文化圈"内部结构，历史上始终处于双向和多边的传播、交流状态中，不断增殖和整合，当然也少不了文化冲突。

（三）中国饮食文化区位形成的历史原因

1. 地理环境、气候物产等地域因素

人们择食，多是"靠山吃山，靠水吃水"，就地取材。越是历史的早期就越是如此。例如，东南沿海地区，人们嗜食鱼虾，且尚生猛；而西北地区与海无缘，当地居民基本不吃海产鱼虾；内蒙古地区，人们离不开牛羊奶酪；华中、华东地区则是"饭稻羹鱼"、时鲜蔬果、精细点心、风味小炒。一般地域相邻地区的饮食文化差异相对较小。当然这要以自然地理不出现巨大反差以致造成物候差异过大为限。例如，西藏高原毗连四川盆地，但地理物候的不同是十分显明的，以致饮食文化形成巨大的反差。黄河下游濒海地区鱼盐便利，运河转运物资方便，与黄河中游地区内陆的典型自然经济农业不同，因而在历史上形成了菜肴用料、加工方法、口味及品目等总体风格上的诸多不同。下游地区菜肴中多海味、多鲜活，而中游一带偏畜禽、尚汤煮。当然，饮食的这种地域差异不仅局限于各饮食文化大区之间，即便在文化区内部也会有程度不同的体现。如长江下游地区的江南、江北也有食习上的许多不同，江北至徐州一带的苏北风格近鲁，与苏州等地传统的典型江南风格存在着不小的差异。甚至高原雪域也有"西藏江南"，那里依次分布有低山热带雨林，低山准热带季雨林，山地亚热带阔叶林，山地亚热带常绿、落叶阔叶混交林，山地温带松林，亚高山寒温带冷杉林，高山灌丛疏林，高山草甸等特异的生态区，所提供的植物性食料显然多于高原的其他地区。如果自然因素相近，其他方面也相似，便依其饮食文化基本特点一致而划为一区；如果自然因素有些差异，而由于民族、习俗、宗教等原因，导致人们的饮食出现一致也划为一区，比如，喇嘛教盛行的西藏就属于这种情况。

2. 政治经济与饮食科技因素

政治、经济及饮食科技也是饮食文化区形成的重要因素。北京自古为中国北方重镇和著名都城,长期是全国政治、经济、文化中心,人文荟萃,各地著名风味和名厨高手云集京城,各民族的饮食风尚也在这里相互影响和融合。天津早在明代就成为"舟楫之所式临,商贾之所萃集"的漕运、盐务、商业繁盛发达的都会。明朝灭亡之后,不少御厨流向津门,民国前期,清朝皇族、遗老遗少迁居天津,买办、官僚、军阀、洋商也云集于此,饮食业空前繁荣。京津地处北方少数民族与南方汉族的交汇之地,饮食文化形成了独特风格。

经济的发展,对饮食文化的发展起着十分重要的作用。例如我国的东北地区,在古代是一个以采集、渔猎和游牧文化为主的地区。然而随着大批汉人的不断徙入和垦殖、开发,中原农业文化渐渐普及于白山黑水之间,尽管其文化特征与中国传统的农业文化不尽相同,但目前占主导地位的仍然是传统的农业文化。其饮食文化呈现出独特的地域特点。

饮食文化区处于不停止的动态运动之中,由于经济的发展,科技的进步,历史的变迁,不断发生变化。我们划分饮食文化区是将其置于特定的历史时期和所处的经济、科技状态,大致以19世纪末、20世纪初为划分饮食文化区的时期。

3.民族、信仰与饮食习俗因素

在中国西部游牧文化区形成了中北、西北、青藏高原三个饮食文化区。这既有自然地理、气候物产、政治经济的原因,也有民族、信仰与饮食习俗的因素。蒙新草原沙漠地区横亘于祖国的北疆,地形以高原、高山和巨大的山间盆地为主。由于地处内陆,东南季风的影响逐渐减弱以致最后消失,水分的分布自东向西依次减少,因而从大兴安岭到天山地区,在我国北部呈现出典型的温带草原、沙漠草原、荒漠和戈壁的自然景观。这里分布着蒙古、维吾尔和哈萨克等典型的游牧民族,其饮食具有鲜明的食肉饮奶的特点。由于新疆一带居住着维吾尔、哈萨克、回、柯尔克孜、塔吉克、乌孜别克、塔塔尔、撒拉、东乡、保安等信奉伊斯兰教的民族,而内蒙古主要居住着蒙古、达斡尔、鄂温克、鄂伦春、满等民族,主要流行喇嘛教,因此形成了特色不同的两大饮食文化区。

同样是游牧文化区,青藏高原上的藏族游牧文化却又别有风韵。青藏高原是世界上最年轻、最高大的大高原,平均海拔在4000米以上,有"世界屋脊"之称。这里既高且寒,既寒又干,加之这里弥漫着喇嘛教文化的神秘气氛,因此形成了别具一格的饮食文化区。

西南地区居住着为数众多的少数民族,虽大都以农耕为主,但其文化风格较为独特,既与藏族饮食有异,也与东部汉族的饮食有所不同,自成一体。

饮食文化的地域性差异不是不可逾越的,而且它也一直在逾越中,应当说严格的界限和最后的限度是没有的。同时,"地域差异"本身也不是固定不变的,它是历史的和运动的,在不同的时间单位其空间状态也不是完全一样的。它本身也按"文化"规律运动,在不间断的相互影响过程中,"求同存异"的变化恐怕是不能止息的,新的差异即新的个性因素将不断被增殖和整合出来。

第二节　中国各区域饮食文化

本教材将按东北、华北、西北、华东、华中、华南及西南等七个区域,依中华人民共和国现行行政区划对各省、自治区、直辖市饮食文化分别进行介绍。

一、东北饮食文化

（一）黑龙江饮食文化

1.沿　革

商周时期,黑龙江为东北古代土著民族肃慎、貊和东胡的居住地。肃慎族以渔猎为生,鱼和猪是他们主要肉食来源。东胡族主要以狩猎、游牧为生,吃牛、羊肉和野兽肉,以其皮为衣;貊族畜牧兼事渔业或猎业,后来向农业牧业经济转化,貊黍食。秦汉时期,黑龙江省西部北部为鲜卑,南部为北扶余,东北部为抱娄和北沃沮。各民族有的以鱼兽肉为主食,有的饮乳食牛羊肉,又有的肉粮兼顾或逐渐以粮食为主食。魏晋南北朝时期,黑龙江省西北部为室韦各族,东南部为勿吉。北室韦还保留游猎生活"食肉衣皮"外,南室韦和勿吉农业生产有了很大发展,并都会以粮造酒。隋唐时期,黑龙江分别置室韦、忽讦州和黑水三个都护府。这时期农副产品比较丰富。宋、辽、金、元、明时期,黑龙江先后有过契丹人、突厥人、女真人、蒙古人的活动。《金史》记载女真人"各随所分土,与汉人错居","农作时令相助济"。汉族北迁,不仅为黑龙江带来了生产技术、汉族文化、风俗民情,更因与当地少数民族"错居"、"相助济",使黑龙江的饮食民俗也有了较大的变化。清代,黑龙江省力宁古塔将军和黑龙江将军共管。女真后裔满族以农业为主。大批山东、河北移民北迁来到黑龙江各地落户。他们给边远闭塞的黑龙江又一次带来了中原汉族的包括饮食文化在内的传统文化,使黑龙江的饮食又产生了很大变化,并逐渐形成了具有黑龙江地域特点的饮食风格。黑龙江人口 3689 万(2000 年第五次全国人口普查数据,下同),居有汉、满、朝鲜、蒙古、回、达斡尔、鄂温克、赫哲、锡伯、鄂伦春和柯尔克孜等民族,其中汉族是黑龙江省的主体民族。

2.饮食概况

● 菜品风味特点

黑龙江食品制作长于炙、燀、拌、渍、扒、爆、炒、熘、烧、煮、炸等技法。风味以咸鲜浓味为主,菜品质感偏于酥烂。黑龙江人多食杂粮,喜食肉食、鱼虾和野味,嗜好饮酒。

● 哈尔滨饮食

主食与面点:以面粉、大米、高粱米、玉米、小米等为主食。

副食:居民以汉族为主体。其中多数是从山东、河北等地"闯关东"来的。哈尔滨中餐店经营的基本上是鲁菜和京菜,并以鲁菜为主。但因受北方少数民族和外侨的食俗影响,也有不同于其他地区的特点,可谓中西合璧。如吃满族的年糕和黏豆包,喜欢面包、红肠和啤酒。旧时,贫苦的哈尔滨市民,终日以玉米面贴饼子为主食,现今情况已有根本改变。但因为市民原籍不同而存在较大差异,例如,山东籍人喜食面和鱼;而来自冀东一带的人,尤其爱喝高粱米粥。较受欢迎的小吃有碗蛇儿、老斋焖子、油煎焖子、驴马烂、烫驴肉、萨其玛。哈尔滨人喜食鱼虾、肉食、酸黄瓜、甜香瓜、酸蘑菇、酸西红柿、酸卷心菜和酸青椒。

● 黑龙江农村饮食

平常都是一日三餐。但在冬春农闲时,多有只吃早晚两餐的。而在春夏农忙时节,除一日三餐外,还有吃贴响饭的习惯。早饭,一般都比较简便。午晚两餐则比较丰盛。农闲时,早餐多是大子粥配以咸菜或其他现成的菜品。农忙时,早餐多食干饭或面制品;午餐常食小米干饭、黏豆包等抗饥耐饿的主食。夏季午餐或贴响饭,多吃捞水饭及各类干粮。

主食:庄户人家,过去主要吃粗粮,常见者有苞米糙子、大饼子、窝窝头、小米饭和高粱米米饭。大米和白面为细粮,旧时为富庶人家、官宦人家享用,黎民百姓只有到年节方能吃上一顿大米饭或吃顿饺子。常见的主食有:

(1)米饭类:①干饭。乡间常用小米、黄米、高粱米、苞米等杂粮制作。②二米干饭。即用两种杂粮混合蒸制而成。还有以一种米粮为主,再加入部分豆类粮食焖制的各种豆饭。③捞水饭和烩饭。将干饭蒸熟后,捞出放冷开水中浸凉食用,即"捞水饭",多在夏季食用。烩饭是将食剩的凉饭,放入肉汤中加些菜蔬之类和调料,煮沸后食用。④荤油拌饭。是在热饭里拌上预先炼制好的含有花椒、葱、蒜、姜等作料的猪油,然后食用。这后两种食法乃满族遗风。⑤米粥。常食用的粥品有大米粥、小米粥、高粱米粥。小米粥又是黑龙江农村妇女产后必食之食。(2)面食类:有黏豆包、黏切糕及其他各种黏饽饽。这些黏面制品的最大特点是黏滑筋道,食后耐饿抗饥。其原料主要是大黄米和小黄米。制作时,先将黏米放入缸内,加水沤泡至酸,捞出放在水磨上,磨成水面,再接各自的操作方法,加工成不同的黏食。苞米面也是农村常食之品,主要用以贴大饼子、蒸发糕、做窝窝头等。大饼子制作,取苞米面与豆面按三比一混合和面,贴热锅帮上蒸烙而成。

　　副食:(1)蔬菜类:黑龙江地区受自然条件限制,蔬菜的季节性较强。开春时,农家多吃土豆、萝卜等头年未吃完的窖藏蔬菜及晒制的干菜、腌渍的各类咸菜。熟制方法多用熬、炖、煮等,食法多蘸酱而食。入夏之后,菜蔬日渐丰富。菠菜、韭菜、西葫芦、豆角、茄子、西红柿等纷纷上市,品种繁多,价格便宜,食法也多。入秋以后,家家户户开始晒制干菜、腌渍咸菜,用白菜渍成酸菜或辣白菜。冬天,农家除食用上述干菜或腌渍菜外,还多食用土豆或绿豆制成的粉条、黄豆或绿豆豆芽、水豆腐、干豆腐等,食法也多熬、煮、炖。此外,秋冬之季,黑龙江农村还多食黄蘑、榛蘑、木耳等各种食用菌类食物。

　　(2)肉类:以猪肉为大宗。以炖肉、灌血肠、做白肉、烀猪头、烀肘子、做馅包饺子最为普遍。牛、羊肉是蒙、回等少数民族的主要肉类食品,汉族人也大多爱吃。食法多烧、烤、炖、煮、扒、酱、涮,菜肴品种繁多,风味各异。鸡、鸭也是黑龙江农村常食之品,其肉多以炒、烧、炖等法制成菜肴,其卵多采用蒸、煮、炒等法成菜。平日农家多蒸鸡蛋羹、摊黄菜及窝鸡蛋食用,或者腌成咸鸡蛋或咸鸭蛋。鱼类则是沿江湖而居的各族人民常食之品,除用煎、炖之法食用外,还常将鱼腌制或晒成鱼干,以备日后食用。居住在林区的各族人民常以山间野味为食,最常食的就是狍子肉和野鸡肉。食法多烧、烤、煮和熬汤。

　　(二)吉林饮食文化

　　1.沿　革

　　从古老的肃慎、勿吉到后来的女真,这块土地上历经兴衰变乱。吉林是满族的故乡,满族人多以农、牧业为主,过着定居或半定居的生活。有些人则居无定所,革帐相随,以骑射游猎为主要生活方式。满族及其先世肃慎、挹娄、女真向以骑射著称。每逢狩猎出征,必配备用皮子做成的囊袋,内装饽饽等食物。祭祀用各种饽饽和煮熟的肉为祭品,历代相沿,成为习惯。后来发展为满族的饽饽席。杀猪祭祖的习俗也有悠久的历史。《晋书·东夷传》记载:满族的先人挹娄,多畜猪,食其肉,衣其皮。葬死者时,"杀猪积其上,以为死者之粮。"满族的饮食习俗奠定了吉林饮食习俗的基本格调。15世纪,冀鲁晋豫的移民来东北同女真、满族相互交往,中原饮食文化与松辽平原的饮食风俗逐渐交融,逢年过节吃饺子、吃手把肉。16世纪,吉林农业经济有了较大发展,人们的饮食结构发生变化,猪牛羊鸡鱼以及豆腐为饮食常品。19世纪末,吉林风味初具规模。《满族旗人祭祀考》载:"宴会则用五鼎八簋,俗称八中碗,年节、婚丧富家用八中碗,次六小碗,再次六碟六碗,⋯⋯冬日食火锅,春日食春饼、馒头、馅饼、水饺、蒸饺。"20世纪初期,长春是伪满"国都",官僚政客、大贾行旅云集,酒楼客栈应运而生,各地名厨纷至沓来,食肆繁荣,厨师用熘、扒、爆、烩、酱、熏等技法烹制出近百种风味山珍菜肴。20世纪70、80年代,吉林菜山珍野味的特殊地方风味已定型。

吉林人口2728万,是多民族杂居的省份,除汉族、满族外,还有朝鲜族、回族、蒙古族等少数民族。

2.饮食概况

● 菜品风味特点

吉林烹制技术以炒、熘、烧、炸、扒、爆、炖、煮等见长,突出风味为酸辣、油重、色浓、偏咸。

主食与面点:吉林居民生活简朴,日常饭食较为简单。在城市里,早、午餐较简单随便,晚餐较丰富些;在农村,早、午餐都要吃得稍好些,吃得饱一些,而晚餐则随便些,多以粥为主。近些年,人民生活水平提高了,饮食标准也相应提高,但崇尚简朴的风尚未变。吉林日常饮食多以米饭为主,除大米饭外,还有用大米与小米、大米与高粱米、大米与玉米子焖成的二米饭。豆饭,常见的有大米绿豆粥、大米赤豆饭、大米菜豆饭、黄米赤豆饭、高粱米赤豆饭、玉米子菜豆粥、大米豌豆粥等。用玉米面就可以做出窝头、饼子、饸饹、煎饼、发糕、玉米窝、豆包、水团子、豆面卷子、椴树叶子饼、苏叶饼、黏饼子等。用黏米面制作黏豆包。还有小米面锅贴、甜饼子、擦条等。

副食:吉林人的日常菜肴以熬、炖为主。如炖豆腐、猪肉炖白菜、猪肉炖粉条、茄子熬土豆等。平日喜食咸菜和酱。农村里,家家户户每年都自制一缸酱;城市里人口多的家庭,也常常自晒酱吃。酱的吃法,主要是用蔬菜蘸食。蔬菜一般多生食,也有的用沸水氽熟后蘸酱食用。

吉林人饮食上的习惯随季节变化较明显,春季里居民喜食饼:春饼、单饼以及筋饼、锅贴饼、合饼、白劲饼、煎饼等。夏季里居民喜食面,尤其是近些年来,朝鲜族的冷面极为流行,还喜欢吃水饭,即把米饭用冷开水冲一遍,吃时佐以大葱、酱、咸鸡蛋等。受朝鲜族饮食影响,汉族夏季也爱喝狗肉汤。吉林的凉拌菜,口味大酸大辣,能刺激食欲。秋天的食物最丰富,居民此时的口味也由清淡转向油腻,主副食花样变化较多。冬天的蔬菜靠贮存的白菜、萝卜、土豆等。吉林人入冬前多要渍一缸酸菜,也常在秋天晒一些干菜如茄子条、角瓜条、豆角丝、黄瓜片、土豆片、干豆角等,口味偏醇厚,讲究汤稠汁浓,油重味厚。冬令菜以氽白肉、血肠、火锅为主。

吉林民风淳朴,好客之风由来已久。特别是在农村,招待客人仍沿用满族习俗。有客人来,则被请至炕头的客位,一般只有男主人相陪,其他人不得上桌,妇女多侍立桌旁伺候,以示对客人的尊敬。餐桌上要先摆下四碟咸菜,叫"压桌",然后上热菜,主人殷勤劝酒、夹菜,主副食随吃随添,务使客人酒足饭饱才肯罢休。陪客者要等客人退席后方能离桌位。

招待客人,还喜欢包饺子。待客的饺子要比自家吃的小巧一些。在客人住下的日子里,多尽家中所有,尽可能变换饭菜品种,而且顿顿有酒。若是年节前,宴客少不了白肉和血肠,酒酣耳热,方显得亲热。

(三)辽宁饮食文化

1. 沿 革

早在先秦、秦汉时期,生活在辽河两岸的人们,就创造了自己的饮食文化。据《周礼·职方氏》记载:"东北曰幽州,其山镇曰医巫闾(今辽宁北镇县境内),⋯⋯其利鱼盐,⋯⋯其畜宜四扰,马牛羊豕,⋯⋯其谷有三种,⋯⋯知三种黍稷稻者。"出土于喀喇沁左旗的战国时的青铜器燕侯盂,铭文有"郾侯作馈盂"字样,是当时此地饮食文明的佐证。辽阳市棒台子出土的东汉一号墓的庖厨壁画,证明东汉时期辽阳一带的烹饪技艺已有相当水平。到了金代,北方人食俗"以羊为贵"。从 12 世纪开始,契丹、女真族相继崛起,迭主东北。至明末,女真族改称为满族,继而强兵入关,统一全国。进入清代,盛京(今沈阳)已成清朝的留都。清入关后,皇上多次东巡盛京,谒陵祭祀,赐宴群臣。满族善于养猪,喜食猪肉,烹制方法独具特色。清袁枚的《随园食单》记载:"满菜多烧煮,汉菜多羹汤。"清代末期的光绪、宣统年间和"中华民国"初期,是辽宁省南北菜交流、满汉菜大融会时期,奉天一带饮食市场繁荣。

辽宁人口 4238 万,汉族居多数,且大多数由山东等地移民而来,蒙古族聚居在辽西的阜新一带,满族聚居在辽东和辽北的新宾、凤城、岫岩一带。此外,朝鲜族、回族、锡伯族人数也不少。

2. 饮食概况

● 菜品风味特点

辽宁人嗜肥浓,重油偏咸。烹制食品时重调味,讲火功,必须紧烧、慢煮,使其酥烂入味,以炖、烧、熘、扒等技法见长。在饮食上,受山东影响较深。各民族有各自的口味嗜好,如汉族人喜欢鲜醇清淡,满族人喜欢酥烂入味,蒙古族喜欢浓郁厚味,回族人喜欢鲜香脆嫩,朝鲜族人喜欢辛辣爽口。

辽宁各地的饮食虽无大的区别,但由于受地理环境与物产状况的影响,差异还是存在的。如西部山区,气候干燥,盛产高粱、谷子,人们喜吃牛、羊肉,口味要求醇厚。中部、南部平原,气候湿润,人们多食大米、杂粮和禽畜菜蔬,口味多要求味浓。沿海地区,雨量充足,主产大米、玉米和果蔬鱼蛋,人多习惯食鲜醇之味。

●辽东饮食

主食与面点：饮食保持着明显的满族特色。人们平日粗茶淡饭，一饭一菜；来客时，则比较丰盛。因而民间的谚语说："平常要勤俭，来客要丰满。"吃饭要求"干，满，实惠，热"。夏日喜食用秫米或小米做成水饭，配咸鸭蛋和咸盐豆吃；冬天一般用高粱米配小豆做成干饭，或以小米做干饭，配熬菜，条件好的吃猪肉炖粉条。

副食：居家度日，离不开咸菜和大酱。大酱为各家各户常年必备食品，也是不可缺少的调味品。此地人还喜用一些鲜嫩的蔬菜蘸酱生食。民间有"小葱蘸大酱，越吃越胖"的说法。秋后，家家都腌渍酸菜作为一冬的冬菜。酸菜最宜与猪肉一起烹制，可熬、炖、氽、炒，用于氽白肉、制砂锅菜、下火锅及配白肉血肠。

●辽南饮食

辽南主要指辽宁省辽河以南的广大地区。居民主要是汉族，也有少数满族、朝鲜族、回族。汉族大多系山东移民，故饮食风俗与山东半岛接近。

主食与面点：人们以玉米、高粱为主食，同时也食其他杂粮、杂豆及薯类。大连附近地区喜欢将苞米磨成大子，加豆焖饭；小子加碱熬粥。玉米面发酵后，蒸发糕、做窝头，或者采用半烫面或半水面和成团，在大锅里贴成一面焦脆的大饼子。沿海一带，贴饼子炖鱼是当地别具风味的好菜好饭。也有的用绿海菜做馅，贴菜饼子，更是鲜香可口。大葱蘸虾酱、蘸大酱就饼子吃，也是当地人的一种嗜好。

副食：把晒干的萝卜丝儿用水泡开，挤去水分，拌上调味品（主要是辣椒油），是人们家常的菜肴。还有一种菜肴，当地人称之为"晃汤"，也就是在汤里下青萝卜丝，放海蛎子和小蚬子，其味更是鲜美无比。小杂鱼去头和内脏，剁碎搅匀，放入调味品和韭菜末氽丸子，味鲜质嫩。沿海居民还喜欢喝一种海菜疙瘩汤。通常人们将鱼腌一下，晒成鱼干，吃时再干蒸，吃起来柔韧鲜香。鱼还可以烤食，即将鱼放在铁丝网上，置于红火上将鱼烤熟，细细嚼来，干香味厚，回味无穷。总的来看，辽南地区，喜食咸鲜辣味，多食生葱、生蒜和海产品。多饮花茶，喜饮烧酒，也饮用大黄米制成的老酒。

二、华北饮食文化

（一）北京饮食文化

1. 沿　革

北京历史悠久，北京猿人、山顶洞人先后生活在这里。北京是华北平原与内蒙古高原之间的交通要道。自古以来，这里一直是中原农业经济与北方草原畜牧经济商品交换的集散地，也是兵家必争的军事战略重镇。随着历代封建王朝国家经济、政治、文化中心的不断东移之势，自元至清，北京都是全国的政治、经济、文化中心。女真人、蒙古人、汉人、满人先后在北京建都。加之自公元 7 世纪后,许多回族人也迁徙于此,便形成了多民族聚集北京、五方杂处的历史状况。统一大帝国的这种天子脚下、帝国京师的至高至重地位,使其成了全国最庞大、最集中和最高层的消费热点。明末北京地区人口已达到 70 万,到清末则增至 80 万以上。为了糜集于京师和京畿地区的诸多衙属官吏、庞大驻军以及五行八作、乐医百工的口腹之需,除了帝国的漕粮之外,主要靠京畿近县提供米面油盐、酱醋糖茶、蔬菜瓜果、猪羊鸡鸭、鱼虾蚌蛤、刀釜柴炭等一应食料、食品及食具。京畿就是一个饮食生活的特别消费区。金、元统治者均为塞外游牧民族,饮食上习惯食用羊肉奶酪。明永乐皇帝迁都北京,大批官员北上,带来了南方风味的菜品及饮食习惯。清代,东北、山东、江南等地食品纷纷汇集京都。近几十年来,北京人口激增,全国各地来北京定居的人口占相当大的比重,他们带来了各地区的饮食,这是我国各地饮食空前的大融合。

北京市人口 1382 万,各民族的饮食风尚也在这里相互影响和融合。

2.饮食概况

● 菜品风味特点

北京菜品制作主要有爆、烤、涮、炸、熘、烩、煎等技法,尤以烤涮最有特色。风味特点,过去讲求味厚、汁浓、肉烂、汤肥,如今开始向清、鲜、香、嫩、脆的方向转化,更加讲究火候的掌握、色形的美观以及营养保健功能。

● 城区饮食

主食与面点:旧北京城的居民贫富悬殊,饮食上差别很大。官僚、巨商们居住的大宅门里,吃喝极为讲究;而下层市民,很少吃到大米和白面,午、晚饭的主食主要是窝窝头或菜团子、贴饼子(即一面焦黄的玉米面饼子)。经济条件好的,能吃到糙米饭、粥(又有大米粥、小米粥、高粱米粥、绿豆粥、玉米面粥之分)或热汤面(有白面或杂面之别)。菜肴多是用萝卜、白菜、土豆、西红柿熬菜或生拌黄瓜、拌白菜心、拌萝卜丝等凉菜,也有以酱豆腐、臭腐乳、韭花酱、芝麻酱、辣椒糊及咸菜佐食的。

现今北京人的餐桌上,主、副食可谓中西结合,南北风味俱全,西式冷餐已进入不少家庭。因为怕肥胖和营养过剩,人们喜食瘦肉,一些人,特别是老年人已在提倡素食。北京的面食小吃,不少是用杂粮制成的,如江米面、绿豆面、黄米面、玉米面、小米面、荞麦面、大麦、红小豆等。较有代表性的主食及面点有萨其马、萝卜丝饼、窝窝头、菜团子、烙饼、饺子、包子、面条、豌豆黄、豆面糕、扒糕、甑儿糕、栗子糕、焦圈、炸三角、炸回头、薄脆、灌肠、豆汁儿、炒肝儿、羊头肉、羊双肠、奶酪等。

副食:蔬菜中,秋冬季节以大白菜为主。大白菜秋末冬初收获,对于冬春季缺蔬菜的北京人来说,大白菜是绝不可少的。大白菜除鲜食外,还能渍成酸菜,保留到春天食用。有不少人喜食咸菜或酱。如水疙瘩(腌芥菜头)、腌雪里蕻、腌萝卜、酱疙瘩、酱萝卜、酱黄瓜、酱柿子椒、酱茄包、八宝酱菜等。此外,还喜食酱豆腐(腐乳)、臭豆腐、豆腐干、豆腐丝等。北京特有的家常菜有炒麻豆腐、素咸什、白菜芥末墩儿、炒疙瘩丝儿、炒雪里蕻等。

北京菜是以北方菜为基础,兼收各地风味后形成的。北京菜的基本构成为宫廷菜、官府菜、清真菜、山东菜。代表菜有北京烤鸭、涮羊肉、烤肉、白肉、黄焖鱼翅、抓炒鱼片、酱肘子、酱牛肉、炒黄瓜酱等。

家里来了客人,要洗刷茶具,给客人现沏新茶,倒旧茶给客人喝是极不礼貌的。讲究"茶要半,酒要满"。茶水不能倒满杯,七成则可,否则也是对客人不尊重。而且倒茶水时,壶嘴儿不能冲着客人。旧时,大户人家留客人用饭,一般是到饭庄去叫饭。来了贵客,则要到饭庄里吃。一般人家,来了客人要请吃面条,表示让客人长住下来。若客人在主人家留宿下来,主人则定要请客人吃顿饺子,以示热情。

● 郊区饮食

主食与面点:旧时主食以玉米制品为主,如玉米面窝头、玉米面贴饼子、玉米面菜饽饽、菜团子、棒子糁、棒子面粥、棒子米粥、小米饭等,杂以白薯、高粱米、红豆、绿豆、黄豆、黍子、秫、大麦、燕麦、荞麦、豌豆、土豆、南瓜、倭瓜等。吃小麦制品较少,一般百姓只有年节待客或收获小麦季节才能吃上几顿。怀柔、密云、延庆等远郊区县,过去很少吃大米饭食。近些年来,食细粮的逐渐多起来了。

副食:冬季主要是大白菜、大萝卜、土豆、胡萝卜、圆白菜、豆芽菜、豆腐、腌芥菜缨和芥菜头以及干菜等。夏季蔬菜比较丰富,与城区市民所食青菜基本上一样,主要是吃自家种的,很少买菜。北部山区,冬季菜少时,将粉条煮烂,再加水淀粉及五香粉、葱姜末、盐等拌匀,入笼中蒸制,称为"焖子"。此外,还吃小葱拌豆腐、干炸辣椒段、熬萝卜、熬酸菜、焖豆角等。鱼、肉较少吃,鸡鸭等一般用以待客。

(二)天津饮食文化

1. 沿 革

天津作为王师控御交通东、南、北三面的运河重要枢纽、海运门户,在经济、交通、政治和文化上与北京的联结甚为紧密。元以来,尤其是明中叶以来,天津已与北京在经济上连成一体,天津是出入帝都的第一要埠,"滇南车马,纵贯辽阳;岭徼宦商,衡游蓟北"的天下财货集散之地(宋应星《天工开物》序)。明代,天津已成为漕运、盐务、商业繁盛发达的都会。明朝灭亡后,一些御厨流入津门,宫廷饮食也开始在天津流散。至清朝康熙初年,漕运税收衙门"钞关"、"长芦巡盐御史衙门"等由京移津,官府增多,商业进一步发达,饮食业也出现了最早的饭庄,经营的菜品以当地民间风味为基础,吸收了元、明特别是清朝宫廷菜的精华。清中叶以后,由于海运的发展、商品经济的兴旺,尤其是近代开埠、租界兴起、铁路架通、商贾会聚、政客云集,天津不仅勃兴为与北京比肩的商业都会、金融重地、人烟大埠,甚至俨然成为政治上的掎角之势。民国前期,清朝皇族、遗老遗少迁居津门,买办、官僚、军阀、洋商也云集于此,饮食业空前繁荣。

天津人口 1001 万。

2.饮食概况

● 菜品风味特点

天津菜品见长的技法有炸、爆、炒、烧、煎、熘、汆、炖、蒸、熬、熇、扒、烩等,尤以勺扒、软熘、清炒和笃最为独特。天津菜以咸鲜、清淡为主,有咸鲜、酸甜、咸甜辣、咸酸甜、酸辣、咸甜等味型。表现味厚、突出酸甜味的菜,多以姜丝、蒜片、葱丝炝锅;表现清淡,尤其河鲜、海鲜的菜,多用鲜姜汁配食醋调味,口感上讲究软、嫩、脆、烂、酥。代表菜有扒通天鱼翅、罾蹦鲤鱼、炸熘软硬飞禽、天津坛肉、七星紫蟹、笃羊眼等。

● 汉族居民饮食

主食与面点:天津人早晨喜食稀饭。秋、冬、春三季,用小米或大米熬粥;夏天则多在大米中加绿豆。外购的早点有豆浆、馄饨、豆腐脑、面茶、素丸子汤、锅巴菜、馃子(油饼)、煎饼馃子、烧饼、包子、锅贴、乌豆(烂蚕豆),甜点有汤圆、茶汤、八宝粥、小豆粥、切糕、盆糕、粽子,还有各色麻花、各色小馅蒸食、麻酱烧饼、枣饼、炸糕、素卷圈等。其中,锅巴菜、煎饼馃子是天津特有的。

午、晚餐日常食用的面食有馒头、花卷、油盐卷、包子、蒸饼(内夹糖、豆沙或红果酱)、枣卷、丝糕、玉米面窝头、死面饼、发面饼、烫面饼、肉饼、葱花饼、韭菜饼、糖饼、金裹银饼(即白面裹玉米面)、面条、饺子、馄饨等。米的吃法一般是吃米饭或粥。多吃籼米。天津除用稻米煮粥外,还用小米或玉米面熬粥。天津还有一种传统的普通饭食叫"一锅熟"。旧时家庭多使用柴灶,主副食用锅一次做熟,故得名"一锅熟"。例如,在锅底熬鱼、蒸蛋、蒸肉羹、煮土豆、山药、芋头、胡萝卜等,在锅帮上贴玉米面馇馇,蒸馒头或饭。

副食:主要有肉、鱼、虾、蚌,各类蔬菜及豆腐面筋等。猪肉的一般吃法是红烧和白煮,牛羊肉大多是清炖,有时也加进土豆、山药或大白菜,牛羊肉还可以加进胡萝卜、葱头之类。肉类清炒多切成肉丝、肉片。

鱼类的吃法很多。小鱼常炸、烩,或做成酥鱼;鲫鱼、鲹鱼、黄花鱼、铜锣鱼等,一般是红烧或清蒸;有时也用虾干、锅巴鱼、金针鱼做面汤。常吃的虾有对虾、港虾、晃虾、青虾、白米虾、琵琶虾等,吃法除烹炸外,还用于包饺子、做捞面打卤、烩豆腐、做虾圆等。蚌类有麻蛤、青蛤、扇贝、蚬子等,一般的吃法是汆后蘸姜、蒜、醋吃,或与鸡蛋一起炒食。螃蟹、海蟹、淡水蟹皆有。吃法或蒸或煮,蘸醋和姜末食用;也有剥蟹肉,做馅或配菜炒食的。

● 回民饮食

天津回民,在日常饮食方面同汉民区别不大。不过,除禁食猪肉外,饮食上也还有一些禁食之品。在诸水产中,无鳃无鳍者不食,像鱼而不叫鱼者不食,叫鱼不像鱼者(如鳖、鳝、墨斗鱼等)不食,无鳞者(如泥鳅、鲇鱼等)不食,横行的(如蟹)不食。

(三)河北饮食文化

1. 沿　革

《禹贡》称河北平原为冀州,因此,习惯上把“冀”作为河北省的简称。春秋战国时期,平原北部主要属于燕国,南部属于赵国,因此河北省又有“燕赵”之称。秦汉时代,河北分属上谷、渔阳、右北平、巨鹿、邯郸等郡,唐代统一为河北道。清代称为直隶省。1928 年改为河北省,沿用至今。先秦时期,河北便有饭铺、酒肆出现。《汉书·地理志》云:冀州“其俗刚勇尚气力”。唐代的韩愈曾说:“燕赵多慷慨悲歌之士。”历史上形成的这种粗犷豪放的民风也体现在河北人民的饮食习俗上。

河北省人口 6744 万,主要为汉族,还居有回、满、蒙古、朝鲜、壮、藏、布依、土家、苗等少数民族。

2. 饮食概况

● 菜品风味特色

河北菜长于熘、炒、炸、烧、烤等技法,讲究咸淡适度,咸鲜适口,以咸鲜、醇香为主,酸甜、香辣、咸酸等味菜肴也不少见,注重菜肴的脆、嫩、酥等质感。代表菜有金毛狮子鱼、白玉鸡脯、王大山爆肚、熘腰花、坛焖肉、蜜汁鲜桃等。

● 坝上高原饮食

坝上高原系内蒙古高原的一部分,位于张家口地区和承德地区的北部。

主食与面点:多种莜麦和黍子、高粱、土豆、山药等,油料作物主要是胡麻。日常食物以莜面为大宗,多做成块垒。其做法极简单:灶内生着火后,把莜面倒进锅里,加水搅拌,边烧火边搅拌,遂成一疙瘩一块的食品,即称“块垒”。

副食:以腌萝卜等腌菜和土豆为大宗。中午吃卷子时,常浇以腌菜咸汤和伴以辣椒,也有在腌菜咸汤中加入少量醋的。另外也食自家产的大葱、韭菜,很少有别的蔬菜可食,也无外购者。有时也吃点猪肉或羊肉,但不做炒菜,大多做熬肉或白水煮肉,桌上放一碗醋,蘸而食之。

● 山地丘陵饮食

山地丘陵包括燕山山地、太行山山地及其余脉丘陵。

主食与面点:食物有小麦、大麦、燕麦、玉米、谷子、红薯及豆类等。地处太行山区的井陉县和燕山腹地的兴隆县在此食风区内很有代表性。井陉地区每日三餐,冬季也有日食两餐者。早饭习惯吃咸饭;中午蒸饼子、熬米汤,晚上吃剩饭。食用干粮多以"水磨面"或"疙瘩面"制成。所谓水磨面即用玉米、谷子掺糠,用水磨磨成的一种细粉。有的人家只用玉米、小米掺和磨粉,称疙瘩面。贫苦人家日常食用的多是甜粮制成的蒸饼子或窝窝。甜粮是一种用少量玉米、谷子掺糠和红枣所磨成的面。还有菜饼、块垒、柿子饼、菜团子、饸饹、年糕、毛糕等。

副食:在饮料上,不少人家是采集枣叶、梨叶、连翘叶等,经过几蒸几晒,代茶饮用。现在,所用茶叶除少数自制者外,大部分是从商店里购买来的。腊月里要杀猪,并在纯净的猪血内放入五香粉、花椒面、香油、葱末、盐等各种调料,搅匀,灌入洗净的猪肠中,扎紧肠口,入锅煮制。谁家杀了猪,都要把里脊肉、排骨、猪肠下锅,招待客人,谓之"吃全猪"。

● 燕南赵北饮食

燕南赵北是指除黑龙港流域和滨海平原之外的山麓平原和冀中冀南平原。

主食与面点:粮食有小麦、玉米、高粱、大豆、水稻、谷子、甘薯等。日常主食为窝窝、菜团子和面条、米粥。常吃的是摊煎饼、蒸豆馅团子。副食:蔬菜一般自产自销,以白菜、萝卜、葱、蒜、胡萝卜及瓜类为大宗,平时多以凉拌生菜或自家腌制的咸菜、酸菜佐餐。这一地区的肉糕、水豆腐也颇具特色。晋县人爱吃驴肉、狗肉,藁城人爱吃香椿芽。

● 黑龙港流域及滨海平原饮食

该地区大致包括沧州、衡水和邢台地区的东部。

主食与面点:从前"糠菜半年粮"。现一般稀食以红薯、玉米面粥为主,干粮以玉米面、高粱面、糠面窝窝头、贴饼子为主。晚饭常常是焖一锅山药,或吃中午剩的凉山药。三顿饭干稀搭配,不少地方已由以玉米面为主食改为以白面为主食。主要面点有窝窝、锅贴饼子、卷子等,原料是玉米面、高粱面、稷子面、谷子面或小米面。

副食:有肉、蛋、奶及山药、蔓菁、疙瘩等蔬菜,滨海地区及泽、洼、淀周围水产品较多,诸如鱼、虾、蟹及藻类植物等,这里的居民爱吃虾油、虾酱。做菜时,无论煎炒或凉拌,均以此调味。

（四）山西饮食文化

1. 沿　革

山西是中华民族的发祥地之一,在春秋时期,山西北部与中部地区就是中原人民与少数民族杂居地区。到了秦汉时期,居住在长城以北地区的匈奴人、鲜卑人与西部的羌人等少数民族,不断入居山西。唐代,山西手工业与商业执全国之牛耳。北宋时期,经济又得到了进一步发展。南宋,有一部分山西人南迁,把中原先进的文化带到了长江流域。元代,马可·波罗在他的游记中曾作了如下描述:"太原府工商颇盛,产葡萄酒及丝,有商人至印度通商谋利,平阳府居住商人不少。"明代,山西又是民族大迁移的地区。据《明史·食货志》记载,洪武年间,曾迁山后、泽潞之民于河北,迁山西民于安徽、江淮、河北、山东和河南一带。永乐年间,又迁山西中部、西南、东南部民"以实北平(河北)"。从明代中期直到清代,山西商人十分活跃。沈思孝《晋录》中曾说:"平阳泽潞豪商大贾甲天下,非数十万不称富。"他们的足迹踏遍长江流域和沿海各大商埠。尤其是平遥、祁县、太谷商人票号,有的经营活动扩大到俄罗斯及日本和东南亚各国。外邦的饮食文化通过这些商人又传到了山西,现在祁、太地区的喜庆筵席菜肴及烹制方法就有不少是从国外传进来的。古代民风淳厚,崇尚节俭,素有"千金之家,食无兼味"的说法,但上层社会却对佳肴美味很崇尚。目前全省大部分地区都逐渐以细粮为主食了,食物的花样品种也逐渐增多。

山西人口 3297 万,汉族占全省人口总数的 90% 以上,另外还有回族、蒙族、朝鲜族等。

2. 饮食概况

● 菜品风味特色

山西菜具有油大色重、火强味厚、选料讲究、调味灵活多变、朴实无华的特点,擅长爆、炒、熘、炸、烧、扒、蒸等技法。民间则以"十大碗"为代表,盛行经济实惠的蒸菜。山西历来以面食为主,品种繁多,可谓全国驰名,素有"一面百样吃"之誉。山西面食包括山西面饭、面类小吃和晋式面点三大类,不下五百种。其中最具地方特色的是山西面饭。面饭属面条类,但制法别具一格,食法五花八门,用料异常广泛,具有浓厚的乡土习尚。山西面饭有三大特点、两大讲究。三大特点是:一是花样繁多。普通的面粉在山西人手中可以做出拉面、削面、拨鱼儿、刀拨面、擦蝌蚪、搓鱼等一百多种。二是用料广泛。除使用小麦面粉外,还使用高粱、莜面、荞面、黄豆面、豌豆面、绿豆面、玉米面、小米面等。三是制法多样。山西人吃面,不单煮着吃,而且采用炒、炸、焖、蒸、煎、烩、煨、凉拌、蘸作料等多种制法。两大讲究:一讲浇头。山西面饭的浇头大致有盖浇类、汤类、凉面类、蘸面、煎炒类、焖炸类、风味面饭等类。二讲菜码。菜码是吃面时配备的各色佐餐菜料。菜码制作讲究四季新鲜，品种以季节鲜菜为主。晋式面点制作注重口感，做工比较精细。面类小吃有荞麦灌肠、荞麦凉粉、莜面搓鱼、硬面帽盒、石头巴饼、豌豆澄沙糕、红枣黍米切糕、羊肉蒸饼、鸡蛋旋饼、猪肉旋饼等。

● 晋西北饮食

晋西北地区大致包括大同、雁北、吕梁、忻州的部分县市。

主食与面点：主食莜麦，还食荞麦、山药蛋、豆类等。居民早餐大多吃莜面煮山药蛋糊糊，午餐是莜面包菜角子、莜面鱼鱼，晚餐是山药蛋豆面汤饭。在以产杂粮为主的山区与丘陵地区，早餐多吃玉米面窝窝头、小米汤，杂以红薯、山药蛋、南瓜等；午餐多食豆面捞饭与杂面条（用高粱面、玉米面、荞面、绿豆面调制成）；晚餐喝大豆小米汤，煮些红薯、南瓜，配以窝窝头。河曲、保德的居民晚餐多吃和子饭或豇豆稀粥。

副食：夏秋两季多食用自产的南瓜、豆角、萝卜、菠菜等；冬季则食用自家腌制的咸菜、酸菜或晒制的萝卜丝、南瓜条等干菜。当地较讲究的菜肴为羊杂割、盐煎羊肉、大烩菜等。

● 晋中饮食

晋中包括太原、忻定两大盆地及周围山区。

主食与面点：以小麦为主食，辅以高粱、玉米、谷子、豆类等杂粮。白面食品的花样极多。例如蒸煮类食品有剔尖、擀面、揪片只、切疙瘩、拉面、刀削面、饸饹儿、片儿汤、饺子、花卷、包子、蒸馍、豆包、蒸饼等；烙烤类有烙饼、火烧、春饼、脂油饼、起面饼、油摊摊等。粗粮制品更是名目繁多，有擦尖尖、抿圪斗、纳钵只、蘸片子、圪搓搓、腾圪搓、剔拨菇、蒸角儿、煎饼、散面粥、干粥、稀粥、拌汤、炒面、面茶、捞饭、糊糊、窝窝头、煮疙瘩等。太原一带农村，早餐简单。太原以南地区，早餐通常是小米稀粥、拌汤、汤面之类，辅以蒸馍、包子、饼子、玉面窝窝，佐以咸菜、酸菜等，也有常年吃三米面煮杂杂的。午餐，多数家庭以面食为主，如擀面、抻面、揪片只、擦尖尖等，或以包子、蒸馍、烙饼等调剂，面食的调味以醋、盐为主，兼用酱油、葱花、姜末、辣椒。菜肴只有一两个小菜。晚饭多为稀食，少数辅以干粮，故有把晚饭称为"吃添摆"之说。太原以北地区，早餐多是糜米面窝窝、玉面、荬子面窝窝及蒸山药蛋，辅以豆面拌汤或小米米汤。午饭多为捞饭或杂面面条、高粱面鱼鱼儿，晚餐多为和子饭，辅以高粱面、玉米面窝窝。近年来，人民生活有了改善，白面逐渐成为主食，辅以大米、莜面。

副食：肉品、蔬菜较丰富。菜品有大肉片汤、老豆腐、碗脱、灌肠、豆叶菜、红焖鸡、排骨肉、过油肉、炒肉丝、苜蓿肉、糖醋丸子、糖醋鱼、油酥鸡、熘三样、拔丝山药、酱猪肉等。

● 晋东南饮食

晋东南地区包括长治、晋城等地。

主食与面点：常用的成品粮是玉米面、小米、玉米疙剩（玉米加工时筛剩的米粒状碎瓣）、米面（小米磨成的面粉）、豆面（用黄豆、黑豆磨成的面粉）、小粉（用玉米面和高粱面制成的面粉）、黍米、黍米面、白面。其中玉米面占绝对优势，小米次之。小粉不能单独制饭，常与其他面粉掺合起来食用。黍米是杂粮中最好吃的粮食，由于产量低，不易消化，平时很少食用，只在年节改善饭食用。近些年来，城镇中白面已成为人们日常的主食。

副食：常用的有猪肉、羊肉、鸡蛋、豆腐、粉条及各种蔬菜。猪肉多用于制臊子、熬烩菜、做菜馅等；羊肉多在冬季食用，用于制饺子馅；鸡蛋豆腐一般用于制臊子；粉条用于作烩菜、熟菜馅等。日常食用的蔬菜有白萝卜、红萝卜、水萝卜、山药蛋、菠菜、白菜、西葫芦、方瓜、南瓜、茄子、豆角、蒜苔、胡芹、芥菜、莙荙菜、西红柿等。萝卜占的比例最大，不仅用来制作下饭小菜，而且还常用在汤饭里，做饺子馅和炖肉也少不了它。用于调味的蔬菜有大葱、小葱、生姜、蒜头、韭菜、芫荽、蒜苗、辣椒等。大葱、小葱、生姜是四时必备的烹调用品，韭菜、芫荽是食用较多的助味蔬菜。每年秋后，人们总要制作大量的腌菜和干菜，以备冬季与来年青黄不接时食用。腌菜以酸菜为主。

烹调上常用的原料有菜子油、腥油、盐、醋、酱油、黑酱、花椒等。盐、醋是主要用料，因此基本口味是咸、酸味。烹制肉食时才用些大料、茴香、桂皮等。

● 晋南饮食

晋南包括临汾、运城等地。

主食与面点：一日三餐多吃白面食品。早餐一般是蒸馍、米汤；午餐为臊子白面条、面片等；晚饭又是馍馍、米汤，或面条、烙饼。蒸馍分白面、玉面、二面（白面掺玉茭面）三种原料，或用发面或制成硬面、软面，做成油心卷、花卷、菜卷、窝头等。饼类有菜饼、煎饼、炊饼、油饼等。面饭有干面、汤面、炒面、臊子面及包子、饺子等。

副食：晋南地区的蔬菜主要有茄子、西红柿、萝卜、白菜、山药蛋、南瓜、豆角、茴子白、黄瓜、辣椒、西葫芦等，冬春季节还要吃酸菜及咸菜。调味也是以盐、醋为主，兼用黑酱、辣椒、花椒面、芝麻面等。风味菜有梨儿大炒、锅烧一只、苏三鱼等。

（五）内蒙古饮食文化

1. 沿　革

内蒙古地区，新石器时代有着广泛的文化分布，并且在河套一带明显地受到仰韶文化和龙山文化的影响。尔后，自《史记》以下的有关史书都对这一广阔草原文化带上的各民族文化相继作了程度不同的记录。三代时肃慎、鬼方、熏粥以及诸戎、诸羌等，东胡、匈奴、月氏、乌孙等；汉时的肃慎、夫余、鲜卑、乌桓、匈奴、乌孙；三国魏晋时的挹娄、夫余、鲜卑、匈奴、羌胡、西域诸部；南北朝时的挹娄、寇漫汗、夫余、乌洛侯、契丹、库莫奚、高车、契骨、匈奴、柔然、鲜卑、西域诸部；隋唐五代时的靺鞨、室韦、契丹、铁勒、契骨、突厥（东、西）、西域诸部；辽宋金时期的女真诸部、室韦、斡朗改、辖戛斯、契丹、党项、回鹘、黑汗；元明直至清中叶以前，以蒙古人为主的许多少数民族生活在上述地区。

自司马迁对匈奴人作了"居于北边，随草畜牧而转移。其畜之所多则马、牛、羊，……逐水草迁徙，无城郭常处耕田之业，然亦各有分地。……其俗，宽则随畜，因射猎禽兽为生业，急则人习战攻以侵伐，其天性也……自君王以下咸食畜肉……"（《史记·匈奴列传》卷一百一十）的描述之后，直至"蒙古旋风"掀翻整个欧亚大陆的一千余年间，尽管这一地区舞台上许多民族势力起伏消长、变化不止，社会生产、人民生活和区域文化同样处于持续不断的进化之中。但由于基本生产方式无大变，故区域饮食生活、饮食文化的传统模式与风格亦无根本变化。

入清以后，广阔草原文化带上的民族关系及各自的生产和生活都比以往历代更稳定。由游牧更多地向畜牧转化，农业比重的逐渐提高，与内地文化联系的更趋紧密，使区内单调的牧猎经济逐渐向牧、农和手工业综合经济的模式演化。

内蒙古自治区人口 2376 万，居住着蒙古、汉、满、回、达斡尔、朝鲜、鄂温克、鄂伦春等十多个民族。其中较集中居住的有蒙古族、达斡尔族、鄂温克族和鄂伦春族。

2. 饮食概况

● 菜品风味特点

内蒙古食品制作长于烤、烧、煮、氽、炸等技法。常用的味型有咸鲜、酸甜、胡辣、奶香、烟香等，菜点具有朴实无华的特点。

● 林区饮食

内蒙古东北的兴安岭林区，是《蒙古秘史》上被称为"林中百姓"所居住的地方。今天居于这里的多是鄂伦春、鄂温克族猎民。他们的饮食特点：一是以鹿、狍、狨、熊、黄羊等猎获物的肉为主；二是食法上带有某些原始色彩。鄂温克人以猎获的野兽肉为主食，肉一年不断，其他如熊肉、野猪肉也经常可以吃到。他们的饮料是驯鹿的奶。鄂伦春人喜欢肉食,食肉方法也很多,但最有特点的是烤肉。通常是将木棍削尖,把肉插上,烤到焦黄散发出肉香时即可食用。他们特别喜欢吃生狍肝和不十分熟的肉。到了夏季,猎获物食用不完时,便把肉晒成肉干。晒肉的办法是把肉条晒到半干,切成小块;或先把肉切成小块,煮熟晒干,再用木头做架子,用蒿秆做帘子,将肉干放上,底下烧木柴,用烟熏肉。这样加工后,肉不腐烂。这些吃法虽然原始一些,然而具有特殊风味。这里的"篝火宴"、"飞龙宴",都是猎区招待客人的特殊食法。篝火宴用肉都是刚刚猎获宰杀的,非常新鲜。参加篝火宴的人们在野地里席地而坐,一边烧烤饮酒,一边领略大自然的美好风光,别有一番风味。飞龙是北方林区难得的名贵珍禽,得到它,猎人常常舍不得独自享用,要招待最好的宾朋。林区有丰富的野生植物,居民们也常常食用猴头蘑、蘑菇、木耳等美味。

● 牧区饮食

位于"马鞍"部位的是蒙古草原牧区。

饮食中牛羊肉和乳类占主要部分,粮食、蔬菜为辅。牧民尤其嗜饮砖茶,煮好之后稍加鲜奶,别有风味。史书记载,北方游牧民族"四季出行,惟逐水草,所食惟肉酪"。13世纪成吉思汗西征时,行军也不带粮食,以乳肉充饥。牧区主要饲养马、牛、羊、驼。

● 农区饮食

内蒙古农区是从牧区演变成的,是以牧区为邻的农区,有的本来就是半农半牧区。它既吸收了其他农区的饮食风俗,又保留了塞北牧区的饮食习惯。其主食为粮食。其面食主要为苞米面,也有一定数量的黄米面和白面。米以小米为主,又有少量大米。菜肴与北方农村大体相同,平日多炖菜,节日也要煎煎炒炒。由于它邻近牧区或是从牧区发展来的,故保留了一定的牧区饮食习惯。有条件的农户也养乳牛,喝牛奶。节日也杀羊吃手把肉。但多数农户只是在过节日或来了客人时,才吃手把肉。有的农户虽无奶,但有时也要用捣麻籽豆腐代替牛奶做牛犊汤吃。

草原蒙民热情好客,真诚直率。在茫茫的大草原上,每一座蒙古包里的主人都会愉快地留住那些素不相识的客人,他们煮上羊肉,端出奶茶,斟上奶酒,全家男女老少围着客人坐下,问长问短,宛如自家人。当客人告别之际,常常送出很远路程,依依不舍。

三、西北饮食文化

（一）陕西饮食文化

1. 沿　革

早在仰韶文化和龙山文化时期,渭河流域的饮食文化就比较发达,为陕西饮食文化的早期形成奠定了基础。西周"八珍"出自镐京（今陕西西安），近年来关中地区周代墓群中出土的大量精致的鼎、簋、簠、登、豆、爵等炊具、餐具、饮器，反映了当时贵族筵席菜肴已有一定规格。战国晚期，陕西烹饪趋于成熟。汉、唐两代是陕西饮食发展史上的两个高峰。西汉京畿之地，不仅继承了先秦饮食文化遗产，汲取了关东诸郡烹饪之长，而且由于丝绸之路的开辟，西域诸国的动、植物连同胡食的烹调技法首先传入长安，促进了陕西菜的发展。唐代的长安是全国名食荟萃之地，不仅江南、岭南等地的珍食纷纷贡入京都，西域人开设的饮食业（胡姬酒肆）也在长安大放异彩。北宋以后，中国政治、经济、文化中心东移，陕西菜点发展相对缓慢。后来，随着陇海铁路通车，作为西北首镇的西安，经济发展，商旅增多，饮食市场日渐活跃，陕西餐饮业又有了新的发展。陕西有着朴实、淳厚的民俗民风。《朱子诗传》云："秦之佑，大抵尚气概，先勇力，忘生轻死……"《汉书·地理志》："其民有先王遗风，好稼穑。务本业。"在饮食方面，很早就形成了带有地方色彩的食俗。

陕西人口3605万，居有汉、回、满、蒙等民族。

2. 饮食概况

● 菜品风味特点

陕西菜总的特点是擅烹猪、牛、羊肉及其内脏，烹调技法以蒸、烩、炖、煨、汆、炝见长。讲究料实量足，经济实惠。咸鲜、酸辣、鲜香等风味比较突出。陕西的面点小吃以面粉为原料的居多，同时涉及米、豆、荞麦、蛋、禽、奶、果蔬各类。有的小吃所用主、配料系陕西独有的物产。如临潼用火晶柿子制的黄桂柿子饼，陕南洋县用黑米熬制的长生粥，商洛山区用核桃做的王家核桃饼等，均具有鲜明的乡土味。陕西人素以朴实厚道、直爽旷达的习性著称，这也多少在小吃品种中有所反映。陕西关中一些地区群众酷爱食用的油泼扯面，有"宽如腰带"之说。并有"面条像皮带，烙饼像锅盖"的民谚。"面条像皮带"，形容陕西面条既宽且厚；"烙饼像锅盖"，形容烙饼之大，咸阳一带的"锅盔饼"，一张足有五千克重。而牛、羊肉泡馍所用海碗，大如小盆，盛满泡馍后足令外乡人却步，显示了粗犷豪放的风格。

● 关中平原饮食

关中平原南倚秦岭山地，北界北山，西起宝鸡峡，东到潼关渡口。

主食与面点：以小麦为主食，还有玉米、谷子、豆类等。一般的说，冬天，人们喜食烩面片、烩菜等热腾腾的饭菜；夏天，爱吃煎饼、面皮子、凉拌三丝等。如夏收后主要以白面为主食。旧社会贫苦农民主要以包谷为主食。近些年来，农村生活大大改善，主副食都有了很大改变，一年四季都以白米细面为主了。关中地区面食主要分面条、锅饼和蒸馍三大类。仅面条就有近千种名目，如臊子面、旗花面、麻食面、炸酱面、油泼面、长面、短面、细面、奋奋面等。细分起来，东府(大荔一带)面和西府(宝鸡一带)面又有不同。西府的面条，其特点在于一个"细"字，最细的像头发丝那么细。谚云："擀成纸，切成线，下到锅里莲花转。"东府的面条，其特点在于一个"宽"字，最宽的像宽皮腰带。

锅饼类：乾县锅盔、煎饼菜卷、油旋饼、千层油酥饼、石子馍等。石子馍是一种古老的食品，其制作历史可以远溯到石器时代。到了周代，人们能够燔黍，即"以黍米加于烧石之上，燔之使熟也"。现代的石子馍做法是用精白面放上酵面及碱、油、盐(或糖)、五香粉等调味品，制成饼坯。把洗净的小鹅卵石子放平锅里加热，把饼坯放热石子上，上面再铺一层热石子，焙制而成。油酥咸香，经久耐贮。蒸馍(馒头)类：蒲城蒸馍、合阳面花、兴平云云馍、金线油塔等。

小吃类：牛羊肉泡馍、腊汁肉夹馍、黄桂柿子饼、泡泡油糕、海味葫芦头等。

副食：由于水田较少，蔬菜短缺，一般人家很少吃蔬菜。在肉食方面，以猪肉为主。风味菜品有葫芦鸡、腊羊肉、粉汤羊、烧驴腿、钱钱肉等。

● 陕北高原饮食

陕北高原是黄土高原的一部分，包括以榆林、延安等地。历史上，这里是民族杂居区，现在的居民以汉族为主，也有回族等少数民族。

主食与面点：粮食以小米为主，兼食荞麦等杂粮。最常吃的是黄米捞饭。童谣里有："摆溜溜，摆溜溜，黄米捞饭炒肉肉。"其他还有钱钱饭、馎饦、荞面饸饹等。陕北白面不多，吃时制揪面片和扯面，逢年过节才蒸白面馍。更多的是食用掺豆面、玉米面。有地方特色的小吃有果馅、羊杂碎、枣糕、火烧、油糕等。

副食：陕北人喜欢吃菜，入冬时，家家都要腌几大缸白菜、萝卜、蔓菁等。喜欢将猪肉与酸白菜同熬。如果是合合饭，大多少不了洋芋片，蒸馍馍时多配南瓜、红薯。平日吃饭，旁边有菜盆，吃馍馍时，菜是自舀自吃。也喜吃羊肉，羊肉的吃法同蒙、维等兄弟民族的手抓羊肉相似。

● 陕南饮食

陕南即指汉中、安康、商洛三地区。

主食与面点：主食稻米，麦、黍次之。除大米饭和大米制品外，面食也很丰富。如饺子、炸酱面、炝锅面、烩面、拉丝面、扯面、梆梆面、锅盔馍、烧饼、油煎饼、馒头、枣糕馍、蒸面、炒面等。大米制的食品有：大米面皮、米凉粉、米糕馍、米糍粑、米豆腐、米粽子等。四季小吃有：汤圆、各种粉皮、馄饨、豆腐脑、油条、油糕、糊油茶、八宝粥及酥脆油徽子、油豆巴等。

副食：陕南人在饮食方面有两种偏爱，一是爱吃酸、咸、麻、辣味，尤喜吃酸；二是爱吃肉。爱吃酸是陕南人的普遍爱好,而秦、巴山区人更甚,有"三天不吃酸,腿杆打闪闪"的俗语。家家都有一口能装百斤菜的大瓷缸或大木桶。缸口用洗净的石板压住,内装浆水菜,并有大小坛子十多个,除腌制各种腌菜外,还泡有各种酸泡菜、酸辣角、大蒜等。一年四季,酸菜不断。如菜豆腐、浆水面、苞谷搅团、荞面鱼等便饭都要调浆水菜。吃大米干饭时也配以浆水菜烧豆腐、浆水菜炒肉片、泡菜炒酸辣鸡丁、酸辣红肉等。就是在宴席上,酒过三巡菜上数道后,也要来一盘酸脆清香的泡菜或一碗醒酒汤。

吃大肉,是陕南汉族人民的另一种偏爱。群众有"三天不动荤,说话没精神"和"三天不喝油汤,心里躁得发慌"的顺口溜。这里差不多家家(城市居民除外)养有大肥猪,喜欢吃肥厚的大块肉。过去,富裕人家天天不离肉,贫困户逢初一、十五也要吃一顿大肉,叫做"打牙祭"。近些年,一般人家每年都要宰一两头大肥猪,趁肉皮未干,抹上盐和调料,挂在靠近火塘、炉灶的墙壁上,经过烟熏火烤,就成了色泽殷红晶亮,味道醇香的腊肉。这里人吃肉,无论是腌菜炒肉,或是烧、焖、蒸、炖,肉块都切得厚而大,称为"木梳肉"、"杠子肉"。特别是"过桥肉",肉片两端要担在碗边上,每块肉足有100克重。这种吃法,外地人往往是望而生畏,不敢动筷子,但也必须吃一点,否则主人会误认为你嫌弃菜做得不好。陕南人民有喝茶的嗜好,当地有清早饮茶的习惯,陕南人还特别喜爱饮酒。一般家庭四季都备有甜酒,黄酒也是少不了的。

（二）甘肃饮食文化

1. 沿　革

甘肃饮食文化历史悠久,西汉张骞两次出使西域,开辟了古丝绸之路,在甘肃形成较发达的天水、陇西、兰州、张掖、武威、酒泉等重镇,同时引进了黄瓜、西瓜、胡萝卜、胡荽等,丰富了烹饪原料,烹饪技术发展较快。1971年,在嘉峪关出土的汉墓画像砖上的有关图案,证明当时烹饪技术已有相当水平。魏晋南北朝时代,丝绸之路商业繁荣,加之佛教进一步通过甘肃传入,素菜在甘肃有所发展。莫高窟、炳灵寺、麦积山等石窟艺术中反映饮食文化的内容很多,也反映出东西方烹饪的融合。隋唐时代,甘肃农牧业生产发展快,烹饪原料丰富,饮具、食器、炊具等都已相当齐全。主食增加了由西方传入的胡饼、京果、麻圆、空心果等。明清时代,明藩王肃靖王朱真淤住兰州,建万寿宫、西花园,讲究筵席菜肴。1679年,清康熙亲征到宁夏,陕甘总督府在兰州,因而有些宫廷饮食传到兰州。甘肃自古以来就是多民族生活的地区。

甘肃人口2562万。主要为汉族,少数民族有回、藏、东乡、土、裕固、保安、满、蒙、撒拉和哈萨克族等。

2.饮食概况

● 菜品风味特点

菜肴的烹调方法有烧、烤、煮、蒸、炸、焖、炖、煎、熬、煨、卤、酱、炝、烩、涮、瓢、糟、腌等。主食方面,除采用较普遍的烙、烤、蒸、炸、煮外,还有沙埋法。如成县的埋沙馍和临洮的石子锅盔便是用炒烫后的沙石烘烤而成的。甘肃菜品风味重酸辣、浓厚。多采用辣椒、花椒、芥末、八角、草果、葱、姜、蒜等为调味品。咸菜、油泼辣子和醋是吃汤面必备的调味品。

● 东部饮食

包括庆阳地区、平凉地区、天水市以及陇南地区的东部。

主食与面点:主食以小麦制品为主。杂粮有玉米、糜子、高粱、荞麦、谷子、豆类等。面食制法主要有蒸、烙、煮、炸等。较有特色的有以下几种:静宁锅盔、炒面、宁县炉齿馍、床子面。

副食:以菜为主,肉蛋次之。一般是夏季生切凉拌,冬季盐腌,炒菜很少。秋季最常见的是以萝卜、青辣椒及葱合调的凉菜,三辣同烈,清脆酸辣。炒菜主要是待客用,烹调方法主要是蒸、焖、烧等,如蒸羊肉、黄焖鸡、清蒸全鸡、烧全鸡等为看家菜肴。主要调味品有盐、醋、辣椒、八角、姜、桂皮等。

● 中部饮食

包括兰州市、白银市和定西地区,其饮食以兰州市为代表。

主食与面点:兰州人以面为主,早餐一般喜吃稀饭(或拌汤)就馍。近几年来以牛肉面和豆浆、油条等为早餐的极普遍。午饭多以馍为主食,辅以小米稀饭或拌汤。晚饭一般是面条。甘肃城乡,浆水面是极常见的食品,几乎家家会做,人人爱吃。民间流传着"茅檐草舍酬亲友,浆水面条味最长"的赞语。兰州特有的调料有苦豆子、姜黄、红曲。不仅能调味,而且可提色,有食用和观赏双重价值。较常见的食品有苦豆子干粮和姜黄花卷。苦豆子是"葫芦巴"的俗称,又叫香豆子。尝之微苦,气味芳香。用它作为调色调味品来做干粮,是甘肃富有特色的传统做法。姜黄为姜科宿根多年生草本植物之根茎。姜黄花卷是取姜黄根茎晒干磨粉制成的姜黄粉和清油,一起涂于擀好的发面饼上,卷起切段,翻花,入笼中蒸熟。风味面点还有临洮石子儿锅盔、兰州清汤牛肉面、兰州猪肝面、甘肃血面、兰州百合桃等。

副食:蔬菜有白菜、萝卜、芹菜、葛芭、菜花、豇豆、茄子、辣椒、菠菜、豆腐等。风味菜品有甜醅子与甜醅糟肉、梅花羊头、三皮丝、爆炒羊膛、兰州砂锅菜、高三酱肉、陇西腊羊肉、陇西火腿、陇西钱儿肉、陇西腌驴肉等。

●河西饮食

河西因位于甘肃省黄河以西而得名,亦称河西走廊。

主食与面点:多以麦面为主食,辅以青稞、小米、马铃薯、豆类等杂粮。早餐较简单,具有代表性的早餐有武威的山药马铃薯米拌面、山药搅团;张掖的馍馍、烙饼和米汤,油茶或茯茶;酒泉的"糊锅"等。午饭和晚饭一般以面条、面片为多见。面的加工方法有饼、拉、揪之法。若是汤面,还有酸甜之分。甜汤面不加醋。风味面点有西瓜泡馍、羊肉垫卷子、羊肉香头子、麦索儿、鱼儿钻沙等。

副食:以蔬菜为主,肉类、瓜果为辅。家常菜中马铃薯丝最普遍。凉粉、粉条也常用来配菜。大众菜主要有白菜、萝卜、茄子、辣椒、黄瓜、葱、蒜等。口味偏辣,主要调料有盐、荜拨、花椒、八角、生姜、胡椒等。风味菜品有雪峰驼掌、河西酥羊、西夏石烤羊、酱爆羊肉等。

(三)青海饮食

1.沿　革

青海古为西戎地,汉初为羌地,部分属金城郡管辖,王莽时置西海郡,后凉设乐都郡,隋设西海、河源郡。唐代,吐蕃兴起,南部、西部属吐蕃。东部仍由中央王朝统治。宋代在西宁设西宁州,元代在青海设宣慰使司,明代设西宁卫、麻儿匝安抚司,清代设西宁府、西宁办事大臣等统辖其地,数千年来,境内各民族交错杂居,和睦相处,友好往来,互相通婚,共同繁衍发展。

青海人口 518 万,居住着汉、藏、回、撒拉、土、蒙古、哈萨克等民族。

●菜品风味特点

青海烹制技术以烤、炸、蒸、烧、煮等见长,口味偏重酸、辣、香、咸,质感以软烂为主,兼有脆嫩的特色。

●农业区饮食

东部的青海湖周围、黄河河谷是主要的农业区,汉族、回族、撒拉族、土族则主要是从事农业生产。主产春小麦、青稞、蚕豆、燕麦、马铃薯、油菜子等。小麦、青稞为主食。副食有牛、羊肉、蔬菜等。蔬菜品种不很多,主要有萝卜、白菜、辣椒等。

●牧区饮食

藏族、蒙古、哈萨克族大多从事畜牧业生产,牧民主要食用牦牛肉、羊肉,乳品主要是牦牛奶,也食青稞(多做成糌粑)、大米、面粉。

(四)宁夏饮食文化

1.沿　革

宁夏也是我国文化发祥地之一。历史上很多少数民族在这里生息繁衍。如公元前 8 世纪起到战国晚期的乌氏、朐衍、义渠等戎族,西汉末年的羌族,三国时的鲜卑、匈奴,唐时的突厥、回纥等,宋时的党项及后来的蒙、满等民族。党项族建立的大夏、西夏王朝对宁夏的发展都起过重大作用。汉族对宁夏地区的开发和贡献,始终居于重要地位。历代统治者都曾从陕、甘、豫及江南等地迁来大批汉族移民。移民不但将先进的农业、手工业技术带到宁夏,而且还带来了中原和江南的文化与风俗。秦、汉、唐时在这里屯垦开掘的秦渠、汉渠、唐来渠等水利工程。唐宋时代,这里的少数民族很少吃五谷,以肉乳和野生植物为食。《朔方道志》记载:"宁夏地广人稀,逐水草畜牧。"《辽史》记载,西夏建国前,"其民春食鼓子蔓、碱篷子,夏食苁蓉苗、小芜荑,秋食席鸡子、地黄叶、登厢草,冬则蓄沙葱、野韭、拒霜、灰条、白蒿、碱松子以为岁计。"以后才逐渐发展成为以牧为主的半农半牧经济,居民除放牧外,还垦地种粮。粮食有糜谷、荞麦等旱地作物,旱年无收时,人们往往流离失所,逃荒要饭,甚至以草籽野菜为食。

宁夏人口 562 万,居有回、汉、满、蒙等 二十多个民族。民族多呈大分散、小集中方式居住。

2.饮食概况

● 菜品风味特点

宁夏烹制技术以烤、炸、烩、煮等见长,具有醇香、味重、酸辣兼备的特点。

各民族间虽信仰不同、风俗各异,但仍和睦相处。例如回族以"清真"为本,饮食上有禁忌,但对汉族等民族的食俗,又表现得很豁达。常听得回族人调侃着说:"汉民过年,老回回跟上揽闲椽。"另一方面又热情地帮助汉民置办牛羊肉一类的年货,帮助炸油香。逢到回族人过自己的民族节日时,汉族和其他民族的人也给以热情的问候和帮助。回民餐具不外借,也不借用汉民的;食用井水也不与汉民混杂。与回民杂居的汉民也十分注意并尊重这些回族的习俗。在口味上,汉族素喜食咸辣,冬季喜食酸辣,特别是在豪饮之后,多以酸菜解酒解腻;回族偏喜浓甜厚味。

(五)新疆饮食文化

1.沿 革

这一地区的史前文化同样有着广泛的分布和丰富的文化积淀,由于历史上某种政治因素的巨大作用,从而给区域饮食文化的许多方面带来了深刻的影响。自从张骞出使西域和汉帝国在西域建制之后,直至清帝国中叶以前,在近 20 个世纪的时间里,这里基本上是以畜牧业为主(游牧占有相当比重),农业种植为辅,间有一定比重射猎经济的生产方式,而在近代前这里的牧业比重更高。

陆路丝绸之路漫长历史上的作用、地位及中亚和西方文化在这里的积淀,宗教的影响使该地区饮食文化具有鲜明特色。10 世纪以前,这里的诸民族分别信奉萨满教、摩尼教、景教、佛教等宗教。10 世纪末和 11 世纪初,伊斯兰教在这里迅速有力地传播开来。15 世纪末、16 世纪初,伊斯兰教遍及天山南北,成了这一地区占统治地位的宗教。伊斯兰教教义、教规对教民思想、行为规范具体和严格的规定以及教规对教民实际生活的约束效力,使得信奉者遵守着严格的食物禁忌、进食礼仪,保持着伊斯兰教特有的食生活观念和食文化风格。今天,农业、畜牧、种植业是这一地区的主要生产,粮食品种有小麦、稻、青稞等。肉类主要是羊。奶、奶茶、奶酒和众多的奶制品是各少数民族普遍食用的美食。以葡萄、哈密瓜、西瓜等瓜果为代表品种的瓜果种植是举世闻名的。中国历史上葡萄酒的制法就发明于这里,并于西汉时传入内地。

新疆人口 1925 万,是个多民族聚居区,人口较多的有维吾尔、汉、哈萨克、回、蒙古、柯尔克孜、锡伯、塔吉克、乌孜别克、满、达斡尔、塔塔尔、俄罗斯等十三个民族。其中,维吾尔族占全区人口的 45％以上。因而使这里的饮食文化民族风情丰富多彩,民族风味食品琳琅满目。

2.饮食概况

● 菜品风味特点

新疆烹制技术以烤、炸、蒸、煮等见长,具有油大、味重、香辣兼备的特点。

● 北疆饮食

北疆除维吾尔族、蒙古族和锡伯族等少数民族之外,主要还居住着哈萨克族。哈萨克族人民爱吃馕、羊油炸面团、羊肉面片、抓肉、马腊肠、奶茶、马奶子酒、奶油等 20 多种富有特殊风味的食品。平时多吃羊肉,通常的吃法是大块白煮的抓肉。晚秋季节宰杀牲畜后开始熏制冬肉。马肉灌制的腊肠不仅风味特殊,而且可以长期保存。过去基本不吃蔬菜,现在粮食、蔬菜也成了日常食物。

● 南疆饮食

南疆居民,除汉族外,主要有维吾尔族、柯尔克孜族、塔吉克族、蒙古族、乌孜别克族等少数民族,其中维吾尔族的人数占绝对优势。维吾尔族人民以面粉、玉米、大米为主食。平时喜欢喝奶茶,佐以玉米面或面粉制成的烤饼——馕。用羊肉、羊油、胡萝卜、葡萄干、葱和大米制成的具有民族风味的"帕罗",是节日或待客不可缺少的珍贵食品,以手抓食,故称抓饭。

四、华东饮食文化

(一)江苏饮食文化

1.沿　革

　　江苏饮食文化历史悠久。淮安青莲岗、吴县草鞋山等新石器时代出土文物表明,在距今六千多年以前,当地先民已用陶器烹饪。《楚辞·天问》所载彭铿制作的雉羹,是见于典籍最早的江苏菜肴。《尚书·禹贡》篇和《吕氏春秋·本味》篇收载了当时被视为美食的淮鱼、太湖韭花等烹饪原料。春秋时江苏已有较大规模的养鸭场,反映了江苏烹饪对水禽的利用。战国时期,江苏已有全鱼炙、胹鳖、吴羹和讲究刀工的鱼脍等名馔。两汉、两晋、南北朝时期,江苏的面食、素食和腌菜类食品有了显著的发展。隋唐宋元时期,本区域饮食文化发展迅速。我国政治、经济、文化中心完成了由"中原文化轴心时代"向东南地区的转移。海盐、漕米、茶叶的集散地运河重镇扬州,已成富冠全国的大都会,广为流传的名句"腰缠十万贯,骑鹤下扬州",反映出扬州昔日的繁盛。不少江苏海味和糟醉菜被列为贡品,并得到了"东南佳味"的称誉。《清异录》所载的扬州缕子脍、建康七妙、苏州玲珑牡丹鲊等肴馔受到世人称道。元代倪瓒的《云林堂饮食制度集》,反映了元代无锡地方饮食风格。此书所汇集的饮食中有菜肴,也有茶、酒、酱油等制法。而菜肴以鱼、虾、蟹、螺及湖泊水蔬为多;正是著者家居水乡的饮食特色的反映。明清时期江苏饮食的影响日益显著,明代韩奕的《易牙遗意》和宋诩的《宋氏养生部》、清代袁枚的《随园食单》和童岳荐的《童氏食规》等均反映了江苏菜品的丰富多彩,并起到了宣传推动江苏菜发展的作用。据《清稗类钞·各省特色之肴馔》所载"肴馔之各有特色者,如京师、山东、四川、广东、福建、江宁、苏州、镇江、扬州、淮安"中,所列 10 处,江苏占了 5 处。

　　新中国成立后,江苏饮食文化在不断交流融合中繁荣昌盛。江苏饮食品具有灵巧、雅致的特点,其风格神韵被人誉为"江南才女",呈现出江南小桥流水式的秀美。同时,由于商业的发达,饮食趋于精致,注重色、形、味、质之美,人们注重追求饮食的感观享受,口味多清鲜淡雅与甜美。年节食品和应时菜点丰富多彩。

　　江苏人口 7438 万。

　　2.饮食概况

　　● 菜品风味特点

　　江苏菜用料上善于水产原料的制作,注重鲜活,讲究刀工,注重火工,擅长炖、焖、煨、焐;注重本味,清鲜平和,咸甜适中。江苏小吃是荤素兼备,口味清淡平和,咸甜适中,造型典雅清新,美观大方,乡土风味浓。淮扬点心、苏州小吃颇负盛名。

　　● 淮扬饮食

　　淮扬包括扬州、两淮(淮安、淮阴)等地。

　　主食与面点:主食为稻米,杂粮较少,一日三餐以米饭和稀饭为主,有的地方平日两饭一粥,有的地方为一饭两粥。扬州点心有各式包、饺等。如"三丁"大包、麻团、米摊饼、粢饭包、油条、馄饨、面条、火烧和黄桥烧饼等。

副食:扬州肴馔素有"饮食华侈,制作精巧,市肆百品,夸视江表"之誉。名菜有将军过桥、醋熘鳜鱼、三套鸭、大煮干丝等。两淮以鳝鱼菜出名,其中炒软兜长鱼、炝虎尾、生炒蝴蝶片、大烧马鞍桥、白煨脐门等各有活嫩、软嫩、松嫩、酥嫩等特色。

● 金陵饮食

主食与面点:以大米为主食。面点有面条、大饼、油条、馄饨、糕饼、馒头、生煎馒头、烧卖、春卷等。

副食:家畜、家禽、野味、水产、蛋乳、油脂、蔬菜、瓜果等各类食物丰富。南京菜兼取四方之美,适应八方之需,菜肴的滋味以平和、醇正适口为特色,名菜有炖菜盒、清炖鸡孚等。

● 苏南饮食

苏南以苏州、无锡为中心,含太湖、阳澄湖等周边地区。习惯上将江苏南部,即以苏州为中心,包括长江三角洲南部和太湖地区称之为苏南。

主食与面点:用粳米、籼米制作的米饭原为午餐主食,现在也作为晚餐的主食。米粥作为早餐、晚餐的主食。小吃点心类:面食主要有面条、大饼、馄饨、糕饼、馒头、烧卖、春卷等;米食主要有糕团、汤圆(没有馅心的)、汤团(有馅心的)、粢饭糕、粢饭、米枫糕、斗糕、藕粉圆子、赤豆糊糖粥、船点、八宝饭、炒血糯米饭等。这些米食,一般作早餐或下午的点心,也作为筵席上的点心。

副食:包括家畜、家禽、野味、水产、蛋乳、油脂、蔬菜、瓜果等食料。其中尤以水产类鱼、虾、蟹品种为多。苏州人又最偏爱鱼和其他水产,吃法既多又精细。其次,苏州地区的水产植物也多,如茭白、藕、芡实、茨菰、莼菜等。苏南菜原重甜出头,咸收口,浓油赤酱,近代逐渐趋向清新爽适,浓淡相宜,名菜有松鼠鳜鱼、梁溪脆鳝、雪花蟹斗等。苏南人口味清淡,忌食辛辣之物,特别讲究保持食物、菜肴的原色原味。还特别注意色彩的协调、清淡,尤忌大红大绿,否则会被称为"乡气"、"俗气"。还讲究食物菜肴的实用性、观赏性、艺术性三者统一。这一点在苏式船点船菜中体现得最鲜明。

● 徐海饮食

徐海指自徐州沿东陇海线至连云港一带。

主食与面点:徐州地区以小麦、杂粮为主,主要有馒头、馄饨、饺子、煎饼等。徐州的煎饼,以面调稀糊,在烧热的鏊子上摊成薄饼,烙好后随时可食。一般是卷上大葱或蘸辣酱食用,很有咬劲。徐州地区的早餐颇富特色,人们喜食油茶,油茶是一种素面汤。也喜欢用面粉调成稀糊粥,还喜欢喝辣汤、三鲜汤、鸭血汤。

副食:连云港为我国天然良港,海产品较多,徐海菜以鲜咸为主,五味兼蓄,风格淳朴,注重实惠,名菜有霸王别姬、彭城鱼丸、沛公狗肉、羊方藏鱼、凤尾对虾、红烧沙光鱼等。

(二)浙江饮食文化

1.沿 革

浙江烹饪源远流长。1973年,我国考古工作者在浙江余姚河姆渡发掘出一处新石器时代早期的文化遗址,出土了大量的籼稻、谷壳和很多菱角、葫芦、酸枣的核以及猪、鹿、虎、麋、犀、雁、鸦、鹰、鱼、龟、鳄等四十多种动物的残骸,还发掘出陶制古灶和一批釜、罐、盆、盘、钵等生活用陶器。据专家考证,这些文物距今约有7000年的历史。商周时期,越国在春秋战国时代的崛起,在春秋末年,越国定都"会稽"(今绍兴市),那时,酒在绍兴等地已十分流行。据《国语·越语》载:"生丈夫(男孩),二壶酒,一犬;生女子,二壶酒,一豚。"酒、狗、猪被作为生育子女的奖品。《吕氏春秋·顺民篇》记载,越王勾践出师伐吴时,父老向他献酒,他把酒倒在河的上流,与将士们一起迎流共饮,于是士卒感奋,士气百倍,历史上称为"箪醪劳师"。汉魏六朝,浙江的面食、素食和腌制类食品有了显著的发展,人们已有喜食甜味食物的习惯,汉时会稽(今浙江绍兴)人王充在《论衡》中便有"尚甘"的论述,这与现代浙江人喜甜食是一脉相承的。隋唐开通京杭大运河,特别是宋室南渡,定都临安(今杭州),北方名流巨族和居民大批南移浙江,带来了京城烹饪文化。黄河流域与长江流域的饮食文化交流融合,创制出一系列有自己风味特色的饮食品,成为"南食"风味的典型代表。唐代的白居易、宋代的苏轼和陆游等均有关于浙菜的诗作,增强了饮食的文化氛围。宋人吴自牧所著《梦粱录》卷十六"分茶酒店"中记载,当时杭州诸色菜肴有280种之多,精巧华贵的酒楼林立,普通食店"遍布街巷,触目皆是",烹调的菜肴风味南北皆具,饮食市场一派兴旺景象。工艺菜及食品雕刻已在饮宴中普遍出现。浙江各地的菜品,也有不少相当精致。据《经筵玉音问答》介绍,南宋皇帝夜宴,就有明州(今宁波)虾脯这道特别作为优遇供用的地方名菜。宋代陈仁玉的《菌谱》、赞宁的《笋谱》,反映了当地的土特产;浦江吴氏的《吴氏中馈录》,收录浙西南76种菜点的制法,体现了江南烹调风格。南宋时,浙江小吃品种繁多。据宋代吴自牧的《梦粱录》记载,当时的临安,经营小吃点心的,就有蒸作面行、馒头店、粉食店、菜羹店、素点心等以及兼营小吃的茶肆、酒店等。新中国成立后,饮食文化在不断交流融合中繁荣昌盛,具有独特的食物结构和饮食习俗。

浙江人口4677万。

2.饮食概况

● 菜品风味特点

　　浙江菜品具有醇正、鲜嫩、细腻、典雅的特色,讲究时鲜,取料广泛,多用地方特产,烹调精巧,善治河鲜海。烹调方法以爆、炒、炸、熘、烩、炖、烤、蒸、烧、煎为主。点心小吃制作有蒸、煮、煎、烤、烘、炸、汆、冲几种烹饪技法,造型美观。

　　●杭嘉湖饮食

　　杭嘉湖地区是指杭州、嘉兴、湖州以及宁(波)绍(兴)平原地带。

　　主食与面点:杭州市及各县城镇以大米为主,一日三餐,两干(中、晚)一稀。农村大多一日四餐。早上煮粥捞饭,粥饭同食;中午和晚上的两餐,忙时吃米饭,闲时吃杂粮(番薯、玉米等);下午加餐小点心。山区则多以吃玉米或番薯为主。面点小吃以米类、豆类食品为多。讲究甜、糯、松、滑的风味。如杭州西湖桂花藕粉、桂花鲜栗羹、剪团、八宝饭,嘉兴的鲜肉粽子、各色糖年糕、酒酿、蒸团、蟹粉包子,湖州的猪油豆沙粽子、双林子孙糕、丁莲芳千张包子,海宁的藕粉饺、虾仁鲜肉蒸馄饨、雪菜虾仁锅面、桂花糕、桂花白糖小汤团,平湖的鸡肉线粉,绍兴的香糕,宁波的猪油汤团、龙凤金团、雪团、蜂糕、酒酿三圆、糯米素烧鹅等。

　　副食:菜肴做工精细,清鲜爽脆。"饭店派"的传统特色是:用料鱼、肉类居多,烹调上以蒸、烩、汆、烧为主,注重"鲜咸合一",讲究"两轻一清",即轻油、轻浆与清淡的鲜嫩口味。它的代表菜有:鱼头豆腐、荤素菜、清汤鱼圆、开洋炒菜心、三虾豆腐、荤豆腐等。后来又增加了咸肉春笋、豆豉鱼、酒蒸羊等。"湖上派"的传统特色是:用料以鱼虾、禽类等鲜货为主,擅长生炒、清炖、嫩熘等技法,讲究清、鲜、脆、嫩的口味,注重保留原味。它的代表菜有:酸熘鱼、炝虾、油爆虾、虾仁锅巴、响铃儿、白切火腿、蛤蜊鲫鱼汤、莼菜汤、春笋炒鱼等。后来又增加了生炒鳝片、生炒竹鸡、清炖甲鱼、虾生、鱼生、酒醉虾、石首鳝生等。各地民间由于自然资源的不同,又产生了具有本地特色的饮食习俗,如湖州、嘉兴一带水乡,最喜食鱼虾黄鳝。如鳝丝、鳝糊、爆鳝等,均为当地传统名菜。东阳、湖州等地有吃乌龟肉的风俗。

　　●西南饮食

　　本区以金华、丽水为主,兼及绍兴、台州部分山区。

　　主食与面点:主粮有稻米、小麦、玉米、番薯等。平原以大米为主食,常年以米饭、粥、饼类当家,并辅以其他羹、糊、面、馃等。城镇居民喜食粳米。水乡人家则爱吃籼米。山区以玉米、番薯为主食,只有少量大米。现在山田也种水稻,大米开始成为山区人民主食,玉米已多作酿酒、饲料用。山区居民还以粉干和土束面代替主食。粉干,亦称"素粉",以大米为原料,经过水浸、磨粉,再拌和适量的水煮熟,放在木制工具里,经密布细孔的金属板压挤成丝,晒干即成。具有白、细、韧和食用方便的特点。另有凉粉,其方法是煮熟时再晾至半干,吃时加酱油、辣椒等调味品。土束面是用面粉加入适量的水与盐由人工拉制而成。各种羹类也是部分山区冬春两季的主食。有山粉羹、汤水羹、番薯粉羹、米粉羹、麦粉羹、玉米粉羹、花麦粉羹、芋羹等。糕类也是山区人民的主食,品种很多,有年糕、糯米糕、发糕、千层糕、番薯糕等。小吃以面类及杂粮为主料,制作点心以咸、香、松、脆为特色。多以面粉嵌入肉馅或甜馅,用烘烤、煎等方法,制作出具有地方色彩的咸、香、松、脆等各种名目繁多的饼类,如麦饼头、大饼、单麦饼、肉麦饼、蛋肉饼、花麦饼(即荞麦饼)、花麦梳、玉米饼等。比较有代表性的有金华酥饼、丽水葱油桃酥、绍兴千层饼、天台蛋肉菜饼、永康肉饼等。

副食:菜肴以绍兴风味为代表。它擅长以鱼虾河鲜和鸡鸭家禽、豆类、笋类为主要原料,讲究香酥绵糯,原汤原汁,鲜咸入味。烹调方法以蒸、炖、炸、炒、烧为主。常用鲜料配腌腊食品同蒸或同炖(俗称"煿")。蒸法又以扣蒸居多,且多用绍兴酒烹制,香味浓烈。金华地区除盛产火腿外,民间还有制作"南肉"和"风肉"的习惯。在山区,日常菜肴除吃四季所出的新鲜蔬菜外,往往用干制、腌渍等办法加工备用。如咸渍菜、腌菜梗、腌菜蕻头、腌萝卜、榨菜、腌辣红菜顶、汤菜、泡菜等;干制菜类有萝卜条、萝卜丝干、菜干等。蚕豆、豌豆入热锅翻炒,熟时洒以盐水做成咸豆。黄豆则被制成豆腐、豆腐干、腐乳等,其中以绍兴腐乳最为有名。

● 沿海饮食

本区是指舟山、温州以及宁波、台州沿海一带地区。

主食与面点:平原地区与城镇以大米为主,也有以玉米、高粱为主食的。山区和渔乡的居民多利用涂田、山地种植番薯。逢番薯收获季节,多以番薯和饭粥合煮,家家户户晒番薯干。冬至过后,则以番薯干为主食,杂以高粱饼、南瓜粥、麦碎饭、荞麦糊等。20世纪50年代以后,随着粮食生产的迅速发展,有的地方已逐步改变了以往的饮食结构,转为以大米为主食。用鱼虾类制作的风味小吃特别多,如鱼丸、鱼饼、鱼面、虾饺等。

副食:以宁波风味为代表。以鲜咸合一,蒸、烤、炖海鲜见长。讲究鲜嫩、香糯、软滑,注意保持原汁原味。宁波的十大传统名肴,大部分用鱼鲜制成。其中有苔菜拖黄鱼、腐皮包黄鱼、黄鱼海参、彩熘全黄鱼、红烧河鳗以及冰糖甲鱼、火腿全鸡、荷叶粉蒸肉、网油包鹅肝、苔菜小方烤等,其他还有三丝拌海蜇、油爆大虾、宁波摇蚶、蛤蜊鲫鱼等。舟山的彩熘黄鱼、炒鳗鲞丝、梭子蟹,是该地久传不衰的名菜。温州沿海地区居民有生食鱼鲜的习惯。如将活海蜇洗净切碎,拌以糖、醋、姜、椒即可食之;活海虾洗净后用酒、糖、姜末等浸渍片刻就可吃,俗称"醉虾";还有牡蛎肉也可生食,吃时蘸少许酱、醋、姜末等,味极鲜美。

（三）上海饮食文化

1. 沿　革

早在 2400 多年前，上海就是东周王朝四公子之一的楚春申君的领地，那时依仗江南鱼米之乡的自然环境，烹制的是纯真的乡土风味，即所谓楚越之地饭稻羹鱼。公元 7 世纪后，上海逐步发展成为"江海之通津、东南之都会"，海外百货云集，南来北往人员繁杂，菜肴的选料、花色、风味随之扩大。上海饮食接近江苏南部。鸦片战争以后，上海出现了列强的租界，西方文化渗入，上海在经济、文化、饮食等方面，率先融中西为一体，被人们称为"海派"。近百年，其他省市移居上海的人也不少，自然也带来了外省市的饮食风俗，但这些饮食风俗也在不同程度上得到了改造。例如在菜肴制作上，有所谓"海派"川菜、"海派"京菜、"海派"粤菜等。上海菜肴小吃在清代发展迅速，特别是 19 世纪中叶上海开埠以后，畸形繁荣的经济导致上海食品的变化，并以世所罕见的速度飞跃发展。各地饮食风味一时云集上海，出现了竞相争宠、百舸争流的局面，上海成了融中外古今美食为一体的大熔炉。

上海市人口 1674 万。

2. 饮食概况

●菜品风味特点

上海菜具有清新秀美、温文尔雅、风味多样、富有时代气息的特点。追求的是口味清淡、讲究真味，款式新颖秀丽，刀工精细配色和谐，滋味丰富、口感平和，形式高雅脱俗。上海小吃品种繁多，兼具南北风味，选择严谨，制作精致，应节适令，因时更变，供应方法灵活。

主食与面点：主要是米饭、米粥，其次是面条。面点中面食类除面条外，皆不作为主食出现，大饼、油条、馄饨、糕饼、春卷、烧卖（麦）、小笼馒头等，一般是作为早餐和下午的点心用。米食类：一般用糯米、粳米磨成粉后，经混合（一般是六成糯米粉、四成粳米粉，也有用七成糯米粉、三成粳米粉的）再制作各种食品，如糕团、汤圆（无馅心的）、汤团（有馅心的，咸馅料有鲜肉、荠菜、萝卜馅的，甜馅心有豆沙、玫瑰、芝麻、薄荷等风味的）、粢饭糕、粢饭团、米糕、汁格等。还有赤豆糕、绿豆糕、豆沙糕、蜜糕、蛋糕。西式点心有各类面包、吐司、沙司。

副食：上海人喜食水产品。如海鳗鲡、带鱼、黄鱼、青梭鱼、鲥鱼、明虾、对虾、蟹、蚌、甲鱼等。上海人还喜食鸡蛋、鸽蛋。上海人喜食西餐菜。街头西餐馆林立，旧时有外国人开的，也有中国人开的，法式、意大利风味的大受欢迎。上海人常在家做简单的西菜，并以此招待亲朋好友，如咖喱鸡、番茄鸡、热狗等。食品工业化程度高，儿童食品、老年食品、营养食品、方便食品等已逐渐进入上海市民的日常饮食。

（四）安徽饮食文化

1. 沿　革

商王朝曾定都于亳（今亳州）。商初出现的名厨出身的政治家伊尹就是淮河流域人。伊尹是夏朝末年有莘氏的家奴，曾做过庖人，他对中国烹饪中的选料、火候、调味做了精彩的理论阐述，在历史上产生了深远影响。西汉时期，淮南王刘安著《淮南王食经》多达 130 卷。同时期，淮南王刘安的门人发明了豆腐。

安徽菜随着徽商的发展而发展，并传播各地。徽商史称"新安大贾"起于东晋，唐宋时期日渐发展。徽商经营以盐、典、茶、木为最著，并插足其他行业。商栈、邸舍、酒肆、钱庄随之兴起。随着徽商的发展，为商业交流服务的饮食业也活跃起来，可以说哪里有徽商，哪里就有徽菜馆。南宋时，京城临安的徽商想念家乡风味，每年命人从徽州挖笋送入京城，他们用炭火砂锅在船头煮炖，船到笋熟，开锅即食，保持了鲜笋的风味，此菜已成为安徽名肴"问政山笋"。

明清之际，徽商在扬州、武汉盛极一时，两地的徽菜发展十分迅速。那时传入扬州的徽州圆子、徽州饼和大刀切面等，至今仍盛名不衰。鸦片战争后，屯溪成为皖南山区土特产品的集散地，徽商沿新安江南下经浙入沪以至沿江各地，徽菜因此在屯溪和沿江一带得到进一步发展。抗日战争前后，徽菜馆遍布长江中下游地区的一些城镇，名噪一时。

安徽人口 5986 万。

2. 饮食概况

● 菜品风味特点

安徽菜以烹制山珍野味、河鲜与讲究食补见长。徽菜之重火工是历来的传统，其独到之处集中体现在擅长烧、炖、熏、蒸等功夫菜上，基本味型是咸鲜微甜，注重原汁原味，适应面广。沿江一带小吃的口味受江浙影响，咸鲜略甜，制品精细，蒸、炸、烤、煮各具特色。不少品种具有浓郁的乡土气息，讲究复合新鲜口味，往往一个品种的原料，多达十余种。

● 皖中、皖南饮食

皖中、皖南两个地区，隔江相望，在地理环境上，颇有相似之处，饮食也大体相似。

主食与面点：多以大米为主食，山区人民还要兼吃一部分杂粮。因糯米性黏，平时不用来做饭，只是留做节日酿甜酒、制年糕，改善家庭饮食等。除用纯米做饭外，还有山芋饭、菜饭（将萝卜或芥菜、白菜等切碎在锅边蒸熟，放入油盐，和饭而食）、豆饭（将豇豆等和饭煮食），用玉米粉和大米煮饭，称为"金玉良缘"。如有剩饭,可做水泡饭、炒饭(以鸡蛋炒饭为多)。另外还有大米稀饭、菜稀饭、山芋稀饭、豆子稀饭、玉米稀饭、南瓜稀饭、糯米稀饭等。皖西太湖县一带,善于加工锅巴。干饭吃完之后,留下锅巴,将米汤倒入锅中煮之,叫"锅巴粥"。皖南山区面点小吃具有古朴典雅的风格,以蒸、煮见长,不少品种以米粉为主料,常用精雕细刻的木模制作,古色古香。有烧饼、大救驾、蟹黄汤包、庐阳汤包、冬瓜饺、油酥饼、鱼皮蟹黄饺、山粉圆子、小笼肉蒸饭、瓠子饼、香椿馃、黄豆肉馃、毛豆抓饼、油炸臭干、酥笋牌、鸭油烧卖、蚕蛹酥、脆炒面、蝴蝶面、蟹锅贴、深渡包袱、豆皮饭、混汤酒酿元宵、舒城笼糊、油堆、鸡血糊、芋糯麻团、荠菜圆子、蓑衣圆子、绿豆火腿粽子、梅干菜烧饼、柳叶包子、示灯粑粑、荸荠糕、赤豆猪油糕等。

副食:菜肴一般分鱼、肉、蛋及家禽为原料制作的荤菜和以蔬菜、豆制品等为原料的素菜。皖中人一般不吃狗肉,有"狗肉不上拜"的谚语。皖南人喜欢吃蛇肉、鹿肉、野猪肉等。皖中、皖南群众还喜欢吃腌制的菜品,如白菜、雪里蕻、芥菜、豇豆、扁豆、刀豆、萝卜、生姜、韭菜、辣椒、蒜苗、蒜头、葱头、香椿等都可腌制。当地群众还喜欢腌制鱼、肉、蛋类。豆制品是皖中、皖南人民喜爱的食品。制品有豆腐、白干、酱干、臭干、千张、豆腐果、油炸泡、素鸡、豆腐皮、豆腐脑等。

● 皖北饮食

皖北地区是指淮河以北的宿县、阜阳两地区和淮北市一带。

主食与面点:一般以面食、杂粮为主食。主要的麦面制品有馍馍、烙饼、煎饼、油饼、鏊子馍、锅坎馍、包皮馍等。在收杂粮的季节,多吃各种杂粮制品。加玉米,可以碾粉打糊吃,也可做玉米发糕、玉米粑粑。高粱可以碾粉打糊做饼。小米可以做稀饭。山芋可以蒸、烤,或做山芋稀饭,也可做成山芋干煮着吃。近年来,群众的日常饮食结构开始出现了一些变化,农村在吃玉米、高粱、山芋等杂粮的同时兼吃米饭。淮北面点小吃,以炸、烤见长,多以面粉、豆类为主,纯米制品极少,小吃点心有蒙城油酥饼、狗肉包子、鸡丝卷、重油麻花、盘香饼、水晶豆沙饼、小酥、佛手酥、绿豆煎饼、穿心馃、酥面馃、玉米馃、高庄馍、牛肉馍等。

副食:由于皖北地区群众的日常主食水饺、菜盒子等食品都包有新鲜肉馅、菜馅,用餐时不需要用其他菜佐食,就是面条、疙瘩汤等流食,也多以青菜、油、盐等调味,不另做菜也可以饱餐;大馍、煎饼、卷子、粉馃、大饼等较为粗糙的食品,在制作时,也要放入盐、姜、五香粉、麻抽等多种作料,又经过油煎、油炸或火烤,多香酥可口,有辣酱、腌蒜、大葱等佐餐即可。近年来,群众也常吃各种菜品。如黄芽白、冬瓜、南瓜、萝卜、甘蓝、胡萝卜、四季豆、豆角、大蒜、雪里蕻、芥菜、茄子等。不但有蔬菜,还要有猪牛羊肉及禽蛋菜肴。比如吃白牛肉,就是选用牛腱子肉,用砂锅焖煮烂熟,切成薄片装盘,淋上麻油、白酱油,撒上红辣椒丝、香菜段、蒜末,食之别有风味。其他如炸牛肉、肚三洋、牛蹄花、焦炸羊肉、苔干羊肉丝、羊肉汤、红扒羊蹄等,均具有独特风味。

(五)江西饮食文化

1. 沿　革

江西万年县出土的陶制品,据考证是八千年前的产品。至晚在五千年前,江西就已经有了以种植水稻为主的农业生产。秦汉以后,国家统一,经济迅速发展,江西"鱼米之乡"的特色更进一步显示出来,农业仍以水稻为主。东汉时,江西大米品质良好,南昌地区的"嘉蔬精稻,擅味于八方"。江西的地理位置史称"吴头楚尾,粤户门庭",其菜肴在自身特点的基础上,又取八方精华,从而形成了今日独具特色的江西风味。

江西人口4140万,汉族占人口总数的99％以上。

2. 饮食概况

●菜品风味特色

技法上以烧、焖、蒸、炖、炒著称。在质地上讲究酥、烂、脆、嫩,烧焖者酥烂、味香、汁浓,蒸炖者原汁原味;炒菜油重保持鲜嫩。尤擅鱼、虾、蟹等湖鲜的烹制。

●赣北饮食

本区包括南昌宜春、吉安、南丰、九江等地。

主食与面点:本地区以稻米、小麦、甘薯为主粮,常年以米饭、粥为主食,并辅以其他面点、羹、米粉等。城镇居民喜食晚米,乡村百姓则多吃糙米饭。但各地经济发展水平不一,有些贫困地区如安义、宜春等,仅以米粟薯芋为主食。近年,人们的生活水平普遍提高,甘薯(当地称番薯或红薯)已不再是人们日常生活中的主粮(个别贫困山区除外)。小吃多以糯米、糯米面及面类为主料,点心以松软、甜美、脆香酥口、咸淡相宜为特点。米粉是本区常见的一种食品。饼糕类也是本地区人民的主食,品种很多,主要有海参饼、糖饼、大回饼、南昌煨牛肉月饼、状元糕、海棠糕、菲子头糕、龙兴铺灯芯糕、发糕、社团、印花子、招子等。

副食:在副食上,本地区群众喜食水产、鸡鸭、狗肉和豆制品。本地区菜肴的特点是用料广泛,味浓,油重,原汁原味,主料突出。烹制菜肴时喜欢采用整鸡、整鸭、整鱼或整块的"猪蹄花",用来红烧或清炖。制法上以烧、焖、蒸见长,在风味上偏重咸、香、辣。南昌人有句话叫"无鱼不成席",反映了南昌人的饮食特点。在南昌,银鱼、甲鱼很受群众欢迎。此外,还有鳝鱼、鳅鱼、鳜鱼、青鱼、草鱼、鲫鱼等,或炖、或炸、或蒸、或炒。南昌人还特别注重吃"旺"补"淡",即在鱼上市时,贮存一些,或腌或晒,待淡季食用。南昌各地还喜欢吃虾仁,常做的菜是青豆炒虾仁。

南昌人喜食狗肉。鸡也是南昌地区民间筵宴必备的菜肴。此鸡可清炖、可红烧,能烹制出各种美味佳肴。像干贝封金鸡、手拉鸡、红松鸡、布袋鸡、新雅鸡、洪都鸡、肥肠烧鸡块、冬菇煨鸡块、芙蓉鸡块、琵琶鸡腿等。在江西水乡,人们喜食鸭子。著名的鸭菜有炒血鸭、馄饨鸭、黄焖鸭、芙蓉鸭片、佛手鸭腿、柴把鸭、三杯子鸭、菜心烩鸭掌等。

豆制品在南昌人日常饮食中也占有重要地位,常见的有酱豆干、油炸豆干、白豆干、豆腐条子、豆泡、豆皮、豆腐等。

● 赣南饮食

赣南是指赣州及周边的地区。

主食与面点:稻米是赣南人的主食,其次是甘薯。赣南小吃有米果、荡皮、"玉兰片"、虾仁海棠糕、活鱼饺、冰糖糕等。

副食:赣南盛产花生、甘蔗、生姜、香菇、柚子、黄豆、绿豆、红豆、白豆、豌豆、蚕豆、扁豆。赣南水产业也很发达,故鱼也是赣南人的主要副食品之一。如兴国红鲤就颇有名气。泰和县所产的乌骨鸡,被视为妇科滋补佳品。赣南人常将黄豆、蚕豆加工成豆饼酱、辣椒酱,将绿豆煮成绿豆汤,将红豆、白豆做成豆子稀饭。豌豆与扁豆则常用来炒菜。香菇为赣南人所喜爱,产量以安远县最高,质量也最好。民间用香菇制作成各种美味佳肴,如香菇炒肉、香菇炖鸡、香菇菜心、香菇烩鹌鹑蛋等。赣南人极喜吃生姜、辣椒。

赣南菜肴擅长炒、焖、烤、蒸,特点是汁浓、芡稠、味纯带鲜,著名菜肴有"三杯鸡"等。赣南人烹制鲜鱼也有独到之处,常见的有小炒鱼、鱼饼、鱼饺、鱼丸、鱼丝等。

(六)山东饮食文化

1.沿　革

古以太行山以东地区为山东,春秋时代这里曾为齐国、鲁国所在地,故又称齐鲁。仰韶文化、大汶口文化和龙山文化是这一地区史前文化的光辉文明。三代时期主要是灿烂的齐鲁文化。春秋战国时代曾形成以鲁国为核心的黄河下游文化圈。春秋战国时期,俞儿、易牙善于辨味,孔子提出了关于饮食的系统主张,并对后世产生了很大影响。北魏贾思勰所撰《齐民要术》中记述了大量的山东食品。

在中国文化发展的前期,这一地区处于中国文化主轴的东部。在后期,虽然中国的经济、文化重心已转移到江浙地区,但是政治中心却在此时北上燕赵,因而作为联系南北的大运河在齐鲁境内的通过,不仅促进了齐鲁文化的继续发展,而且加强了中国南北文化的相互交流。近代以来,随着铁路的修筑、沿海港埠的开放,这一地区又在浓重的传统文化的背景上,增添了现代文明的各色光彩。

早在两汉时,这里就是兴"女工之业"、"颇有桑麻之业"、"通食盐之利",富者"其俗弥侈",下民"俗俭啬","爱财,趋商贾"的农、工、商并作的文化发达的地区(《汉书·地理志》卷二十八下)。而后,这里绝大部分地区倚重农业,近海之区仰赖鱼盐,城邑和近运河驿道之民业商者较多。由于人口的累代繁衍,人稠地窄、民艰于耕,故广大农民多是"俗勤耕作";"简朴、务稼穑";"民多勤俭力农";"负山而居者,守桑麻之业,其余瘠土,亦勤于稼";"土瘠民劳,习尚俭素";"百姓务稼穑,有垂白不涉公庭者"。总之,凡是"不通商贾"之地多"风俗俭朴"。凡"农居六七、贾居一二"之处则"婚姻称家,蒸尝会,奢俭得中"。许多地区因"物产不繁,无艳佚骄纵之资",民多"笃忠勤"、"敦本业",中平之区的普通百姓则是"四民有常业,六礼有常仪,岁时有常节,宁朴无华,宁俭无奢"。人们信奉的是"勤者生财之道,俭者用财之节"的守业持家原则。商业都会往往"俗近奢华"(以上引文多据胡朴安《中华风俗志》)。

在玉米传入山东之前,现以吃玉米饼子为主的地区的人们是以吃米饭为主的,那时农家上饭为大米饭,中等饭是小米干饭,一般贫苦农民吃的是粗粝的糁子米饭。后来,随着玉米的广泛种植,人们不断总结吃玉米的方法,做出现在这种玉米面加豆面的玉米饼子,备受欢迎,渐次普及,竟把陪伴农家数千年的糁子米排挤到绝种的境地。到20世纪四五十年代,玉米饼子发展到极盛时期:"三亩地,一头驴,吃着饼子就着鱼",成了公众承认的小康之家的写照。饼子毕竟是粗食,与之相伴的副食大都具有刺激性。大葱蘸酱,咸菜炒辣椒,在沿海则虾酱、鱼酱之类,就成了与大饼子相配的"就头",正所谓"臭鱼烂虾,下饭的冤家"。

山东人口 9079 万。

2.饮食概况

● 菜品风味特点

其特点为长于用汤,长于扒、熘、爆、炒、烤等技法。讲究调味纯正,以咸鲜为主,擅用葱、蒜,突出清、鲜、脆、嫩、香。沿海地区的海鲜菜、沿湖地带的淡水鱼虾菜、内陆地区的畜禽菜均颇具特色,烹调上以爆炒见长,味型以咸鲜取胜。代表菜有白扒鱼翅、油爆鲜贝、油爆双脆、九转大肠、德州五香脱骨扒鸡、糖醋黄河鲤鱼、原壳鲍鱼、奶汤蒲菜等。

● 鲁中北饮食

此区包括以济南为中心的泰安、潍坊、淄博、德州、惠民、聊城、东营等地域。

主食与面点:该地区以面食为主,农村以玉米、高粱、黍米等杂粮为主。甘薯产量可观。现今,细粮已成为农家之常食。

　　济南的面食制品以硬、干、酥为主。制品主要有以下几种:馒头、锅饼、家常饼、水饺、面条、玉米窝头、两合面饼、煎饼等。煎饼一般用玉米面或杂合面,条件好者用小米面,调稀糊摊烙而成。其薄如纸,食时卷葱酱,香甜可口。风味小吃种类繁多,其中又多以面食为主。仅济南常见的就有:盘丝饼、油旋、荷叶粥、八批馃子、五香甜沫、鸡丝馄饨、炸茄盒、麻酱烧饼等。潍坊、淄博的名小吃还有朝天锅、周村烧饼、博山石蛤蟆水饺等。德州、惠民、聊城的著名小吃有:德州羊肠汤、保店驴肉、阳谷烧饼、大柳面条、无棣肴肉、聊城熏鸡等。

　　副食:日常菜肴也颇为精细。中午多以新鲜蔬菜炒之,加一汤羹。鲁中乡间对生食大葱、大蒜、甜面酱特别嗜好。日常饮食,只要有大葱和甜面酱即可。单饼或煎饼卷大葱蘸酱这种民间食法已被吸收到高级宴席上,像烤鸭、锅烧鸭一类菜肴,就要配生葱段、甜酱、单饼(或合页饼)食用。鲁中人喜生食大蒜,大蒜几乎是吃水饺、面条必备之物,也是凉拌菜的主要调味品。常见的吃法是整瓣或捣成蒜泥,也可腌制成糖醋蒜,系取鲜大蒜加入醋、糖腌泡,经月由白变成酱红即成。

　　淄博、潍坊一带民间对小咸菜的制作特别讲究。除了萝卜、芥菜一类外,还有煮八宝菜、熏豆腐、韭花酱、酱黄瓜。在潍坊,逢节日乡民多调制小鲜蔬菜,有芥菜鸡、酱疙瘩丝、拌合菜等,清爽鲜美。济南人口味偏咸,一日三餐多配有咸菜。民间有"菜不够,咸菜凑"之说。济南的小菜种类颇多,如酱萝卜、腌莴苣、腌香椿、糖蒜、磨茄等。磨前选用当地产的大红袍圆茄,去蒂放清水缸内,用砖头或粗石块将茄皮磨光,在茄上扎眼加盐、酱腌制。此外,还喜食凉拌腐皮、腐竹、糖醋藕片、粉皮等。在济南,还有一种家家都会做的酥锅。此菜制作一般用砂锅,底部垫些老菜叶,然后分层排入藕、豆腐、鱼、猪骨、海带卷等,撒上葱姜,加糖、醋、酱油、汤汁,置旺火烧开,慢火煨炖五六小时,待汤汁全部侵入原料中,菜变酥软时取出放凉,随吃随取,佐食下酒皆可。鲁北地区较有特色的佐餐小菜还有豆豉、咸面糊。

　　在菜肴方面,济南风味是鲁菜的主体,以汤菜最著名。注重爆、炒、烧、炸、烤、氽等烹调方法。讲究实惠,风格浓重、浑厚,口味偏重于清香、鲜嫩。鸡鸭菜肴注重用甜面酱调味,并以甜、咸、酱香浓郁见长。其变化型有酱香、酱汁、葱酱、糖酱、酱焖等。代表菜肴较多,如糖酱鸭块、酱焖鳜鱼、油爆双脆、爆肚头等。淄潍形成自己的特色,长于烧、炸、拔丝等技法,原料则多选肉、禽、蛋。口味偏于咸鲜,略甜,多使用酱油、豆豉。代表菜肴有怀胎鲤鱼、拔丝甘薯、拔丝山药、麻花肘子等。泰安地区的素菜制作尤为精巧。以烧、炸、氽、熘、炒等见长。色调淡雅,口味清鲜滑嫩。代表菜有软烧豆腐、炸豆腐丸子、炸薄荷、烧二冬、三美豆腐等。

●胶东饮食

主食与面点：以面食为主，兼及各种杂粮。制品有馎饦、面条、水饺、葱花脂油饼、饼子、窝窝头、玉米卷子、玉米面糕等。甘薯吃法也多。一是直接煮熟；二是煮生甘薯干；三是熟甘薯干，食时可煮可不煮；四是甘薯面汤。胶东大米少，非喜庆节日宴席不用。

副食：胶东菜长于海鲜制作，口味偏干清淡、平和，以鲜为主，脆嫩滑爽。胶东菜肴大体分为两类：一是沿海渔区，以海味为主；二是内陆山区，以鲜、干蔬菜为主。名菜有：糟熘鱼片、熘虾、炸蛎黄、清蒸嘉吉鱼、葱烧海参、煎烹大虾、浮油鸡片、清炒腰花、油爆乌鱼花、红烧大蛤、油爆海螺、芙蓉干贝等。

●鲁南及鲁西饮食

鲁南及鲁西南地区包括临沂、济宁、枣庄、菏泽等地区。

主食与面点：鲁南、鲁西南的丘陵山地，土地瘠薄。过去人们日常饮食清淡粗糙。丰年不过甘薯、玉米及各种杂粮；歉年则多以野菜掺粗粮充饥。贫困之家，逢年过节也难得吃顿细粮。最好的饭食是双合面馒头、双合面煎饼等。富裕之家，多吃玉米面煎饼或窝头，佐以咸萝卜干、萝卜缨子等咸菜，逢年过节才能吃上一顿丰盛细粮。济宁、枣庄地区平原沃野，主食玉米、小麦、稻米，也兼食甘薯、高粱及其他杂粮。煎饼是该地主食，用甘薯面、玉米粉、麦粉、小米面等制作。食时配炒菜或以生葱蘸酱。早饭多吃稀粥，配煎饼等。随着经济的发展，鲁南、鲁西南人民的饮食水平已有较大提高。贫瘠地区现已以玉米、稻米为主食。小吃有临沂羹糁，济宁大米干饭加髭肉、撅腚豆腐及菏泽砂锅水饺等。

副食：蔬产量较大，瓜、果、梨、枣品种繁多。平原区多河流、湖泊，其中南四湖最有名，盛产淡水鱼、蟹。济宁等地居民口味喜咸鲜、嫩爽、醇厚，以烹制河湖水产及肉禽蛋品见长。菜品有清蒸鳜鱼、红烧甲鱼、奶汤鲫鱼、油淋白鲢、临沂八宝豆豉、临沂羹糁、单县羊肉汤、济宁髭肉等。

鲁南一带的酱菜特别讲究，像济宁玉堂酱园的酱菜，清代就有"京省驰名"、"味压江南"之称。像酱杏仁、酱花生仁、包瓜、八主酱菜等都是日常可以吃到的，一般宴席也常备酱菜。

（七）福建饮食文化

1．沿　革

福建的饮食文化，可追溯到新石器时代。在福州、闽侯等处各原始社会文化遗址中出土的陶制釜、鼎、壶、尊、罐、簋、豆、杯、盆、鬲、甑等，说明四千年前闽地先民已开始烹饪熟食。商周时期，已有上釉的瓷陶器，烹饪技艺也进一步发展。到了唐代，福州、漳州等地的贡品中已出现海蛤、鲛鱼皮。宋代福建泉州人林洪《山家清供》记载了蟹酿橙的烹调技法,并描述了这道菜的色、香、味、形、器等特点。其后,典籍史乘,多有载述,笔记杂著,更为繁富。

福建省(不含金门、马祖等岛屿)人口3471万。

2.饮食概况

● 菜品风味特点

福建菜汤菜考究,变化无穷,素有"一汤十变"之说。调味偏于甜、酸、淡,善于使用红糟、虾油、酒、沙茶、辣椒酱、芥末、橘汁等调味品。烹调技法以熘、爆、炸、焖、氽、焗、炒、蒸、煨等为特色。

● 闽南饮食

闽南包括厦门、晋江、龙溪等地。

主食与面点:闽南人主食是大米。在日常三餐中食用的有:油条、米糕、馒头、包子、粥、面线糊、虾面、肉粽、碗糕等。作点心用:菜粿、炸枣、元宵丸、鱼丸、蛋糕、甜粿、春饼、麻团、手抓面、土笋冻、花生汤、蚵(即牡蛎)煎、牛肉沙茶、橘红糕、绿豆饼等。作祭品用:红包、米龟、更粽、麻蓼、蓼花、糖豆等。

副食:各种蔬果畜禽鱼虾。闽南沿海多吃水产,而且有季节性变化。有"春圆冬扁"之说。"圆"指鱼体呈圆柱形,即春天吃鳗、鳝、鲨、牛尾鱼等;冬天以扁平形的鱼为佳,如鲷、鲳、鲕、鲂鱼等。二月吃肥蚝,秋天吃毛蟹。闽南菜具有鲜醇、香嫩、清淡的特色,并且以讲究作料、善用香辣而著称。佳肴有蚵仔煎蚝、清蒸鲈鱼、菜鸭炖姜丝、鸡汤泡螺片、乌鸡炖鳖、鲍鱼炖鸡、清炖猪脚、沙茶鸭块等。

● 闽中、闽北饮食

闽中、北地区包括福州、三明、南平等地。

主食与面点:民间主食为大米。

副食:有新鲜蔬菜、腌菜、酱菜、腐乳、豆腐、豆腐干、肉松、香肠、鱼、虾、贝、肉、蛋等。闽中、闽北一带人民喜喝汤。常见的有肉片汤、鱼片汤、蛋花汤、肉燕汤、点心鱼丸汤、清炖鸡、牛肉汤等等。高档的则有奶汤梅鱼、鸡汤氽海蚌、发菜鱿鱼汤等。逢年过节,用红糟烹制各种鱼、肉、禽、蛋。如糟鱼、糟肉、糟鸡、糟鸭、糟蛋等。福州菜是闽菜的代表,其菜肴特点是清爽、鲜嫩、淡雅,汤菜较多。代表名菜有佛跳墙、煎糟鳗鱼、淡糟鲜竹蛏、鸡丝燕窝等。

● 闽西饮食

闽西主要指福建省西部的龙岩地区,居住的主要是客家人。

主食与面点:以大米为主粮,以番薯(甘薯)为主要杂粮,间食大麦、小麦、高粱、玉米、木薯、蕉芋。

　　副食:历史上,除少数富裕户外,副食均以蔬菜为主,辅以豆制品、禽、蛋、小鱼虾,不是逢节、待客或墟天(赶集日),很少食肉。菜肴上以鲁菜为基础,受粤、淮扬菜影响明显,取料十分广泛,粮蔬菇笋、禽畜肉蛋、水产、鸟兽蛇虫,皆可入馔。以烹制山珍野味见长,刀工朴实无华,菜量较大。闽西客家人且喜喝汤,口味稍重,油大,略偏咸,讲究鲜香、清正、平和、本味、醇厚。菜肴兼顾南北,味融东西,易为各方食者接受。喜养殖,善采猎,嗜茶,喜食甜点和糯米酒。闽西客家人有"无鸡无酒不成宴"之说。代表名菜有油焖石鳞、爆炒地猴等。

　　(八)台湾饮食文化

　　1.沿　革

　　台湾原来只有高山族同胞居住,在三国时称"夷州"。公元 230 年春,孙权派将军卫温、诸葛直率军队万人乘船到夷州。一年后回大陆时,曾带回数千名夷州人,这是史书记载汉族人与台湾高山族人的最早接触。到了隋朝,大陆与台湾的接触就更多了。隋炀帝就曾三次派人到台湾,并从此开始了台湾与大陆的贸易往来。唐代以后,大陆沿海居民,特别是漳州、泉州一带的居民,为了躲避战乱兵祸,陆续有人移居台湾。尤其是 17 世纪 20 年代,郑成功拒绝投降清政府,率兵赶走了占领台湾的荷兰人。从此,大陆汉族居民大规模地移居台湾,给台湾的经济文化发展以极大的推动,台湾进入了大规模的开发期。澎湖列岛位于福建省和台湾本岛之间的海上。大陆人民对澎湖的开发和经营比台湾本岛要早得多。这里土地贫瘠,缺淡水,且风大,不易种植庄稼,人们除从事畜牧业外,多靠捕鱼为生,被称为"海上耕作",生活较艰苦。农民们只能种些番薯、土豆。人们用番薯米(晒干的番薯丝)、加上海藻、鱼虾做成粥,谓之"忝粥"或"糊涂粥",用以充饥。土豆及番薯的藤叶则是喂牛的极好饲料。由于岛上不长树,也不产煤,百姓煮饭、取暖等都把牛粪晒干当柴烧,名曰"牛柴"。

　　中日甲午战争后的 50 年间,我国台湾地区被日本占领,因此日本的饮食习俗不可避免地对台湾地区也产生了一些影响,使台湾地区的饮食风味趋于清淡、新鲜、略带甜酸,讲究鲜、美、雅。由于台湾盛产各种海鲜,故无论家常饮食,还是正式宴席多海鲜佳肴。尤其近 40 年来,由于"外省人"的到来,使得川、扬、粤、京等各路名菜传入台湾地区,甚至回、蒙等少数民族的食俗(像吃涮羊肉、烤肉等)也进入了台湾地区。迄今,大部分高山族人居住在山区,过着半耕半猎的生活。他们勤劳、豪放、能歌善舞,饮酒多有海量。大陆移民最早来岛的是福建泉州人,多从事渔业。其次是漳州人,他们多聚居在主要城市、港口及西部平原地带。这部分人占中国台湾移民的绝大多数,称"河洛人"。最后迁去的是广东的梅县人和潮州人。他们多在尚未开垦的丘陵及半山区居住垦荒。

台湾省和福建省的金门、马祖等岛屿人口 2228 万（"台湾当局"公布的 2000 年 12 月的数据）。

2.饮食概况

● **菜品风味特色**

台湾菜品以海鲜味为特色，制作以焖、炒、炖、蒸为特色，除少数地区外，大都求清淡、鲜美，鸡鸭类菜品多为香烂，海鲜小炒鲜咸香脆，略带酸辣。

● **河洛人饮食**

河洛人主要为大陆福建移民，遍布台湾省各市县，约占台湾人口的 70％，尤以西部沿海平原及大城市更为集中。

主食与面点：主食一般是大米。米分粳米（平时做饭吃）、糯米（做粿、粽子用）。河洛人喜食咸粥咸饭，咸粥即混煮副食的粥。如番薯糜、番薯签糜、菜瓜糜、菜头糜（菜头即萝卜）、米豆糜、蠔仔糜、蠔干糜等。农村人还吃乌甜仔糜、番椒仔叶糜、米豆仔花糜等。咸饭做时要先用葱白和猪油在锅中炒出香味，然后加些虾米、猪肉片，调好味后加水、下釉米，水半干再混煮芋头、番薯、金瓜、番薯签、高丽菜等。另有用糯米做成的咸饭，又称油饭。做法是先用猪油加葱白炒出香味，加虾米、香菇、猪肉丁、火腿丁和大量的胡椒粉。调好味后加水，下糯米。煮出的饭粒粒晶莹，香味扑鼻，常常用来待客。米粉也是主食之一。人们还喜食甜粥，又称米糕糜，也常作为早餐。除加糖外，再加冬瓜蜜饯、干龙眼等。午餐与晚餐的主食一般是米饭，日常也喜食"大面"。

副食：蔬菜，春季就有豆菜、菜花、菜豆、葱仔、蒜仔、韭菜、萝卜、应菜、葱头、蒜头、胡瓜、绿竹笋、桂竹仔笋、麻竹笋、春笋、芹莘、白菜等；夏季有胡瓜、茄子、冬瓜、南瓜、菜头、肥豆角、芋仔等；秋季有豆菜、敏豆、萝卜、菱白、笋等；冬季有豆菜、芹菜、白菜、芥菜、菜花、菠菜、萝卜等。肉类以猪肉为主，猪肉的加工品有肉脯、肉干、肉酥、肉松，加工好的肉皮等。鸡、鸭、鹅、虾、蟹、鸽子肉等常用来"打牙祭"、宴客或祭拜。牛肉很少有人吃，旧时有一说法：吃了会破戒。羊肉用作滋补食品，平日亦少吃。鱼的种类繁多，常食用的有鲈鱼（俗称"养肉"，可用于治伤毒）、黄鱼、鳗鱼、鳝鱼、鲳鱼、白鱼、鲢鱼、乌子鱼、鱿鱼、蠔仔、小墨鱼等。另外，河洛人还擅长把各种鱼腌制成咸鱼。其他常吃的还有：鸡蛋、咸鸭蛋、松花蛋、金针菜、木耳、香菇、豆腐、豆腐干、花生米、油条等。小吃也非常丰富，无论大城小镇、街头巷尾的小吃摊比比皆是。多偏重于面食小吃及新鲜的海味。如碗粿、蚵仔煎、鱿鱼羹、烧酒虾、活炖鱼、炒螺肉、鳝鱼面等。常见的小吃还有鼠曲粿、蠔仔面线、杏仁茶、虾仔煎、揉鱼煎、蒜茸豆、胡椒饼等。

● 客家人饮食

客家人大多是在清代中叶以后由广东省迁移到台湾的，较"河洛人"晚。以客家人聚居的新竹县和苗栗县为中心，其余散布于花莲、三义等地的村镇。客家人口占全省的近 20%。

主食与面点：过去，客家人多以番薯饭为主食。收获了番薯之后，堆藏在屋内。为了便于保存，有的将其削成 3～4 厘米长的细丝，晒干成"番薯签"，以备荒年食用。过去客家人多用番薯切成小块，与米煮成番薯饭，或用大量番薯签与少量米煮成番薯粥。以前，一般人家多吃"捞饭"，将大米在锅中煮熟后，用勺子将大部分米粒捞起，滤干，即成"干饭"。留下来的米粒与大量的汤水再煮则成稀饭，剩下的米汤用来喂猪。现在的客家人已不再吃捞饭了，更不吃番薯签饭了。传统的客家食品有馄饨、菜包、粉丸、咸茶等。

副食：客家人所住多是偏僻贫瘠的山地，离海较远，交通不便，因此吃海鲜较少。但他们善于饲养家畜、种植蔬菜，副食还是很丰富的。常吃的有猪肉、鸡、鸭、鹅、禽蛋、咸鱼、豆腐和各类青菜，并善于腌制酱菜。客家菜又叫东江菜，客家菜量大，主料突出，配料不多，调味也简单。菜的原料多是就地取材，喜欢用鸡、鸭、鸽。很少配用蔬菜，河鲜海味也不多。菜肴基本保存了家乡风味，讲究"咸、酸、辣、油、香"。

● 高山人饮食

高山族是世代居住在台湾本省的少数民族的总称。大部分人居住在山区，过着半耕半猎的生活。他们勤劳、豪放、能歌善舞，饮酒多有海量。

五、华中饮食文化

(一)河南饮食文化

1. 沿　革

河南饮食文化历史悠久，《左传·昭公四年》"夏启有钧台(今河南禹州市)之享"说明早在 4100 年前已有宴会活动。商初大臣伊尹善于烹调，被人们尊为"烹饪之圣"。《古史考》记载姜尚"屠牛于朝歌(今河南淇县)、市饮于孟津(今河南孟津县)"证明早在公元前 11 世纪，中原已有商业性饮食业出现。东周时期洛阳宫廷食馔亦甚讲究，对后世颇有影响。汉、魏时期河南菜的烹调已相当精致，饮食文化生活也很丰富。密县汉墓壁画"庖厨图"、"饮宴百戏图"和南阳汉代画像石刻"鼓舞宴餐"绘有刀俎、鼎釜、肥鸭、烧鱼、烤好的肉串以及投壶、六博等宴饮场面。魏武帝曹操的《四时食制》对豫菜四季分明的特点曾起到积极的作用。南北朝时,中原佛教极盛,仅嵩洛一带就有名寺一千多所,大批厨僧尼潜心研制素席斋饭,寺庵菜应运而生,成为豫菜的一个组成部分。

北宋时,开封是全国政治、经济、文化中心和中外贸易枢纽。城内商行林立,酒楼饭馆鳞次栉比。《东京梦华录》称"集天下之珍奇,皆归于市;会寰区之异味,悉在庖厨"。仅当时的"七十二正店"经营的菜肴鸡、鱼、牛、羊、山珍、海味等类菜品数百种,可谓豫菜史上的鼎盛时期。宋室南迁(公元 1133 年)以后,中州大地兵连祸接,水蝗为患,社会动荡不安,民不聊生,消费水平下降,豫菜的发展受到严重影响。但许多基本烹调技法仍流传于民间。中华人民共和国建立以来,特别是 20 世纪 80 年代以来,随着河南整个国民经济和对外交流、旅游事业的发展,人民生活水平、特别是膳食水平的普遍提高,饮食市场繁荣,豫菜的烹饪队伍、烹饪技能、菜肴品种、质量都有长足的发展。

河南人口 9256 万,有汉、回、蒙、满等民族,绝大部分为汉族。

2.饮食概况

● 菜品风味特色

河南菜长于蒸、烧、炸、扒、爆、熘、炖等技法,重实用,味型以咸鲜为主,咸鲜甜、咸鲜麻等也颇有特色;质感上注重嫩、脆、酥、烂等。

主食与面点:粮食以小麦为主,还有谷子、稻子、玉米、薯类、豆类等。主食有馒头(称蒸馍)、烙馍、饼子(厚馍)、油馍、面条、饺子、小米饭、稀饭、玉米糁汤等。河南人爱吃用酵母或"面头"发酵的麦面馒头。一般的人家都是蒸一笼吃上一两天。因蒸馍好吃,故民间有"烙馍省,蒸馍费,常吃油馍要卖地"之俗语。烙馍,既节省又方便。面粉掺水一揉,铁鏊子一支,边烙边吃。油馍分为两种,一种为油炸的,农户人家不常吃。另一种就叫烙油馍,做法同烙馍差不多,只是比烙馍厚五到六倍,内抹有油和葱花等,吃起来松软、咸香,是招待客人的佳品。河南的小吃很多,像郑州回民馆里的烩面、洛阳的油酥火烧、新安烫面饺、睢县双瓤烧饼、息县油酥火烧、汝南徽子、商丘十二股麻花、沈丘贡馍、南阳胡辣汤、博望锅盔、信阳勺子馍等,都很有特色,而又以开封夜市小吃最具代表。有炒凉粉、馄饨、黄焖鱼、胡辣汤、元宵、牛羊肉、鸡血汤、烧鸡、卤面、烧饼夹肉、五香肉盒等。

副食:有肉类、蛋类,蔬菜、腌咸菜、豆腐、粉条等。肉类以猪肉、牛肉、羊肉等较为普遍,蔬菜以萝卜、白菜、芹菜、包菜居多。河南人有晒干菜、腌咸菜和做酱菜的习惯。代表菜有糖醋软熘鲤鱼焙面、白扒鱼翅、道口烧鸡、三鲜铁锅烤蛋、洛阳燕菜、琥珀冬瓜、清汤素鸽蛋等。水席燕菜是古都洛阳最著名的宴席菜。

乡村中,平时吃饭有一种"攒饭场"的习俗。每村都有几个比较固定的吃饭场所,夏季多在较大的树荫下,春秋冬三季多选择在空旷背风的向阳处。饭时一到,人们不分男女老少,一手端着饭,一手端着菜和馍,陆续赶到饭场,或背靠着墙根,或依树干蹲着,或干脆将鞋一脱,坐在自己的鞋上。也有三五成群把自己的小菜凑在一起相互品尝的。饭场中大家边吃边说,上至国家大事,下到村内新闻,无所不谈。

（二）湖北饮食文化

1. 沿　革

根据考古发现,距今约 50 万～100 万年前就有古人类在这里生活。10 万年前,湖北长阳下钟家湾龙洞中有"早期智人"在生活,他们学会了人工取火和用火,并掌握了烤、炙、炮、石烘的制食方法。至新石器时代,这里曾出现了大溪文化、屈家岭文化、青龙泉文化和印纹陶文化。人们学会了种植粮食、饲养畜禽,能制作并使用陶制炊具蒸、煨、煮制食物。

夏、商、周三代时期,长江中游饮食文化迅速发展,并随着楚国的强盛、饮食文化迅速发展,并形成了独特的风格特点:①稻米、水产品以及蔬果、畜禽等食物原料丰富,《战国策·楚策》记苏秦游说楚威王,言楚"粟支十年"。《楚辞·大招》中有"五谷六仞"一语,可谓粮食堆积如山。《楚辞》以及《诗经·召南》中记载了楚地众多的蔬菜瓜果及畜兽禽鸟、水产品种,反映出当时食物品种十分丰富。②拥有发达的青铜饮食器具和先进的烹调技术,1978 年湖北随县(今随州市)曾侯乙墓出土的一个青铜炉盘,据考证,当为煎、炒食物的炊具。曾侯乙墓出土了类似冰箱,制作十分精巧的"冰鉴"。③精美的漆制饮食器楚味浓郁。④菜品制作与筵宴达到了当时的一流水平。《楚辞》中的《招魂》和《大招》篇给我们留下了两张相当齐备的菜单,文中要招的虽是死者的"灵魂",但所列举的食物必然是生活的写照。⑤饮食风俗具有鲜明的楚乡情韵。

秦汉魏晋南北朝时期,主要呈现出以下几个主要特点:①"饭稻羹鱼"特色形成。②旋转磨广泛使用与炉灶改进引起饮食变革。③食物品类繁多,一批荆楚名肴脱颖而出,《淮南子》有"煎熬楚炙,调齐和之适,以穷荆、吴甘酸之变"的赞美。西汉时枚乘《七发》赞美楚食馔为"天下之至美"。"武昌鱼"、"槎头鳊"、"镂鸡子"等名食脱颖而出。④荆楚饮食风尚已初步形成。

隋唐宋元时期饮食文化有了较大发展,主要体现在:①饮茶文风流行与茶文化的形成。②士大夫饮食文化的兴起。③食品加工业的发展与饮食市场的形成。

明清时期饮食文化进一步发展,主要体现在:①粮食生产在全国居于举足轻重的地位,"湖广熟,天下足"的谚语广为流传。②甘薯、玉米等作物的引进对本区食物结构产生较大影响。③传统饮食风俗成形。

从清末至今的近一个世纪,在急剧变化的社会环境中,本区饮食文化得到了快速发展。区域内风味流派迅速发展,名菜、名点、名酒、名茶、名师、名店、名筵席层出不穷,饮食的科技含量与艺术性不断增加,产生了饮食文化的大融合与食俗的嬗变,人们的饮食观念从追求温饱转变到追求营养、快捷方便、新潮风味以及审美享受上来。各饮食文化分区具有鲜明的地方特点。

湖北人口 6028 万,境内共有少数民族 四十多个,人数较多的少数民族有土家族、苗族、回族、侗族、满族、蒙古族等。

2.饮食概况

● 菜品风味特色

湖北菜以淡水鱼菜最负盛名,擅长蒸、煨、炸、烧、烩、熘等技法;注重汁浓芡亮,突出嫩、烂、酥、糯等质感;滋味以咸鲜为主,咸鲜甜、咸鲜甜酸、纯甜、纯甜酸、咸鲜甜辣等也颇有特色,其中以咸鲜甜味型最具地方特色。

● 鄂西北饮食

鄂西北包括襄樊、随州、十堰、神农架等地。

主食与面点:稻与麦、玉米等旱粮平分秋色,面制品小吃丰富。风味小吃有襄樊胡辣汤、“沙薄刀”、谷城空心魁面、荆门太师饼、郧阳高炉饼、随州牛肉面等。

副食:蔬菜、家禽家畜、鱼类水产、山中野味比较丰富。具有明显的中原食风,牛、羊、菌类菜颇有特色,口味偏重,多用葱、姜、蒜提香,菜肴多软烂有回味,武当山道教饮食颇有影响。传统风味菜肴有面筋肉茸、瓢瓜肉、锅贴鱼、网油砂、龙须菜等。

● 鄂东饮食

鄂东包括黄冈、鄂州、黄石、咸宁等地。

主食与面点:以水稻为主粮,甘薯、小麦、豆类等为辅;名吃有鄂州的东坡饼、黄州烧卖、红安翁子粑等。

副食:主要以各类蔬菜为副食。如春天有泥蒿、白头韭菜、黑白菜、菜苔、蒜苗等,夏天有豆角、南瓜等,秋天有茄子、苦瓜、莲藕等,冬天有莲藕、萝卜、黑白菜、焰心菜等。作菜肴也有各种各样的鱼类、肉类、蛋类、禽类。擅烹家禽野味和粮豆蔬果。菜品用油宽、火功足,口味略重,经济实惠,菜品的乡土味浓,色重味厚。五祖寺禅宗斋菜和东坡菜点影响较大。

● 江汉平原饮食

以江汉平原为主体,包括武汉、孝感、荆州等地。

主食与面点:稻米占绝对优势,以甘薯、小麦、豆类为辅。米制小吃闻名于世。名吃有热干面、四季美汤包、谈炎记水饺、一品香大包、全料小汤圆、重油烧卖、散烩八宝饭、早堂面、九黄饼、云梦鱼面、孝感米酒、棉花糕、丰乐斋包、豆皮、面窝、发米粑、欢喜团、豆腐脑等。

副食:擅烹淡水鱼鲜、猪肉菜,擅长蒸菜制作;煨汤技术别具一格;口味重咸鲜、咸鲜回甜、软嫩、清鲜,山珍海味菜、艺术菜占重要地位,具水乡灵气;与国内外饮食文化有广泛交流,菜品的商业气息较浓。代表菜有清蒸武昌鱼、老大兴鮰鱼、沔阳三蒸、钟祥蟠龙菜、江陵散烩八宝、冬瓜鳖裙羹、鸡蓉笔架鱼肚、珊瑚鳜鱼、明珠鳜鱼、清蒸武昌鱼、荆鲨鱼糕、橘瓣鱼氽、虫草八卦汤、珍珠圆子、蟠龙菜、紫菜薹炒腊肉、母子大会、黄陂烧三合等。

● 鄂西南饮食

以清江流域为主体的湖北西南部地区,包括鄂西土家族苗族自治州和宜昌地区西部的广大地区。

主食与面点:主要以玉米、薯类为主食,辅以稻米、小麦等。一些城镇和河谷地带以稻米为主食。

副食:重用山珍野味和杂粮山菜,饮食古朴粗放;擅长加工腌腊食品。鄂西南人喜酸爱辣,这里家家户户都有一个或几个酸菜坛子,都晒有干辣椒,一年到头几乎餐餐不离酸菜和辣椒。此地有"辣椒当盐"之说。鄂西南人喜茶爱酒。

(三)湖南饮食文化

1.沿 革

东周是湖南饮食文化的启蒙时期。《吕氏春秋·本味篇》中称赞湖南洞庭湖区的水产:"鱼之美者,洞庭之鱄。"可见当时的湘菜已具雏形。到汉代,逐渐形成了从用料、烹调方法,到风味特点较完整的烹饪体系,为湘菜的发展奠定了基础。1972年从长沙市马王堆西汉轪侯妻辛追墓出土的随葬遣策中,记载着精美的菜肴近百种。从笥五到笥一一六,有96种属于食物和菜肴,仅肉羹一项就有5大类24种,属食物类原料72种。晚清至"中华民国"初年,由于商业的发展,官府菜品及其烹调技法大量流入饮食市场,湘菜遂以其独有的风姿驰名国内。

湖南人口6440万,人数较多的少数民族有苗族、侗族、土家族等。

2.饮食概况

● 菜品风味特色

湖南菜以蒸、煨、炒、炸、熘见长;常见味型有咸鲜、咸甜、咸鲜酸辣、咸鲜甜酸等,其中以咸鲜酸辣最具特色;质感以嫩为多,酥、烂、脆也不少,味浓色重与清鲜自然兼备。代表菜有组庵鱼翅、翠竹粉蒸鱼、芙蓉鲫鱼、洞庭金龟、子龙脱袍、走油豆豉扣肉、酸辣狗肉、东安子鸡、麻辣鸡丁、冰糖湘莲、腊味合蒸等。

● 湘中南饮食

湘中南包括湖南省中、南部的盆地、丘陵地区和部分山地。长沙、衡阳、株洲、湘潭都坐落在这里。湘中南大部分地区居住着汉族人。

主食与面点：湘中南地区盛产稻谷，人们以大米为主食。

副食：讲究菜肴的拟色。将主料、配料、调料的本色恰如其分地配合起来。如常见的红煨猪肘，一般采用色深味浓的湘潭龙牌酱油为调料，通过长时间煨制，酱油之色尽染原料之中，使成菜金黄红亮。注重菜肴的调味，如煨制的菜肴则讲究原汁有味。即将主料、配料、调料一次性放入陶罐，中途不另加他物，以免冲淡和破坏原味。经小火慢煨后，三者融为一体，质软、汤浓、味厚。湘中南地区居民还喜欢用"酸辣"入味。酸辣用酸泡菜和朝天椒混合而成，用时从坛中取出。用这两种原料制成的酸辣汁烹入菜肴之中，食用时辣味突出，酸味次之，原料鲜美之味依旧，如"酸辣狗肉"、"酸辣鸡丁"等。精于调制各种香味，就季节来说，春有椿芽香，夏有荷叶香，秋有芹菜香，冬有熏腊香等。就调料来说，有桂香、茴香、韭香、葱香、椒香、豉香、茶香、酒香等。湘中南人民还酷爱嚼槟榔。具有独特风味的食品有油炸臭豆腐、猪血丸子、血酱鸭、冰糖湘莲等。

● 湘北饮食

湘北主要指湖南岳阳、常德、益阳等地。

主食与面点：湘北人以稻米为主食，不喜欢吃小麦面粉。城市中的早餐通常以米粉、米糕、米浆汤圆为主。特别是米粉，每天清晨沿街都有出售的。居民买回来后，用沸水烫热即可食用，很方便。湘北人称吃面食为"吃点心"，或叫"吃小东西"，不算正餐。只有吃大米饭才算正式用餐。

副食：湘北人讲究烹调，但不像湘中南地区注重酱油的作用。平时做菜很少放酱油，讲究原汁原味。比如有一种烹调鲜鱼的方法就很独特：把活鲤鱼或鲫鱼剖开洗净，放入砂锅中用小火慢熬，直到鱼汤变成乳白色的浓汁时才放少许盐，端上桌趁热吃，味鲜无比。其他水产如水鱼、乌鱼、鳝鱼等，烹调时一般都用砂锅熬，很少清蒸或红烧，绝不用酱油，通常还放几片腊肉作配料，实在没有腊肉也要用新鲜猪肉做配料，虽然也用干辣椒调味，但不能切碎，吃时拣出去，据说这样就能保持原有的鲜味。湘北人爱吃鲜味，还有两种吃鱼的方法很能说明问题。一种是用炖钵炉烹煮。另一种是用辣椒糊熬活鲫鱼。湘北人喜食大酱、泡酸菜、粉蒸肉、胙粑肉。

●湘西饮食

湖南西部 四十多个县,是少数民族聚居的地方,主要有苗族、侗族、土家族、瑶族等。生活在湘西的各少数民族由于受相同的地理环境、气候条件制约,在饮食上有着很多相同的地方。比如,都是以大米为主食,辅以玉米、红薯,都表现出嗜酒、嗜茶、嗜烟、嗜辣、嗜酸的习惯等。

六、华南饮食文化

(一)粤港澳饮食文化

1. 沿　革

　先秦时代越人还有茹毛饮血的原始生活残余,秦汉时代,赵佗率中原军马与百越杂处,他们的饮食风俗才逐渐趋于开明。又由于水陆交通方便,广州又是秦汉以来华南的政治、经济中心,全国各地的食品、食法、食俗不断通过各种渠道传到广东。据说南宋末年,宋少帝南逃,带了御厨到广东,不少宫廷的饮食风俗及食品的制法也随之传入岭南民间,逐步被广东人吸收。广东盛产蔗糖,而粤人爱吃糖品,糖制的食品堪称全国之冠。但有些食法,便是由外地传入的。比如,广东乌糖的泡制及其食俗,据说是由唐太宗所派遣的贡使传授下来的。《广东新语·卷十四》中写道:"乌糖者,以黑糖烹之成白,又以鸭卵清搅之,使渣滓上浮,精英下结,其法本唐太宗时贡使所传。"再如,广东本无吃面食的习惯,到了宋代,中原地区的百姓南下,才逐渐传至粤地。据说"油条"的食法就是这个时候传入的。同时,广东开放很早,汉武帝时,广东已是对外贸易的重要口岸。唐宋时代,广州就是世界上大型的海港城市之一。阿拉伯、大秦(罗马)等国前来中国通商的人不少,随之也传来了外国的饮食风俗。以"烧酒"为例,据《广东新语》记载:"按烧酒之法自元始。有暹罗人,以烧酒复烧人异香,至三十二年,人饮数盏即醉,谓之阿刺吉酒。元盖得法于番夷云。"改革开放以后,与国外的交往日益频繁,中西的饮食文化交流空前活跃,大大地改变了广东的饮食结构,饮食风俗也随之发生变化。上述种种原因,使广东的饮食文化,具有南北融会、中西合璧的特点。

　　1842 年,英国以武力迫使清政府签订不平等条约,强取香港。1997 年,中国政府收回香港主权,香港成为特别行政区。香港号称"美食天堂"。其多元化的社会环境,除了提供驰誉世界的中国各省风味美食外,亦兼备亚洲及欧美著名佳肴。中国澳门以前是个小渔村。16 世纪中叶,葡萄牙借晒货之名,占领了我国澳门地区。在后来的四百多年时间里,东西文化一直在此地相互交融。澳门自 1999 年回归后,成为中华人民共和国的一个特别行政区。澳门地区的饮食风味主要是广东风味,还有葡萄牙、日本、韩国和泰国等风味。

广东人口 8642 万,以汉族为主,98％以上是汉族。另外有黎、苗、瑶、壮、畲、满、回等少数民族。中国香港人口 678 万(为香港特别行政区政府提供的 2000 年 6 月 30 日的数据),大部分居民来自邻近的中国广东,还有少量英国等外国侨民。中国澳门人口 44 万(为澳门特别行政区政府提供的 2000 年 9 月 30 日的数据),居民以华人为主,葡萄牙人及其他外国人占 5％左右。

2.饮食概况

● 菜品风味特点

粤菜的制作有蒸、炸、浸、炆、焗、炒、炖、煎、熬等种方法。重色彩,求镬气,讲刀法,食味道。选料广、博、奇、精、细,鸟兽蛇虫均可入馔,注重菜肴风味,讲究清、鲜、爽、嫩、滑。港、澳菜品的风味特色与广州菜非常接近。港、澳菜具有融合南北风味、中外风格、不拘一格、变化较快等特点,代表品种有沙律大龙虾、泰式焗花蟹、蒜蓉西生菜、葡汁焗四蔬、千岛汁乳鸽、新奇橙花骨、粤式椒盐骨等。

● 广州方言区饮食

大体上说,以广州市为中心,包括操用同一方言的广州郊县、香港、澳门以及粤中、粤西的大部分地域和粤北的小部分地方。本食区则以广州为代表进行介绍。

主食与面点:主食是稻米,食法也是多种多样的。比如,以米做粥,常配其他原料做成各种粥品,名目繁多,有生滚粥、生菜粥、明火白粥、猪骨粥、艇仔粥、八宝粥、水蛇粥、竹蔗粥、猪红粥等上百种。米粉的吃法又有多种,既可做主食小吃,又可以做菜肴。广州点心品种丰富、制作精巧。

副食:开放的文化观念反映在饮食方面,则明显地表现出该区人民敢于尝试、敢于创新的开拓精神。有人曾开玩笑说,广州人什么都敢吃,天上除了飞机、地上除了四脚的家具之外,蛇、猴、猫、鼠、禾虫等都成了席上佳肴。台湾学者张起钧先生曾在《烹调原理》一书中讲:广东菜与江苏菜比,虽都具有商业气,但粤菜沾了些"洋气"。此等商人不同于两淮盐商之"贾气",而是透着一股买办与外贸商人的气息,具有少年革命精神。粤、闽、港、澳等菜肴在中国独树一帜。这里的厨师善于吸取中、西烹饪技术的精要,根据本地百姓的口味、嗜好、习惯,大胆改良,锐意创新,选料广泛而精细,刀工精致,调味有方,呈现出勃勃生机。故有"食在广州"等谚语流传。广州菜品讲究清、鲜、嫩、爽、滑、香。调味有酸、甜、苦、辣、咸、鲜。制成的菜肴有香、酥、脆、肥、浓之美。广州人有早上喝茶的习惯,广州的大街小巷,到处是茶楼饭馆。

● 闽南方言区饮食

本区主要包括潮、汕等地。

主食与面点:以大米为主食。面点有韭菜粿、粽球、鱼面、粽子等。

副食：以烹制海鲜见长，汤菜功夫独到，善烹素菜与甜食，菜肴口味清醇，注重保持原料鲜味，偏重香、鲜、甜，红炖大群翅、潮州豆酱鸡、冷脆烧雁鹅、佛手排骨、香滑芋泥、护国菜等都是潮味十足的菜品。潮汕小吃店几乎遍布城乡，这些小吃风味特别，有鱼丸、鱼饺、粉条、牛肉丸、鱼什锦汤、糯米猪肠，还有卤鹅、卤鹅头、卤鹅翼等。

● 客家方言区饮食

本区以讲客家方言为主。其居民主要聚居于粤东的东江流域和兴（宁）梅（县）一带，其次是散居广州郊县丛化、增城、龙门及广东其他一些地方。

主食与面点：以大米为主食。东江菜又称客家菜，菜品主料突出，朴实大方，口味上偏于浓郁，砂锅菜很出名，具有独特的乡土风味。

副食：主要是家养禽畜蔬菜瓜果。烹调方法以焖、炖、煲、焗见长。所做菜肴下油重，味偏咸，讲究酥软香浓，朴实大方，有浓郁的乡土风味。其特色名菜有东江盐焗鸡、扁米酥鸡、爽口牛丸、酒焗双鸽、东江酿豆腐等。如扁米酥鸡，即用蒸熟的糯米饭晾干，填进鸡腔内，先蒸后炸而成，色泽金黄，外酥内嫩，味香浓。酒焗双鸽的做法是将鸽子架在铁锅内，将玫瑰酒一杯置于鸽子之间，加瓦盆作盖，用中火烧鸽至熟。

（二）广西饮食文化

1. 沿　革

古代的壮族先民已有灿烂的饮食文化，自秦汉以来两千年间，由于战乱或其他原因，原来居住在湖北、湖南等地的瑶、苗等民族被迫南迁至岭南地区，从而形成了广西多民族杂居的局面。杂居的结果，各民族饮食相互影响，形成了广西人民饮食上的共性；同时，由于历代统治阶级多采用"分而治之"的政策，各民族也保持了各自独特的饮食风俗。广西风味发展于宋、元时期，随着大量中原人民进入广西，带来了包括烹饪技艺在内的先进文化技术，促进了广西风味的初步形成。进入明、清时期，广西已建为行省，经济有了显著的发展。1876 年起，先后将北海、梧州、南宁、龙州辟为通商口岸，百商云集，华洋贸易频繁，饮食市场日益繁荣，推动了烹饪技艺的发展，在加工上又接受了西餐的一些技法，开始使用引进的原材料。

广西壮族自治区人口 4489 万，聚居着汉、壮、瑶、苗、侗、仫佬、毛南、回、京、彝、水、布依、满、黎和土家等民族，以壮族为主体。

2. 饮食概况

● 菜品风味特点

广西人烹制菜肴，擅长炒、蒸、炸、烧、扣、焖、煲、腌等技法。具有善于变化、注重味香、讲究配菜、粗料精做等特点。

主食与面点：从全区来看，基本上以大米为主食，蔬菜、肉类为副食；一般日食三餐，早晨多食米粉，中午与晚上多吃米饭，夜间喜上街品尝小食，随季节尝新。风味面点小吃有太牢烧卖、米粉饺、大肉粽、糯米豆饭、牛巴肉丸粉、锅烧米粉、马肉米粉、香糯八宝饭、荔芋香角、老友面、蕉叶糍、大肉粽等。

副食：盛产粮、油作物和果、蔬、笋、菌、家畜家禽等。山区还多产蛤蚧、竹鼠、山蛙、水鱼等野味山珍；江河里产各种鱼鲜，其中，禾花鱼、北流鸭塘龟、漓江鲫鱼等，历来被视为珍品。广西还生产了很多调味品和名特产品。如桂林豆腐乳、辣椒酱、南宁黄皮酱、樟木豉油膏、黄姚豆豉、桂林三花酒等。广西人热情好客，节日聚宴歌舞，气氛热烈。从口味嗜好看，桂东南一带，口味以清爽、鲜甜为主；而居住在桂西北地带的人们，嗜好咸、鲜、微辣、干香。广西人烹制菜肴，擅长炒、蒸、炸、烧、扣、焖、煲、腌等技法。具有特色的名肴有：原味纸包鸡、荷叶香鸭、荔芋扣肉、蛤蚧炖鸡、红烧水鱼、竹板鱼等。

（三）海南饮食文化

1. 沿　革

海南省是 1988 年从广东省划出的新省份。秦以前属百越之地，秦属象郡。汉武帝元鼎六年（公元前 111 年）在海南岛设珠崖、儋耳两郡，是在海南设置地方行政机构的开始。以后的行政区划虽多有变更，但自明清以来，海南多隶属于广东省。海南的居民是由大陆上迁来的。先是黎族，后是汉族和苗族。黎族的远古祖先约在三千多年以前已迁徙至此。汉族大批迁来海南，大约在唐宋时期。唐宋以来，中原名臣、学士李德裕、李纲、李光、赵鼎、胡铨、苏轼等人相继贬谪来琼，带来了中原饮食文化。海南汉族通用潮汕方言，习俗也相近。故有人称海南汉族是河洛人中的一支。苗族移居海南，时间较晚，人数也较少，多数居住在山中，习俗受黎族影响较大。海南侨居海外的人较多，中外饮食文化交流的机会多，故海南人在饮食上深受东南亚各国的影响，带有泰国、马来西亚诸国的一些饮食特点。

海南人口 787 万。居有汉族、黎族和苗族等。

2. 饮食概况

● 菜品风味特点

海南菜品风味与广东菜有许多共同之处，取料立足于本地特产，料以鲜活为主，味以清鲜居首，重原汁原味，喜好清淡。烹调特点与粤菜相似，具有特色的菜品有白切文昌鸡、白汁东山羊、清蒸和乐蟹、砂锅海龙凤、海南椰奶鸡、海南椰子盅、椰蓉焗子鸡、明炉羊肉等。

● 平原地区饮食

主食与面点：以大米为主食。海南人一日三餐多是粥，不论年岁丰歉，均要喝粥。海南人还喜食米粉。

副食：海南热带水果品种极多，如椰子、菠萝、龙眼、荔枝、芭蕉、橄榄、杨梅、榴莲、腰果、番石榴、芒果、菠萝蜜、槟榔等。海南是我国咖啡、可可、胡椒、砂仁的主要产地。海南四面临海，渔业发达。附近海域，盛产鲷、马加鱼、石斑鱼、对虾、龙虾、海蛇、海鳝、海龟、海参、鲍鱼、海马等名贵的海产品。海南岛文昌鸡、嘉积鸭、东山羊、和乐蟹久负盛名。海南人却喜食羊肉。冬季用火锅涮煮羊肉，与北方的涮羊肉不同，取肥嫩的东山羊，剔毛后带皮带骨剁小块，入火锅涮煮。妇女在坐月子期间，必吃椰子炖鸡。海南人饮食上没有什么禁忌。在饮食上深受东南亚各国的影响，带有泰国、马来西亚诸国的一些饮食特点。海南人也有清晨进茶楼喝早茶的习惯，但似乎不像广州人饮早茶那么普遍。比较起来，海南人更喜饮咖啡。海南岛城镇到处设有咖啡馆。

● 山区饮食

山区主要为黎族、黎汉杂居区。

主食与面点：以大米为主食，辅以玉米、木薯、甘薯。一般一日三餐均是粥，招待客人才食干饭，极有特色的饭食是烤竹筒饭。

副食：居民从前没有种植蔬菜的习惯，全靠采摘野菜、竹笋等供食用。近年已开始种植瓜菜。家家户户养牛、养猪、养狗，肉食以牛肉、猪肉为主，兼以猎取野猪、黄猄、野禽、蛇、田鼠为食。牛群是家中财富的象征，平日不轻易宰杀，只有遇到大喜事时才宰杀，杀猪也是如此。牛肉和猪肉的烹饪，多切块放大锅中，煮至刚熟加盐即成。烹调方法极为粗陋，很少采用煎、炒、炆、炖的方法。肉食以火去毛，或烤食，或煮食。小动物多用竹签从肛门穿至口腔，放火上整烤，不加任何调料，烤熟后去内脏即可食用。若是煮食，要先除去内脏，加少许盐及野辣椒煮熟即可。家家都有腌制食物的习惯。例如将鱼和嫩玉米一起切细，加盐放入瓦罐中腌五六天，就可以煮吃。罐里的咸水汁可长时间保留，再行腌制，认为此汁时间越久，腌的菜越咸香可口。黎胞男子嗜好烟酒，妇女喜嚼槟榔。

七、西南饮食文化

（一）四川与重庆饮食文化

1. 沿　革

以历史渊源而言，当今的四川省与重庆市血脉相连。其饮食文化历史悠久。考古资料证实，早在5千年前，巴蜀地区已有早期烹饪。《吕氏春秋·本味篇》里就有"和之美者……阳补之姜"的记述。西汉扬雄的《蜀都赋》中对四川的烹饪和筵席盛况就有具体的描写;西晋左思的《蜀都赋》中描写四川筵席盛况称:"金垒中坐,肴隔四陈,觞以清醥,鲜以紫鳞,羽爵执竞,丝竹乃发,巴姬弹弦,汉女击节。"东晋常璩的《华阳国志》中,首次记述了巴蜀人"尚滋味"、"好辛香"的饮食习俗和烹调特色。杜甫诗中吟四川菜肴有"饔子左右挥霜刀,鲙飞金盘白雪高"、"日日江鱼入馔来"等名句。两宋时期,四川菜已进入汴京(开封)和临安(杭州),为当时京都上层人物所欢迎。明末清初,四川已种植辣椒,为"好辛香"的四川烹饪提供了新的辣味调料,进一步奠定了川菜的味型特色。清末民初,川菜技法日益完善,麻辣、鱼香、怪味等众多的味型特色已成熟定型,成为中国地方风味中独具风格的一个流派。新中国成立后,尤其是 20 世纪 80 年代后,川菜进入繁荣创新时期,主要表现为:烹饪技法的中外兼收,馔肴风格的多样化、个性化、潮流化,筵宴的日新月异和饮食市场的空前繁荣。这一时期的四川菜点也焕发出青春活力和勃勃生机,凭借独特的个性和魅力,让无数海内外美食爱好者趋之若鹜。

四川人口 8329 万,重庆市人口 3090 万。以汉族为主,少数民族有土家族、彝族、苗族、藏族、羌族等。

2.饮食概况

川渝擅烹畜禽,长于小煎、小炒、干煸、干烧等法;注重调味,有"味在四川"之称,菜肴味型丰富;口味较重,尤以麻辣著称,乡土味浓。

● 平原丘陵区饮食

该区大致包括成都和重庆市及周围市县、成渝铁路沿线广大城乡。

主食与面点:三餐饭几乎都是大米。吃法首推甑子饭(将米煮七八成熟,沥去米汤,入甑桶蒸透即成),米粒散疏爽口。其次是焖锅饭,焖时对进红苕、嫩胡豆、腊肉粒等。丘陵区农民主吃玉米、红苕、洋芋,也喜吃大米。面粉在城乡人的饮食中,多做小吃,是点缀品。

副食:蔬菜、水果、畜禽、淡水鱼、山珍野味及辣椒、花椒、豆瓣酱、胡椒、芥末、姜、葱、蒜等调味丰富。川渝人爱吃辣椒、花椒和泡菜。当然川渝菜也不全是麻的辣的,其菜品可分为五类,即高级筵席菜、普通筵席菜、大众菜、家常风味菜和民间小吃。高级筵席菜多采用山珍海味,配上时令鲜蔬制成,在整个筵席中,几乎没有辣菜。普通筵席菜即通常所说的"三蒸九扣",就地取材,讲究实惠,一般保留传统菜式。筵席中只有极少数麻辣味菜,如怪味鸡块、椒麻牛肉之类,或者完全没有辣味菜。大众菜的菜式多种多样,以经济方便为原则,菜式中有辣味者居多。家常风味,是制作比较简单的菜式,具有地方特色。民间小吃是四川乡村特有的菜式。名菜有回锅肉、鱼香肉丝、蒜泥白肉、龙眼烧白、水煮牛肉、灯影牛肉、夫妻肺片、毛肚火锅、宫保鸡丁、棒棒鸡丝、贵妃鸡翅、鸡豆花、樟茶鸭子、虫草鸭子、椒麻鸭掌、竹荪肝膏汤、清蒸江团、干烧岩鲤、砂锅雅鱼、东坡墨鱼、水煮鱼、干煸鳝鱼、干烧鱼翅、酸菜鱿鱼、家常海参、开水白菜、灯影苕片、麻婆豆腐、家常豆腐等。

● 低山区汉族饮食

主食与面点：以玉米为主，小麦、荞麦、红薯为辅；间或从国家粮站调换少许大米，聊以点缀。从心理、欲望上来说，仍喜食大米。川北人将肥肉裹以面浆，在油锅里炸熟或烙熟，形似胀了气的青蛙，川北人叫它肉蛤蟆。"肉蛤蟆"很好吃，能量高，很适合于重活时食用。川北常见的小吃是蒸凉面。山区人送年礼，常用馒头或包子。

副食：蔬菜品种少，但盛产魔芋。魔芋豆腐可炒、可煮、可凉拌。另一种常见菜是酸菜。制酸菜最好的原料是野生的山油菜，其次是家产的萝卜缨子、青菜等。用开水烫蔫后，泡在缸里或瓦盆里，加少许面浆，促其发酵，三两天后即可食。大巴山区的农民常说"一天不吃酸，两腿打闪闪"。究其原因，山区水质硬，碱性大，吃酸菜则可中和。低山区适于饲养牛、羊、鸡等畜禽，养兔者也不少，农民还不时地参加围猎活动，故此地区人们吃肉并不困难。其酒席，以肉菜为主，用肉量常超过平原区中档以上的筵席。狩猎时用明火烤野味，饮烈性玉米酒（或高度数白酒），别有一番粗犷古朴之趣。

● 少数民族饮食

在少数民族中，羌族、白马人、土家族、彝族、苗族、藏族的饮食均具有西南少数民族鲜明的特点。

(二)云南饮食文化

1. 沿　革

云南风味于先秦已打下基石，初具规模于汉魏，兴于唐宋，盛于元明，形成于清。云南虽地处中国西南，且少数民族较多，但在饮食文化上则与中原颇为相近，菜肴的水准较高。追其根源与早在公元前300—前280年楚将庄蹻率兵入滇后，滇与中原开通灵关道和五尺道有很大关系。此后，汉、唐、宋、元、明、清，无不派兵遣将、设置郡吏、移民开滇和将犯罪的大官充军云南。这些大官，尽管在政治上失意，而其文化的熏陶、饮食生活的经验仍在，菜肴经他们稍一指点便大不一样。

云南地处我国西南边陲，为青藏高原的南延部分，是一个高原山区省份。全省居住着25个民族，是我国民族种类分布最多的省区之一。云南人口4288万，汉族是人口最多的民族，还居有彝、哈尼、白、纳西、傈僳、拉祜、阿昌、基诺、景颇、怒、独龙、藏、普米、傣、壮、布依、水、苗、瑶、佤、德昂、布朗、回、蒙等 24 个少数民族。

2. 饮食概况

● 菜品风味特点

云南菜长于蒸、炸、卤、炖、烤、腌、冻、焐等技法，具有民族特色的烤、腌、冻、舂、焐等与古代食风一脉相承，其特色是偏酸辣微麻、鲜香清甜，讲究本味和原汁原味。

主食与面点：因生活区域不同而存在一定的差异，粮食有水稻、小麦、玉米、荞麦、小米、燕麦、土豆、薯类、蚕豆等。风味面点小吃有过桥米线、鳝鱼凉米粉、鸡片凉卷粉、开远小卷粉、小锅卤饵块、卤牛肉烧饵块、盐饼子、玫瑰洗沙荞糕、江米粑粑、滇味炒粉、抓抓粉等。

副食：云南省地处云贵高原，山脉绵亘，平坝与湖泊镶嵌其间，形成绮丽多姿的风光景致和立体气候，极其有利于动、植物的生长。时鲜瓜果、山珍野味、家养畜禽相当丰富，并有一定量的淡水产品。云南省少数民族众多，各民族饮食文化互相交融，交相辉映。菌类菜、昆虫菜颇有盛名。代表菜有气锅鸡、竹筒鸡、酸辣海参、竹荪鱼丸、红扣牛鼻、大理砂锅鱼、网油鸡枞、蜜汁云腿、凤翅龙爪菜、酸辣螺黄、清蒸金线鱼等。

(三)贵州饮食文化

1. 沿　革

早在周初以前，生活在今贵州省境的许多少数民族，就利用所居地区丰富的种植、养殖和野生的饮食原料，创造了比较原始的饮食文化。西周中叶的部落联盟的牂牁国、春秋战国时期的夜郎国就和中原、四川、云南、广东有了政治和经济联系，经两汉、三国，特别是蜀汉诸葛亮的"南抚夷越"，使贵州旧口邻近省的经济、文化交流日益频繁，中原和邻近省区饮食文化也随之传到贵州，与当地传统饮食文化融溶、补充，使贵州风味逐步发展完善。大约在明代初期，贵州风味已趋于成熟。到了清代咸丰年间，进士出身的贵州平远(今织金)人丁宝桢的家厨所创的以旺火油爆鸡球，加辣而食的名菜，已达到脍炙人口的境地。因丁氏被清廷授衔太子少保(尊称宫保)，此菜也被人们以宫保鸡丁命名。并随着丁公的宦途足迹流传到山东、四川等地。

贵州人口 3525 万，居有汉、苗、布依、侗、水、仡佬、土家、瑶、彝、回等十多个民族。

2. 饮食概况

● 菜品风味特点

贵州菜长于爆、炒、蒸、煮、炖、烧、烤、煎技法，总的特色是辣香适口、酸辣浓郁、咸鲜醇厚。代表菜有搋鱼、奢香玉簪、金钱肉、盐酸菜烧鱼、天麻鸳鸯鸽、三鲜鸡枞等。

主食与面点：多以大米为主食，人们喜食用糯米。水源条件好的村，常年均吃大米饭；半山区的农家，秋冬时节食大米，春夏多以玉米搭配；山区则以玉米为主食，辅以小米、高粱、红稗、荞麦和大小麦等。大米以木甑蒸熟食用；糯米则常在年节、喜庆时做成糍粑、粽粑或与其他原料配合作成食品食用；玉米食品制作也很讲究技巧，可与大米或其他粮食掺杂食用，也可磨成糊糊，蒸成玉米粑食用。

副食：肉食。人们以吃猪肉为主，兼食牛、马、狗（瑶族除外）及家禽，也常猎食野生禽兽和各种鱼类。腌肉、腊肉、血豆腐，均是待客佳品。水族特别喜食鱼，年节必不可少；苗族喜食清水煮鱼、酸汤煮鱼；侗族喜将鱼加工成腌酸鱼食用；布依族则喜食豆腐煮鱼等。

各民族均喜爱酸、辣、酒味。有"三天不吃酸，走路打转转"的说法。故贵州各地酸品甚多，如酸汤、酸菜、酸辣、酸毛辣（西红柿）、酸豇豆、酸萝卜及虾酸、鱼酸、臭酸、牛骨酸等。大部分农家常年备有几坛酸品，日常菜肴中几乎餐餐有酸，样样有酸。用餐时都备有辣子碗（俗称盐蘸碟）。有菜时，作作料；无菜时，辣子也当菜下饭。很多人是宁可无菜，不可缺辣。作为辣与热的结合，各族都喜食火锅，特别是深秋时节到二三月间，几乎餐餐食火锅。热气腾腾的火锅，加上辣乎乎的辣子碗，食者大汗淋漓，酣畅之至。酒为各族人们所爱，无论家境贫富或年景丰歉，每家每户均要酿酒。

（四）西藏饮食文化

1.沿　革

青藏高原地区是中华民族共同体的发祥地之一，迄今为止，这里相继发现了史前文化的广泛分布。不断出现的考古学新成果更提供了充实的新证据：1995 年 6 月贡嘎昌果新石器时代晚期遗址（距今约 3500—4000 年）出土的史前青稞碳化粒是当地吐蕃先民农耕史的实物。当中原历史进入到战国末期时，这里的历史开始进入原始公社的繁荣阶段。从仰赤赞普的名世到师赤赞普的七位酋长，是藏史上光荣的"天上七赤座王"时代。其后历经"中间二杰"（始炼铜铁，进入奴隶制社会）、"六地善王"、"八德统王"、"五赞霸王"等阶段，持续发展到朗日松赞时，吐蕃部落已经有了卫（"卫"藏语意为"中央"）藏区，即雅鲁藏布江流域，奠定了吐蕃帝国的基础。朗日松赞之子即声名赫赫的松赞干布。松赞干布迁都拉萨，建立了吐蕃大帝国。他征服尼泊尔、青海，娶尼泊尔芝尊公主和唐文成公主，大力发展与唐、尼泊尔、印度的关系，接受了唐、印、尼文化，创造了西藏文字，以佛教和藏族原始宗教的结合为基础的喇嘛教信仰形成，他本人则成为西藏有文字记载的第一位藏王。其后数代赞普期间,吐蕃势力不断扩张。建立在独特地域环境上的食料生产及发达的佛教文化,决定了青藏高原食文化的基本内容和独特风格。生产以畜牧业为主,靠近城市以及与汉族和其他民族毗邻、杂处地区有农业及手工业。烹饪方法简单、粗放,以快捷、方便为主。中华人民共和国成立后,特别是近年来,西藏饮食有了长足的发展。

西藏人口 262 万,居有藏族、汉族、回族、门巴族、珞巴族、纳西族、维吾尔族、朝鲜族、哈萨克族等民族,以藏族为主体。

2.饮食概况

● 菜品风味特点

常用烤、炸、煎、煮等法制作食品,食品重油、厚味,香、酥、甜、脆的特色突出。

主食与面点:糌粑、牛羊肉、各种面食品是藏民的主食料。主要粮食作物有青稞、小麦、豌豆、蚕豆、扁豆、荞麦、马铃薯。藏东南察隅等地还产水稻、玉米、鸡爪谷、花生、大豆等。但不同地区间各种主食料的比重又因农牧业发展的程度不同而有所侧重。"茶桶一响,酥油三两",这句俗谚说明了酥油茶在人们日常生活中的重要性。一般,一个藏族人每天要喝 30 碗酥油茶。奶油、奶饼、奶楂、酸奶子是藏族人的重要食品。

副食:西藏自治区位于我国西南部青藏高原,是地球上海拔最高的高原,湖泊众多,以高原气候为主。生产以畜牧业为主,靠近城市以及与汉族或其他民族毗邻、杂居地区有农业及手工业。

主要果品有:苹果、梨、桃、杏、核桃、香蕉、柑橘、柿子、芒果、葡萄、西瓜等。蔬菜主要有白萝卜、红萝卜、洋白菜、山东白菜、西红柿、辣椒、黄瓜、南瓜、茄子、四季豆、菜豆、大葱、洋葱等。家畜有牦牛、黄牛、犏牛、骡、马、驴、绵羊、山羊、改良羊(与新疆羊杂交品种)、猪、狗等。家禽有鸡、鸭、鹅等。西藏可用于药膳的名贵药材主要有:虫草、贝母、大黄、党参、天麻、胡黄连、雪莲、麝香、羚羊角、鹿茸、熊胆、野牛心、雕胃等。经济作物有油菜、麻、甜菜、茶叶、烟草。代表菜有手抓羊肉、炸灌肺、蒸牛舌、氽灌肠、夏河蹄筋、吹肝、爆焖羊羔肉、香煮油脾、火烧蕨麻猪等。青稞酒是人们(尤其是妇女们)喜饮的微醇饮料,蒸馏酒"阿拉"和小米酒"帕尤"也是人们嗜饮的酒精饮料。茶是较早进入高原的饮料,可能早于茶饮在北方普及的中唐以前。糖、蛋、盐等是高原人们日常生活中广泛利用的食料。生冷食物比重较高,每人都有自己专用的碗,吃菜时每人一份。"敬将此食的精华,供献佛法僧三宝",是藏族人在餐前必先颂念的经语,它表明佛教思想和意识已深深地渗入高原人们的食生活和食文化之中。

复习思考题二

1. 中国菜的地方性有哪些表述方式？简述川鲁苏粤等地方菜各有什么特点。

2. 关于"菜系"的数目，目前主要有哪些流行的说法？

3. 什么是饮食文化圈？中国有哪些饮食文化圈？饮食文化圈的形成原因有哪些？

4. 有的专家提出用"菜系"表述中国饮食文化的区域差异，有的专家提出用"饮食文化圈"表述中国饮食文化的区域差异，试分析两种观点的主要分歧是什么？你认为如何表述较好，为什么？

5. 列出家乡最具代表性或最有影响的5种食品（可以是主食、菜点及其他副食、饮料、土特食品原料、工业食品），并陈述理由。选择其中一种食品进行文化策划，设计一套研制开发、营造品牌的方案。

6. 写一篇论述或介绍家乡饮食文化的文章。

第三章

中国饮食文化的层次性

学习目的

1. 掌握饮食文化层的概念与基本理论。

2. 理解各饮食文化层之间的关系。

3. 熟悉各饮食文化层的基本内容。

本章概要

本章主要讲述饮食文化层的概念；中国历史上饮食文化的基本层次；各饮食文化层之间的关系；中国历史上果腹层、小康层、富家层、贵族层和官廷层等饮食文化层的构成、代表及基本特点。

第一节　中国饮食史上的层次性结构

一、饮食文化层的概念

中国饮食史上的层次性结构即饮食文化层（简称饮食层），指在中国饮食史上，由于人们的经济、政治、文化地位的不同，自然形成的饮食生活的不同的社会层次。

二、饮食文化层是阶级社会历史的产物

人类社会在结束了平等而漫长的原始共产主义社会形态阶段后，便开始了等

级层次结构的阶级对抗的社会历史阶段。马克思主义告诉我们,这个阶段由奴隶制社会、封建制社会和资本主义社会三个顺序的社会形态组成。

关于阶级社会的等级结构及不同社会等级彼此间生活的社会性差异,古往今来的无数学士哲人都从不同的角度做了相当丰富的描述。18～19世纪以来,欧洲的空想社会主义者,尤其是马克思主义理论家更作了深刻和本质的揭示。但是,从全部人类等级社会的历史来看,这种等级的严格、鲜明和层次繁复,则以中世纪为代表。如果比较一下东西方,我们会进一步发现,长达2000余年之久的中国封建社会尤为典型。中世纪时代,对一个土地辽阔、辖区广大而又民族众多、结构复杂的大帝国的有效管理,造成了高度中央集权的政治体制。而皇权的至高无上,则又是这种政治体制长期存在的合乎历史逻辑的结果。这样,整个社会便形成了一座由许多不同的层次所构筑的等级之塔。而中国饮食史上的层次性结构,可以说是与上述这种政治结构共生同存的。如同联结各层次之间有许多阶梯一样,这座社会之塔的各等级内部也有更细的子层次的差异。从文字记载来看,上自《周礼》,下至各代"正史"中的"百官"、"舆服"、"刑法"等志中,都有详细的规定。这些规定,涉及人们的礼、衣、住、行、食的各个方面,几乎涵盖了社会生活的全部领域。

各个社会等级的政治、经济地位均不相同,相应的也决定了他们在社会精神、文化生活上地位的不同。反映在饮食生活中,各个等级之间,在用料、技艺、排场、风格及基本的消费水平和总体的文化特征方面,存在着明显的差异。从饮食文化史的角度来说,这座等级层次的社会结构之塔,又大略可以看做是"食者结构"之塔、"饮食文化"之塔。

三、中国历史上饮食文化的基本层次

饮食文化层概念的提出,是针对中国饮食史上明显存在着的基本的等级差异的一种概说,不应当如所谓的阶级成分划分法那样的细密准确,因为饮食层次上的区别毕竟不是直接和简单的政治、经济地位上的差异,不能与社会等级成一全等的概念。我们这里只着眼于中国饮食史上封建社会阶段的一般情况,而不特指某一阶段,尽管饮食文化层的存在是阶级社会的一般历史现象。中国封建制历史时代大致有以下五个基本的饮食文化层次:果腹层、小康层、富家层、贵族层和宫廷层。

以上五个层次的确认,是着眼于中国饮食文化史上的社会性等级结构特点而粗略勾勒的。它不能用来直接和简单地确定历史上一定阶段的具体个人的层次属性。它是社会基本特征的相对静态的概念。而社会的政治、经济因素,却总是处在变化发展的运动状态。具体的个人,更有许多社会的和个人的因素决定着他的饮食生活的内容和水平,使他的饮食生活在时间和空间上一般难以长久地处于一个

稳定的高度。

四、各饮食文化层之间的关系

饮食文化的五个层次是一个有机的统一体,它们之间的关系大致可以归纳为以下五点:

(1)第一层次的存在,是其他四个层次存在的前提,而且是以第一层次食者群的无限广大和经常波动于果腹线上下为条件。

(2)层次越高,食者群越小。

(3)一般说来,一个食者的社会经济、政治地位越高,他也就可能处于相应的较高层次上。

(4)一般说来,层次的高低,也就是饮食文化发展系列上的高低,愈高的层次,则愈能更多地反映饮食文化的文化特征。

(5)各层次间交互影响,高层次的辐射作用要大于低层次对高层次的影响。

中国饮食文化之花的根系虽然吸取着下层社会的营养,但其艳卉却大都灿放在上层。无论是烹调技艺的不断提高,还是肴馔制作的成就;无论是开风导俗,还是创立风格;以致民族总体风格的形成,上层社会饮食文化层的历史作用都是不容低估的。上层社会特有的经济上、政治上和文化上的优势,既赋予较高层次食者群以优越的饮食生活,同时也赋予这些层次以特殊的文化创造力量。中国饮食文化的发展,主要是在上流社会饮食层的不断再创造的过程中实现的(参见赵荣光《试论中国饮食史上的层次性结构》,见《中国饮食史论》,黑龙江科学技术出版社1990年版,第45～55页;谢定源《论中国历史上各饮食层的典型代表及文化特征》,见李士靖主编《中华食苑》,中国社会科学出版社1996年版,第33～44页)。

第二节　饮食文化层的历史概况

一、果腹层饮食文化

(一)果腹层的构成及基本特点

果腹层由广大最底层民众构成,其中以占全部人口绝大多数的农民为主体,包括城镇贫民以及其他贫困者。

果腹层是个基础的层次,反映历史上中国人即民族生活基本水平的层次。这个基本水准是经常在"果腹线"上下波动的。所谓"果腹线",是指在自给自足的自然经济条件下,生产(一般表现为简单再生产)和延续劳动力所必需质量食物的最起码社会性极限标准。他们的饮食生活,在很大程度上只是一种纯生理活动,还谈不上有多少文化创造。因为这种文化创造,在很大意义上说来,是个细加工和再创造的性质和过程。而只有长期相对稳定地超出果腹性纯生理活动线之上的饮食生活社会性水准(我们称之为"饮食文化创造线"),才能使文化创造具有充分保证。

作为民族饮食的基本群体,作为饮食文化之塔的基层,是最少"文化特征"的一个文化层次。这一层次的创造,多为自在的偶发行为,往往处于初步的和粗糙的"原始阶段"。

(二)乡村农民的饮食生活

占全社会人口主体的广大农民是构成果腹层的核心和主要成分,村野之民既是饮食文化创造和发展的基石,本身的饮食又最少具有文化特征,他们是果腹层的最好体现者。历史上乡村农民的饮食生活总体上表现为"粗"、吃"无奈",主要有以下几个特点。

1. 清新宁静的村野情趣

中国广大农民长期处在自给自足的自然经济环境之中。正如春秋时期著名思想家老聃所言:"鸡犬之声相闻,民至老死不相往来。"这种只知日出而作,日入而息,不知世事更迭的村野生活,在老子之后保持了长达几千年之久。村野之民的饮食是简陋的,然而却是清新的。伴随着杵棒的起落,阵阵稻香从石臼中散发开来,弥漫在村野所独有的清新空气中。新采刚挖的野菜、香菇、甘薯、花生、菱藕散发出诱人的清香,刚渔猎的山鸡、斑鸠、蛇、石蛙、活鱼等山珍河鲜现宰现烹或置于柴草上烧烤,浸透着、挥发出的是别致的山野之趣。当西天的晚霞渐渐退去,家家户户的屋顶升腾起一缕缕青烟,"遍地英雄下夕烟"之时,柴木燃烧后的香气和着新米饭的馨香,呈现出的是宁静的自然情调,浓浓的泥土芬芳之情。虽然饮食制品没有多少精细的花样,但主副食品质量新鲜。当村民们享受着用自己的汗水辛勤浇灌出来的饭菜时所产生的那种别有一番滋味在心头的香甜之感,是食不厌精的富商大贾和达官贵人所无法体味的。

2. 粗糙简单的饮食基调

村民的饮食是清苦的,仅果腹充饥而已。小国寡民,恬然自乐,那是风调雨顺之年,一帆风顺之家;倘若年景不佳,家有变故则常"为无米之炊"。史书记载,每逢水旱大灾,因饥饿而死亡的,十有八九是村野之民。这当是两千年中揭竿而起的主体均是农民的根源所在。从整个封建社会村民的食品结构上看,基本上是"粗茶淡饭,糠菜半年粮"。自种的五谷是他们的主要食物原料,很少有肉可食,其他副食也是单调的自种菜蔬。食品多来自各自的直接农事,并以一定数量的采集、渔猎食品作为补充和调剂。因此,他们的饮食生活基本上属于一种纯生理活动,还不具备充分体现饮食生活的文化、艺术、思想和哲学特征的物质和精神条件,缺乏对饮食文化的创造。在食品加工制作方面,一般奉行从简实惠的原则,与市井酒菜馆中的精心烹制尤其是达官巨贾家宴上那些奢侈摆阔的复杂烹制方法成鲜明对比。不过,许多令人望而生畏的山珍海味、野菜山果正是经过村民们大胆尝试之后,才发现其食用价值,流入市井,乃至登临高高的宫墙之中,成为豪门摆阔的象征。作为整个社会食物原料的主要贡献者,作为物品是否可食的勇敢尝试者,他们的饮食生活是十分清苦的,仅果腹而已。

3.浊酒一碗溢酣畅

村夫所饮之酒虽没有市井酒之清醇,更无上层社会美酒之高贵,然而上流社会饮酒时有更多的弦外之音,往往有额外的精神负担和压力,远不及村夫饮酒之痛快淋漓、淳朴酣畅。文人的雅饮,往往是通过酒的刺激,搜索枯肠苦苦追寻和捕捉瞬间闪现的灵感;侠客勇士的豪饮,往往是为了壮胆以增添几分豪气;而达官贵人的饮酒,往往是为了通过名酒、珍馐的摆列,炫耀财富显示权势。村野之民饮酒旨在解乏,为节日或婚嫁寿庆助兴,并无文人们酒后冥思苦想佳句的精神负担,也无商场酒后遭算计的担忧,更无侠士舍命陪君子的争强斗勇及酒后的拔刀争斗,有的只是酒后敞开肺腑话谈家常之痛快。因此,酒在乡村饮食文化中居一谷之下、万物之上的显赫地位,有了它,方才给处于艰难困苦中的农民的精神生活抹上了一点亮色。如果说茶更多地作为中国中上层社会有闲阶层的清逸饮料的话,酒则在乡村饮食生活中扮演着极为重要的活跃气氛、温暖人们身心的角色。

二、小康层饮食文化

(一)小康层的构成及基本特点

小康层大体上由城镇中的一般市民、农村中的中小地主、下级胥吏以及经济、政治地位相应的其他民众所构成。

这个层次里的成员,一般情况下能有温饱的生活,或经济条件还要好些。他们的饮食构成要比果腹层的人们丰富,既可在年节喜庆时将饮食置办得丰盛和讲究一点,也可在日常生活中经常"改善"和调剂,已经有了较多的文化色彩。

(二)普通市民的饮食生活

城镇普通市民是小康层的重要构成类群,是小康层的典型代表,其饮食总体表现为"俗",吃"实在"。

1.食品质朴可口

从整体上看,市民生活上只是略有盈余,日常生活仍须精打细算,逢年过节可铺张一点,寿庆喜事可隆重一些,隔三差五可打牙祭,改善和调剂一下。所选食品原料多是大路货,比不得达官贵人一饭千金的豪奢,也绝无某些高级筵席那样精心设计,乃至挖空心思、费工费时的矫饰之味。有的也只能是平常人过平常日子的平凡、实在和朴素。不像富商大贾那般有专业队伍、专用厨师料理厨务。普通市民则是家庭主妇主持中馈,菜品多是怎么好吃怎么做,不摆花架子,家常味浓。

2. 食品制作简便易行

与农村缓慢的生活节奏相比,城市生活的节奏要快得多,因此城市普通居民的饮食既不像贵族之家那样精雕细琢讲究吃的"艺术",也不同于村民饮食那般缺乏时间概念的"随早就晚",随便对付。菜品制作的总体风格是快捷方便,饮食的节奏感、时间观念较强。

3. 市民饮食在整个中国饮食文化中起着承上启下的桥梁作用

市民将乡村饮食中的"美味"吸收过来,逐渐城市化,一般是将食品的形状由大改小,分量由多化少,质量由粗变精,花色品种由单调到繁多。如普通的猪肉、鸡肉,农家往往只能制作成为数不多的品种,而在城市里却变化出众多的花色品种。食品的风味得到改善,品位进一步提高后又被上层社会所改良和接纳,将山野普通食品逐步转化成贵族气十足的珍馐美馔。原本产于深山野岭的只有土居之民问津的走兽飞禽、乌龟甲鱼、竹荪香蕈之属,进入豪门餐桌之后便身价百倍,变得高雅而且高贵,反而离村民餐桌远了。然而,饮食文化的影响是双向的,一方面是饮食由下而上的文化攀升,另一方面是饮食文化色彩浓郁之后的向下运动的普及。为贵族服务的饮食往往又流布于市井之中,市民将其通俗化、平民化,又流传普及到村野之民的餐桌上。市民在饮食文化的上下运动中充当着二传手的作用。

三、富家层饮食文化

(一)富家层的构成及基本特点

富家层大体上由中等仕宦、富商和其他殷富之家构成。历史上以"食客"名世的人物,大多集中在这一层次和第四层次。许多美食家、饮食理论家,也大多产生于这一层次或附属于这一层次与第四层次。

这一层次的成员有明显的经济、政治、文化上的优势,有较充足的条件去讲究吃喝。这一层次成员的家庭饮食生活,一般都由家厨或役仆专司,其中有些则能形成传统的风格。在整个社会的饮食生活的层次性结构中,这一层次占有很重要的位置,在社会风气的演变上起着不可忽视的联结和沟通上下层次的作用。仕宦的特权(大多为地方守令、衙司权要)和优游,富商大贾的豪侈贪欲,文士的风雅猎奇等,赋予这一层次以突出的文化色彩。此外,历史上那些名楼贵馆,大体上也是服务于这一层次及第四层次的。

（二）士大夫的饮食生活

士大夫的饮食生活是富家层饮食文化的代表之一，总体上表现为"雅"、吃"滋味"。

1. 从倾心关注外部世界到讲究饮食艺术

"士大夫"在南北朝以前指中下层贵族，也指有地位有声望的读书人。隋唐以后随着庶族出身的知识分子走上政治舞台，这个词便逐渐成为一般知识分子的代称。自汉武帝"独尊儒术"之后，儒学一直居整个社会思想的统治地位。儒家一向积极人世，"以天下为己任"，以"修身、齐家、治国、平天下"为人生准则。所以，中国的士大夫们多"皓首穷经"，以便"学而优则仕"、"当官做老爷"，为国尽忠，为民效力。他们的目光关注的是国家大事，无暇顾及生活末节。这种不大关注饮食生活，导致饮食粗放和随意的状况，大致一直延续到唐代。他们比较注重大鱼大肉，狂吃滥饮。如李白的"烹羊宰牛且为乐，会须一饮三百杯"（《将进酒》），杜甫的"酒肉如山又一时，初筵哀丝动豪竹"（《醉为马坠诸公携酒相看》），饮食生活是粗糙的，但也是豪放的。虽然中唐以后士大夫们开始向往闲适的生活，但大多数依然梦想建功立业，还难以更多地设计日常生活艺术。

宋以后士大夫的生活态度发生了明显变化，随着读书人的日益增多，越来越多的士人无法跻身上流社会，加之国家山河破碎，报国无门的情绪开始笼罩在许多士人的心头。自宋以后，士大夫再也没有唐代士大夫的发扬踔厉的外向精神和雄浑气魄。他们关注的是自己内心世界的谐调，往往将精力专注于生活的末节，以此寄托其用行舍藏的政治态度和旷荡超脱的人生理想，饮食生活也变成了士大夫的热门话题。元明清之际，文人讲究饮食艺术的风气更加高涨，特别是清代，一些士大夫把饮食生活搞得十分艺术化，超过了以往的任何时代，形成了有别于贵族和小康之家的士大夫饮食文化。

2. 饮食别致、格调高雅、菜品味美

虽然说士大夫的社会地位、生活水平与贵族相差一个档次，但他们大多衣食不愁，有钱、有闲、有文化修养，有精力和时间研究生活艺术，有条件讲究吃喝，有敏锐的审美思维研究饮食。因此，士大夫是中国历史上饮食文化探索与研究发展的最佳群体。事实也正是如此，当他们的精力和视线稍倾注于饮食之后，所创造的饮食文化便呈现出极强的艺术魅力。

士大夫的饮食讲究色、香、味、形、器、名、质、序、境、趣的和谐统一，他们追求诱人的香味、悦目的色彩、鲜美的味道、美观的形态、精美的器具、文雅的名称、丰富的营养、舒适的口感、井然的秩序、优雅怡情的环境以及愉悦的趣味和高雅的情调。注重实惠、美味、情调、素食和文化氛围，反对奢侈和过分的富贵气，体现出鲜明的清新淡雅之美。这些在诸如苏轼、黄庭坚、陆游、林洪、陈达叟、倪瓒、高濂、李渔、张英、袁枚等士人的饮食实践和著述中均有所反映。

值得一提的是,与士大夫同处一饮食层的《金瓶梅》中描写的西门庆一类人物,虽然生活相当富足豪奢,但文化品位相去甚远,应为富家层中的另一类型。《金瓶梅》中较多地描写了流氓与市侩的衣食住行,表现了市井富豪饮食生活的奢侈与庸俗,显示出的是暴发户的狂躁。

四、贵族层饮食文化

(一)贵族层的构成及基本特点

贵族层主要是由贵胄达官及家资丰饶的累世望族所组成。他们往往是权倾朝野的权贵,雄镇一方的封疆大吏或闻名遐迩拥资巨万的社会成员。一批趋附行走在贵胄达官之门的幕僚,也附属于该层次。

贵族层的家庭饮食生活,往往是日日年节、筵宴相连,灯红酒绿无有绝期。府邸之中奴婢成群,直接服务于饮食生活的役仆十数人,甚至数十上百。厨作队伍组织健全、分工细密,独擅绝技的名师巧匠为其中坚。凭着经济上难以比拟的优势和政治上的超级力量,他们是灶上烹天煮海,席间布列千珍。史书上所谓"钟鸣鼎食"、"食前方丈",指的便是这类"侯门"的饮食生活水平和气派。"五世长者知饮食",主要指的是这一层次的人员。中国饮食文化的"十美风格",主要形成于这一层次和第三层次。

(二)衍圣公府的饮食生活

晋代的何曾父子、任恺、王济、王恺、羊琇及石崇之流,唐代的韦巨源、段文昌,宋代的蔡京、张俊,清代的和坤以及《红楼梦》中的荣、宁二府,均应是贵族层的代表。而最能反映这一层次特征的,莫过于"衍圣公府"的饮食了,其总体上表现为"贵"、吃"气派"。

1.声名显赫的贵族之家

(1)孔子从大成学者到"万世师表"。衍圣公府是孔子后裔嫡系长男的封爵府第。要研究衍圣公府的饮食生活,先应对孔子有所了解。因为衍圣公府的食事只与孔子的名分、政治地位,与历代统治集团的需要和公府主人的欲好有关,而与孔子的食思想、食实践、人生观念与行事原则背道而驰。鉴于流行至今的严重的误解,对孔子的生平思想作简要说明是必要的。孔子(前552—前479年),春秋末期思想家、政治家、教育家,儒家的创始人。名丘,字仲尼。鲁国陬邑(今山东曲阜)人。先世是宋国贵族。孔子出生时,家已衰微,少"贫且贱",及长,做过"委吏"(司会计)和"乘田"(管畜牧)等事。学无常师,相传曾问礼于老聃,学乐于苌弘,学琴于师襄。聚徒讲学,从事政治活动。年五十,由鲁国中都宰升任司寇,摄行相事。后又周游宋、卫、陈、蔡、齐、楚等国。晚年致力教育,整理《诗》《书》等古代文献,并把鲁史官所记《春秋》加以删修,成为我国第一部编年体的历史著作。弟子相传先后有三千人,其中著名的有七十余人。

孔子的思想核心和精神世界的根本支点,就是一个“仁”字。认为“仁”即“爱人”。提出“己所不欲,勿施于人”,“己欲立而立人,己欲达而达人”等论点。但“仁”的执行要以“礼”为规范,他说:“克己复礼为仁。”“仁”这样的修身处世准则,就决定了孔子中庸的方法论。中庸即是“允执其中”,恰到好处,既无不及,也不过,因为“过犹不及”。一切要审时度势,在“仁”的原则下,顺乎自然时势,不能盲动乱动。在认识论和教育思想方面,注重“学”与“思”的结合。首创私人讲学的风气,主张“有教无类”,因材施教,并有“学而不厌,诲人不倦”的精神。政治上提出“正名”的主张,在维护贵族统治的基础上提倡德治和教化,反对苛政和任意刑杀。

孔子的时代,是中国历史上闪光的时代,是造就非凡人物的非凡历史的时代。在这一时期,学者集团林立,思想巨人辈出,犹如璀璨的群星在漫漫长空吐华争辉,把两千多年前的中国照耀得一片通明。孔子在那个富贵贫贱等级森严的时代和社会中,靠自己的坚韧努力直升到上层社会,并取得重大的成就,赢得崇高的声誉,仅此一点就不能不让后人感佩不已。正是桃远的贵族家世、濡染触感的社会现实和贤明母亲的孜孜教诲,使幼年时的孔子萌发了入世创业的雄心壮志,并奠定了毕生不移的坚实思想基础。孔子曾经讲过“吾十有五而志于学”,甚至醉心到“朝闻道,夕死可矣”的境界,是个毕生以天下事为己任,为理想之实现不惜“杀身以成仁”的非凡的实践家。孔子一生的经历是充满波折跌宕的。然而也正是他的饱经沧桑、沉浸苦痛的深邃思考和历久弥坚的苦斗,才造就了伟大的人生,才取得了彪炳于后世的非凡历史成就。他以自己的思想和行为给后来者树立了一个榜样:一个高尚人的榜样,一个纯正学者的榜样。

虽说孔子的成就巨大,但他生前是困厄不得志的,尤其大器已成的晚年,是处于一种冷漠的压抑状态。一旦孔子弃世而去,他的价值和地位便迅速得到了国家的认定。尤其是西汉中叶以后直至清末民初,孔子形象及其学说思想,被历代统治者作为维护其统治的工具,被尊为“万世师表”。历代统治者不断给孔子追加封号,从“尼父”(战国)而至“侯”(汉)、“素王”(北齐)、“文宣尼父老”(北魏)、“邹国公”(后周)、“太师”“文宣王”(唐)、“大成至圣文宣王”(元)、“大成至圣先师”(明)等。公元前140年,汉武帝(公元前140—前87年)开始推行“罢黜百家,独尊儒术”的思想文化政策。这个“独尊”的“儒术”,是在本质上背离孔子“仁”的思想原则的再造儒学。他把孔子思想中的民主、平等和辩证的思想成分筛掉了,而把可以利用来服务于统治者的一些部分再造为有利于专制统治的工具。而且随着时间的推移,这种再造工作就越来越背离历史的本来面目,越来越保守僵化,越来越偏执陈腐。

随着统治者对这种不断再造的儒学需要的加强,孔子的地位和声誉被捧得越来越高,其形象的真实和思想的本相也随之被歪曲和扭曲,离历史的真实越来越远。

(2)超越时代的"圣人之家"。随着孔子地位在封建时代越来越被尊崇,他的后世子孙成了历代皇朝"恩渥倍加"的对象,其嫡系子孙的地位和门第也随之愈来愈高。从奉祀、封君、大夫一直到伯侯公爵,"代增隆重"。宋、元以往,世袭衍圣公,他的家成了显赫的"尊荣府第"。

按常理,世上没有不散的筵席,地方上少有"百年耆旧",皇帝的江山也是不断改朝换代的。"衍圣公府"则不然,因为孔子的特殊身份和各代将他尊为偶像,他和他的家历百代而不衰,从未被政治风暴所摇撼,也未因王朝更替而沉浮。由于历代封建王朝"代增隆重"的"推恩"政策,使这个"世袭罔替"的"阙里世家"成了中国历史上仅有的能够"与国咸体"、"同天并老"的"安富尊荣"的"圣府",成了中国历史上大官僚、大贵族、大庄园主三位一体的封建大家族的典型代表,其经济实力是历史上除一统皇朝的皇室之外的任何家族所不能比拟的。

衍圣公府作为一个经济上的强力实体,是肇自于宋,发展于明清。在自然经济的中国封建制时代,财富的主要构成和标志,就是土地占有的数量。衍圣公府的经济实力自然也以此为主,但他的特殊政治势力又使他不仅仅是一个广占良田的豪强地主,而且是一个超级地主。衍圣公府所占土地分为国有的祭田、学田和特有的私田两大类。祭田、学田来自历代皇朝"赐予"(部分学田来自捐献),私田则是圣府通过购买、接受投献甚至兼夺而得。自宋真宗大中祥符元年(公元 1008 年)到宋哲宗元祐八年(公元 1093 年)的 85 年间,赵宋政权先后赐田达 200 大顷(60000 亩)。元末进一步扩大到 994 顷(99400 亩)。明代仅祭田一项即达 2000 大顷(600000 亩)。清初,衍圣公府以祭田名义占有的土地,就达 2150 大顷(645000 亩),而后又达到 3600 顷。地租是衍圣公府重要的收入来源。

作为附加地租的贡纳,同样是孔府经济收入的重要来源之一。每逢时令年节、公府红白喜事、迎送皇帝巡幸、钦差莅临以及贡献馈送等事由,公府的户人都要例行贡纳相应实物,这些实物包括稻谷、大麦、小麦、面粉、高粱、玉米、黄豆、黑豆、茶豆、绿豆、芝麻、黄米、秫、麻、荞麦、椿芽、豆腐、酒、糖、杏仁、栗子、核桃、柿饼、时鲜蔬菜、年菜、干果、猪、鸡、犬、香油等,举凡地产食物原料几乎是无所不包,没有征物出产的则要照时价缴钱。

此外,高利贷收入亦甚为可观。除通常的放款形式高利贷外,圣府还大量经营贷粮、典当、钱店、贷种子、贷牛租等。征收集市税和收功名钱也是其重要的经济来源。圣府还可以通过经营盐利,免税酿卖酒,包揽诉讼,开设钱庄盈利。

衍圣公府由于封建王朝所赋予的种种特权,使得它本身就是一种奇特的资本,一种能通过各种各样的渠道,采用各种各样的手段谋求许多利润的神秘资本。因此,一些研究者始终未能就此得出比较确切和一致的意见。我们据衍圣公府鼎盛时代乾隆年间的臆测,综合圣府各项开支浩繁之计,年收入当不在十万两白银之下,否则就难以维持其各种职能的正常运转和发挥。

2. 华筵广张的贵族气派

由于孔府超越时空的"与国咸休"、"安富尊荣"之特殊地位,由于他同历代上自天子,下至王侯政要等权臣显贵的频繁迎来送往,使其饮食呈现出用料考究、技艺精湛、品类繁多、款式高贵、等级森严、礼仪庄重等超级富贵之气。原料来自天南海北,各类奇珍异料皆为所备。孔府拥有自己技艺精良的专职厨师队伍,为肴馔的高水平、高规格奠定了坚实的基础。孔府筵宴常年不断,大致可分为祭祀宴、延宾宴和府宴三大类(参见表3.1)。

孔府的祭祀具有服务性质,体现了服务于封建国家的责任和义务。其祭祀活动十分频繁,每年不下七八十次。祭祀宴在孔府饮食生活中占有非常重要的地位,每逢各种名目的祭日,"多数都是大摆席数百桌"。基于孔子的神秘力量和神圣色彩,特殊的政治职能,各代权要显贵都成了"圣府"的宾客。孔府可谓门庭若市,高朋满座。在接待各路宾朋时,显贵宾客多用"燕菜席",上等宾客通行"鱼翅席",普通宾客最高规格也可享用"海参席"。可见山珍海味构成孔府延宾饮食的基本水准。府宴也是频频举行,有些府宴的气派还十分恢弘。孔府77代衍圣公孔德成先生成婚之时,席面基本是上、中、下三等。贵宾是100多道菜的"九大件",次之是40多道菜的"三大件",下等的则是"拾大碗"。实行的是三厨分治,内厨一次开15桌,外厨一次开100桌,因为来宾太多,筵席自上午一直开到午夜还没完。76代衍圣公孔令贻出丧之日,孔府里酒席就摆了1600桌,其气派令人叹为观止。

表 3.1　77 代衍圣公时期衍圣公府主要筵宴类型

种类	祭祀类别	祭祀时间、对象		主要特点
祭祀宴	大祭（大丁）	每年春夏秋冬的丁日举行，2 月 4 日、5 月 4 日、8 月 4 日、11 月 4 日	祭奠孔子	①有严格的规制礼仪。气氛庄严肃穆。② 具有"孝"、"道义"的表征。③规格多样，如：燕菜全席供、翅子鱼骨供、鱼翅四大件供、参供、十味供、九味供……五味供等
	仲丁	大丁后第十天		
	小祭	清明、端阳、中秋、除夕、六月初一、十月初一、生日、忌日		
	二十四祭	二十四节令		
	明祭	生日	衍圣公德其前三代	
	卒祭	忌日		
	大佛堂	祭孔府东路七十二位总神 1—42,44—73 代		
	慕恩堂	祭 72 代衍圣公孔宪培元配于氏		
	影堂	祭列祖画像神主		
	报本堂	祭孔府东路 43 代衍圣公"中兴祖"孔仁玉		
	神祭	祭神灵之祭（其他）		
延宾宴	显贵宾客上席	皇子、亲王、钦差、督抚等		通行"燕菜席"，最高档为燕菜主席,有菜 130 多道
	上等宾客中席	政府官员、社会名流等		通行"鱼翅席"
	普通宾客下席	普通客人		最高规格"海参席"，还有"八味菜"、"六味菜"等
府宴	节令宴	家人		基本上反映的是"家庭"饮食生活特色
	寿庆宴	太夫人、衍圣公及夫人（太太、妻妾）		体现"孝""养"主题，气氛隆重、热烈、喜悦、庄重
	婚庆宴	衍圣公、公子、小姐		喜庆热闹、规模宏大、礼仪冗繁
	丧宴	太夫人、衍圣公及夫人		体现孝道，食物丰富洁净，席面郑重而不热烈，注重诚敬哀悼
	居常宴	家人		较朴实，具家常风味
	属员等级宴	府内其他成员近亲、各司职人员		差异较大，总体上较简朴

3.鲜明的私家风格

由于衍圣公府的世袭罔替性，使得他的家庭生活具有超越时代的稳定性。这个千年不衰的家族的饮食生活，在习惯、传统、系列上得以全面发展，并逐渐形成了鲜明的自家风格。这与宫廷层因天子易主而风味大起大落、连根拔起式的变化大相径庭。

孔府饮食风格的形成，水平的不断提高，除了上述政治、经济因素外，还与其独特的厨作制度等因素有关。孔府实行的是"因事而举、班头招募"制度，有内、外厨之分。"内厨"相当于"正式工",一般都是父子相承;"外厨"相当于"临时工",大筵之期由班头招入府中,事毕皆散。有了世代相传、身怀绝技的"厨师世家"作基础,有了稳定的骨干队伍,孔府"内厨"的班底便能使孔府菜肴的风格保持连续性。有了招之即来、来之能烹、烹之能妙、挥之即去的"外厨",使孔府厨房不断增加新鲜血液,始终充满活力。"临时工"们因不是铁饭碗,故多能积极努力。每次大筵,如同"烹饪大赛",各路高手云集,大大促进了孔府烹饪技术的提高。由于孔府采取三班轮作制度,竞争性增强,使厨师们增强了责任感,因而对孔府烹调技艺始终维系在高水平上起到了激活作用。

因为圣府饮食是远离庙堂的民间式,故有更多的自由发展之可能。正因圣府既有条件讲究吃,又能随心所好、不拘一格,方使其饮食生活和文化色彩更加鲜活。孔府饮食因不断博取百家之长而始终生机勃勃。

4.厚重的文化氛围

衍圣公府是孔子后裔嫡系长男的封爵府第。孔子是几千年来占中华民族思想主导地位的儒学创始人,齐鲁之地浸润着浓郁的文化气息,曲阜"阙里世家"更是弥漫着醇厚的文化氛围。不论是作为国家树立封建礼仪和楷模的需要,还是继承先哲孔子文化遗风的需要,衍圣公府都具有维护其文化传统和氛围的义不容辞的职责和义务。

通过与官场的铺张、商贾的浮华、庶民的简朴等食者群类型的文化比较,衍圣公府的饮食生活显得更具传统文化色彩。这主要表现在:拥有如"礼食银质全席食器"(传为乾隆三十六年御赐),全套食器由 404 件组成,可供上 190 多道肴品;精瓷瓷具、华贵奇巧的餐桌椅皆体现着鲜明的贵族和书香特点。表现在肴馔用料的珍贵上乘和制作的规范严格上,孔府大开筵阵时的组织调度达到了历史上私家宴事管理的最高水平。表现在诗礼贵族"圣人之家"的豪华庄重气派,礼节规范的宴享服务,以及古朴高雅的环境上。

凭借无与伦比的政治、经济、精神、文化优势,在特定的中国封建制历史条件下,孔府饮食堪称中国古代贵族饮食文化的缩影,是中国古代饮食艺术的典型代表,是贵族饮食文化的活样板、活化石。

五、宫廷层饮食文化

(一)宫廷层的构成及基本特点

宫廷饮食文化层是中国饮食史上的最高文化层次,是以御膳为重心和代表的一个饮食文化层面,包括整个皇家禁苑中数以万计的庞大食者群的饮食生活,以及由国家膳食机构或以国家名义进行的饮食生活。

《诗经》中讲:"普天之下,莫非王土。率土之滨,莫非王臣。"在中国阶级社会中,国家就是帝王的家。因此,帝王拥有最大的物质享受。他们可以在全国范围内役使天下名厨,集聚天下美味。经过历代御厨的卓越创造,时至清朝,终于将中国饮食文化推进到登峰造极的鼎盛阶段。宫廷饮膳是凭借御内最精美珍奇的上乘原料,运用当时最好的烹调条件,在悦目、福口、怡神、示尊、健身、益寿原则指导下,创造了无与伦比的精美肴馔,充分显示了中国饮食文化的科技水准和文化色彩,充分体现了帝王饮食的富丽典雅而含蓄凝重,华贵尊荣而精细真实,程仪庄严而气势恢弘,外形美与内在美高度统一的风格,使饮食活动成了物质和精神、科学与艺术高度和谐统一的系统过程。

(二)宫廷饮食文化的发展脉络

1.选建国都的基本条件及历代都址

宫廷饮食文化特色的形成,与宫廷所处的地域及帝王的民族、习惯等密切相关。因此,有必要先对历代国都地址作一番分析。

(1)选建国都的基本条件。所谓国都,是指一个国家的政治中心。因为中国地域辽阔,历史上又常常在大统一之后紧接着出现大动荡、大分裂的政治局势,或数国分立,或南北抗衡。因此,中国历史上的政治中心,既有中央皇朝的京师,又有分裂时代的各国都城。在本书中,我们把注意力主要集中到具有全国意义、中央皇朝所建立的首都上面来。

国都所在,须具有控制八方、长驾远驱之气概,领导全国政治、经济和文化发展之能力,攻守咸宜、形胜优越之态势。就地理环境而言,国都所在,水陆交通(尤其是在古代)必须便捷,山川形势更须险要,进可攻,退可守。在地理形势上,如果国都偏居一隅,则多有对于全国指挥不便、鞭长莫及之苦;如果国都地处贫瘠苦寒之区,则京师生活供应不便;如果地处繁华富庶之乡,则又有富不思兵、志衰气颓之弊。

因为中国地域辽阔,南北地理环境差异较大,特别是文化地理背景各具特色,所以建都北方与建都南方,往往呈现出不同的风貌,导致不同的结果。中国文化发源于黄河流域而传布四方,其政治重心自古在中原地区。就中国地理大势而言,西北高而东南低,建都北方则有居高临下之感。就我国西北与东南的地理环境所表征的文化含义而论,两者更是大异其趣。西北方那黄土高原的奔放、沙漠草原的苍茫、秦岭太白的巍峨,与东南方那鱼米之乡特有的"小桥、流水、人家"的婉约秀丽景观形成鲜明的对比。前者风土厚实,民性刚健,象征着拼搏、竞争、磨炼、打击,只有奋斗;后者经济富裕,思想活泼,象征着和平、宽容、享受、诱惑,可资休养。而只有奋发进取,才不致松弛懈怠;只有全神贯注,才能鼓舞生养。因此,梁启超说:"建都北方者,其规模常弘远,其局势常壮阔。建都南方者,……其规模常清隐,其局势常文弱。"(梁启超《中国地理大势论》,见《饮冰室全集》第二册,卷十一,上海会文堂书局,1935 年版)

(2)历代国都地址(见表 3.2),中国历史上制度完备、风格突出、影响较大的宫廷饮食文化类型,大多是政权一统维系时间较长,同时社会经济与历史文化比较发达的皇权国家。这些高度集权国家的政治中心,即国都所在地饮食文化区位的自然与人文环境因素是影响该政权宫廷饮食文化风格的基础条件。尽管商业的发展、交通的便利,时间越向前进,文化区位的地域限制功能与封闭色彩渐趋弱化,但饮食文化的原壤效应终是基本的。因此,了解这些政权国都的设址,对于加深认识不同朝代宫廷饮食文化的特点,无疑是有必要的。纵观中国历史上朝代更替和国都择址的大势,可以清楚地看到以下一些特点:

表 3.2　中国历史上一统政权国家都址情况略表

朝代		起讫时间	始建都地	建都者	备　注
夏		约公元前 21—前 16 世纪	安邑（今山西夏县）	姒禹	九迁其都:阳城、平阳、安邑、斟鄩、帝丘、斟灌、原邑、老丘、西河、斟鄩
商		约公元前 16—前 11 世纪	商邑（今陕西商县）	契	屡迁蕃邑、砥石、商丘、东都、蓟丘、有易、殷邑、亳县、嚣邑、相邑、耿邑、邢邑、殷邑、朝歌
周	西周	约公元前 11 世纪—前 771 年	镐京（今西安）	武王姬发	三代纪年,史书曾有推论记载,但不可确信。据夏商周断代工程成果,夏代:前 2070—前 1600;商:前 1600—前 1046;西周:前 1046—前 771
	东周	公元前 770—前 256	雒邑（今洛阳）	平王姬宜臼	
秦		公元前 221—前 207	咸阳（今西安）	嬴驷	
汉	西汉	前 206—公元 8	雒阳（洛阳）	高　祖刘　邦	前 202 年始都洛阳,前 200 年徙都长安。献帝刘协于初平元年—兴平二年（190—195）迁长安,建安元年—二十五年（196—220）移许州
	东汉	25—220	洛阳	光武帝刘　秀	
晋	西晋	265—316	洛阳	武帝司马炎	惠帝司马衷于永安元年—永兴三年（304—306）移长安
	东晋	317—420	建康（今南京）	元帝司马睿	

续表

朝代		起讫时间	始建都地	建都者	备　注
隋		581—618	大兴(今西安)	文帝杨坚	恭帝杨侑驻东都洛阳618—619年
唐		618—907	长安(今西安)	高祖李渊	周金轮圣神皇帝武曌天授元年—长安四年(690—704)移洛阳;昭宗李晔天复四年(904)移洛阳
宋	北宋	960—1127	大梁(今开封)	太祖赵匡胤	真宗大中祥符七年(1014)以应天府(今河南商丘)为南京
	南宋	1127—1279	临安(今杭州)	高宗赵构	
元		1271—1368	大都(今北京)	世祖孛儿只斤·忽必烈	太祖成吉思汗铁木真居和林(今蒙古人民共和国额尔德尼召1206—1264)。1368年以后又居上都(内蒙古多伦)等数地
明		1368—1644	应天(今南京)	太祖朱元璋	成祖朱棣与永乐七年(1409)迁都北京,改南京为留都;故明有南北两京之称
清	入关前	1636—1644	盛京(今沈阳)	太宗爱新觉罗·皇太极	太祖爱新觉罗·努尔哈赤1616年建金汗国(史称后金),定都兴京(今辽宁新宾)1616—1622年;1622—1625年移东京(今辽宁辽阳);1625—1644年迁盛京(今辽宁沈阳)。1636年太宗皇太极于沈阳改国号为清,称帝
	入关后	1644—1911	北京	世祖爱新觉罗·福临	

国都的选定主要是经济和政治两个基本要素的考虑,具体法则是经济要素中的地理位置、形势地利、财赋所出、人口分布、交通状态等,政治要素为被接替政权的影响、军事需要等。于是自秦汉而下,政治中心便沿黄河流向逐渐由西向东迁移,因此也就更易于对逐渐发展起来的东南的控御,便于东南财赋的北上接济,这一大势是与黄河流域自上而下土地肥力递减,因而与承载力渐弱、人口逐渐东移的趋势相一致的。东晋、南宋、明初在江南定都,包括东吴和南朝政权立国东南,是南方经济发展与政权割据对峙政治因素结合的结果(明成祖迁都北京主要出自政治上的考虑)。南北朝以后,中国经济的发展和国家财赋所出,东南地区已渐成超越黄河流域经济区之势。但中央集权政治的大力干预调配,如赋税、漕运等巨大的杠杆作用,使得政治中心自唐以后十余个世纪仍然牢固地沿袭于传统的北方地区。于是历史事件的表象似乎都址的选择主要出自政治或文化的考虑,如明成祖迁都

北京为了慑御蒙古势力,清皇朝定都北京是因为背靠龙兴之地。而事实上,如果没有足够的日常消费物财(主要是食用的粮、蔬、畜、禽、鱼、果、水、酒、茶、盐以及柴等),满足国家中央消费群体(皇室、亲族、官吏、军队及其眷属等)数十万众的基本需要,那后果是不言自明的。这是以小农经济为基础的中央集权封建国家都城选址原则的主要支点。

表 3.2 列入的仅仅是具备一统国家意义的政权,而宫廷膳事制度的建设和饮食文化的发展,夏商两代并没有留给我们可资研究重构其基本历史形态的必要资料。若从表中各朝一统政权的国君算起,自夏至清,总计有 224 人,其中夏、商、周的"天子"之王 88 人,封建国家的"皇帝"136 人。若自夏第一代主禹算起,直至清末宣统帝爱新觉罗·溥仪,四千年的历史上,包括各分立政权的"皇帝"和各种名号的"王"们在内,其总数则在 4600 人以上。虽然其中的绝大多数人都曾享受过权贵奢侈的食生活,对其时或其后的社会饮食文化产生过这样那样的影响,但今天则都湮没无闻,了无遗痕了。

2. 宫廷饮食文化的发展概况

(1)周王廷食制。商朝的国君们的饮食已开始向"钟鸣鼎食"、"食前方丈"的程式化、制度化发展,但以周天子的食事最为完备和典型。周代天子的物质享受规格以法律形式固定下来,当时是以鼎的多少来象征宾客的身份、筵席的等级以及肴馔的丰盛。据《周礼》记载,周朝宫廷的厨事队伍庞大,分工细密,大致有管理、烹饪、制作(加工)、供应、保健和服务 6 大类基本分工。其中管理人员 264 人,烹饪人员 473 人,制作(加工)人员 666 人,供应人员 1886 人,服务人员 170 人,共计 3465 人。

按《周礼》等典籍的记载,作为"天子"的王,他的一切行为都有政治性、权威性和神圣的色彩,都体现礼制。因此王的饮食,就不是一般意义的生理活动,而是一种尚礼的典范性活动。王(后、世子)的这种活动,由膳夫负责规划、执行。膳夫负责王所吃的饭食、酒浆、牲肉、菜肴。一般原则是:

食用六谷:稌、黍、稷、粱、麦、苽。

膳用六牲:牛、羊、豕、犬、雁、鱼(或马、牛、羊、豕、犬、鸡)。

饮用六清:水、浆、醴、醇(凉)、医、酏。

馐用品数:120 样。依郑玄说,其中最著名的是淳熬、淳母、炮豚、炮牂、捣珍、渍、熬、肝膋八品。

酱物品数:120 瓮。

这些膳食肴品由掌管烹饪制作的职司完成之后,再经食医"和"(调配)、膳夫"品尝",然后"王乃食"。食医的"和",主要是掌握温度和搭配的标准:饭要像春天一样的温,羹要像夏天一样的热,酱要像秋天一样的凉,饮要像冬天一样的冷。膳夫的"品尝"，主要是把握火候适度和味道鲜美的原则。

王进食前，先要奏起音乐，接着是祭夫捧牲肺供祭（祭在尝之前）。王用膳完毕，音乐又起。这时，膳夫负责把王吃剩下的肴馔收到"造"——厨房之中去。王一日三餐，每餐都要杀牲供馔，朝食最为隆重，要排列 12 鼎：9 牢鼎（牛、羊、豕、鱼、肠胃、腊、肤、鲜鱼、鲜腊）、3 陪鼎（脚、胂、胈）。日中和夕食时，朝食所剩肴馔也由膳夫重新奉上。只有在大丧、大荒凶年、天灾地变、疫病流行、寇戒刑杀的非常时日才不杀牲。

王者之食，很重视季节性原则。春天用小羊小豕，以牛油烹制；夏天用干雉和干鱼，用犬膏烹制；秋天用小牛小麋鹿，用猪油烹制；冬天用鲜鱼及雁，以羊脂烹制。调味则坚持"春多酸、夏多苦、秋多辛、冬多咸"的原则，同时都配制成"滑甘"——加枣、饴、蜜和米粉、菜等。

在主副食的搭配上，也有具体的规定："牛宜稌、羊宜黍、豕宜稷、犬宜粱、雁宜麦、鱼宜菰"，认为只有这样才是"膳食之宜"的最佳标准。

（2）汉代宫廷饮食。秦始皇于公元前 221 年统一了六国，建立了中国历史上第一个大一统的专制主义中央集权的封建国家，并确立了皇帝至高无上的地位。但秦朝甚短（公元前 221—前 207 年），仅有不足十五年，可资研究的史料不足。汉承秦制，宫中饮膳正如君主的绝对权威一样更加等级森严。御膳的备办、传膳、进膳、用膳和赐食等都有一套严格的程序，不可紊乱；属于显示皇帝神圣的饮膳之制不可僭越。

汉宫中的主食仍为各种粮食，其中以麦的地位最高。汉代宫廷中面点的品种增多，大体上可分为汤饼、蒸饼、胡饼三大类。其中汤饼又可分为煮饼、水溲饼、水引饼三种。煮饼是将较厚的死面蒸饼掰碎，放入汤中煮后食之。水溲饼是将未发酵的面片投入汤中，煮熟而食。水引饼也称汤饼，是一种用肉汤搅和面粉而成的汤面条。蒸饼是将面粉加水调匀，然后发酵，做成饼状蒸熟而成。胡饼是用炉烤而成。

在副食方面，豆制品也被汉代皇室食用。由于石磨的普及，人们可将大豆做成豆腐及其他豆制品。宫中尚重猪、狗、牛之肉，追求珍奇之食，诸如"猩猩之唇"、"獾獾之炙"（烧烤而成的獾肉）、"隽燕之翠"（燕尾肉）、"旄象之约"（旄牛之尾和象鼻肉）等。汉代的"五侯鲭"几乎成了后代美味的代名词。宫廷水果琳琅满目，桃、枣、柑、橘、柿、枇杷、葡萄等"罗乎后宫，列乎北园"。汉武帝曾专门在南越兴建扶荔宫；种植香蕉、龙眼、荔枝和橄榄等热带和亚热带水果，用邮驿每年贡呈上来。张骞出使西域后，苜蓿、葡萄、石榴、胡桃、黄瓜、大蒜等西域水果蔬菜相继进入内地，引进宫廷膳食之中。

随着佛教传入及道教的兴起,佛教禁杀生、倡导素食的教规与道教轻身、长生和成仙的法则形成了一套饮食条规,开始影响到宫廷食事和食尚。当然,更主要的还是民族传统的节俗,如春节饮椒柏酒、吃五辛盘,元宵节祭灶,寒食节食寒具,端午节饮雄黄酒,中秋节祀土地神,七夕拜月,重阳节饮葡萄酒等。这些都是汉代宫廷饮食的特色。

(3)魏晋南北朝时期。魏晋南北朝是中国封建社会历史上大动荡、大分裂持续最久的时期。经历了军阀混战,三国鼎立,"十六国之乱",整个中国成了一个大战场,一个搅拌器,一个大熔炉。连根拔起、秋风扫落叶式的狂飙战争和拉锯式的纠缠不解、绵延不绝的战争交替发生,使各地各族人民的饮食文化熔于一炉,使宫廷饮食出现了"胡"汉交融的特点。

这一时期,面食的发酵技术更加成熟,宫廷中的面食种类日益丰富,其品种主要有白饼、烧饼、面片、包子、馒头、髓饼、煎饼、膏环、饺子、馄饨等。

乳类、羊肉食品在宫廷中占有相当地位。汉民族传统的饮食习俗很少食用乳、乳制品及羊肉食品,但随着大批西北游牧民族迁居中原以及中原地区畜牧业的发展,使汉族人民的饮食习惯有所改变,并直接影响到宫廷的饮食。据《洛阳伽蓝记》记载:北魏太和十八年(494),南齐秘书丞王肃投奔到洛阳。王肃刚到北方时不食羊肉和酪浆等物。数年之后,在一次宫廷宴会上却吃了许多羊肉,饮了不少酪浆,说明汉人中的贵族官僚在饮食习惯上已逐渐接受了羊肉与奶酪。

饮茶习俗开始在宫中形成。据《北堂书钞·茶篇》记载,"晋惠帝自荆还洛,有人持瓦盂承茶,夜莫上至尊,饮以为佳。"(引《四王起事》)三国时《吴志·韦曜传》载,东吴皇帝孙皓在宫中举行宴会时,赐茶给不会饮酒的大臣韦曜,以茶代酒。南齐时,武帝萧赜驾崩,遗诏中特嘱:"我灵上慎勿以牲为祭,唯设饼、茶饮、干饭、酒脯而已。"(《南齐书·武帝纪》卷三)虽然这表达的是齐武帝俭朴的遗愿,但茶居然成了祭奠皇帝亡灵的供品,可见宫中已有饮茶习惯。特别是梁武帝崇佛,以素食自励,饮茶之风在南朝更是盛行。当然,北魏人杨衒之著《洛阳伽蓝记》也认为好"茗饮"之徒主要是南朝人,而北方人官场还以"漏卮"(即饮茶)讥讽南人。

(4)隋唐宋时期。一统、集权和强盛的帝国一般会给宫廷饮食创造极丰富的物质条件,而耽弛嗜欲的极权至尊的帝王,又往往将自己的食生活推向奢靡的极致。唐帝国宫廷的饮食,因其强盛的国力和开张的文化而具有明显的中外兼收、多族并蓄的特点。虽趋华丽(出现看席),但民族性更呈包容、丰富、活泼的特征。外来饮食最多的是"西域"食品,引入的有葡萄酒酿法,辟缰、饆饠、胡饼制法,天竺(今印度)熬糖之法,以及尼婆罗(今尼泊尔)的菠棱、浑提葱等。唐代宫廷饮食文化还广泛地向西域、朝鲜半岛、日本等地传播,至少在许多周边地区仍留有文字记录和脸炙人口的美丽传说。

宫中名食绚丽多彩。唐代皇室成员的主粮仍以麦、稻为主,间以各种杂粮,但稻米在唐代宫廷饮食生活中的地位有了显著的提高。饭食品种增多,较著名的有越国公碎金饭、御黄王母饭、青粳饭、清风饭、长生粥等。面条以及发酵面团、其他面团制品也增加了许多。名菜佳肴层出不穷,如驼峰炙、假燕菜、金齑玉脍、浑羊殁忽等。此时,宫廷饮食中还出现了"看食"。唐代诗人王维(701—760)晚年所居的辋川别墅有 21 胜景。后来,一位法名梵正的比丘尼,用酱肉、肉干、鱼鲊、酱瓜之类的冷食,将这 21 景在食盘上拼制出来,被称之为"辋川小样",并在宫廷宴会中流传。

大臣、皇室向皇帝献食盛行。献食,是历代宫廷常有的现象,献食之人有后妃、太子、亲王、公主、大臣、宗室等,以隋唐为盛。隋炀帝(569—618 年,605—617 年在位)幸江都,吴中进糟蟹、糖蟹,蟹壳上贴金缕龙凤花云。唐朝从中宗(656—710 年,684 年、705—710 年在位)开始,大臣拜官,依例要献食于天子,名曰"烧尾"。从韦巨源拜尚书令左仆射时为皇帝献"烧尾宴"的《食单》来看,其中有饭、粥、馄饨、糕饼和粽子等饭食面点,也有鸡、鱼、鹅、猪、熊、牛等肉食,还有仙人脔、八仙盘、凤凰胎、金粟平俯、小天酥、过门香、卯羹等名肴。遇上喜庆之时还要上"礼食"。唐高宗(628—683 年,650—683 年在位)时,攻破高丽,文武大臣纷纷献食以贺。皇室献食也很盛行。唐玄宗(685—762 年,712—756 年在位)时,诸公主"相效进食",皇帝委任宦官袁思艺为检校进食使,据目击者说,所进之食,"水陆珍馐,数千盘之费,盖中人十家之产";进食时,通衢彩仗林立,数百人捧食而行,蔚为壮观。遇上内廷宴会,后妃各进食馔。

唐代宫廷宴会种类较多,宴请蕃使、喜庆加冕、庆功、祝捷、重大节日等都要举行盛大宴会,如朝宴、樱桃宴等颇有影响。朝宴自先秦便有,但唐代的朝宴开创了一个新的时代,无论是仪礼的完善,还是酒食的丰盛都是前所未有的。开元(713—741)时的朝宴一般是会朝贺毕举行的,大型宴会多在元旦、冬至大节时举行。另外还有较多的宴请大臣之会。如宣召大臣后的便宴就是较常见的一种。这种召对每日必有,朝参后于廊下赐食,称为"廊餐"。唐代基本上保持着这种制度,只是到了唐僖宗(862—888 年,873—888 年在位)时才改为每月初一朝参时赐食。敬宗(809—826 年,824—826 年在位)时为朔望二朝,后来在后唐(923—936)时又一变而为五日一"廊餐"。樱桃宴即进士曲江宴,曲江宴时正值暮春,樱桃刚熟,成为尝新食品,红红的樱桃增添了席间的喜庆气氛,故名。进士宴在历朝的名称不一样,它是隋唐以来科举选士的一个产物,是殿试后为文武两榜状元和进士举行的宴会以及皇帝为特擢人才而举行的宴会。进士曲江宴始于唐中宗神龙(705—707)年间,一直延续到唐僖宗乾符(874—879)年间,历时170多年,是唐代历时最长的游宴。皇帝常赐新进士游宴于曲江,有时还令御厨将自己喜爱吃的美食赏赐给他们品尝,如昭宗(867—904年,889—904年在位)、僖宗曾赐新进士们每人一枚"红绫饼馂",以示祝贺(陶岩《清异录》等)。

宋代分为北宋、南宋两个阶段,宫廷饮食风格有明显的不同。北宋以"北食"为主,南宋以"南食"为主,此亦饮食文化区位差异使然。据《宋会要辑稿·御厨》中说:北宋时,御厨所用面和米的比例是二比一,说明皇室饮食是以面食为主的。南宋时稻米的比重有所增加,据《东京梦华录》、《都城纪胜》、《梦粱录》、《武林旧事》等史料性笔记记载,宋代面食和点心可谓五光十色,种类繁多。

宋代皇室的饮食中,羊肉占有重要地位。北宋皇室的肉食消费,几乎全用羊肉,而不用猪肉,并且上升到作为宋朝"祖宗家法"之一的高度。宋朝南迁临安以后,仍以羊肉为皇室中主要肉食品。不过宫廷饮食中南食比重逐渐增大,其特点是水产品比例上升。特别是蟹馔,更是琳琅满目。

宋代宫廷宴会名目繁多,如"圣节"宴、"春宴"、"秋宴"、朝宴、庆功宴、喜庆宴等。宋代的"圣节"宴即万寿宴,为皇帝的寿宴。宋代每个皇帝几乎都有自己名称的生日宴。如太祖(927—976年,960—976年在位)"长春节"、太宗(939—997年,976—997年在位)"乾明节"、真宗(968—1022年,998—1022年在位)"承天节"、仁宗(1010—1063年,1022—1063年在位)"乾元节"等。每逢皇帝生日宴时,就有百官依品秩高低在宰执的率领下向皇帝上寿之仪,皇帝则赐众臣酒。酒称"寿酒"。据《文献通考·乐考十九》记载,从圣节宴开始至结束,共有19次乐舞。由于这种宴饮更多地在于饮,因而乐舞不绝,笙曲绵绵,并有各种杂技表演,以助雅兴,它要求的是一种和融共觞、共祈万寿如南山的气氛。"春宴"与"秋宴"是宋代皇帝常常举行的升平之宴。春暖花开,万象更新,深居在高阙深宫包围之中的皇帝也一定想去呼吸一下清新的空气。而金秋时节,果实累累,对于以农立国的皇帝来说又是一个很好的庆贺机会。于是春、秋二宴应时而兴。宋太祖设此二宴,宋太宗时只设春宴,真宗时再设秋宴。景德二年(1005)以后多次整饬宴仪。熙宁元年(1068),曾重新规定了宴时入殿人数,如翰林司178人,御厨600人,内物料库9人,法酒库16人,内酒坊8人,并规定了负责茶、酒、食等部司。

宋代宫廷饮食生活有一个显著特点,即宫内饮食常常取之于宫外的酒店、饮食店。阮阅《诗话总龟》记载,宋真宗派人到酒店沽酒大宴群臣。《邵氏闻见后录》记宋仁宗赐宴群臣也从汴京饮食店买来肴馔。宋高宗经常从临安饮食店中买肴馔自食,《枫窗小牍》说他曾派人到苏堤附近的鱼店买鱼羹,还常买"李婆婆杂菜羹、贺四酪面脏、三猪胡饼、戈家甜食"等。这一方面说明当时都城饮食业的发达,同时也反映出宋代宫廷饮食制度并不像清代那样严格。

　　(5)元明清时期。元明清是宫廷饮食文化的鼎盛时期,是少数民族饮食与汉族饮食的大融合阶段。自13世纪初叶起,成吉思汗(1155—1227年,1206—1227年在位)崛起于大漠,在空前辽阔的版图上建立起蒙古帝国。1279年元世祖忽必烈(1215—1294年,1260—1294年在位)灭南宋,中国第一次统一于一个草原游牧民族之下。元代宫廷饮食以蒙古、西域食风为主,融入了汉族饮食,食品以牛羊奶酪为主。元代饮膳太医忽思慧所著《饮膳正要》所列元宫94种奇珍异馔中,除鲤鱼汤、炒狼汤、攒鸡、炒鹌鹑、盘兔、攒雁、猪头姜豉、攒牛蹄、马肚盘等约20种以外,其他皆用羊肉或羊五脏制成。明代初年定都南京,皇室成员大多为皖人,宫廷原尚南味。明成祖朱棣(1360—1424年,1402—1424年在位)迁都北京(1409年),皇族、大臣、妃嫔多来自江南,因习惯使然,许多南货由漕运至北方,宫廷饮食及习俗带有强烈的南国色彩。但毕竟宫廷在北方,加之受元代宫廷饮食的影响,不少原料出自北国,因此明代宫中也吃北人所喜食的羊肉,只是多在冬春两季。明宫饮食呈现出南北相兼、蒙汉两宜,但以汉食为主体的特点。清宫饮食则深受满族传统的影响,虽然羊肉仍是重要食物,但在肉类上更热衷于猪肉。"福肉"(清水煮白肉,祭毕食用)、"阿玛尊肉"、"糊白肉"都很有名。烤全猪更是清宫杰作。在烹调技法上,尤其喜用烧、煮、扒、炼之法。清宫皇族在入主中原后,很快就被璀璨夺目的汉族饮食艺术所征服。汉菜、汉席在宫廷筵宴中十分盛行。鲁菜、江南菜与满族菜一起构成了清宫饮食的主体。

　　这一时期的宫廷饮食很注重时序性和节令食俗,一些民间食俗,特别是节令食俗逐渐在宫中流行并制度化。如饺子起源很早,本是典型的中原和汉族之食,但作为宫中春节食物却是明清时才有的事。明朝太监刘若愚的《明宫史·火集》云:正月初一日,"早上五更起床后,饮椒柏酒,吃水点心,即'扁食'"。"水点心"(扁食)即水饺。清代又称饺子为"煮饽饽"。富察敦崇《燕京岁时记》云:元旦,"煮饽饽,暗中以金银小锞及宝石等藏之饽饽中,以卜吉利"。这种吃法在宫内很时兴。又如,"不落夹"、"结缘豆"成为明清时期宫中在浴沸节的节令食品。据《明宫史》记载,初八日,宫中进"不落夹"。这种食物用苇叶包糯米成方形,蒸熟而食,味道与粽子一样。清朝已不再吃不落夹,而是吃结缘豆(或称接缘豆)。这种食物原在佛门流行,在僧侣中,很早就有此日煮盐豆,邀人至野外共食的习惯,称为结缘。再如,我国原无中秋吃月饼之俗,宋代中秋始与"月饼"相连。不过,在宫中此时并未时兴。直至明代,中秋不仅是赏月佳期,而且还赋予了家人团圆的意义,月饼在宫中方盛行起来。清代宫中更重视中秋的团圆意义,还要设宴,这种筵宴称为"团圆宴",分吃月饼,此饼称之为"团圆饼"。此外,腊八粥最早是寺院僧侣腊八日吃的一种粥。宋代民间都有吃腊八粥之习,只是宫内还未时兴。明宫经皇帝提倡,腊八粥屡盛不衰。据《明宫史》载:"初八日吃腊八粥。"在此之前数日,即将红枣捶破,泡汤,至初八早,再加以粳米、白米、核桃仁、菱米等煮粥,"举家皆吃,或也互相馈送,夸精美也"。而且,每逢此日皇帝还赐百官果粥。

　　宫廷筵宴规模不断扩大,烹调技艺水平不断提高。特别是清代,宫廷筵宴达到了登峰造极的程度(参见图3.1),万寿宴、圣宴、朝宴、传胪宴等均颇具规模,其中"千叟宴"场面尤其宏大,参加宴会者多达数千人。千叟宴在清代共举行过四次。首次在康熙五十二年(1713),于三月二十五日和二十七日两次大宴耆老,分别有3700余人和2600余人。乾隆帝(1711—1799年,1735—1795年在位)为庆贺自己即位50周年和60周年,也两度举行了千叟宴,与宴者分别有3000多人。从参加宴会者的身份来看,有王公、大臣,还有许多身份低微之人。官民无禁、普天同庆,是皇帝行此大宴的主要意图。千叟宴这种浩大的饮宴场面在历史上也是少见的。

图3.1　清代郎世宁绘《万树园赐宴图》

　　(三)清宫御膳的饮食文化特征

　　纵观历史,最能体现宫廷饮膳水平和文化的当推清宫饮膳,而宫廷饮膳的代表莫过于御膳。因此,清宫御膳当是宫廷饮食之典型代表。饮食生活总体上表现为"尊"、吃"威风"。具体讲,有以下一些主要文化特征。

　　1.华贵尊荣,气势恢弘

　　清宫御膳高居于中国社会饮食文化层次之塔的最顶端。皇帝吃饭不仅仅为填饱肚子,更重要的是为了体现至高无上的地位。宫廷层饮食拥有庞大的机构和数以千计的执厨队伍,数量浩大的名贵食品和独一无二、不可比拟的宏大气势。其中拥有最大享用权的自然是有"九五之尊"的皇帝本人。御膳所用原料来自各地各类原料中的精品,不论是山珍海错,还是寻常之物,能进御厨房的毫无例外是其中的上品。清宫肴馔名称多带有明显的皇家气派、宫廷特征和喜庆吉祥色彩。皇帝的饮食富丽典雅而含蓄凝重,华贵尊荣而精细真实,不流于光艳轻浮,也没有华而不实的形式主义和唯美倾向,没有许多附加的点缀之物。皇帝正餐都是二十余道菜,有时加上太后所赐和后妃所献,则多达百余道,其皇家气势可见一斑。

2.注重礼制和程式化

清宫廷极为注重"祖宗之制"和"家法"。清宫御膳严格循时,早膳为卯正—辰正(6~8 时),晚膳为午正—未正(12~14 时),两顿小吃时间不定。虽然说皇帝口含天宪,如有特殊之事,不能按时就餐,一旨令下,厨师们自会一呼百诺,但从总体上看,清帝饮食比其他朝代刻板得多。饮食的数量和质量都有严格规定,必须循例。御膳还表现为程仪庄严。皇帝是至高无上的,在严格的礼制下,皇帝是难以在饮食中获得物质与精神上的充分享受的。这样讲拥有天下的皇帝,看似悖理却又在情理之中。清代皇帝除个别时日外,一皆单独进餐,享受不到饮馔之中的天伦之乐。他们难有朋友,因为朋友须以相互平等为前提,而皇帝是不能与人平等的居高临下的"天子",即使招来后妃陪膳,也因她们要谨遵君臣大礼,陪食时诚惶诚恐,哪里还谈得上什么趣味?以至于了解皇帝生活的人不禁感叹:"可以说皇帝是没有自由的,他们一切都遵从祖宗的遗制,公式化地度过时光。"(爱新觉罗·浩《食在宫廷》第 9 页)在烹调上也不例外,许多菜多少年固定不变。所以,即使肴馔品种每日开出来总是洋洋大观,却让人觉得又是老一套,"日食万钱犹言无下箸处"。其饮食具有浓重的八股味,革故创新的意识远不及官宦商贾之家和市井食肆。宫廷的规矩也不会为一流厨师开辟充分发挥其才能的天地。故大体可以说,显贵之家的规矩相对于皇室要少一些,美味菜品有可能被不断创新出来,"天子"以外的贵族似乎比皇上更有可能或更有自由享受口福。

3.威风八面的皇家气派

皇帝吃饭堪称食威风。皇帝用膳时有威严的侍卫,毕恭毕敬的太监,庄严肃穆的气氛,这些是其他人怎么也学不来的。那威严、紧张、静寂的氛围,显示出皇家特有的霸气。皇帝每餐菜品数量太多,吃不完便常赐食后妃及左近之臣等。皇帝通过赐食表示皇恩浩荡,并从这种施舍中体会到龙威的乐趣与满足。这份威风、气势、滋味,其他饮食文化层的食者是无法拥有的,它也只能是宫廷饮食文化层的特有现象。

复习思考题三

1. 什么是饮食文化层？试论中国饮食文化层次性结构理论的内容和方法论意义。
2. 果腹层主要由哪些人群构成？基本特点是什么？
3. 小康层主要由哪些人群构成？基本特点是什么？
4. 富家层主要由哪些人群构成？基本特点是什么？
5. 贵族层主要由哪些人群构成？基本特点是什么？
6. 宫廷层主要由哪些人群构成？基本特点是什么？
7. 试述各时期宫廷饮食文化的特点。
8. 试论中国历史上各饮食文化层的典型代表及文化特征。
9. 结合实际谈谈如何发展中国饮食文化,满足不同消费层次的需要。

第四章

中国饮食民俗

学习目的

1. 掌握民俗与饮食民俗的概念。

2. 了解节日的含义与节日产生的原因,掌握中国主要传统节日的时间、起源与食俗,理解节日食俗的文化特征。

3. 了解居民日常食俗的基本内容。

4. 熟悉人生仪礼食俗的内容。

5. 理解主要宗教信仰食俗。

6. 了解各少数民族食俗。

本章概要

本章主要讲述民俗与饮食民俗的概念;节日的含义与节日产生的原因,春节、元宵节、端午节、七夕节、中秋节、重阳节、冬至节、腊八节及送灶节等中国主要传统节日的时间、起源与食俗,节日食俗的文化特征;居民日常食俗;诞生礼食俗、婚事食俗、寿庆食俗、丧事食俗等人生仪礼食俗;宗教与宗教信仰食俗的特性,基督教、伊斯兰教、佛教、道教食俗;中国各少数民族日常食俗、节日与礼仪食俗。

第一节　民俗与饮食民俗

一、民　俗

民俗，又称俗、风俗、习俗、民风、风尚、风俗习惯等。民俗是民间社会生活中传承文化事象的总称，是一个国家或地区、一个民族世世代代传袭的基层文化，通过民众口头、行为和心理表现出来的事象。这些事物和现象，既蕴藏在人们的精神生活传统里，又表现于人们的物质生活传统中。民俗与官方仪礼既有联系又有区别：区别是民俗乃民间风俗，官方仪礼为规范和行文制度化的礼俗；联系是官方的东西往往向民间推行，也可逐渐形成民间传承的风俗，这是文化自上而下的渗透；民间的东西也可向上渗透，最为明显的是官方"成文法"的拟定，大多数情况下，是以民间的"习惯法"为基础的。

民俗的形成，有着经济、政治、地缘、宗教、民族、语言等诸多方面的因素。民俗具有历史功能、教育功能、娱乐功能，它不仅在人类社会的发展中起着承前启后的作用，而且在今天的社会主义物质文明和精神文明建设中，均有积极作用。

二、饮食民俗

饮食民俗是指人们在筛选食物原料，加工、烹制和食用食物的过程中，即民族食事活动中所积久形成并传承不息的风俗习惯，也称饮食风俗、食俗。食俗一般包括节日食俗、日常食俗、人生仪礼食俗、宗教信仰食俗、少数民族食俗等内容。

研究、整理中华民族食俗对于发掘中华民族的优秀文化遗产，进行传统教育，加强民族自豪感和民族自信心，增进各民族、中国人民同世界人民之间的了解和友谊都有积极意义，对于进一步丰富中国各民族的饮食，使之更加科学化也有积极作用。在研究中华民族食俗的同时，应注意贯彻执行有关的民族政策和宗教政策。应注意发扬有利于人们身心健康的好习惯，倡导移风易俗，革除那些不利于饮食卫生、束缚生产发展，甚至封建迷信的陈规陋俗。

第二节　节日食俗

一、节日的含义与节日产生的原因

（一）节日的含义

节日是有固定或不完全固定的活动时间，有特定的主题和活动方式，约定俗成并世代传承的社会活动日。我国节日的种类众多,从节日的性质看,大致可分为单一性质的节日和综合性质的节日;从节日的内容看,可分为祭祀节日、纪念节日、庆贺节日、社交游乐节日等;从节日的地域分布看,可分为跨国家节日、全国性节日和地区性节日;从节日的时代性看,可分为传统节日、现代节日。

（二）节日产生的原因

节日产生的原因多种多样,但归纳起来大致有以下三个方面。

1.天文历法

中国古代的农历把一年分为十二个月、四时、八节、二十四气,这便形成了许多节气节日,如立春、春分、清明、立夏、夏至、冬至等。在中国,节日的本意是指节气相交或转换之日,没有民俗意义上的"节日"的含义。但一部分节气节日逐渐演变成了民俗节日,如清明、夏至、冬至等。

2.生产与生活习俗

起源于人们生产生活中某种习俗活动的节日,在传统节日之中数量最多。有的起源于祭祀活动,如苗族的吃新节、柯尔克孜族的诺劳孜节、毛南族的庙节等,节日期间,祭祀祖先神灵,祈求丰收的仪式和活动是必不可少、重要的内容;有的起源于农事活动,如壮族的牛王节、侗族的舞春牛与洗牛节、鄂温克族的米阔勒节等,常常在农业生产开始和结束时进行活动;有的起源于社群娱乐活动,如蒙古族的那达慕大会,苗族的爬坡节、龙船节,侗族的花炮节等;有的起源于性选择活动,如苗族的姐妹节与踩山节、布依族的跳花会等;有的起源于宗教活动,如道教提倡阴阳信仰,奇数为阳,象征光明、有力、兴旺,节日中多取月日复数为吉利的象征,如正月一、三月三、五月五、七月七、九月九,其中的五月五为天中节,体现阴阳调和均匀之意,还有正月十五上元节、七月十五中元节、十月十五下元节,再如因佛教而兴的腊八节、泼水节（浴佛节）等。

3.重大历史事件

历史上时常发生一些重大事件。事后人们往往设立节日,以志纪念。现代节日中大多为这类节日。如我国的国庆节、建军节、"五四"青年节以及"五一"国际劳动节等。也有一些传统节日起源于重大历史事件。如侗族的林王节、壮族的吃立节等。

二、主要传统节日食俗

（一）春　节

春节俗称新年,是中华民族最隆重的传统节日,流行于全国各地。

● 起源

春节旧称元旦。中国历代元旦的日期并不一致:夏朝用孟春的元月为正月,商朝用腊月(十二月)为正月,秦始皇统一六国后以十月为正月,汉朝初期沿用秦历。汉武帝刘彻感到历纪太乱,就命令大臣公孙卿和司马迁造"太阳历",规定以农历正月为一岁之首,以正月初一为一年的第一天,就是元旦。此后中国一直沿用夏历(阴历,又称农历)纪年,直到清朝末年。辛亥革命后,我国采用公历纪年,以公历元月一日为元旦。1949 年 9 月 27 日,中国人民政治协商会议第一届全体会议决定在建立中华人民共和国的同时,采用世界通用的公元纪年。为了区分阳历和阴历两个"年",又因一年 24 节气的"立春"恰在农历年的前后,故把阳历一月一日称为"元旦",农历正月初一正式改称"春节"。旧时,从过小年(腊月二十三或二十四)到元宵节(正月十五),都属新年范围,其中从除夕至正月初三为高潮。

● 主要活动与食俗

春节的活动内容丰富多彩,因民族、地域不同而有所不同。如汉族过春节特别隆重。节前,人们积极置办年货,制作新衣,举行掸尘、祭灶、祀祖、吃年饭、守岁、贴春联、挂年画等活动。节日期间,人们互相拜年,有放爆竹、喝元宝茶、喝春酒、吃年糕、吃饺子、吃元宵等风俗。

除夕又称"大年三十"。这一天,民间家家户户要吃年饭,又称年夜饭、宿岁饭、团圆饭。年饭与平时吃饭不同,一是全家团聚,无论男女老幼,都要参加家庭宴会。为此,除夕前几天,外出的人便纷纷赶回家过年,没有回来的人,在吃年夜饭时也要给他留一个席位,摆上碗筷,象征他也回家团聚了。这是中国家庭具有凝聚力和向心力的表现。二是传统上吃年饭的时间多选择在夜间(黎明或晚上),取一家人团聚不被人打扰之意。三是食品丰富、种类繁多,荤素菜肴齐备,席中一定要有酒有鱼,取喜庆吉祥、年年有余(鱼)之意。人们吃年饭不仅要吃饱,还要喝足,即使是平日不许沾酒的小孩,此时也可品尝酒味。一些地区还在除夕吃饺子,在包饺子时,要往其中置钱、糖、枣等。并且各有寓意,如吃枣寓意早得贵子,有钱的饺子象征发财致富,有糖的饺子象征生活甜如蜜。一些地区在除夕时,皆多煮年饭,称之隔年饭、隔年陈、留岁饭、年根饭、岁饭,多准备春节食品,吃年饭时有吃有剩,寓年年有余之意,剩饭作来年的"饭根",意为"富贵有根"。

正月初一早上开始,十天左右的拜年活动便拉开了帷幕。在亲朋互相贺岁、拜年时,一般要请客喝茶、留客喝年酒,并在春节期间相互请客宴饮,名曰"年节酒"、"喝年酒"。梁朝宗懔撰《荆楚岁时记》中说,荆楚民间是日"鸡鸣而起,行于庭前爆竹,以辟獠(魈)恶鬼。长幼悉正衣冠以次拜贺,进椒柏酒,饮桃汤,进屠苏酒、胶牙汤,下五辛盘,进敷干散,服却鬼丸,各进一鸡子"。南宋时的《梦粱录》云:新年临安(今杭州)城无论贫富,"家家饮宴,笑语喧哗"。

春节期间民间有食年糕、拜年用年糕之俗。清代《天津志略》称:元旦食黍糕,曰"年年糕"。道光《安陆县志·风俗》也讲:"村中人必致糕相饷,名曰'年糕'。"年糕多由糯米或黏小米制成,谐音年(黏)年(黏)高(糕),寓意"步步登高",一年更比一年好。

拜年客人进门后,主妇们先给客人敬茶一杯。潘荣陛《帝京岁时纪胜》云:"镂花绘果为茶。"清代江苏苏州诗人袁景澜在《年节酒词》中云:"入座先陈饷客茶,饤拌果饵枣攒花。"旧时汉口称加有红枣、瓜仁、莲子等物的糖开水为"元宝茶"。清代叶调元《汉口竹枝词》云:"主客相逢吉语多,登堂无奈磕头何。殷勤留坐端元宝,九碟寒肴一暖锅。"注云:"正月饮酒用元宝杯,谓之'端元宝'。"元宝杯是酒杯上绘有元宝或钱币图形,以示吉祥发财之意。后来用"元宝茶",一般取红枣沿腰切口,四周嵌入瓜仁,冲白糖开水。考究一点的红枣、莲子、桂圆羹也称"元宝茶"。"民国"四年刊《汉口小志》云:"拜年客来,多留吃元宝茶,或摆果盒以待。"果盒中装有年糕、蜜枣、糖莲子、柿饼、花生等,分别寓意年年高、早生贵子、早日高中、连生贵子、事事如意、花招生。

喝"年酒"是拜年活动的重要组成部分。年酒的主要形式有普通客人走亲拜友,主人所设的酒宴,这一类最为普遍;第二类为专为"新婚"、"新客"以及其他特殊需要而专门设置的酒宴;第三类为"团拜酒"。拜年喝年酒的时间一般为正月初一至十五,多在正月初十以内,有的至正月底。年酒除酒必不可少外,主人当尽其所能制作美味佳肴。《帝京岁时纪胜》所载清代北京的情形是:"什锦火锅供馔。汤点则鹅油方补,猪肉馒首,江米糕,黄黍饦;酒肴则腌鸡腊肉,糟鹜风鱼,野鸡爪,鹿兔脯;……杂以海错山珍,家肴市点。纵非亲厚,亦必奉节酒三杯。若重戚忘情,何妨烂醉!"

清代道光年间湖北《黄安县志》云:"客至,主人先以鸡肉之类满堆碗面为敬,复煮酒设馔,谓之'拜年酒'。"《老学庵笔记》云:"淳熙间,集英殿宴金国人,使九盏。"唐代也有以牙盘九枚装食,谓之"看食"的风俗。叶调元《汉口竹枝词》中提到的"九碟寒肴一暖锅","寒肴"即冷碟,如腊肉、腊鱼、香肠、皮蛋、卤菜、花生米、菜苔虾米,以至青豆、红萝卜丁等。"一暖锅"为一火锅,中有大肚烟囱实炽燃木炭。不备生菜鲜肉,异于边锅或涮锅子,而汤却十分讲究,或鸡汤线粉,或别种煨汤,汤中必下鱼圆子,寓意团圆美满。

(二)元宵节

元宵节又称正月十五、上元节、元夕节、灯节。因避秦始皇(名"政")讳,曾改称端月十五。该日为满月，即"望"日，象征团圆、美满。是日，要进行祭天，合家团圆，祈求丰年。

● 起源

元宵节的起源，可能是远古人类在过节时以火把驱邪。这个节就是祀太一神。《史记·乐书》："汉家常以正月上辛祠太一甘泉，以昏夜祀，至明而终。"因是夜里进行，自然要打着火把，后来演变为元宵节。汉代戡平"诸吕之乱"是在正月十五结束的，汉文帝下令"与民同乐"，使元宵节的影响扩大。佛教在东汉传入中国，佛教文化灯笼的传入，又使元宵节具有灯节的性质。又因道教有三元之道，三官大帝中的上元天官大帝是在正月十五诞生的，因此，元宵节又名上元节。

● 主要活动与食俗

元宵节的主要活动，一为张灯结彩，二为盛吃元宵（有的又称汤圆、灯圆）。在唐代就有吃"粉果"的习俗，现在的元宵大概就是由此演变而来的吧。因是水煮的故叫"汤饼"，又因是米粉制成，也称"粉果"，还因为是圆形的，又谓"油画明珠"。《明宫史》云：正月初九日后，吃元宵，其制法，用糯米细面，内用核桃仁、白糖为果馅，洒水滚成，如核桃大。

元宵寓团圆之意，又有元旦（今春节）完了之意，也作为祭祀祖先之物，寄托对亡灵的哀思和敬意。清同治年间湖南《巴陵县志》云："'元夜'作汤圆，即呼食元宵，圆元语同，又有完了意。"同治年间江西《乐平县志》曰："十三夜，四衢张灯……至十八日乃止，谓之'元宵节'。十四日，夜以秫粉作团……谓之'灯圆'，享祖先毕，少长食之，取团圆意。"清康熙年间《保德州志》云："祀祖祭先，常供以外，复设汤圆、水茶、枣卷、面灯"等物。

（三）清明节

清明节，又名鬼节、冥节、死人节、聪明节、踏青节。时间在农历三月间（公历4月5日前后），与农历七月十五日、十月十五日合称"三冥节"，都与祭祀鬼神有关。

● 起源

清明本为二十四节气之一，但由于它在一年季节变化中占有特殊地位，加上寒食节的并入，清明便成为一个重要的节日。寒食节又称冷节、禁烟节，时间一般在清明节前的一两天，古代有禁用烟火，只食先期做好的熟食（冷食）之俗。此俗来源有二说：一说为纪念介子推，春秋时晋文公重耳下令在介子推死亡日禁火寒食，以寄哀思。一说源于周代禁火旧制。《周礼·秋官·司烜氏》："中春以木铎修火禁于国中。"当时有逢季改火之习，在季春出火。之前，告诫人们禁止生火，要吃冷食。

大约到了唐代，寒食节与清明节合二为一，寒食节成为清明节的一部分。节日里有扫墓祭祖、踏青、插柳、植树、荡秋千等活动。祭祖扫墓之俗始于唐代。《旧唐书·玄宗纪》：开元二十年（732），"五月癸卯寒食上墓，宜编入五礼，永为恒式。"杜牧《清明》诗："清明时节雨纷纷，路上行人欲断魂。借问酒家何处有，牧童遥指杏花村。"反映了清明上坟习俗的形成与情形。清明正值暮春三月，人们把扫墓和郊游结合起来，到野外作春日之游，然后围坐饮宴，抵暮而归，形成了遍及全国南北的踏青之俗。

● 主要活动与食俗

关于清明节的饮食活动，各地方志多有记述。"民国"四年刊北京《顺义县志》云："清明节，妇女簪柳于头，以秋千为戏。陈蔬馔，祭祖先，各拜扫坟，添土标钱，陈馂欢饮而散。"清同治年间湖北《竹溪县志》云："清明日，男妇皆祭坟，设肴馔、酒醴；祭毕，即茔前席地食饮，谓之'胙（馂）余'，亦寒食意也。"民国22年刊河北《高阳县志》载，清明为"祭祀节"，各家上坟祭祖，在先人墓上增添新土。有族会者，全族人聚于一处；杀猪宰羊会食一日，俗谓之"吃会"。清道光年间湖南《永州府志》对"清明宴"有较详细的记述：

子孙每年遇清明、寒食，先期具帖，至期祭首备牲及米糍等物，用鼓吹号炮至墓所，巫祝奠谢后土，有符篆疏表，子孙照世系点名，不到者有罚。祭毕，将米糍按名分给，以数千计。归家，以祭祖之豕剖而熟之。子孙添丁、婚娶者，入胙肋之。午刻宴老者，年五十以上皆与。将添丁、婚娶所人之胙事计若干，又计老者之多寡，按名分给，不到者送之家，谓之"食老者胙"。其酒食、蔬菜皆轮值祭首备办。老者燕毕，然后将祭祖之豕权之，不足者以他豕补之，或若干斤，皆有定规。于祭首中择少壮者割而分之，列家长之名，每名该若干分唱名领给，老少男女皆与，谓之"祖命胙"。添丁、婚娶者额外加胙，子弟中有犯非礼者，轻者杖之，重者将祖命胙罚停，改悔复之，不悛革之，皆由老者公议。颁胙毕，各将所颁之胙烹之，或载他肴，复集家庙群饮，谓之"清明宴"，惟妇女不与。其酒食亦由祭首掌之，纵饮失仪者有罚。

从这段记述，可以看出当时人们一是敬重长者，清明节在饮食上给老者以特别优待；二是重男性，男性皆有资格参加宴会，而外姓媳妇、虽是本姓却会嫁出去的女性均不能参加宴席，反映出男权思想明显；三是对添丁、婚娶者要额外入胙赞助，分胙时"额外加胙"，这额外的安排可能是告慰祖先的在天之灵，提请他们注意，让他们知道其后代人丁兴旺，又添丁进口了；四是在祖先坟前惩戒不肖子孙，整顿门风，已成为清明节的一项内容；五是在祖先灵位、坟墓之前只能有节制地饮食，不可放纵，这与春社节人们可以狂食滥饮，狂欢至家家有人醉是大相径庭的；六是各家分头做菜，集中食用，这无异于家族内的"烹饪比赛"，有利于促进烹饪技术和菜肴质量的提高。

江南一些地区,民间以为清明生子最佳,谓"聪明儿",并有抱婴儿向邻里乞讨清明馃的习俗,俗称"讨清明"。"清明"谐音"聪明",谓孩子日后容易抚养,健康聪明。祭祖用清明馃,有孝顺之意。每逢清明,浙江一些地区的孩童妇女便纷纷采集野荠、青蓬等,回家浸泡在水中,再捞起挤去其汁,然后切碎和入粉中,揉成面团,以作青馃,故称清明馃。有的做成畚斗状,谓之"畚斗馃",意为粮食丰收,有粮可装;有的做成犁头形,寓耕作顺利;有的做成羊、狗形状,称为"清明羊"、"清明狗"。

（四）端午节

端午节,又名端午、端五、端阳、重午、重五、五月五、端节、蒲午、蒲节、天中节、诗人节、龙船节。时在农历五月初五。如载于《太平御览》卷三十一引晋周处《风土记》:"仲夏端五。端,初也。"古代"五"与"午"通用。

● 起源

关于端午节的起源,有许多说法,例如,认为是龙图腾崇拜民族的祭祖活动日,认为起源于越王勾践为复国在此日训练水师,纪念介子推,纪念楚国爱国诗人屈原,纪念伍子胥,纪念曹娥,祭"地腊"。由于屈原爱国主义精神及其诗词的深刻影响,秦汉以后,屈原一说由楚地逐渐传播到全国,为大部分地区所公认,并相沿至今。

● 主要活动与食俗

节日里,民间有赛龙舟,食粽子、咸蛋,饮雄黄酒、菖蒲酒,放艾草,挂香袋,吃蒜挂蒜,插菖蒲等风俗活动。

赛龙舟起初为了祭神,后演变为有祈求农业丰收、以龙舟送鬼、驱邪避瘟、去灾求吉、强身健体等功能,龙舟中供的天妃是保佑平安的大神。

粽子又称角黍,做法是把粽叶(即芦苇叶或竹叶)泡湿,糯米用水泡好,以肉、豆沙、枣仁等为馅,包成三棱形、方形、枕头形等蒸、煮而成。为什么端午节要吃粽子呢？流传最广的说法是为了纪念屈原。吴均《齐谐记·五花丝粽》:"屈原五月五日投汩罗水,楚人哀之,至此日以竹筒子贮米,投水以祭之。汉建武中长沙区曲忽见一士人,自云三闾大夫,谓曲曰:'闻君当见祭,甚善,常年为蛟龙所窃,今若有惠,当以栋叶塞其上,以彩丝缠之,此二物蛟龙所惮。'曲依其言。今五月五日作粽并带栋叶五花丝遗风也。"但从有关资料分析,端午吃粽为纪念屈原当是一种附会,梁朝宗懔《荆楚岁时记》所记粽子只是一种夏令或夏至食品而已。当时的情况为:"夏至节日,食粽。伏日,并作汤饼,名为'辟恶饼'"。将夏至吃粽改为屈原五月五日投汩罗江的纪念日吃粽后,其俗渐渐深入人心,并流传至今。端午吃粽托纪念屈原之名,实际上起到了补充营养、抵御即将到来的酷暑的作用。吃咸蛋与湖南一些地区妇女吃"祖婆粽",除有增营养、健身体之功效外,还是一种求子巫术。

雄黄酒,是将蒲根切细、晒干,拌少许雄黄,浸白酒,或单用雄黄浸酒制成。端午时,人们午时饮少许,将余下的雄黄酒,涂抹儿童面额耳鼻,并挥洒床间,以避虫毒。《白蛇传》里许仙以雄黄酒给白蛇吃,白蛇现出原形,把许仙吓坏,说明人们以为雄黄酒能避毒与邪。端午节实际上是一个健身强体、抗病消灾节。古人以为阴历五月是恶月,"阴阳争,血气散,易得病",因而包括饮食在内的一些习俗均与抗病健身有关。

（五）七夕节

七夕节,又名七夕、乞巧节、少女节、女儿节、双七节、双星节、香桥会、巧节会。除五代时期以七月六日为七夕节外,历代均以七月七日为七夕。相传农历七月七日夜牛郎织女在天河相会,民间有妇女乞求智巧之事,故名。

● 起源

牛郎织女传说,本源于神话故事。这种神话又与天文知识有关:早在先秦时期,中华民族的祖先已经有了牛郎织女诸星的记录。汉时出现描写牛郎织女故事的雏形。南朝梁任昉《述异记》中已出现比较完整的牛郎织女故事:织女为天帝孙女,心灵手巧,能织造云雾绡缣之衣,天帝怜其独处,嫁与河西牵牛之夫婿,但织女婚后,竟废织纴。天帝发怒,责令她与牛郎分离,仍归河东,只准每年七夕相会一次。这一神话后在民间广为流传,又有很多变异,较普遍的传说为人间朴实农民牛郎,在金牛星的帮助下,和天上织女结为夫妇,辛勤耕织为生。后因王母（或玉帝）的破坏,遭到分离。

● 主要活动与食俗

七夕节的主要饮食活动是在农历七月初七晚,家家陈瓜果食品,焚香于庭以祭祀牛郎、织女二星乞巧。所供瓜果食品,种类颇多,因朝代和地区不同而异。如周密的《武林旧事》卷三称,临安府七夕的节物多尚果食和茜鸡。元代七夕节时,宫廷宰辅以及士庶之家都作大棚,张挂七夕牵牛织女图,盛陈瓜、果、酒、饼、蔬菜、肉脯等品。清代,在北方地区,七夕节时,民间有设果酒,豆芽,具果鸡、蒸食相馈,街市卖巧果,家人设宴欢聚等节日饮食文化活动。南方的巧果颇有特色,如苏州民间,每年七夕前,"市上已卖巧果,有以面白和糖,绾作苎结之形,油氽令脆者,俗呼为苎结。"(《清嘉录》卷七,《巧果》)江浙一带,有的用糯米,加糖,油炸成各种小花果子,认为是甜蜜幸福的象征。七夕节的常见食品还有菱、瓜子、瓜、花生、米粉煎油馅等。一些地区,有生豆芽观看是否"得巧"之俗。节日里,姑娘们备彩线,盛装聚会,并争穿针孔、抛绣针等，竞赛女红，气氛欢乐。

（六）中秋节

中秋节，又名仲秋节、秋节、团圆节、八月节、八月半。时在农历八月十五，因恰值三秋之半，故名中秋。此夜月亮又圆又亮，民间以合家团聚赏月为主要内容，寓意团圆美满。

● 起源

民间信仰认为月为月神，称月神、月姑、月亮娘娘、太阴星星，也有主张是嫦娥者，因此有一系列祭月活动。周代，每逢中秋之夜要举行迎寒和祭月活动，晋代已有中秋赏月之举，至唐代，中秋赏月、玩月颇为盛行，到了宋代正式定为中秋节。

● 主要活动与食俗

赏月，吃月饼、瓜果，"摸秋"、"送瓜"是各地中秋节流行的习俗。月饼原为祭月供品，节日美点。苏东坡诗云："小饼如嚼月，中有酥和怡（饴）。"月饼取团圆之意至迟在明代。明田汝成《西河游览志余·熙朝乐事》："民间以月饼相赠，取团圆之意。"《明宫史》说，明代京师自初一日起，就有卖月饼者。加以西瓜、藕，相互馈送。至十五日，家家供月饼瓜果，候月上焚香后，即大肆饮啖，"多竟夜始散席者"。如有剩月饼，"仍整收干燥风凉之处，至岁暮合家分用之，曰'团圆饼'也"。到了清代，民间承袭了古代拜月、赏月、合家吃月饼与瓜果的习俗。拜月时，清人有"男不拜月，女不祭灶"的说法，所以多由妇女儿童进行。拜祭前，人们先将月饼、瓜果供月，然后参拜，再将祀月之饼按人数切块分食。

中秋节，各地赏月、"送瓜"之俗相当盛行。《东京梦华录》卷八："八月秋社……人家妇女皆归外家，晚归，即外公、姨舅，皆以新葫芦儿、枣儿为遗。"并把葫芦挂在床上，作为求子象征。但是更普遍的求子方法是中秋送瓜求子。

在南方不少地方都有"摸秋"、"送瓜"风俗。清光绪年间湖北《咸宁县志》："中秋……团饧为饼，曰'月饼'，彼此馈送。设酒果宴集，曰'赏月'。于瓜田探瓜，曰'摸秋'，送至祈子之家，置卧榻上，出吉语征兆，盖取绵绵瓜瓞之意也。"清同治年间湖北《长阳县志》也讲："以西瓜、月饼、核桃、栗子、水梨、石榴馈亲朋。至夜设酒馔，食饼瓜诸果，谓之'赏月'。三五成群偷食好园中瓜果，谓之'摸秋'。摸得南瓜，用彩红、鼓乐送无子之家，谓之'送瓜'。男、南同音，瓜又多子，谓宜男也。"

在湖南也有此俗。《中华全国风俗志》下篇卷六："中秋晚，衡城有送瓜一事。凡席丰履厚之家，娶妇数年不育者，则亲友举行送瓜。先数日于菜园中窃冬瓜一个，勿令园主知之，以彩色绘成面目，衣服裹于其上如人形，举年长命好者抱之，鸣金放炮送至其家。年长者置瓜于床，以被覆之，口中念曰：'种瓜得瓜，种豆得豆。'

受瓜者设盛筵款之,若喜事然。妇女得瓜后即剖食之。"贵州也有这种风俗。《中华全国风俗志》下篇卷八:"偷瓜以晚上行之;偷之时,故意使被偷之人知道,以讨其怒骂,而且愈骂得(厉)害愈妙。将瓜偷来之后,穿之以衣服,绘以眉目,装成小儿之状,乘以竹舆,有锣鼓送至于无子之妇之家。受瓜之人,须请送瓜之人食一顿月饼,然后将瓜放在床上,伴睡一夜。次日清晨,将瓜煮而食之,以为自此可怀孕也。"

（七）重阳节

重阳节,又名九月九、重九节、登高节、茱萸节、菊花节。九为阳数,两九相重,故为"重九";日月并阳,两阳相重,故名"重阳"。东汉魏文帝曹丕《九月与钟繇书》:"岁往月来,忽复九月九日。九为阳数,而日月并应,俗嘉其名,以为宜于长久,故以享宴高会。"是日民间有登高野游、赏菊、放风筝、蒸花糕、插茱萸、迎出嫁女归宁等活动。

● 起源

重阳节由来已久。一般认为始于先秦,在战国屈原的诗句中已经有咏重阳之句,它可能起源于秋游去灾风俗,后来演变为九月九日登高活动,并深受道家的影响。南朝梁吴均《续齐谐记·九日登高》:东汉时汝南人桓景拜仙人费长房为师。费长房曾对桓景说,某年九月九日有大灾,家人缝囊盛茱萸系于臂上,登山饮菊花酒,此祸可消。桓景如言照办,举家登山。夕还,见鸡犬牛羊都暴死,全家人平安无事。此后,人们每到九月九日便登高、野宴、佩戴茱萸、饮菊花酒,以求免祸呈祥。历代相沿,遂成风俗。唐代诗人王维《九月九日忆山东兄弟》诗:"独在异乡为异客,每逢佳节倍思亲;遥知兄弟登高处,遍插茱萸少一人。"

● 主要活动与食俗

重阳节以吃糕驰名。《东京梦华录》卷八:"九月重阳,都下赏菊……宴聚。前一二日,各以粉面蒸糕遗送,上插剪彩小旗,掺钉果实,如石榴子、栗子黄、银杏、松子肉之类。又以粉作狮子蛮王之状,置于糕上,谓之'狮蛮'。"清同治年间《湖北通志·风俗》:"今俗于九日酿重阳酒,造茱萸酱,蒸粉面为糕,以相饷遗。士大夫载酒登高或延宾为'赏菊会'。"

华北、东北一些地区,民间过去还把重阳称为"女儿节",这一天母家要迎回出嫁女,食菊花糕。明沈榜《宛署奉记》:"用面为糕,大如盆,铺枣二三层,有女者迎归,共食之。"《帝京景物略》卷二:"九月九日……面饼种枣栗,其面星星然,曰'花糕'。糕肆标纸彩旗,曰'花糕旗',父母家必迎女来食花糕。"陕西临潼从九月初二起,娘家要给女儿、外孙送糕,糕用米制成,取谐音"高",步步登高之意。后因当地缺米,便用面塑宝塔,上附蟾蜍、鸡、鱼、龙等形象。

湖南民间多在重阳节造酒,称为"菊花酒"。如澧州民间在"重阳"之日,士大夫携酒登高,各家采蓼及菊叶为曲,酿秫和芦稷为酒,以备终年祭祀、宾客之用;酿糯秫米酒,熬而藏之,作为养老之需,统称"菊花酒",也叫"万年春"。

现各地仍有登高、吃重阳糕、饮菊花酒、食蟹等风俗。

（八）冬至节

冬至节,又名冬节、交冬、亚岁、贺冬节、小年。时在公历 12 月 22 日前后,农历十一月间。冬至日,北半球白天最短,夜间最长,标志冬天到来。

● 起源

冬至节历史悠久。周代以十一月为正,已有祭神仪式。秦代沿其制,也以冬至为岁首,这就是把冬至视为"过年"、"过小年"的历史原因。汉代称冬至为"冬节"、"日至",官场互相庆贺。南北朝时,民间有拜父、拜母之礼,吃赤豆粥以辟邪之俗（见宗懔《荆楚岁时记》）。唐宋时,冬至与岁首并重。明清仍承冬至过节习俗。

● 主要活动与食俗

节日期间,有祭天、祭祖、送寒衣、宴饮、腌制鱼肉等习俗。冬至节,节日饮食有鲜明的冬令特点。北方有"冬至饺子夏至面"之谚。认为冬天寒冷,耗热量多,应该多吃有营养的食品,饺子、馄饨是冬令佳品。朝鲜族在冬至日必须吃冬至粥。粥由大米、小豆制成,加入糯米面包（汤圆状）。一些地区在冬至节还喜欢吃狗肉、羊肉,认为是冬补食品。福建有冬至吃糯米丸之俗。《中华全国风俗志》下篇卷五:"前数日,用糯米磨粉置日中晒之,俟冬至前晚,备烛一盒,橘十枚,橘上各插一纸花,箸一双,蒜二株,陈列盘中置桌上。然后将糯米粉用开水调成糊。合家老幼,制成银锭银圆荸荠等形。当初作时,必先搓小丸,俗称'搓丸'。冬至早晨,将所制糯米食品,用红糖拌匀,祀神祭祖先后,合家分食。"

北方地区喜欢在冬至前后腌制酸菜,供春节和开春后食用。南方地区有在冬至后腌鱼腌肉习俗,清代叶调元《汉口竹枝词》云:

仲冬天气肃风霜,腊肉腌鱼尽出缸。

生怕咸潮收不尽,天天高挂晒台旁。

胡朴安《中华全国风俗志》下编《湖南宁远岁时记》中说:"是日（冬至日）多割鸡宰猪,将肉阴干,谓之'冬至肉',味甚香美。"从冬至节开始,我国进入一年中最冷的时期,此时腌制鸡鸭鱼肉,不仅不易变质,而且可产生腌腊风味。所腌鱼肉,可供春节及开春数月之用。

一些地区还有在冬至节饮酒御寒的习俗。如清光绪年间湖南《沅陵县志》载:"十一月雪,居民拥炉饮酒不出,曰'过雪天'。"清同治年间湖南《宁乡县志》也云:

"冬至日……多祭始祖于祠者。祭毕合族以食,曰'冬至酒'。"

（九）腊八节

腊八节又名成道节。时间为农历十二月初八。

● 起源

中国远古时期,"腊"本是一种祭礼。人们常在冬月将尽时,用猎获的禽兽举行祭祀活动。古代"猎"字与"腊"字相通,"腊祭"即"猎祭",故将每年终了的十二月称作"腊月"。自从佛教传入后,腊八节才确立了节日具体时间,掺入了吃"腊八粥"的内容。据传,释迦牟尼成道以前,苦苦修行时,饿倒于地,幸而得一位牧羊女以大米奶粥挽救,才免于饿死。食毕,他跳到河里洗了澡,在菩提树下静坐沉思,于十二月八日得道成佛。佛门弟子为了纪念此事,就在腊八成道节施粥扬义,宣扬佛法。因此,这一天寺院要作佛会,熬粥供佛或施粥贫者;在民间也有人家作腊八粥,或阖家聚食,或祀先供佛,或分赠亲友。腊八粥一般用各种米、豆、果品等一起熬制而成。

● 主要活动与食俗

宋代孟元老《东京梦华录》对东京汴京腊八节的追忆为:"初八日,街巷中有僧尼三五人,作队念佛,以银铜沙罗或好盆器,坐一金铜或木佛像,浸以香水,杨枝洒浴,排门教化。诸大寺作浴佛会,并送七宝五味粥与门徒,谓之'腊八粥'。都人是日各家亦以果子杂料煮粥而食也。"《清嘉录》卷十二:"八日为腊八,居民以菜果入米煮粥,谓之腊八粥。或有馈自僧尼者,名曰佛粥。"腊八粥的用料各地有异,但多选用大米、糯米、小米、菱角米、栗子、红豆、红枣、核桃仁、杏仁、瓜子、花生、榛子、松子、桃仁、柿子、葡萄、白糖、红糖等混合制作而成。因是供佛,腊八粥大抵应是纯素食品。但也有例外,清同治年间湖北《长阳县志》中讲,十二月八日,"用糯米、黏米、绿豆、红豆、黄豆、黑豆、白豆,腊肉剁碎杂煮作粥者,名'腊八粥'"。粥中加了腊肉,就成为"荤粥"了。

腊八粥不仅是礼佛食品、民间小吃食品,也是腊八节的重要礼品。《天咫偶闻》卷十:"都门风土,例于腊八日,人家杂煮豆米为粥,其果实如榛、栗、菱、芡之类,矜奇斗胜,有多至数十种,皆渍染朱碧色,糖霜亦如之。饤饾盘内,闺中人或以枣泥堆作寿星、八仙之类,交相馈遗。"清光绪年间《顺天府志》云:"腊八粥,一名八宝粥。每岁腊月八日,雍和宫熬粥,定制,派大臣监视,盖供膳上焉。其粥用糯米杂果品和糖而熬,民间每家煮之或相馈遗。"

一些地方"腊八"要大开筵宴,如湖南澧州,于腊八日,"乡村酿钱,具醪酒、羊豕、雉兔,鸣腊鼓,祭报土谷之神,乃燕耆老于上,群聚饮于下"。(《中国地方志民俗资料汇编》(中南卷),书目文献出版社,1990年版)

有些地区在腊八前后要造"腊米"、"腊酒"、"腊醋";贮存"腊水",腌菜。如清光绪年间湖北《孝感县志》云:十二月内以食米炒熟,着少许绿豆贮之,曰"腊米"。至夏秋间,凡病不宜饮食者,煎汤食之良愈。又注清水于坛,曰"腊水",也能治热病,下雪时亦贮雪水。又以"重阳"所造酒至是日取其醇者贮之,曰"腊酒"。清同治年间湖北《郧县志》也云:十二月八日,"凡酿酒之家,必取腊水为之,经年不坏。造醋亦必取腊水煮红高粱(粱)为粥,盛于缸,封固至次年春木旺之时,方可造醋"。清道光年间湖南《辰溪县志》也载:十二月初八日,"酿糯米糟酒,曰'腊八糟'。或汲泉水以缸贮土中,曰'腊八水',次年暑月饮之,可以疗病"。并于此时有做"糖徽"的习俗:"先于八九月间用糯米染五色,蒸熟作米花;错采为文,晒干贮缸中",届时"以清油发之,谓之'糖徽',馈送年礼必具焉"。胡朴安《中华全国风俗志》下篇卷八《云南》:"腾越某处有一大池,曰龙池。该处人民,于阴历腊月初八日必须腊菜,名曰'腌腊'。而腌腊必须至龙池汲水,大家互相争抢腊,云是日所制之腌菜经久不坏,能留至数年之久也。"

(十)送灶节

送灶节又称灶神节、灶王节、小年节、小年等。时间为农历十二月二十四日前后。

● 起源

灶神俗称灶君、灶王,也称东厨司命。因有火而后才有灶,故灶神的前身为火神。文献记载最早的灶神就是火神。《礼记·月令》:"孟夏之月,其帝炎帝,其神祝融,其祀灶,祭先师。"孔疏:"此祀灶神而粱者,是先炊之人。"祭灶时间,多为腊月二十三日、二十四日,小年为二十四日。送灶基本上是男子的权利,故有"男子不拜月,女子不祭灶"之谚。由于民间认为此日灶王爷要上天向玉皇大帝汇报人间的善恶事,所以人们要为他送行,祭拜他,以便灶王上天述职时多说好话,祈求天神保佑家庭安宁,达到"上天言好事,下界降吉祥"的目的。祭灶首要急务是祈求五谷丰登,正如山东祭灶歌所唱:"灶王灶王,你上天堂,多说好,少说坏,五谷杂粮全带来。"其次是祈求人丁兴旺,民歌唱道:"腊月二十三,灶王往西天,多说好来少说歹,马尾巴上带个胖小子。"

● 主要活动与食俗

对祭灶的习俗,史志多有记载。如清光绪年间湖北《孝感县志》载:二十四日曰"小除",俗云"过小年"。洁除诸屋。"祀灶神","俗云送灶神上天,用果、糍、豆腐,以糖为饼,云黏住灶神齿,勿令说人间是非,又剪草和豆盛于旁,云灶神马料。"清同治年间湖北《钟祥县志》说:(十二月二十三日),"夜供茶果、饼饵、草豆以祀灶……

饼饵与褓襁小儿食之,谓压惊。又于二十四日扫堂尘。是日夕,迎先祖归家,日祭之,于'除夕'夜祭送之。"

关于汉口祭灶,清代叶调元《汉口竹枝词》有诗云:

送灶一盘鸡骨糖,谁家舍得用黄羊。

如教糖汁能黏口,好事焉能奏玉皇。

鸡骨糖即灶糖,又称胶牙糖,用麦芽熬制而成,黏性很强。《荆楚岁时记》说:"元日食胶牙糖,取胶固之义。"祭灶必用这种黏性很强的糖,为的是叫灶神吃了它,黏住嘴,上天不说这家人的坏话。用黄羊祭灶最早见于东汉。据《后汉书·阴识传》记载:汉宣帝时,阴识的祖父阴之方以家里的黄羊祭祀灶神,此后果然发了大财,成了巨富。后世用黄羊祭灶源出于此。后来黄羊渐被灶糖所替代。

全国多数地区祭灶用灶糖,其他祭品则因地而异。不少地区在祭灶之后,过小年。清同治年间湖南《直隶澧州志》载:十二月二十三日夜"祭灶"。"二十四日,阖家燕饮,谓之'团小年'。亲邻故旧以米糍及鸡凫、鱼豚等物相馈,亦谓之'团年'。"民国年间江西《分宜县志》云:十二月二十三日夜,"祀灶神"用"磁盘盛米、豆、饼、秆芯、豆腐,加饴糖供灶神,俗云糖糊灶神口,上天庭免奏一家过失。""二十四日,名'小年日'。"

民间祭灶时,一些地区还有特殊的习俗。如南宋临安府有吃"人口粥"的习尚。据南宋吴自牧《梦粱录》卷六云:"二十五日,士庶家煮赤豆粥祀食神,名曰'人口粥',有猫、狗者,亦预焉。"湖南永州地区民间祭灶时,更有合家同食"口数粥"的风俗。清道光年间湖南《永州府志》云:十二月二十三或二十四、二十五日夜,谓之"小年夜"。"煮赤豆作糜,合家同食,虽远出未归者亦分贮之,小儿及童婢皆与,名曰'口数粥'。"这种粥,以口计数煮粥,不分尊卑、男女、长幼,人人有份,因此称"口数粥"。民间认为,腊月二十五日,为玉皇下凡巡视人间的日期,因而才在此日迎玉皇,做"口数粥"。其实这种粥是红豆粥,来源已久。《齐民要术》卷二引《杂阴阳书》:"正月七日、七月七日,男吞赤小豆七颗,女吞十四枚,竟年无病,令疫不相染。"《荆楚岁时记》云:"共工氏有不才子,以冬至日死,为人厉,畏赤小豆。故作粥以禳之。"可见,赤小豆粥有驱疫的作用,原本是正月七、七月七、冬至节的饮食,后来成为道教移至腊月二十三祭灶和"接玉皇"节日中的饮食习俗。

三、节日食俗的文化特征

(一)多元复合

多元复合首先体现在参加者不仅人数众多,而且涉及社会各层面。每逢节日,无论城乡,官民、贫富、老少都要进行各色各样的饮食文化活动。节日期间,合家团聚,欢庆一堂。若遇重大节日,则整个社会作出反应,社会各阶层的成员,人们互相拜贺、宴饮、交际往来。其次体现在文化活动的多种功能上。它往往融合了农事、娱乐、饮食、交际、信仰等多种功能,如大型年节春节、元宵、清明、端午、中秋等即是如此。而这些节日的饮食文化活动往往与民间祭祖祀神、亲友团聚、社会交往、节日娱乐等活动有机结合,从而构成了一幅五光十色的生动的社会画面。第三体现在各种文化的相互交融上。年节饮食文化中融入了农耕文化、原始宗教文化、佛教文化和道教文化等,令节日食品、节日文化变得丰富多彩。

（二）崇祖好祀

由于中国传统农耕社会的孤立闭塞性,在科技不发达的古代,人们对大自然极易产生敬畏;再加上宗教信仰的桎梏,统治者装神造神的愚弄,古人更是虔信万物有灵;加之中国人有崇祖好祀的传统,因此民间常把美好的愿望寄托在节日的祭祀和铺张上面,以乞上苍保佑与神灵的庇护。每逢年节,人们特意烹制专门的美味佳肴,以示对祖先神灵的虔诚祭祀,同时对现存长者毕恭毕敬,以示敬诚。

（三）讲求功利

人们在节日中的饮食活动无不透着趋利避害的功利,例如过年要吃年糕,寓年年高,吃鱼,寓年年有余;正月十五吃元宵,象征团圆美满;端午节吃粽子、咸蛋以强身,求子;中秋节吃月饼寓示团圆,“摸秋送瓜”以求子;灶王节供灶糖为的是灶王爷不讲人间坏话,以求来年风调雨顺;除夕吃团年饭以示一家人团圆、幸福美满。一些祭祀活动也是为了神灵的庇护,以求一家老少平安。

（四）异乎寻常

古代中国普通居民的饮食水平是相当低下的,平日很少吃荤。丰收年景大抵只能吃饱饭而已,若遇灾年则果腹都十分困难,只能是“糠菜半年粮”。节日饮食相对充裕得多,有些地区称“年饭”和农历七月十五的“月半饭”为一年中的两餐饱饭,虽有些夸张,但却在一定程度上反映出普通百姓的日常饮食与节日饮食存在着很大的差异。节日饮食是各家饮食生活水平所能达到的高或最高水准。另一个异乎寻常的是人们在过节时的心态和举动。平时人们忙于生计,头脑和四肢都处于紧张状态,只有节日才可以舒展一下筋骨。

第三节　日常食俗

一、餐　制

餐制是从生理需要出发,为了恢复体力的目的形成的饮食习惯。在上古时期,人们采用的是二餐制。殷代甲骨文中有"大食"、"小食"之称,它们在卜辞中的具体意思分别是指一天中的朝、夕两餐,大致相当于现在所说的早、晚两餐。早餐后人们出发生产,妇女采集,男人狩猎,晚归后用晚餐,餐制适应了"日出而作,日入而息"的生产作息制度。

《孟子·滕文公上》:"贤者与民并耕而食,饔飧而活。"赵岐注:"饔飧,熟食也。朝曰饔,夕曰飧。"古人把太阳行至东南方的时间称为隅中,朝食就在隅中之前。晚餐叫飧,或叫哺食,一般在申时,即下午四时左右吃。古人的晚餐通常只是把朝食吃剩下的食物热一热吃掉。现在晋、冀、豫等省一些山区仍保留着一日两餐,晚餐吃剩饭而不另做的习惯。

生产的发展,影响到生活习惯的改变。至周代特别是东周时代,"列鼎而食"的贵族阶层,一般已采用了三食制。《周礼·膳夫》中有"王日一举……王齐(斋)日三举"的记载。据东汉郑玄解释,"举"是"杀牲盛馔"的意思。"王日一举"是说"一日食有三时,同食一举",指在通常情况下,周王每天吃早饭时要杀牲以为肴馔,但中、晚餐时不另杀牲,而是继续食用朝食后剩余的牺牲。"王斋日三举"则是讲,斋戒时不可吃剩余的牺牲,必须一日内三次杀牲,使一日三餐每次都食用新鲜的肴馔,这种做法当时称为"齐(斋)必变食"(《论语·乡党》)。斋戒时每日三次杀牲,正是以一日三餐的饮食习惯为基础的。

大约到了汉代,一日三餐的习惯渐渐为民间所采用。《论语·乡党》:"不时,不食。"是说不到该吃饭的时候不吃。郑玄解释为:"一日之中三时食,朝、夕、日中时。"郑玄是以汉代人们的饮食习惯来注解孔子这句话的,这说明汉代已初步形成了三餐制的饮食规律。那时第一顿饭为朝食,即早食,一般安排在天色微明以后。第二顿饭为昼食,汉人又称餉食,也就是中午之食。第三顿饭为哺食,也称飧食,即晚餐,一般是在下午 3～5 时。

虽说一日三餐的餐制自汉代之后已在民间普遍实行,但有些地方还有随着季节不同和生产需要,而采用二餐制的,有些穷苦人家,也常年采用二餐制。在社会上层,特别是皇帝饮食并非如此,按照当时礼制规定,皇帝的饮食多为一日四餐。班固《白虎通义·礼乐》中说,天子"平旦食,少阳之始也;昼食,太阳之始也;哺食,少阴之始也;暮食,太阴之始也"。可见,饮食餐数的施行情况因饮食者身份地位的不同而存在着差异。总体上看,直至今日,一日三餐仍是人们日常饮食的主流。

二、食物结构

汉民族是我国的主体民族,其传统食物结构是以植物性食料为主。主食是五谷,辅食是蔬果,外加少量的肉食。以畜牧业为主的一些少数民族则是以肉食为主食。

　　从新石器时代始,我国即已进入农耕社会,人们的饮食以谷物为主。但因各地自然条件存在差异,谷物种类有所不同。我国存在以黄河流域与长江流域两种不同的主食类型,前者以粟为主,后者以稻为主。稻几乎是南方水田唯一可选的主食作物,而在北方旱地则有粟、黍、麦、菽等作物可供选择。黄河流域的仰韶文化以粟为主食,除了粟适应黄河流域冬春干旱、夏季多雨的气候特点外,还与其产量高、耐贮藏、品种多,能适应多方面需求有关。粟在古代曾作为粮食的通称,其别称稷(狭义),与"社"一起组成"社稷",是国家的象征。

　　战国以后,随着磨的推广应用,粉食逐渐盛行,麦的地位便脱颖而出;北方的小麦逐步取代了粟的地位,成为人们日常生活的主粮。而南方的稻米却历经数千年,其主粮地位一直未曾动摇。不仅如此,唐宋以后,水稻还源源不断北调。中国历史上先后出现了"苏湖熟,天下足"、"湖广熟,天下足"的谚语,苏湖、湖广均为盛产水稻之地,这反映出水稻地位的重要。

　　明清时期,我国的人口增殖很快,人均耕地急剧下降。从海外引入的番薯、玉米、马铃薯等作物,对我国食物结构的变化产生了一定的影响,并成为丘陵山区的重要粮食来源。

　　我国古代很早就形成了谷食多、肉食少的食物结构,这在平民百姓身上体现得更加明显。《孟子·梁惠王上》:"鸡豚狗彘之畜,无失其时,七十者可以食肉矣。"人生七十古来稀,要到古稀之年才能吃上肉,可见吃肉之难。长期以来,肉食在人们食物结构中所占的比例很小。而在所食的动物食物中,猪肉、禽及禽蛋所占比重较大。在北方,牛羊奶酪占有重要地位;在湖泊较多的南方及沿海地区,水产品所占比重较高。直至今日,虽然我国食物结构有所调整,营养水平有较大提高,但仍保持着传统食物结构的基本特点。据1989年《中国统计年鉴》的统计资料,1988年我国人均年消费粮食249.1kg、食用植物油5.9kg、猪肉14.9kg、牛羊肉1.6kg、家禽1.8kg、鲜蛋5.8kg、水产品5.7kg、奶类10.6kg、食糖6.3kg、水果10.6kg、蔬菜133.5kg。可见,人们日常所食的动物性食物是有限的。不过,近年来,随着改革开放步伐的加快,经济水平的提高,这种状况有所改变,尤其是经济条件较好的居民,肉食比重已有明显增加。

三、饮食特点

　　中国家庭的传统是主妇主持中馈,菜品多选用普通原料,制作朴实,不重奢华,以适合家庭成员口味为前提,家常味浓。各家既能兼取百家之长,又有各家的特色。讲究吃喝的殷实之家,或达官显贵、名门望族,发展成熟的,多成一家风格,如谭家菜、孔府菜等。

日常饮食，不受繁文缛节的束缚，气氛宽松自由，亲情浓郁，其乐融融。中国有尊老爱幼的传统美德，通常情况下，老少优先。某些特殊情况下，也有额外照顾，如病人、孕妇、承担重要任务、为家庭赢来荣誉的成员均有优待。平日里若有客人到来，则要盛情款待。讲究主以客尊、客随主便、礼尚往来。习惯上老敬烟、少倒茶、男斟酒、女上菜。

第四节　人生礼仪食俗

一、诞生礼食俗

人生礼仪是指人的一生中，在不同的生活和年龄阶段所举行的不同的礼节仪式。在人生礼仪活动中逐渐形成了一系列饮食习俗。诞生礼仪是开端之礼。由于我国的家庭结构是以血缘关系为纽带组成的，婴儿的降生预示着血缘有所继承，因此父母及整个家族都十分重视，并由此形成了有关婴儿诞生的一些食俗。

（一）求子食俗

古时民间尚未生育的人家有求子习俗。有的是向神求子，如祭拜观音菩萨、碧霞仙君、百花神等，祈求他们赐以一男半女，一朝受孕，即用三牲福礼祭祀。有的是用某种食物求子，如红鸡蛋、南瓜、莴苣、子母芋头、枣、栗子、花生、桂圆、莲子、石榴、葫芦等食物常作为求子时用。有些地区还有意不将食物煮熟，以示"生"，如满族新婚之夜，新娘要吃子孙饽饽，当闹新房的人们问新娘未熟的饽饽生不生时，新娘自然要说"生"。山东滕州有些老太太盼望早抱孙子，便在除夕之夜煮一个汤心鸡蛋给媳妇吃，讨媳妇口中吐一个"生"字。有的用某种物品求子，如筷子、泥娃娃、灯笼、砖等。胡朴安《中华全国风俗志》载，苏北淮安一带在元宵节至二月初二龙抬头节之间，民间有给老年无子或成婚多年而不生育者送纸糊红灯笼或淮安城东门外麒麟桥头的烧砖。受者要以酒筵款待，将来若真得子，还要重礼相谢。

（二）怀孕时的食俗

怀孕，民间俗称"有喜"，被认为是家庭中的一件大事。一般家庭，都强调给孕妇增加营养。一些地区忌食部分食物，如认为孕妇不可吃兔肉，以免胎儿破相，生豁唇；不可吃生姜，以免胎儿生六个指头；有些地区不许孕妇吃狗肉、葡萄等。有的根据孕妇的饮食嗜好判断生男与生女，民间有"酸男辣女"之说。当然，许多饮食禁忌并无科学根据。也有注重胎教的，如要求孕妇行坐要端正，多听美言，还有令人诵读诗书，陈以礼乐的习俗。

（三）诞生后的食俗

妇女生育之后，随着婴儿的呱呱坠地，一系列的诞生礼仪便正式开始了。这些礼仪大都含有为孩子祝福的意义。民间流行的生育礼仪最常见的有"三朝"、"满月"和"抓周"等，产妇的饮食也有一番讲究。

孩子出生后，女婿要到岳父母家"报喜"。因地域不同，具体做法稍异。如湖北通城家贫者用樽酒、脡肉，家庭富裕者用猪羊报知产妇母家。浙江地区报喜时，生男孩另用红纸包毛笔一支，女孩则另加手帕一条。也有分别送公鸡或母鸡的。有的地方则带伞去岳父家，伞置中堂桌上为生男，置于大门背后为育女。陕西渭南一带则带酒一壶，上拴红绳为生男，拴红绸则为生女。安徽淮北地区女婿去岳家时，要带煮熟的红鸡蛋，生男，蛋为单数；生女，蛋为双数。

产妇的娘家则要送红鸡蛋、十全果、粥米等。送粥米也称送祝米、送米、送汤米。礼品中多有米，故名。有的还要送红糖、母鸡、挂面、婴儿衣被等。婴儿出生三天，要"洗三朝"。洗三朝也称三朝、洗三。是日，家人采集槐枝、艾叶、草药煮水，并请有经验的接生婆为婴儿洗身，唱祝词。洗毕，以姜片、艾团擦关节，用葱打三下，取聪明伶俐之意。在浙江，民间浴儿时，还配以草药灸婴儿肚脐；在山东，产儿家要煮面送邻里，谓之"喜面"；在安徽江淮地区，则要向邻里分送红鸡蛋；在湖南蓝山，要用糯糟或油茶招待客人。此俗起源甚早，唐代即已盛行。

婴儿降生一个月称为"满月"。一般人家这天要"做满月"，或称"过满月"，置办"满月酒"，也称"弥月酒"。主家宴请宾客，亲友们要送贺礼，并给婴儿理发，俗称"剃头"。

婴儿出生满一年，称周岁。有"抓周"，或称"试晬"、"试儿"之俗。这是一种预测周岁幼儿性情、志趣或未来前途的民间仪式。

一般在桌子上放些纸、笔、书、算盘、食物、钗环和纸做的生产工具等，任其抓取以占卜未来。或以盘盒盛抓周物品，其盘则谓"晬盘"。抓周时亲朋要带贺礼前往观看、祝福，主人家必具酒治馔招待。此俗在北齐时即已形成。如北齐颜之推《颜氏家训·风操》云："江南风俗，儿生一期（即一周岁），为制新衣，韶浴装饰，男则用弓矢纸笔，女则刀尺针缕，并加饮食之物及珍宝服玩，置之儿前，观其发意所取，以验贪廉愚智，名之为试儿。"此外，《东京梦华录》、《聚宝盆》、《红楼梦》均有类似的记述。

二、婚事食俗

婚礼，是人生仪礼中的又一大礼，历来都受到个人、家庭和社会的高度重视。古称婚礼为"六礼"，就是婚姻所必须遵行的六种仪礼。不过古今六礼，不尽一致，历代都有变更。最早的六礼是周人所制，《礼记·昏义》中讲，婚礼有纳采、问名、纳吉、纳征、请期、亲迎等六种礼节。纳采就是发动婚议，男家请媒人到女家说明来意，征求女方家长意向。若女方认为所提的男方堪称"门当户对"，尚合"东床之选"时，则开具女子的年庚八字，交媒人持返男家合算。问名相当于近代"订婚"，要互换庚帖。主要仪文是双方交换正式年庚，除写明男女生辰八字外，更详注各方三代及主婚人姓名、荣衔、里居等。纳吉在古时为卜吉，后演变成"小聘"。小聘是指男家致送女家的订婚礼物，一般为女子所用的衣饰，如簪珥指环之类，或附以衣服布帛，及小量财礼。纳征即"纳币"、"下财"、"聘礼"。是男家依照订婚时所议定的财帛、礼饼、衣服、布帛、首饰等物，按原议数量在迎娶之前数日，盛饰仪仗送到女家。请期是男家决定某月某日迎娶时，将吉日预告女家。亲迎是新郎躬率鼓乐仪仗彩舆，迎娶新娘以归。近代婚礼一般从下聘礼开始，到新娘三天回门结束。

（一）聘礼

历代聘礼有所不同。自先秦至汉代多至三十种。陆凤藻《小知录·礼制篇》卷六引《通志·聘礼三十物》载，纳征聘礼有三十种物品："后汉之俗，聘礼三十物，以玄纁、羊、雁、清酒、白酒、粳米、稷米、蒲、苇、卷柏、嘉禾、长命缕、胶、漆、五色丝、合欢铃、金钱、禄得、香草、凤凰、舍利兽、鸳鸯、受福兽、鱼、鹿、乌、九子蒲、阳燧钻，凡二十八物；又有丹为五色之荣，青为东方之始，共三十物，皆有俗仪。"

聘礼所选各物均有其义，有的取其吉祥，以寓祝颂之意，如羊、禄得、香草、鹿等；有的取各物的特质，以象征夫妇好合，如胶、漆、合欢铃、鸳鸯、凤凰（以鸡代）等；有的取各物的优点、美德，以资勉励，如蒲、苇、卷柏、舍利兽、受福兽、乌、鱼、雁、九子归等。

至南北朝与隋唐之际，聘礼品种已大为减少，仅剩九种，但其中有两种与后汉时不同。唐代段成式著《西阳杂俎》释当时纳彩礼物说："有合欢、嘉禾、阿胶、九子蒲、朱苇、双石、绵絮、长命缕、干漆，九事皆有词：胶漆取其固，绵絮取其调柔，蒲苇为心可屈可伸也，嘉禾分福也，双石义在两固也。"

后来，茶也列为重要礼物之一。用茶作聘礼的原因，宋人《品茶录》解释为："种茶树下必生子，若移植则不复生子，故俗聘妇，必以茶为礼，义固可取。"由此看来，行聘用茶，并非取其经济的或实用的价值，而是暗寓婚约一经缔结，便铁定不移，绝无反悔，这是男家对女家的希望，也是女家应尽的义务。故聘礼称"下茶"，而称订婚之礼为"茶礼"；女子受聘，则谓之"吃茶"，已经受过人家的"茶礼"，便有信守不渝的义务。

聘礼中，一般还有鸡、鱼、肉、酒、鹅、羊、衣帛首饰、酒钱等。女家受礼后则要设筵款待客人。

（二）冠笄礼食俗

冠笄婚三礼原是分开的，古代男子二十岁行冠礼，女子十五六岁行笄礼，是表示孩子已长大，可享受成年人权利。清季，加冠、加笄二礼多移至婚礼亲迎前夕，富户多在前三日，贫者则在前一日。是时，男家请尊长为加冠者起字、号，书悬于壁，亲友醵金来贺，加冠之家宴请宾客；女家请族戚有德行妇女给加笄者修额，用细丝线绞除面部汗毛，洗脸沐发，绾髻加簪，然后拜祖先和父母，聆听父母教诲，并要开陪嫁筵席。冠、笄二礼已纳入婚礼的范畴之中。

加冠、加笄酒盛行各地，只是称呼有所不同。加冠筵席，有"陪郎"、"会十友"、"陪十弟兄"、"暖男酒"、"吉席"等称谓；加笄筵席，有"陪十姊妹"、"梳头酒"、"吃嫁饭"、"花棚酒"、"女花烛"等称谓。如清宣统年间《湖北通志·风俗》云光化民间："礼行于婚前一日，戚友走贺设宴。是夕，请童子十人相仪，名'陪郎'，张筵作乐，为婚者加冠。陪郎导之，拜先祖及父母亲、长辈，来辅左右，揖让升堂，醮子入席，婚者首座，陪郎以次序坐。……女家亦于是夕行笄礼，请童女十人相仪，筵宴不传花。"

（三）结婚三日食俗

结婚三日指结婚当天、第二天和第三天，这几天有婚事的家庭酒筵活动频繁。与饮食有关的活动主要有：女家的"送亲"筵席，男家的婚筵、交杯酒、撒帐、闹房、拜水茶、新妇下厨房、回门等。

结婚当天上午，新郎在亲友的陪同下到新娘家"娶亲"。女家设筵席款待女婿、媒人及来宾，女家亲友及邻里也参加筵宴。然后择时"发亲"。到男家后，新娘与新郎并立，合拜天地、父母，夫妻互拜，然后入房合卺，喝"交杯酒"。

所谓"合卺"，是指新婚夫妇在新房内共饮合欢酒的意思。各地盛行的饮"交杯酒"的习俗，是由合卺之礼演变而来的，意为新人自此已结永好。郑玄与阮谌合著的《三礼图》曾对合卺下定义说："合卺，破匏为之，以线连柄端，其制一同匏爵。"由此可见，合卺并非交杯，而是指破匏为二，合之则成一器，故名合卺。匏瓜既剖分为二，所以象征夫妇原为二体，而又以线连柄，则象征由婚礼把两人连成一体，因此分之则为二，合之则为一。新人用破匏作饮器一同进酒的原因，清人张梦元在《原起汇抄》中解释说："匏苦不可食，用之以饮，喻夫妇当同辛苦也；匏，八音之一，笙竽用之，喻音韵调和，即如琴瑟之好合也。"匏既然"苦不可食"，拿来盛酒，而酒也当会变成苦酒，确有提示新婚夫妇应有同甘共苦的意思。"合"，不单有合成一体之意，而且也提示既为夫妻，就该如琴瑟之好合。合卺改名"交杯酒"，到宋代已成通行的名词，所用的是普通的酒杯，不是破匏为二的匏爵，新婚夫妇在新房相对互饮，改名"交杯酒"，只是借其好合之意而已，与古礼本义已有相当差距。

新娘进洞房后有撒帐习俗。此俗汉代已有。高承《事物原始》中讲："李夫人初至,帝(汉武帝)迎入帐中共坐,欢饮之后,预戒宫人遥撒五色同心花果,帝与夫人以衣裾盛之,云得果多,得子多也。"后来盛行民间,一般为新娘从娘家带来很多花生、栗子、枣子、桂圆、瓜子、橘子等,俗称"子孙果"。由牵娘把这些果子取出放在床上,故称"撒帐",儿童们争先抢夺,并认为抢得越多越好。

中国传统社会是以园艺式农业为基础的宗法制社会,人们以为"多子多福"、"早生儿早得济",早婚早育成为传统。婚礼中使用花生、栗子、枣子、桂圆等以及"中秋节"送瓜等均体现了人们的这种心态。人们利用这些食物的名称谐音或生物特性等赋予其一定的感情色彩、象征意义,并把自己美好的愿望寄托于斯。如栗子寓立子;枣子、栗子合用寓早立子;枣子、栗子、桂圆合用寓早生贵子;花生寓既生男也生女;瓜因有结籽多、藤蔓绵长的特点,加之《诗经·大雅·绵》中有"绵绵瓜瓞"的诗句,后人多以瓜、瓜子寓世代绵长,子孙万代;因橘与"吉"字音相近,民间谐音取义,以橘喻吉祥嘉瑞。

男家要准备丰盛的酒菜大宴宾朋。酒筵开席后,新郎新娘要出来拜见宾客,给客人斟酒。酒筵之后,便是闹房。闹房时新郎新娘逐一给客人倒茶,而客人则会花样百出地戏谑新人,强调"三日无大小",宾客、亲友、乡邻不分辈分高低、男女老幼,均可会聚于新房"闹"。由于习惯以新娘为主要逗趣对象,故又称"闹新娘"、"耍新娘"。民间认为,新婚"不闹不发,越闹越发"。闹的方式有"文闹"和"武闹"两种,前者以向新娘出谜语、说粗俗话的方式让新娘难堪而取乐,后者在前者的基础上还动手动脚。现代城市里,一般是请新郎新娘谈恋爱经过,唱歌,给客人点烟;共咬一块糖,共吃一水果,或让新郎新娘当众接吻。农村也大多增添了时代的文明气息,个别地区仍有一些不文明的闹房方式。

也有不闹新娘而闹伴娘、媒人的。如江西萍乡闹洞房时就大闹伴娘,闹媒人更是特别。在迎娶之日,媒人必须华冠盛服,气势昂然,大有功高义重,唯我独尊之概。男家主人当然优礼相待,先在大门设一方桌,桌上放很多水果,放一坛醇酒,请两三位能喝酒的人站在桌旁,等媒人一到,一声恭喜为暗号,则强相"敬酒",必灌至呕吐狼狈不堪而后已,旁观者都捧腹大笑,然后又迎入大堂,待以上宾之礼。

新婚第二天,新郎和新娘一起拜谒舅姑(公婆)及男族各尊长,并敬献女工巧作之物,舅姑及各尊长也向新娘回赠礼物。一些地区还特为新娘设宴,称"陪新姑娘",来宾、尊长参加筵席。清道光年间湖南《永州府志》载:这一天要招待客人饮茶食果,谓之"拜水茶"。当地风俗尚茶食。蔬菜、水果用盐腌制后,俗谓之"咸酸";或用糖蜜饧饴加工制作,谓之"蜜饯"。宴会时,酒菜未上,先设茶食。婚礼所用茶食,由女家置办,送至男家,多者可达十数担。妇女终年辛勤劳作,有的需要准备数年才能满足嫁女之需。

新婚第三天,新娘要"下厨房"一试手艺。此时贺喜亲友大都离去了,但有一些近亲女眷,如家族中的姑妈,姻亲中的舅妈以及平辈的表姐妹们,则趁"吃喜酒"的机会在一起叙叙家常,多聚几天。女客们都挤到厨房凑热闹。新娘在众目睽睽之下,穿起围裙,洗净铁锅,小心翼翼地选用事先准备好的各种作料,做成一碗羹汤,然后请小姑品尝。因为所做羹汤不知是否合乎婆婆的口味,而小姑子熟悉婆婆的口味喜好,所以让小姑先尝。三朝下厨的习俗由来已久,唐代诗人王建有诗云:"三日入厨下,洗手做羹汤。未谙姑食性,先遣小姑尝。"

下厨礼之后,新娘于当天"回门"。回门也称"双回门"、"归宁",古称"拜门"。新婚夫妇一块回门,取成双成对吉祥之意。这是婚事的最后一项仪式,含有女儿成家后不忘父母养育之恩,女婿感谢岳父岳母恩德及女婿女儿婚后很恩爱等意义。新郎至岳家,依次拜岳父母及女族各尊长。岳家设筵,新郎入席居上座,由女族尊长陪饮。午饭后,新婚夫妇即可返回,也有新娘留住娘家几天的。新娘返夫家时,往往要带一些食品回去。

三、寿庆食俗

做寿,也称"祝寿",指为老年人举办庆寿的活动。一般从50岁开始,也有从40岁开始的,每10年做一次。民间为年满60岁、80岁及其以上的长辈举行的诞生日庆贺礼仪称为"做大寿"。而为年龄在50岁以下的人举行的诞生日庆贺礼仪,一般称为"做生日"。10岁、20岁时多由父母主持做生日,30岁、40岁一般不做寿。50岁开始的做寿活动,一般人家均邀亲友来贺,礼品有寿桃、寿联、寿幛、寿面等,并要饮寿酒,大办筵席庆贺。

做寿一般逢十,但也有逢九、逢一的。如江浙一些地区,凡老人生日逢九的那年,都提前做寿。九为阳数,且九之后又归0,故民间以九为吉祥数。届时寿翁接受小辈叩拜。中午吃寿面,晚上亲友聚宴。席散后,主人向亲友赠寿桃,并加赠饭碗一对,名为"寿碗",俗谓受赠者可沾老寿星之福,有延年添寿之兆。湖南嘉禾县女婿为岳父母做寿称"做一",即岳父母年届61、71、81岁时,女婿为之做寿。

做寿要用寿面、寿桃、寿糕、寿酒。面条绵长,寿日吃面条,表示延年益寿。寿面一般长一米,每束须百根以上,盘成塔形,罩以红绿镂纸拉花,作为寿礼敬献寿星,必备双份。祝寿时置于寿案之上。寿宴中,必以寿面为主。寿桃一般用米面粉制成,也有的用鲜桃,由家人置备或亲友馈赠。庆寿时,陈于寿案上,九桃相叠为一盘,三盘并列。寿桃之说,起源很早。《神异经》称:"东方有树,高五十丈,名曰桃。其子径三尺二寸,和核美食之,令人益寿。"神话中,西王母做寿,在瑶池设蟠桃会招待群仙,因而后世祝寿均用桃。蒸制的寿桃,必用色将桃嘴染红。寿糕多用面粉、糖及食用色素制成,做成寿桃形,或饰以云卷、吉语等祝寿图案。因"酒"与"久"谐音,故祝寿必用酒。酒的品种因地而异,常为桂花酒、竹叶青、人参酒等。

寿宴菜品多扣"九"、"八",如"九九寿席"、"八仙菜"。除上述面点外,还有白果、松子、红枣汤等。菜名讲究,如"八仙过海"、"三星聚会"、"福如东海"、"白云青松"。鱼菜少上,不上西瓜盅、冬瓜盅、爆腰花等。长江下游一些地区,逢父或母66岁生日,出嫁的女儿要为之祝寿,并将猪腿肉切成66小块,形如豆瓣,俗称"豆瓣肉",红烧后,盖在一碗大米饭上,连同一双筷子一并置于篮内,盖上红布,送给父(或母)品尝,以示祝寿。肉块多,寓意老人长寿。青海河湟等地流行"八仙菜"。一般为全鸡、韭菜爆肉、八宝米合以糖枣、莲藕炒肉、笋子炒肉、葛仙汤、馄饨、长寿面等。八仙菜并无固定成例,因地因人而异,但均有象征寓意。

四、丧事食俗

丧葬仪礼,是人生最后一项"通过仪礼",也是最后一项"脱离仪式"。丧礼,民间俗称"送终"、"办丧事"等,古代视其为"凶礼"之一。对于享受天年、寿终正寝的人去世,民间称"白喜事"。

居丧之家,家人的饮食多有一些礼制加以约束,还有一些斋戒要求。到清季,早期的一些严格的斋戒礼仪虽渐至简约,但许多遇丧之家的饮食生活仍有一些特殊要求,茹斋蔬食(虽然与古礼有较大差别)的大有人在。而奔丧的宾客往往较少受限制,丧席中不仅有肉,有的还有酒。

民间遇丧后要讣告亲友,而亲友则须携香楮、联幛、酒肉等前往吊丧。丧家均要设筵席招待客人。各地丧席有一定的差异。如扬州丧席通常都是六样菜:红烧肉、红烧鸡块、红烧鱼、炒豌豆苗、炒大粉、炒鸡蛋,称为"六大碗"。其中肉、鸡、鱼代表猪头三牲,表示对死者的孝敬;豌豆苗、大粉、鸡蛋是希望大家安安稳稳,彼此消除隔阂,冲淡对立情绪。吃丧饭一般不喝酒,即使主人备酒,客人也不能闹酒,不能谈笑风生,否则与丧事悲哀的气氛不合,而被视为对主家不尊重。四川一带的"开丧席",多用巴蜀田席"九大碗",即干盘菜、凉菜、炒菜、镶碗、墩子、蹄髈、烧白、鸡或鱼、汤菜等。

76代衍圣公孔令贻续配夫人陶氏去世,丧席分为几等。其中"白喜上席鱼翅四大件"席单为:

二手碟:黑瓜子,白瓜子。

八凉盘:风鸡,熏鱼,蜇皮,松花,酱排,熏腐干,芥末白菜,卤煮花生。

四大件:白扒翅子,清蒸鸭子,红烧鱼,冰糖肘子。

八行件:炒软鸡,瓦块鱼,熘白肚,白肉,炒双冬,南煎丸子,豆腐饼,海米春芽。

三压桌：烤排子，蝎子尾，鸭羹。

酒：绍兴酒。

鲜果：苹果，莱阳梨。

"白喜海参二大件席"席单为：

二手碟：黑瓜子，白瓜子。

六凉盘：风鸡，香肠，酱肉，松花，芥末白菜，卤长生仁。

二大件：三鲜海参，清蒸鸭。

五行件：炒软鸡，瓦块鱼，白肉，豆腐饼，海米春芽。

主食：馒头。

"白喜上席九味菜席"席单为：

四冷碟：风鸡，香肠，鱼脯，长生仁。

五大碗：清蒸鸡，瓦块鱼，白肉，家乡豆腐，蜜渍山药。

主食：馒头。

"白喜七味菜席"席单为：

七味菜：香肠，芥末白菜，白肉，瓦块鱼，扣肉，炖海带，家乡豆腐。

主食：馒头。

整个席面郑重而不热烈，主人尽待客之道，而客人则应"食于有丧者之侧未尝饱"（《论语·述而第七》卷第七）。

关于居丧期间丧家的饮食，不同时期、不同地区也有所差异，这里介绍的是清代湖北安陆民间居丧的情况。清同治年间《安陆县志部》载：

古者父母之丧，既殡食粥，齐衰，疏食水饮，不食菜果。既虞卒哭，疏食水饮，不食菜果。期而小祥，食菜果。又期而大祥，食醯（醋）酱。中月而禅（禫），禅（禫）而饮醴酒。始饮酒者，先饮醴酒；始食肉者，先食干肉。古人居丧，无敢公然食肉饮酒者；今之士大夫居丧，食肉饮酒无异平日，又相从宴集，靦然无愧，人亦恬不为怪。礼俗之坏，习以为常，悲夫！

这段引文讲述了古代人居父母之丧所遵守的仪礼，及清代士大夫居丧不守丧礼的情况。这段话的意思是：古人居父母之丧，已经殡葬只食粥（在居丧的头三天，严格的连粥都不吃），在齐衰期（居丧的头一年），只食疏饮水，不食菜果。服丧一年后可以食菜果。服丧二周年后可以食鱼、肉做的酱。除服后可以饮甜酒。（关于禫的含义，《仪礼·士虞礼》云："中月而禫。"汉代郑玄以二十五月为大祥，二十七月而禫，二十八月而作乐。王肃以二十五月为大祥，其月为禫，二十六月而作乐。晋代用王肃议，历朝用郑玄议，宋以后民间大祥后称禫，即除服）开始饮酒，先饮浓度不高的甜酒；开始食肉，先食干肉。古人居丧，没有敢公然食肉饮酒的；今天（指清同治年间)的士大夫居丧,食肉饮酒同平常一样,而且相从宴集,竟然毫不惭愧,别人也不觉得奇怪。礼俗之坏,习以为常,真是可悲!

居丧饮食的变化,丧礼的"沦丧",一般、首先和主要发生在中上层社会。包括士大夫在内的中上层社会成员的不守丧礼、饮酒食肉行为,一方面是因为他们具有较好的经济条件,饮酒食肉已成日常的饮食习惯,突然要他们极力克制自己,在较长的居丧时期内不吃荤而茹斋,是不太容易做到的。放着美味佳肴不吃,却顿顿粗茶淡饭,对于因有钱而有肉可食的富人来讲,多是经不起美味的诱惑而打熬不过的,破斋吃荤也就成了必然。另一方面,由于有钱人有条件受到较好的教育,具有较高的文化水平,思想较前卫,故能率先破旧立新、倡导新风而不太固守传统。士大夫居丧时食肉饮酒,在当时看来是丧礼的沦丧,在今天看来却是很正常的事;因为死者一去不再返,如果子孙在长者生前不行孝道,人死之后苦苦食斋数载,只能是因营养不良而有害身体,于死者无益,于事无补。

在古代,下层人民居丧食斋却是比较容易做到和坚持到底的。因为普通平民因贫穷而平日很少有肉可吃,粗茶淡饭是他们日常饮食的本分,且数千年没有多大改观,所以民间居丧食斋能坚持几千年之久,而丧礼未曾"沦丧",这不能不说从一个侧面反映出古代下层人民饮食水平的低下、生活清苦且几千年没有多大改善。

第五节　宗教信仰食俗

一、宗教与宗教信仰食俗的特性

(一)宗　教

宗教是社会意识形态之一,相信并崇拜超自然的神灵,是自然力量和社会力量在人们意识中歪曲、虚幻的反映。

宗教最早是原始人群的自发信仰。当时生产力和人们的认识能力十分低下,他们一方面要依靠经验去战胜自然,以求生存;另一方面又在强大的自然力面前,显得软弱无力。他们对许多自然界所发生的现象,诸如风雨、雷电、日月、死亡、生育等自然现象和人类自身的生理现象不可理解;认为有一种超自然的力量存在着,主宰着人类。这种潜在的恐惧心理的作用,使他们千方百计用各种办法,以换取超自然力的同情。这种把自然力视为神灵,并通过一定的仪式求得自然力保护的行为,便是原始宗教。原始宗教以自然物和自然力为崇拜对象,相信"万物有灵"。

在阶级社会里,人们把对自然界的兴趣逐渐转向对阶级压迫带来的痛苦和灾难的不正确认识上,于是原始宗教发展为人为宗教(也称现代宗教)。宗教脱离了它的原始形态,由拜物教、多神教发展到一神教。世界三大宗教——佛教、基督教和伊斯兰教,中国的道教等均为现代宗教。现代宗教与原始宗教不同,它有自己的教义和教规,有一定的内部结构,有些还有系统介绍宗教教义的经典。

（二）宗教信仰食俗的特性

1.群体性

宗教信仰食俗往往不是少数人的行为,而是群体或全族的,如藏族、蒙古族信奉喇嘛教,傣族信奉小乘佛教,回族信奉伊斯兰教,各教的食规、食戒成为他们遵守的饮食规范。

2.自觉性

宗教信仰者在无人强迫下自觉遵守,并能持之以恒。如耆那教徒自愿过"苦行僧"式的生活,旧时老人许愿后坚持数十年吃"花斋"。

3.忌讳性

宗教信仰食俗往往对某些食物有一定的忌讳,如回民不吃猪肉,瑶民禁食狗肉,道教徒不吃荤,汉族信奉大乘佛教的佛门弟子不许吃肉喝酒。在饮食时间上也有一些特殊要求,如佛教规定"过午不食",伊斯兰教规定每年回历九月"斋戒"。

4.神秘性

宗教信仰均具有神秘性。人为宗教的神秘表现在宗教活动的体系和各个环节之中。许多原始宗教及其信仰的神秘性,是不可解释的。人们对某些食俗成因的解说常常回避,并不追究,只是膜拜。有些现象或许根本就无法解释。

5.功利性

宗教信仰食俗的功利目的是很明显的,如对天神、地神、风神、雨神、雷神、山神、林神及众多的鬼魂崇拜,均是为了获得直接的功利目的而设置的。现代宗教强调修行和自身的完善,饮食的禁忌与选择,有的出于安全卫生,有的是为了来世进天堂。

6.复杂性

某些食俗的成因与形式多种多样,如各地祭土神的说法与方式不一。不少食俗事象并存,还可互相借鉴与移植,如佛道食俗在某些方面就有相通之处。原始宗教与现代宗教存在着明显差异,原始宗教把自然力看成是对人类社会最直接的威胁,它们对自然力的屈从、崇拜与祭祀,是为了战胜自然力;现代宗教则讲"因果报应",引导人们消极地对待自然、社会和人生。

二、佛教食俗

(一)佛教简介

佛教是公元前六至五世纪中,由古印度迦毗罗卫国(今尼泊尔境内)的王子悉达多·乔答摩(即释迦牟尼)所创立。它是以无常和缘起思想反对婆罗门的梵天创世说,以众生平等思想反对婆罗门的种姓制度。其基本教义有"四谛"、"八正道"、"十二因缘"等,主张依经、律、论三藏,修持戒、定、慧三学,以断除烦恼得到成佛为最终目的。佛教在古印度的发展有四个阶段:最初释迦牟尼自己所说的教义为原始佛教;其后自公元前四世纪左右,佛教僧团因传承和见解不同,发生分裂,形成部派佛教;公元一、二世纪间,从部派佛教大众部中产生了大乘佛教,并把以前的佛教称为小乘佛教;最后,其一部分派别同婆罗门教互相调和,又产生了大乘密教。

佛教自汉代传入中国,据史书记载,西汉哀帝元寿元年(公元前 2 年),已有佛经传入中国。当时,人们把它当作盛行于当时的一种"方术"来看待。由于当时朝廷禁止中国人出家,所以汉代僧人,除个别例外,都是一些外籍译师。从三国时起,开始有了正式的华籍僧人。到了两晋时代,由于朝廷的支持,佛教的寺院和僧尼逐渐增多起来。南北朝时期,佛教发展迅速,至唐代,达到了鼎盛时期。唐代共有佛教寺院四万多所,僧尼三十来万人。从隋到唐,先后出现了八个佛教宗派,他们是:天台宗、三论宗、唯识宗、律宗、贤首宗、禅宗、净土宗、密宗。宗派佛教的出现,标志着佛教的"成熟"程度,标志着佛教已经完成了"中国化"的进程;从此,它可以名副其实地称为"中国佛教"。宋元以后的佛教日益衰落,但它们仍在不同的历史条件下,继续发展演变。除云南傣族地区等少数区域信奉小乘佛教外,其他大部分地区盛行大乘佛教,其中佛教与西藏原有的苯教结合形成的喇嘛教流传于西藏、内蒙古等地。

(二)佛教食俗

佛教原来只有不准饮酒、不准杀生的戒律,没有禁止吃肉的戒条,只要不是自己杀生、不叫他人杀生和未亲眼看见杀生的肉都可以吃,即"三净肉"可食。在佛教戒律中,不仅有"五戒"、"八戒"、"十戒"、"俱足戒"等差别,而且有小乘戒和大乘戒的差别。"五戒"是佛教为在家的男女信徒们制定的戒条,既可全受,也可只受一两条、三四条。"五戒"是"终身"制。"八戒"是佛教为在家的男女信徒们制定的一种比较特殊的戒条(加上第九条"斋",实际为九条)。受此"八戒"者,一般要住在庙里,暂时过一过出家的僧侣生活,时间短者一昼夜,长者七天、半月。"八戒"是临时性的。"比丘戒"是和尚们所受的戒条,按照汉地佛教的传统,"比丘戒"共有二百五十条。"比丘尼戒"是尼姑们所受的戒条,按照汉地佛教的传统,共有三百四十八条。一般说来,以上属"小乘戒"。"大乘戒",按照《梵纲经》的说法,有所谓"十重"、"四十八轻"戒。

虽然戒律颇为复杂,但因佛教戒律原本只有不准饮酒、不许杀生,没有不许吃肉的规定,所以现在各国的大多数佛教徒,包括中国的藏、蒙、傣等少数民族的佛教徒在内,仍然是吃肉的。而我国汉族佛教徒基本上是吃素的,这一习惯的形成,是由于梁武帝的提倡并采取强迫命令的手段,强制佛教徒不许吃荤,一律素食。从那以后,就形成了中国汉民族佛教徒吃素的习惯和制度。然而,在南朝以后,尽管佛教中素食的戒律已逐步形成,但还是有僧徒不履行这一戒律。唐代僧徒不守戒律的现象时有发生,以致唐朝政府不得不发布诏书以整饬规矩。《全唐文·禁僧道不守戒律诏》卷二十九云:"迩闻道僧,不守戒律,或公讼私竞,或饮酒食肉……宜令州县官,严加捉搦禁止。"《水浒传》中的鲁智深就是一个饮酒食肉的"花和尚"。

何为素食,不食荤腥呢?素原指白色的生绢,也指色白、空。后引申为平常、质朴、不华丽。素食原有三层含义,即不劳而食,如尸位素餐;与熟食相对的生食;平常之食。后又有一些引申义,如由植物原料制成的食品;斋食;吃素制食品的饮食行为;平日的饮食。可见,素食的含义相当广泛,在不同的情形下具有不同的意义。现代意义的素食一般具有两层含义,一是指以植物性原料制成的少油腻且较清淡的食物;二是指只食用植物构成的素食,而不食由动物原料构成的荤食的一种行为模式或生活方式。素食的内涵在不同宗教、不同人群及地域间是存在着一些差异的。如在佛道两教里便将一些植物列为荤。佛教以大蒜、小蒜、兴蕖、慈葱、茗葱"五辛"为荤,道教以韭、薤、蒜、芸苔、胡荽为荤。《楞严经》说:荤菜生食生嗔,熟食助淫。所以佛教要求禁食。所谓"腥"是指肉食,即是各种动物的肉,甚至蛋。对此类食物,出家二众也不能吃。不过素食的范围也比较广,例如辣椒、生姜、胡椒、五香、八角、香椿、茴香、桂皮、芫荽、芹菜、香菇类等都可食用。豆制品、牛奶和乳制品,如奶酪、生酥、醍醐等也都不在禁止之列。

僧人的饮食方式也是独特的。在佛教徒看来饮食不是目的,而是手段。《智度论》云:"食为行道,不为益身。"得到饮食即可,不择粗精,但能支济身体,得以修道,便合佛意。至于饮食的来源,在印度主要靠托钵乞讨,所谓"外乞食以养色身"。佛教初入中国也是如此,僧侣主要靠施主供养,傣族地区的小乘佛教徒仍沿此习俗。唐中叶禅宗怀海在洪州百丈山创立禅院,制定《百丈清规》,倡导"一日不作,一日不食"。从此,僧人才有了自食其力的意识。

关于佛教的食制,《毗比罗三昧经》说:"食有四时:旦,天食时;午,法食时;暮,畜生食时;夜,鬼神食时。"即中午是僧侣吃饭之时。这种过午不食的制度,在中国很难实行,特别是对于参加劳动的僧人。于是又产生了通融之法,正、五、九三个月中自朔至晦持每日过午不食之戒,谓之"三长斋月"。一般情况下,佛寺僧人早餐食粥,时间是晨光初露,以能看见掌中之纹时为准。午餐大多为饭,时间为正午之前。晚餐大多食粥,称"药食"。为何叫"药食"呢?因为按佛教戒律规定,午后不可吃食物,只有病号可以午后加一餐,称为"药食"。后多数寺庙中开了过午不食之戒,但名称仍为"药食"。本来,"药食"要取回自己房内吃,但因大家都吃,所以也在斋堂进行。

佛寺饮食为分食制,吃同样的饭菜,每人一份。只有病号或特别事务者可以另开小灶。食用前均要按规定念供,以所食供养诸佛菩萨,为施主回报,为众生发愿,然后方可进食。唐人顾少连《少林寺库厨记》对佛寺中僧人进食情景作了生动的描绘:

> 每至花钟大鸣,旭日三舍,缁徒总集,就食于堂。莫不咏叹表诚,肃容膜拜,先推尊像,次及有情。洎蒲牢之吼余,海潮之音毕,五盐七菜,重秬香秔,来自中厨,列于广榭,咸造物艺。

佛教讲究"食时五观",僧人食前要作"五观想念之",《行事钞》中讲:

> 今故约食时立观以开心道,略作五门,明了论如此分之。初,计功多少,量他来处;二,自忖己身德行;三,防心离过;四,正事良药;五,为成业道。

其主要精神是进食时要思考饮食的目的,使之为进德修业服务。《优婆塞戒经》云:吃饭时"复须作念,初下一匙饭时,愿断一切恶尽;下第二匙时,愿修一切善满;下第三匙时,愿所修善根,回施众生,普共成佛"。唐中叶以后,禅宗对僧侣进食又作了许多具体规定,寺庙中设有专供僧人吃饭的斋堂,吃饭时以击磬或击钟来召集僧徒。钟声响后,从方丈到小沙弥,齐集斋堂用膳。《百丈清规·日用轨范》中讲:

> 吃食之法,不得将口就食,不得将食就口。取钵放钵,并匙箸不得有声。不得咳嗽,不得搐鼻喷嚏;若自喷嚏,当以衣袖掩鼻。不得抓头,恐风屑落邻单钵中。不得以手挑牙,不得嚼饭啜羹作声,不得钵中央挑饭,不得大抟食,不得张口待食,不得遗落饭食,不得手把散饭,食如有菜滓,安钵后屏处。……不得将头钵盛湿食,不得将羹汁放头钵内淘饭吃,不得挑菜头钵内和饭吃。食时须看上下肩,不得太缓。

这些规定或为进食清洁,或为食相雅观,或为考虑他人的关系,总的说来在于保持进食时的肃穆气氛,并在这种气氛中加深宗教意识。

三、伊斯兰教食俗

（一）伊斯兰教简介

伊斯兰教是七世纪初阿拉伯半岛麦加人穆罕默德所创立的一神教。在中国旧称"回教"、"回回教"、"清真教"、"天方教"。伊斯兰意为"顺从"；清真是中国穆斯林特有的专用词语，意为伊斯兰教的，含有"清净无染"、"真乃独一"之意；穆斯林意为"顺从者"、"和平者"，专指顺从独一真主安拉旨意、信仰伊斯兰教的人，是伊斯兰教徒的通称。

伊斯兰教的产生，是当时阿拉伯半岛各部落要求改变由于东西商路改道而加剧的社会经济衰落状况和实现政治统一的愿望在意识形态上的反映。穆罕默德以伊斯兰教为号召，在麦地那建立了主要代表贵族商人利益的政权，后该教成为阿拉伯一些政教合一国家的精神支柱。伊斯兰教分布于亚洲和非洲，特别是西亚、北非和东南亚各地，在一些国家被定为国教。

伊斯兰教的教义主要有：信仰安拉是唯一的神，穆罕默德是安拉的使者，信天使，信《古兰经》是安拉"启示"的经典，信世间一切事物都是安拉的"前定"，并信仰"死后复活"、"末日审判"等。该教规定穆斯林应遵"五功"，即经常念清真言（指我作证"万物非主，唯有真主；穆罕默德是主的使者"），一日五次的礼拜，每年一个月的斋戒，每年应纳定额的"天课"（课税），有条件者，一生中应朝觐麦加一次。

公元七世纪中叶，伊斯兰教传入中国，信奉伊斯兰教的有回族、维吾尔族、东乡族、柯尔克孜族、撒拉族、塔吉克族、乌孜别克族、保安族等10个少数民族。

（二）伊斯兰教食俗

伊斯兰教认为，若要保持一种纯洁的心灵和健全的思考，若要滋养一种热诚的精神和一个干净而又健康的身体，就应对饮食予以特别关注。在《古兰经》里以及穆罕默德圣训、天方诸贤的典籍中，对饮食禁忌均提出了具体的要求。至今，中国的穆斯林仍基本遵循着伊斯兰教经典所定的饮食清规，形成了别具一格的饮食习俗。

根据伊斯兰教规定，穆斯林的饮食有许多禁忌，不善不洁者不可食。《古兰经》说："人们啊！你们应食地面上合义的、清洁的食物。"又说："惟禁尔等，食死物、血、猪肉与未经高呼安拉之名而宰割之动物。"且"一切异形之物不食"，"暴目者、锯牙者、环喙者、钩爪者、吃生肉者、杀生鸟者、同类相食者、贪者、吝者、性贼者、污浊者、秽食者、乱群者、异形者、妖者、似人者、善变者"等鸟兽均不可食。这里所指的鸟兽，有的外形不美，有的性格不美，有的生活环境不美，有的赖以生存之物不美。在穆斯林生活中，有其不美之一者皆不食。清初回族著名经师学者刘智译著的《天方典礼》之《饮食篇》中讲："天方人家,有驼、牛、羊、马、骡、驴六畜。驼视为高贵牲畜,非隆重节日不宰食。驴有与马交配行为视为乱性之畜,驴骡不食,专设劳役驱使。"又说:"豕犬食浊物,甚至食粪便,属秽食者,故在不可食之列。"

野兽、鱼、虫也有一些不可食。《饮食篇》云:"穴居如獾、浴、狐、鼠、狸之类,未得。土性之良;潜属为蟹、虾、鼋、蛤、鼍、鼊之类,非秉性之正;虫属为蚱蜢、螳螂、蝴蝶、蜩、蟾、蜂之类,非赖掇草之精华而生,如此三类诸物均勿食。"鱼类"若形状怪异,或鱼首而异尾,或鱼尾而异首,或首尾似鱼而无脊刺腹翅者,皆不可食。"近代有些地区虽放宽部分水产海鲜品的食用,如无鳞的鳝,以及蟹、海参、蚌、鳖之类,但仍有回民遵守教规不食。

饮酒也为伊斯兰教所禁。《古兰经》云:"饮酒、赌博、拜像、求签,只是一种秽行,只是恶魔的行为,故当远离,以便你们成功。"因而不饮酒、不赌博、不崇拜偶像、不求签问卦是穆斯林应遵守的教规。

在上述食物禁忌中,以禁食猪肉的习俗最为严格,最为普遍。

关于可食动物,《饮食篇》中讲:"兽与禽类,凡食谷、食刍而性善纯德者可食。"通常为牛、羊、鸡、鸭、鹅之类。牛和羊都是不食肉的素口,且能反刍倒嚼,即食入胃中能回到嘴里细嚼,是性情温驯的家豢之畜。野兽、鱼、虫之类,"若鹿、麋、麈、麝,刍食者也,可食。他如野生的山牛、山羊、山驼之类与家畜同状者,俱可食。可食的还有:穴属之兔,兔得土性之良;潜属之鱼,唯鱼秉性之正;虫属有蠡(蝗),蠡掇草木之精华,惯食禾稼。"穆圣有谕:"遇歉食蝗,将以度生,又免蝗虫祸及粮食。""唯鱼首鱼尾,正形,脊有刺,腹下有翅者,为鲤、鲫、鲢及一般草鱼等,即可食。"

吃牲禽必须活口,并经清真寺阿訇宰杀,临操刀先念"太司米耶"经语,诵真主"安拉"名。原文语意为"以安拉之名,安拉至大"。然后下刀割断气管、血管与食管,放血净尽,随即用清水冲洗下刀处血迹,谓之"有刀口"。其目的在于注意肉食品的卫生。

伊斯兰教对食物的选择,大致遵循美与丑、善与恶、洁与污的取舍标准。在穆斯林看来,应选择美、善、洁的食物,摒弃丑、恶、污的食物。如乌鸦形丑,禁食;螃蟹横行,张牙舞爪,尽管味鲜美,也被弃不食;猪被认为是肮脏的东西,不食;有病和自死的动物不洁,不利卫生安全,不食;性情凶残的动物,食后不利养性,也不可食;这与伊斯兰教提倡和平、平等、不抢掠的教义是一致的。

穆斯林十分重视"斋月"。所谓"斋月",就是在回历九月的一个月中,穆斯林每天从黎明到日落禁止饮食,日落后至黎明前进食。午夜一餐,最为丰盛。直到十月初一才开斋过节。开斋这天是"开斋节",又名"肉孜节",人们杀牛宰羊,制作油香、馓子、奶茶等食物,沐浴盛装,举行会礼,群聚饮宴,相互祝贺。

穆斯林的另一个节日是"古尔邦节",又名"宰牲节",有宰牲以献真主之意。此节在回历十二月初十。人们要把家中扫除干净,沐浴馨香,要赶在太阳升起前去清真寺听阿訇念《古兰经》,举行会礼,观看宰牲仪式,并互相拜节,宰羊煮肉,做抓饭、油香,举行各种娱乐活动。

圣纪节也是伊斯兰教的一大节日,又称"圣节"、"圣纪"、"办圣会"。此节在回历三月十二日。节日里,清真寺举行颂经、赞圣和讲述穆罕默德的生平轶事,人们宰牛宰羊,炸油香、馓子招待客人,亲友拜节祝贺。

伊斯兰教在饮食方面还规定:是可食之物在食用时也不能过分和毫无节制。《古兰经》云:"你们应当吃,应当喝,但不要过分,真主确是不喜欢过分者的。"禁食之物在迫不得已的情况下食之无过。"他只禁戒吃自死物、血液、猪肉,以及诵非真主之名而宰的动物:凡为势所迫,非出自愿,且不过分的人(虽吃禁物),毫无罪过。"因生病、妊娠、哺乳、旅行等特殊情况在斋月里白天可以进食,但须择时补行斋戒。

我国信仰伊斯兰教者分布很广,在全国形成了"大分散、小集中"的特点,饮食上也形成了南北差异。北方清真饮食渊源于陆上丝绸之路的开辟,受游牧民族影响大,以羊肉、奶酪、面食为主体。南方清真饮食源于海上香料之路,受农耕民族影响大,长于牛肉、家禽的烹制,主食中稻米所占比重较大,水产菜肴明显多于北方。

四、基督教食俗

(一)基督教简介

基督教是信奉基督耶稣为救世主的各教派的统称。包括天主教、东正教、新教以及一些较小的派别。它是公元一世纪由生于犹太伯利恒的耶稣在巴勒斯坦一带创立的。主要分布于欧洲、南美洲、北美洲和大洋洲各国。基督意同弥赛亚。弥赛亚原意为"受膏者"。古代犹太人封立君王、祭司等职位时,常举行在受封者头上敷膏油的仪式,故君王等人有"受膏者"之称。公元前一世纪前后,犹太国处于危难之际,犹太人中流行一种说法:上帝将重新派一位"受膏者"来复兴犹太国,弥赛亚遂成为犹太人想象中的"复国救主"的专称。基督教产生后借此说,声称耶稣就是弥赛亚,但不是"复国救主",而是"救世主"。凡信他的人,灵魂可以得到拯救,升入天堂。

基督教信仰上帝(或称天主)创造并主宰世界,耶稣基督是上帝的儿子,降世成人,救赎人类。以《旧约全书》和《新约全书》为《圣经》。由于人类从远祖始就有罪孽,所以子子孙孙在罪中受苦,只有信仰上帝及其儿子耶稣,方能获救。宗教活动在教堂进行。有"圣诞节"、"复活节"等节日。

基督教的一个派别曾于唐初(7世纪)传入中国,称为景教;又一派别曾于元代

（13 世纪）传入中国，称为也里可温教（一说即景教，或景教和天主教）；后皆中断。天主教曾于元代一度传入，后又于明末（16 世纪）传入。新教于清代传入中国。至新中国成立前夕，中国约有天主教徒 300 万人，新教徒 70 万人。1948 至 1951 年，外国传教士从中国内地撤走，中国天主教与新教走上了自治、自养、自传之路。

（二）基督教食俗

基督教徒的饮食平时与常人一样，没有特别的讲究。《圣经》强调人们应当"勿虑衣食"，不要为衣食所累，并且反对荒宴和酗酒。认为上帝最悦纳的祭祀是爱，而不是别的（如食物）。基督教中的神，是不食人间烟火的，即无人类的饮食需求。这与中国古神话传说中神的需求是不同的。《圣经》中也提到要为食物而劳力，但这种食物指的是"永生的食物"，是耶稣，而不是"必坏的食物"（即果腹之食物）。做弥撒时，由神父将一种无酵面饼和葡萄酒"祝圣"后，称它们已变成耶稣的"圣体"和"圣血"，并进行分食。教徒参加仪式，叫"望弥撒"。

基督教徒每星期五"行小斋"，减食，不吃肉；在"受难节"和"圣诞节"前一日"守大斋"，只吃一顿饱饭。饭前要作祈祷，感谢天主的恩赐。

五、道教食俗

（一）道教简介

道教是中国土生土长的宗教，源于远古巫术和秦汉的神仙方术。东汉顺帝汉安元年（142）由张道陵倡导于鹤鸣山（今四川崇庆境内）。凡入道者，须出五斗米，故也称"五斗米道"。道教奉老子为教祖，尊称"太上老君"。以《老子五千文》（当时对《道德经》的称呼）、《正一经》和《太平洞极经》为主要经典。后经张角、张鲁、葛洪、寇谦、陆修静、王重阳、丘处机、成吉思汗、明万历皇帝等倡导，道教不断发展。元代时道教正式分为正一、全真两大教派。信奉正一派的道士不出家（也有少数出家的），俗称"火居道士"或"俗家道士"。信奉全真派的道士须出家。

道教认为道是先天地生的，为宇宙万物的本原。又认为道是清虚自然，无为自化，所以要求人要清静无为，恬淡寡欲。神仙思想是道教的中心思想。道教修炼的目的就是为了长生不死，成为神仙。一般宗教都有一个彼岸世界，如基督教的天堂、佛教的极乐世界，认为只要在生虔诚修持，死后的灵魂就能升天。只有道教认为人可以不死，肉体就能成仙，白日飞升。为达成仙目的，道教有许多修炼方法，如服饵、导引行气、胎息辟谷、存神诵经等。

（二）道教食俗

道教以追求长生成仙为主要宗旨，在饮食上形成了一套独特的信仰和习俗，主要表现为以下几方面。

1. 重视服食辟谷

服食就是选择一些草木药物来吃。道士服食的药物大体有两类：一类属于滋养强壮身体的，如芝麻、黄精、天门冬之类；一类属安神养心及丹砂之类。尤其是食丹之术，为道教独有。道教认为丹砂、黄金等金石类性质稳定的物质经炼制后可以炼成"金丹"（又称"还丹"），人服用后可以长生、成仙。葛洪《抱朴子·金丹篇》说："金丹之为物，炼之愈妙。黄金入火，百炼不消，埋之毕天不朽，服此二药，炼人身体，故能令人不老不死，此盖假求于外物以自坚固。"但许多迷信神仙的人，辛辛苦苦日夜炼丹，炼成之后，吃了金丹，不仅不能延年益寿，反而中毒甚至身亡。所以古人诗中说："服食求神仙，多为药所误。"后来食丹术渐不为人所信。以上被道教称为外丹，而内丹不用药物，把人体比作炉鼎，以人的精、气、神作为烹炼对象，比作药物。炼内丹虽不能长生不老、成为神仙，但确有一定的强身健体作用，故得以发展和兴盛。

辟谷也称断谷、绝谷、休粮、却粒等。辟谷并非什么都不吃，只是不吃粮食，但可以服食药物，饮水浆等。据传辟谷术源于赤松子，他是神农时的雨神，传说中的仙人。《史记·留侯世家》记载，汉初名臣张良"欲从赤松子游，乃学辟谷，导引轻身"。长沙马王堆汉墓发现的《却谷食气》，是我国现存最早的辟谷文献。关于辟谷，汉代《淮南子·人间训》云单豹"不食五谷，行年七十，犹有童子之颜色。"《后汉书·方术传》载："郝孟节能含枣核，不食可至五年十年。"晋代葛洪《抱朴子内篇·杂应》云："余数见断谷人三年二年者多，皆身轻色好，堪风寒暑里，大都无肥者耳。"《梁书·陶弘景传》中说，陶弘景"善辟谷导引之事，年逾八十而有壮容"。

道教为何要辟谷呢？这是因为道教认为，人体中有三虫，亦名三尸。《中山玉匮经服气消三虫诀·说三尸》中认为，三尸常居人脾，是欲望产生的根源，是毒害人体的邪魔。三尸在人体中是靠谷气生存的。如果人不食五谷，断其谷气，那么三尸在人体中就不能生存了，人体内也就消灭了邪魔，因此要益寿长生，必须辟谷。

辟谷者不吃五谷，但可食大枣、茯苓、巨胜（芝麻）、蜂蜜、石芝、木芝、草芝、肉芝、菌芝等。不过，辟谷会导致人体营养不均衡，是不宜提倡的。

2. 提倡不食荤腥

道教主张人们应保持身体内的清新洁净，认为人禀天地之气而生，气存人存，而谷物、荤腥等都会破坏"气"的清新洁净。因此，陶弘景《养性延命录》云："少食荤腥多食气。"道教把食物分为三、六、九等，认为最能败清净之气的是荤腥及"五辛"，所以忌食鱼肉荤腥与葱、韭、蒜等辛辣刺激的食物。《上洞心丹经诀》卷中《修内丹法秘诀》云："不可多食生菜鲜肥之物，令人气强，难以禁闭。"《胎息秘要歌诀·饮食杂忌》中也讲："禽兽爪头支，此等血肉食，皆能致命危，荤茹既败气，饥饱也如斯，生硬冷须慎,酸咸辛不宜。"《抱朴子内篇·对俗》中讲,理想的食物是"餐朝霞之沆瀣,吸玄黄之醇精,饮则玉醴金浆,食则翠芝朱英"。认为只有这种饮食,才能延年益寿。

在饮食上,全真道派与正一道派有所不同。全真道徒不结婚,不茹荤腥,常住宫观清修,称出家道士。正一道徒可以有家室,不住宫观,能饮酒食肉,以斋醮符箓、祈福禳灾为业,称在家道士。

3.注重饮食疗疾

道家为了修炼成仙,首先得去病延年,而医药和养生术正是为了治病、防病、延年益寿。因此葛洪说:"为道者,莫不兼修医术。"医药养生术,不仅可以使自己得到保健,并且可治病救人济世、弘扬道法。许多道教徒如葛洪、陶弘景、孙思邈等,都是著名的医药学家。道教徒把药分为上、中、下三品,认为上品药服之可以使人长生不死,中品药可以养生延年,下品药才用来治病。上药中的上上品就是道士炼成的金丹大药。

晋代葛洪精习医术,编撰医书《玉函方》一百卷,又把方便的经验编撰为《肘后要急方》,用以救急。南朝陶弘景是著名药学家,其所著《本草集注》把原来的《神农本草经》中365种药物增加了一倍,对每种药物的性能、形状、特征、产地都加以说明。隋唐时的孙思邈精于医药,后世尊称为"药王"。所著《千金方》中特列《食治》一门,详细介绍了谷、肉、果、菜等食物疗病的作用。他注重饮食卫生,主张多餐少吃,细嚼轻咽,饭后行数百步,采用药物和食疗两种方法治病,对食疗保健学的发展起到了很大的推动作用。

第六节　少数民族食俗

我国自古以来就是一个多民族的国家。各兄弟民族之间不断交流,共同发展,创造了包括饮食文明在内的光辉灿烂的中华文化。由于我国各民族所处的社会历史发展阶段不同,居住在不同的地区,形成了风格各异的饮食习俗。根据各民族的生产生活状况、食物来源及食物结构,可大致划分为采集、渔猎型饮食文化,游牧、畜牧型饮食文化,农耕型饮食文化。按区域划分,大致可分为华北、东北少数民族饮食文化,西北少数民族饮食文化,中南、西南少数民族饮食文化,华东少数民族饮食文化。现按区域分别加以介绍。

一、华北、东北少数民族食俗

这一地区地域辽阔,自然资源十分丰富,对发展农牧业生产具有得天独厚的优越条件,自古以来就是中国少数民族生息繁衍的一个古老摇篮。古代多以畜牧、狩猎为生,后来一些民族以农业生产为主。生活在这一区域的民族有蒙古族、满族、朝鲜族、达斡尔族、鄂温克族、鄂伦春族、赫哲族等。

（一）蒙古族饮食风俗

蒙古族人口581.39万(2000年第五次人口普查数据,下同。),主要聚居在内蒙古自治区,其余多分布在新疆、辽宁、吉林、黑龙江、青海等省区。

日常食俗:蒙古族自古以畜牧和狩猎为主,被称为"马背民族"。他们日食三餐,每餐都离不开奶与肉。以奶为原料制成的食品,蒙古语称"查干伊得",意为圣洁、纯净的食品,即"白食";以肉类为原料制成的食品,蒙古语称"乌兰伊得",意为"红食"。奶制品一向被视为上品。肉类主要是牛、绵羊肉,其次为小羊肉、骆驼肉和少量的马肉,在狩猎季节也捕猎黄羊。最具特色的是剥皮烤全羊、炉烤带皮整羊,最常见的是手把羊肉。蒙古族吃羊肉讲究清煮,煮熟后即食用,以保持羊肉的鲜嫩。喜食炒米、烙饼、面条、蒙古包子、蒙古馅饼等食品。每天离不开茶,除饮红茶外,几乎都有饮奶茶的习惯。多数蒙古族人能饮酒,多为白酒、啤酒、奶酒、马奶酒。

节日与礼仪食俗:蒙古族民间一年之中最大的节日是"年节",也称"白节"或"白月"。除夕,户户都要吃手把肉,也要包饺子、制烙饼。初一的早晨,晚辈要向长辈敬"辞岁酒"。一些地区,夏天要过"马奶节"。节前家家宰羊做手把羊肉或全羊宴,还要挤马奶酿酒,节日里,牧民要用最好的奶制品招待客人。

（二）满族饮食风俗

满族人口1068.23万,主要居住在东北三省、河北省和内蒙古自治区。

日常食俗:早期满族先民以游猎和采集为主要谋生手段,后主要从事农业。过去多以高粱米、玉米和小米为主食,现以稻米和面粉为主粮。喜在饭中加小豆或粑豆。有的地区以玉米为主食,喜以玉米面发酵做成"酸汤子"。东北满族大多有吃水饭的习惯,即在做好高粱米饭或玉米膀子饭后用清水过一遍,再放入清水中泡,吃时捞出。饽饽是满族的特色食品,各种黏凉饽饽是用黏高粱、黏玉米、黄米等磨成面制作而成的。冬天,满族民间常以秋冬之际腌渍的大白菜(即酸菜)为主要蔬菜。食用油以豆油、猪油和苏子油居多。肉食以猪肉为主,部分地区的满族禁食狗肉。

节日与礼仪食俗:满族许多节日与汉族相同。逢年过节,均要杀猪。农历腊月初八,要吃腊八粥。除夕吃饺子,在一个饺子中放一根白线,谁吃着白线就意味着谁能长寿;也有的在一个饺子中放一枚铜钱,吃到便意味着有财运。此外,还要吃手把肉和萨其玛。满族过去信仰萨满教,每年都要根据不同的节令祭天、祭神、祭祖先,以猪和猪头为主要祭品。过去,在庄稼成熟的季节,满族还有"荐新"祭祀习惯,现已被"上场豆腐了场糕"的习俗所替代。

（三）朝鲜族饮食风俗

朝鲜族人口 192.38 万,主要居住在东北三省、内蒙古等地。

日常食俗:朝鲜族人主要从事农业生产。过去有一日四餐的习惯,除早、中、晚餐外,在农村普遍在晚上加一顿夜餐。他们喜食米饭,善做米饭。常食用大米面制成的片糕、散状糕、发糕等。日常常食"八珍菜"(用绿豆芽、黄豆芽、水豆腐、干豆腐、粉条、桔梗、蕨菜、蘑菇等制成)、"酱木儿"(用小白菜、秋白菜、大兴菜、海带等制成的汤)、泡菜、辣椒。肉类以猪、牛、鸡和各种鱼类为主,普遍喜食狗肉。在有老年人的家庭里,一般要为老人单摆一桌。全家人进餐时,不许在长辈面前饮酒吸烟。

节日与礼仪食俗:朝鲜族崇尚礼仪,注重节令。每逢年节和喜庆之时,在菜肴和糕饼上要用辣椒丝、鸡蛋片、紫菜丝、绿葱丝或松仁米、胡桃仁加以点缀。注重根据不同季节调整饮食。如春天食用"参芪补身汤",清明节必食明太鱼,伏天食用狗肉汤,冬天食用野味肉、野味汤和用牛里脊肉与各种海鲜制成的"神仙炉"。节日的主食除米饭外,还有许多风味面点和小吃。如先打糕、冷面等。除了传统节日外,小儿周岁、结婚、老人六十大寿,都要大摆筵席,宴请宾客。

（四）达斡尔族饮食风俗

达斡尔族人口 13.24 万,主要居住在内蒙古、黑龙江和新疆等省区。

日常食俗:达斡尔族人主要从事农业,部分从事牧业、猎业和采集。既保留食用猎物和野菜果的习俗,又以米面为主食,肉乳蔬菜为辅。达斡尔族习惯于农忙时日食三餐,农闲时日食两餐。过去以稷子、荞麦、燕麦、大麦、苏子为主食,20 世纪以后,面粉、小米、玉米渐占主导地位。稷、麦多制成千饭和粥,粥中拌以牛奶或野兔、狍子、飞禽肉汤。面粉多制成面条、馒头、烙饼和水饺,鲜牛奶面片、面片拌奶油白糖、烙苏子馅饼等颇具民族特色。肉食过去以野生动物为多,有狍子、鹿、驼鹿、野猪、黄羊、飞龙、沙鸡、野鸡等。现以猪、牛、羊、鸡等为主要肉食。平时喜用肉炖蔬菜,善制酸菜、咸菜、干菜,以备冬春食用。常采集柳蒿菜、山葱、山芹菜、野韭菜等为食。饮料有鲜、酸牛奶,奶酒、奶米茶等。

节日与礼仪食俗:达斡尔族称春节为"阿涅"。年前,家家要杀年猪、打年糕。中秋节要做月饼,用黄油、白糖、山丁子粉和窝瓜粉作馅料。达斡尔族有敬老、互助和好客传统,不论谁家杀牲口,均要择出好肉分赠给邻居和亲朋。狩猎或捕鱼归来,甚至路人也可以分得一份。有客临门,即使生活贫困,也乐于设法款待。达斡尔族过去大部分信奉萨满教,少数信奉喇嘛教,以自然界为崇拜对象,每年阳历五月,屯众杀牛或猪祭天、地、山、川诸神。

（五）鄂温克族饮食风俗

鄂温克族人口 3.05 万,主要居住在内蒙古东北部和黑龙江省西部。

日常食俗:鄂温克人多从事畜牧业,少数半农半牧。在纯畜牧业地区的鄂温克族人以乳、肉、面为丰食。每日三餐离不开牛奶,既以鲜奶作饮料,也常把鲜奶制成酸奶和干奶制品。常将奶油涂在面包或点心上食用。主食以面为主,一般为烤面包、面条、烙饼、油炸馃子。有时也食大米、稷子和小米,但均制成肉粥,很少吃干饭。肉类以牛羊肉为主。入冬前,要大量宰杀牲畜,将肉冻制或晒干储存。多将肉制成手把肉、灌血肠、熬肉米粥和烤肉串食用。生活在兴安岭原始森林里的鄂温克族,完全以肉类为主食,吃罕达犴肉、鹿肉、熊肉、野猪肉、狍子肉、灰鼠肉和飞龙、野鸡、鱼类等,其中罕达犴、鹿、狍子的肝、肾一般生食,其他部分则要煮食。鱼类多用清炖法制作,只加野葱和盐,讲究原汁原味。生活在农耕兼渔猎地区的鄂温克族以农产品为主食,肉类作副食,日常喜食熊油。鄂温克族以奶茶为主,也饮用面茶、肉茶。传统上用罕达犴骨制成杯子、筷子,鹿角做成酒盅,犴子肚盛水煮肉,桦木、兽皮制成盛器。

节日与礼仪食俗:除春节等节日与附近其他民族相同外,鄂温克族还要在农历五月下旬举行"米调鲁节"。"米调鲁"是欢庆丰收之意。节日期间,牧民们家家都要备下丰盛的酒肉,宴请亲朋好友。鄂温克族十分好客,客至,要用奶茶、酒、肉肴款待。客人落座后,女主人随即端上奶茶,然后煮兽肉,肉煮好后,女主人拿出猎刀切一小块肉投入火堆里,然后再给客人们吃。如果来者是贵客,通常还要献上驯鹿的奶。鄂温克族待客必须有酒,除饮用白酒外,家家都能自酿野果酒。敬酒时主人要高举酒杯先往火中倾注点滴,自己先呷一口再请客人喝。

（六）鄂伦春族饮食风俗

鄂伦春族人口 0.82 万,主要居住在内蒙古自治区呼伦贝尔盟及黑龙江省的大兴安岭林区。

日常食俗:鄂伦春族从事狩猎业、林业,部分兼营农业、采集和捕鱼。过去一直以各种兽肉为主食,一般日食一两餐,用餐时间不固定。冬季在太阳未出前用餐,餐后出猎;夏天则早晨先出猎,猎归后再用早餐。有时在猎区过夜。早晚两餐,均由妇女在家司厨。主食以瘦肉为主。近代鄂伦春族的饮食中多了米面、玉米、土豆等食物。他们食用最多的是狍子,其次是犴子。兽肉食用方法大都习惯于煮、烤和生食肝肾,煮肉时将带骨肉块煮至半熟捞出,用刀割取蘸盐水食用,尤喜食带血筋的肉。食用狍子时,喜欢将煮过的肉及其肝脑切碎拌和,再拌上野猪油和野葱花而食。现在,也常将兽肉切块炒、炸或配以蔬菜制作成菜肴。鄂伦春族一般用晒干法保存猎物。严冬出猎之前,常常喝一碗熊油以增强御寒能力,成年男子好饮酒,多为自制的马奶酒和由外地输入的白酒。

节日与礼仪食俗：鄂伦春族过去崇拜祖先、崇拜自然物，相信万物有灵。每年腊月二十三和春节的早晨，鄂伦春族家庭都要拜火神，向篝火烧香，并扔进一块肉和酒下一杯酒，当客人来拜年时，也要先拜火，然后往火里扔一块肉和一杯酒（多由客人自带）。鄂伦春族待人淳朴、诚恳，有客来，一定盛情招待，若遇猎归，不论是否相识，只要你说想要一点肉，主人均会将猎刀给你，任由割取。鄂伦春人有较多的饮食禁忌，如规定妇女在月经期或产期内，不能吃野兽的头和心脏；不准向"仙人柱"中升起的篝火吐痰、洒水；每次饮食要先敬火神；不许射击正在交配的野兽；猎获鹿、犴、熊或野猪后，开膛时心脏和舌头须连在一起，不肯随便割断；在夫妻丧偶之后，其配偶三年内不能吃犴肠和犴头肉。

（七）赫哲族饮食风俗

赫哲族人口 0.45 万，主要居住在黑龙江省。

日常食俗：赫哲族人主要从事渔、农、猎业生产。曾以鱼、兽肉为主食，后逐渐变为粮与鱼、兽各半，现以粮食为主食。赫哲族人喜食"拉拉饭"（用小米或玉米楂子做成软饭，拌上鱼松或各种动物油）和"莫温古饭"（用鱼或兽肉同小米一起煮熟加盐制成的稀饭）。现在大部分人家均吃馒头、饼、米饭和蔬菜。他们食鱼的方法很多：有的将鱼去掉内脏，用刀划口，加上食盐，再用火炙烤，成熟后抖掉鱼鳞即食；有的将鱼肉串在烤叉上，抹上食盐熏烤食用；还有的将鱼肉制成鱼干，平日食用；他们还以善制鱼松著称，而且每餐均食鱼松；最有特色的要算吃生鱼了，也就是将生鱼肉拌以作料食用。

节日与礼仪食俗：春节时，家家要摆鱼宴，吃大马哈鱼子制成的菜肴，吃饺子和菜拌生鱼，每餐均不能吃剩菜剩饭，要把剩菜饭存起来，待过完春节后再吃。结婚时，新郎要吃猪头、新娘吃猪尾，意为夫唱妻随，并共食面条，表示情意绵绵，白头到老。赫哲族人多喜饮酒，在饮第一口酒前，要用筷头蘸少许酒甩向空中和洒向大地，以示敬祖先和诸神。但不喜欢喝茶，有时也把小米炒焦后沏水喝，或把野玫瑰花和嫩叶以及小柞树的花苞采来晒干沏水当茶喝，但绝大多数一年四季均喜欢喝生凉水。用餐时，晚辈一般不能与长辈同桌，鱼头必须敬给长者，体现对长者的敬重。

二、西北少数民族食俗

西北地区是少数民族生息繁衍的又一古老摇篮。该地区居住着回族、维吾尔族、哈萨克族、东乡族、柯尔克孜族、撒拉族、土族、锡伯族、塔吉克族、乌孜别克族、俄罗斯族、保安族、裕固族、塔塔尔族等。古代生活在西北地区的各民族，虽然活跃在历史舞台上的时间有先后和长短之分,但迄至明清,大多信仰伊斯兰教。由于各地区地域环境不同,各民族从事的生产与经济活动各异,从而导致其经济、文化发展水平的差异和不平衡,并形成各民族各具特色的膳食结构和异彩纷呈的饮食礼仪与风尚。

（一）回族饮食风俗

回族人口981.68万,在宁夏、甘肃、新疆、青海等省区较为集中,全国各地均有分布。

日常食俗:回族主要从事农业,并附带经营牧业和交通运输业,城镇中的回族多经营商业和饮食服务业。受伊斯兰教影响,回民禁食猪、马、驴、骡、狗和一切自死动物、动物血,禁食一切形象丑恶的飞禽走兽。无论牛、羊、骆驼及鸡、鸭,都要经阿訇或做礼拜的人念安拉之名后屠宰,否则不能食用。各地回民的饮食有所不同。如宁夏的回族以米、面为日常主食,而甘肃、青海的回族则以小麦、玉米、青稞、马铃薯为日常主食。常食的面点有馒头、烧锅、花卷、面条、烧卖、包子、烙饼及各种油炸面食。油香、馓子是各地回族喜爱的特殊食品,也是节日馈赠亲友的礼品。肉食以牛、羊肉为主,有的也食骆驼肉,食用各种有鳞鱼。回族讲究饮料,凡是不流的水、不洁净的水不饮用,并喜欢饮茶和以茶待客。回族很注意卫生,凡有条件的地方,饭前饭后都要用流动的水洗手,多数回民不抽烟、不饮酒。

节日与礼仪食俗:民间节日主要有开斋节、古尔邦节、圣纪节。回历十月一日开始为开斋,届时要欢庆三天,家家宰牛、羊等招待亲友庆贺,并要做油香、馓子、油馃等食品。回历十二月十日要过古尔邦节,节日当天不吃早点,到清真寺做过礼拜之后宰牛献牲。宰后的牲畜按传统分成三份,一份施散济贫,一份送亲友,一份留自己食用,但不能出售。回族的筵席讲究各种菜肴的排列,婚宴一般用8～12道菜,忌讳单数。宁夏南部盛行"五罗四海"、"九魁十三花"、"十五月儿圆"等清真筵席套菜。丧葬食俗因地区不同而有所区别。有的地方办丧事三天不动烟火,由附近的亲戚邻居送食,禁止请客,三天后方进行纪念活动。旧时,很多门宦办丧事,送丧后再请送葬人吃晚饭,第四日炸制油香,分送给参加送葬的亲友和邻居表示回谢。七日、四十日、百日、周年、三周年纪念日时要诵经和向众人分发食品。

（二）维吾尔族饮食风俗

维吾尔族人口839.94万,主要居住在新疆。

日常食俗:维吾尔族饮食以粮食为主,主要有小麦、水稻、高粱、玉米、豆类、薯类等,肉类、蔬菜、瓜果为辅。其中以面食为主,喜食牛、羊肉。常食的主食有馕、羊肉抓饭、包子、面条等,烤羊肉串、烤全羊等菜品颇具地方特色。维吾尔族人吃饭时,在地毯或毡子上铺"饭单",饭单多用维吾尔族的木模彩色印花布制作。长者坐在上席,全家共席而坐,饭前饭后必须洗手,洗后只能用手帕或布擦干,忌讳顺手甩水。吃完饭后,由长者做祷告。

节日与礼仪食俗:维吾尔族过古尔邦节时家家户户都要宰羊、煮肉、制作各种糕点、炸油馓子、烤馕等。屠宰的牲畜不能出卖,除将羊皮、羊肠送交清真寺和宗教职业者外,剩余的用作自食和招待客人。男女青年结婚时,由阿訇或伊玛目诵经,将两块干馕沾上盐水,让新郎、新娘当场吃下,表示从此就像馕和盐水一样,同甘共苦,白头到老。婚宴要在地毯上铺上洁白的饭单,最先摆上馕、喜糖、葡萄干、枣、糕点、油炸馓子等,然后再上手抓羊肉、抓饭。如果有客临门,要请客人坐在上席,摆上馕、糕点、冰糖等,夏天还要摆上一些瓜果,给客人上茶水或奶茶。饭前要请客人洗手。吃饭时,客人不可随便拨弄盘中食物,不可随便到锅灶前去,一般不把食物剩在碗中,并应注意不让饭屑落地,如不慎落地,要拾起来放在自己跟前的饭单上。共用一盘吃抓饭时,不可将已抓起来的饭粒再放进盘中。吃饭或与人聚谈时,不可擤鼻涕、吐痰。吃完饭后,由长者领作"都瓦",此时客人不能东张西望或站起,须待主人收拾完食具后,客人才能离席。

(三)哈萨克族饮食风俗

哈萨克族人口125.05万,主要居住在新疆。

日常食俗:哈萨克族主要从事畜牧业,除部分经营农业者已经定居外,大部分牧民仍过着游牧生活。日常食品主要是面类食品,还有牛、羊、马肉,奶油、酥油、奶疙瘩、奶豆腐、酥奶酪等。喜欢将面粉制成油馃子、烤饼、油饼、面片、汤面等,或将肉、酥油、牛奶、大米、面粉调制成各种食品。有时也吃点米饭,习惯上将米饭与羊肉、油、胡萝卜、洋葱等一起制成抓饭。饮料有牛奶、羊奶、马奶子、茶、奶茶。哈萨克族有尊敬老人、热情好客的传统,一般在进餐时让长辈先坐,并把最好的肉让给老人。

节日与礼仪食俗:哈萨克族主要有古尔邦节、肉孜节和那吾热孜节等节日。在那吾热孜节里家家户户都要用肉、大米、小麦、大麦、奶疙瘩等混合煮成"库吉"(稀粥)。哈萨克族热情好客,待人真诚。若有客至,主人均要拿出最好的食品招待。牧民认为:"如果在太阳落山的时候放走客人,是奇耻大辱。"若有贵客,主人先将羊牵到客人面前,并伸出双手对客人说:"请允许吧。"取得客人应诺后,才将羊屠宰。如果客人谦谢,主人便反复说服客人,直到客人默许为止。十分尊贵的客人或许多年未见的亲人到来,除宰羊外,还须宰马,以马肉相待。入餐前,主人用壶提水和脸盆让客人洗手,然后把盛有羊头、后腿、肋肉的盘子放在客人面前,客人要先将羊腮帮的肉割食一块,再割食左边耳朵之后,将羊头回送给主人,大家共餐。食毕大家同时举起双手摸面,做"巴塔(祈祷)"。客人中如果有男有女,一般都要分席。餐后饮茶,也很讲究礼仪。当客人饮茶时,多是女主人跪坐倒茶。在饮食活动中,年轻人平时不准在老人面前饮酒,不准用手乱摸食物,不准坐在装有食物的箱子或其他用具上,不准跨越或踏过餐布。

（四）撒拉族饮食风俗

撒拉族人口 10.45 万,主要居住在青海、甘肃等省。

日常食俗:撒拉族主要从事农业,种植小麦、青稞、荞麦、土豆、蚕豆、豌豆、蔬菜、瓜果等。饲养马、牛、羊、驴、骡、鸡、鸭、兔等。习惯上日食三餐。主食多为面点,如花卷、馒头、烙饼、面片、拉面、擀面、搅团等。所制散饭颇有地方特色,制法是将面粉或豆面徐徐撒入开水里,搅成糊状的面粥。搅团的制法与散饭相同,只是比散饭要稠一些。食用时配以酸菜和蒜泥、辣椒等辛辣作料。撒拉族多由年轻妇女和姑娘专司做饭、端盘子,不与老人、长辈同桌。他们一般喜饮茶、不饮酒。

节日与礼仪食俗:每当古尔邦节来临,撒拉族都要宴请宾客,煮手抓羊肉,炖鸡肉,做糖包、油炸蛋糕、炸馓子,做"比利买海"(用植物油、面粉制成的油搅团)、"木丝日"(一种以油、熟面等为馅的包子)和各种烩菜。在民间,婚丧嫁娶都要炸油香、煮麦仁饭,其间凡参与炸油香、煮麦仁饭的妇女必须要"乎斯里"(即沐浴过)。孩子出满月,主人要拿出核桃、大枣和把薄面片切成正方形或菱形小块油炸成一种名为"古古麻麻"的食品,散发给来祝贺的客人。看望妇女坐月子,要带上比利买海,请产妇滋补身体。在新娘上路之前,女方的家长要用做好的比利买海和上好的茶水招待迎送新娘的客人。为亡人祈祷时要煮麦仁饭。麦仁饭是小麦去皮后与羊(或牛)杂碎及少许豌豆、蚕豆放入大锅里熬煮,成熟后再加一些面粉、盐、花椒粉等制成的像粥似的饭。在食用前,要请全村男女老少自带碗筷来吃,先男人,后妇女,席地而坐,随来随吃,因故不能来的也可让别人带回去。亲友之间往来,一般要互赠焜锅馍、酥盘(一种类似大馒头的蒸馍)、比利买海等。

（五）塔吉克族饮食风俗

塔吉克族人口 4.10 万,主要居住在新疆。

日常食俗:塔吉克族主要从事畜牧业,饲养牛、羊,兼事农业,在山谷里种植青稞、豌豆、小麦等作物,过着半定居、半游牧的生活。日食三餐,主要食品有肉、面、奶。农区以面食为主,牧区以肉食为主。喜将面和奶或米和奶一起制成主食。许多日常食品与维吾尔族相似。塔吉克族的日常饮食,一般注重主食,不太讲究副食,很少吃蔬菜。早餐是奶茶和馕,午餐是面条和奶面糊,晚餐大都吃面条、肉汤加酥油制品。食肉时,喜欢用清水将较大的肉块煮熟,再蘸食盐吃。习惯于饮用奶茶。饮食均由家庭主妇操持。一般男人不需插手。进餐时,在地毯上铺饭单(布餐巾),就餐者围其四周,长辈坐在上座,菜饭按座次先后递送。

　　节日与礼仪食俗：重大节日里塔吉克族家家都要宰牛、宰羊，做各种油炸食品。敬客宰羊时，要把欲宰的羊牵到客人面前，请客人过目后再宰杀。进餐时，主人要先给客人呈上羊头，客人要割下一块肉，再把羊头双手奉还给主人。随后，主人再将一块夹羊尾巴油的羊肝送给客人。接着主人要拿起一把割肉的刀子，刀柄向外送给客人，请一位客人分肉。在主客相互谦让后，一般由有经验的客人分肉，肉分得很均匀，人各一份。进餐的客人中如有男有女，一般要分席就餐。男女定亲时，男方要向女方送羊只、牦牛和金银首饰作为定亲礼。婚礼仪式一般在女方家里举行，双方设宴待客，前来祝贺的亲友都要带羊、食物等作为贺礼。举行结婚仪式由宗教人士诵经主持，然后在新郎、新娘身上撒一些面粉，并由宗教人士将沾盐的肉送给新郎、新娘各一块，表示祝福。

　　（六）东乡族饮食风俗

　　东乡族人口 51.38 万，主要居住在甘肃省。

　　日常食俗：东乡族主要从事农业，作物有小麦、青稞、豆子、谷子、荞麦、土豆、大麻、胡麻、油菜等。牧畜有羊、马、牛等。东乡族日食三餐，每餐不离土豆。土豆既可当菜，又可当饭。煮、烧、烤、炒均可。冬春之际，早餐多吃烧土豆。每年入冬以后，东乡族的家庭主妇，每天早上第一件事，就是把土豆焐在炕洞的烫灰里。焐熟之后，全家围着炕桌吃。也有的将土豆切块入锅，煮至将熟时加青稞面，并把土豆捣碎，再加酸菜、油蒜泥，作为早点。他们喜欢把青稞面、大麦面制成"锅塌"或"琼锅馍"作为主食。夏季，很多东乡族人喜将快熟的青麦穗或青稞穗煮熟，搓干净，再用石磨磨成长"索索"，拌上油辣子、蒜泥和各种炒菜合食。用酸浆水与和田面（青稞、豆子磨成）和匀，做成面疙瘩，是最普通的晚餐。还有的用玉米面、小麦面、豆面等制成散饭、搅团、米面窝窝、荞麦煎饼、羊肉泡馍等。总之，饭菜合一是东乡族饮食的一大特色。他们制作的"栈羊"肉，别具风味，一般是清水下全羊，锅上蒸"发子"，即把羊心、肝、肺切碎，盛入碗内，调以姜米、花椒粉、味精及葱花，放在笼屉上蒸熟。屠宰栈羊吃发子是东乡族改善生活的一种形式。东乡族人喜饮紫阳茶和细毛尖茶；一般每餐离不开茶。一日三餐均在炕上，炕上放一炕桌，全家人都围着炕桌盘膝而坐。媳妇在厨房内吃饭。每一餐必须在长辈动筷后，全家才能进餐。

　　节日与礼仪食俗：每当节庆，都要摆"古隆伊杰"筵，意为"吃面食"。主要面食品有油香、麻贴（一种笼屉里蒸的油花小馒头）、酥馓、馓子等。东乡族所做的油炸食品不仅在节日宴请客人时必备，而且还常作为礼品相互馈赠。在开斋节或平时请阿訇诵经也要制作油炸食品；妇女坐月子，娘家人去看望除要带一种名为仲布拉的面食外，也要带一些油炸食品。在东乡族男人中间，有"吃平伙"的习惯。农闲时一些人凑在一起，选一只月巴羊，在羊主人或茶饭做得好的人家宰羊，整羊下锅，杂碎拌上调料上锅蒸。吃平伙的人先喝茶、吃油饼,待"发子"熟了,一人一碗,而后又在肉汤里揪面片吃,再将煮熟的羊肉分成若干份,每人一份。最后大家摊钱给主人,也可以用东西和粮食折价顶替。东乡族热情好客,待客最隆重的是端全羊,喜欢用鸡待客,一般将鸡分成13块,以鸡尖(鸡尾)为贵,通常要将鸡尖给客人。

（七）柯尔克孜族饮食风俗

柯尔克孜族人口16.08万,主要居住在新疆南部。

日常食俗:柯尔克孜族主要从事畜牧业,饲养马、牛、羊等,兼事农业,以种植青稞、小麦等耐寒作物为主。柯尔克孜族一日三餐,除早餐为馕和茶或奶茶外,午餐和晚餐多以面食、马、牛、羊肉为主。在农区以粮为主,但肉类仍占有很大比重。粮食大都用来磨面做馕、面条、奶皮面片、稀粥、油饼、油馃、馄饨等。日常蔬菜不多,主要为土豆、圆白菜、洋葱等。肉类以做成手抓羊肉、烤肉为主。其次大都做成灌肺、灌肠、油炒肉、肉汤等。柯尔克孜族喜食奶和奶制品,常见的有马奶、牛奶和奶皮、奶油、酸奶、奶饴等。平时喜饮用青稞、麦子或糜子发酵制成的名为牙尔玛的饮料,好饮茯茶,煮沸后加奶和食盐。

节日与礼仪食俗:柯尔克孜族一年之中最大的节日是诺若孜节,类似于汉族的春节,届时家家户户都要把好饭好菜摆好,以示庆祝,并且还要用小麦、青稞等七种以上的粮食做成一种名为"克缺"的食品,预祝在新的一年里饭食丰盛。柯尔克孜族传统的结婚仪式是在女方家里进行。结婚的前一天,新郎要带着宰好的羊或其他牲畜,由亲戚、伴郎等人陪同,骑马送到女方的家里;婚礼前,女方家也要宰牲畜,摆筵席招待亲朋好友。柯尔克孜族好客,凡有来客,不论相识与否,都要热情招待并拿出最好的食品待客。在请客人吃羊肉时,先吃羊尾巴油,然后再吃胛骨和羊头肉,尤以羊头肉待客为尊。客人吃肉前,要先分一些给主人家的妇女和小孩。在吃其他食品时,不要吃光盘中食物,以表示主人待客热情,食品吃不完。忌讳将剩菜剩饭倒在地上,在客人使用的餐具里,不能剩下残羹剩饭。

（八）乌孜别克族饮食风俗

乌孜别克族人口1.24万,主要散居在新疆各地。

日常食俗:乌孜别克族大多从事商业,少部分从事农业、牧业和园艺业。日常饮食以粮食为主,肉类和蔬菜为辅。日食三餐,主食以面米为主。面食以馕最为常见,大米多用来做抓饭。肉食以牛、羊、马肉为主,喜食抓肉、烤肉、土豆炖肉和一种用蛋清、白糖制成的甜食"尼沙拉"。平时多饮奶茶。吃饭时严禁脱帽,不能当着客人的面咳嗽。用餐时,长者居上座,幼者居下,如果家庭人口较多,还分席用餐,一般情况下,妇女和孩子要另设一席。过去许多食物都用手抓食,所以饭前饭后都要洗手。现在除牧区仍然以手抓食外,大多数人都改用筷子和羹匙进餐。

节日与礼仪食俗:乌孜别克族的传统节日与当地其他信奉伊斯兰教民族的节日基本相同,以肉孜节和古尔邦节为一年之中最隆重的节日。过肉孜节前的斋月里成年人都要封斋,吃斋饭时,亲友邻里要互相邀请,如有客至,主人要热情款待。古尔邦节要屠宰牛羊炸油饼、吃手抓肉和抓饭以及民间特有的风味食品"那仁"。年年春季,乌孜别克族还要举行"苏麦莱克"仪式,届时以村为单位,大家自带各种生食品集中在一起,用一大锅熬熟后共餐。

(九)保安族饮食风俗

保安族人口 1.65 万,主要居住在甘肃省。

日常食俗:保安族以农业为主,部分人兼营手工业和牧业,农作物有小麦、大麦、豆类、土豆、荞麦、胡麦等。日常饮食以米、面为主,大多数偏重面食。主要品种有馒头、花卷、煎饼、炕锅馍馍、包子、汤面条、臊子面、凉面、浆水面和捏面筋等。许多杂粮如玉米也多磨成面后食用。小米多用来做稀饭。肉食以牛、羊肉为主,也食鸡、鸭、鱼,一般以手抓羊肉为上品。保安族还将鸽肉稀饭作为体弱、大病初愈的补品。喜饮茶,一般在冬季喝茯茶、砖茶、沱茶,夏季喝陕青茶和春尖。

节日与礼仪食俗:保安族的节日同许多信奉伊斯兰教的民族相同,如开斋节、古尔邦节、圣祀日等,家家都要炸馓子、油馃、蜜圈圈和油香。节日期间,均要宰牛、羊、鸡、鸭。宴请宾客以全羊席最为隆重。男女青年结婚,按习惯由男方家置办酒席宴客,但头三天新娘不吃男方家的饭,而是由娘家送来,以示不忘父母养育之恩。

(十)塔塔尔族饮食风俗

塔塔尔族人口 0.49 万,散居在新疆北部。

日常食俗:塔塔尔族大部分居住在城镇,少数从事畜牧业。习惯日食三餐,中午为正餐,早晚为茶点。日常饮食以面、奶为主,也食大米。塔塔尔族妇女善制各种糕点。常食肉、卡特力特(用牛肉、土豆、大米、鸡蛋、盐、胡椒粉等制成,类似抓饭)、馕、拌面、馅饼、饺子、油煎饼等。喜欢饮用由蜂蜜发酵而成的"克儿西麻",用野葡萄、砂糖和淀粉制成的"克赛勒"。进餐时,每人面前都放一块小手巾,用以擦拭嘴、手并防止食物溅在衣服上。全家人围坐一圈,中间餐桌上放一块餐布,吃饭时习惯用勺子、刀子、叉子,上茶、上饭要先送给长者,再依年龄大小顺序递送。

节日与礼仪食俗:同当地其他信仰伊斯兰教的民族如维吾尔族、哈萨克族等相似。塔塔尔族的"撒班节",有歌舞、摔跤、拔河、赛马等集体活动。最受欢迎的是"赛跳跑"。每个参加者将一个鸡蛋放在匙中衔于口内,鸡蛋不能落地,最先跑到者胜。

(十一)土族饮食风俗

土族人口 24.12 万,主要聚居于青海省的湟水和大通河两岸。

　　日常食俗：土族早期从事畜牧业，后转变为以农业为主，兼事牧业。农作物有青稞、土豆、小麦、大麦、燕麦、蚕豆、豌豆等，普遍饲养马、牛、骡、羊和一些家禽。土族习惯于日食三餐，早餐比较简单，大都以煮土豆或糌粑为主食；午餐比较丰富，有饭有菜，主食为面食，常制成薄饼、花卷或疙瘩、干粮等食用；晚餐常吃面条或面片、面糊糊等。日常菜肴以肉乳制品居多，当地的手抓羊肉是最好的待客和节日食品。喜饮茯茶、酥油茶，还特别喜饮喝用青稞酿成的酩流酒，家家皆能自己酿酒，在酿制时习惯加一种名为羌活的中药，饮时味稍带涩，有散表寒、祛风症的功效。

　　节日与礼仪食俗：过春节时蒸花卷、馒头、炸油饼、盘馓等；端阳节做凉面、凉粉；中秋节做多层大月饼。最大的一个月饼，是赏月时供奉的祭品。十月初一吃饺子，腊月初八最喜用豌豆面做搅团吃，腊月二十三晚上做白面小饼，还要在小饼上刻出菱形的图案，并用麦草编一个草马，专门用来祭灶。土族淳朴好客，民间有"客来了，福来了"的说法。敬客时，首先要敬酥油茶，并摆上一个插有酥油花的炒面盒子，端上一盘大块肥肉，并在肥肉上插一把刀子，然后用系有白羊毛的酒壶为客人斟酒，以示吉祥如意。有的地方客人一到，先敬三杯酒，送客时也敬三杯酒。饮酒时，有边饮边歌的习俗。如不能品酒者，要用中指蘸三滴，对空弹三下也可。

　　（十二）锡伯族饮食风俗

　　锡伯族人口 18.88 万，居住在新疆、辽宁、吉林等省区。

　　日常食俗：锡伯族大多数从事农业，居住在新疆等地的还兼事畜牧业和冬猎。农作物有小麦、玉米、高粱、水稻、谷子、胡麻、豌豆等，家畜有牛、羊、马、鸡、鸭、猪等，并生产各种蔬果。习惯上日食三餐，主食以米、面为主，过去食用高粱米居多。面食以发面饼为主，也吃馍馍、面条和韭菜合子、水饺等。新疆的锡伯族也食用馕、抓饭、奶茶和酥油等。肉食以牛、羊、猪肉为主，普遍忌食狗肉。吃肉时，习惯每人随身携带一把刀子，将肉煮熟后，放入大盘中，自行切割，蘸盐、葱、蒜合成的调料食用。喜食猪血灌肠、猪血。冬季，常捕猎野猪、野鸭、野兔、黄羊等野味，并习惯制作各种腌菜，在夏季制作面酱。过去，锡伯族饮食上有许多讲究，比如经常食的发面饼，上桌时分天、地面，天面必须朝上，地面朝下，切成四瓣摆在桌沿一边。全家进餐按长幼就座，以西为上，父子、翁媳不同桌。吃饭时不许坐门槛或站立行走，禁止用筷子敲打饭桌、饭碗，或把筷子横在碗上。

　　节日与礼仪食俗：锡伯族民间许多传统节日，大都与汉族相同。如春节、清明节、端午节等。每年农历除夕前，家家都要杀猪宰羊，赶做各种年菜、年饼、油炸果子。除夕晚，全家一起动手包饺子，正月初一五更饺子下锅；初二要吃长寿面。新疆的锡伯族把每年农历四月十八日定为西迁节，过西迁节时，家家吃鱼，户户蒸肉，三五成群到野外踏青摆野餐。锡伯族男女青年结婚时，新郎、新娘必须向前来祝贺的亲朋好友敬酒,以表示对客人的答谢。东北的锡伯族,不论谁家宰牛、羊、猪,远亲近邻均可割一些肉拿回家中食用,主人不记账、不收钱。

(十三)俄罗斯族饮食风俗

俄罗斯族人口 1.56 万,主要分布在新疆北部。

日常食俗:俄罗斯族多数从事农业、园艺、养蜂和捕鱼,少数从事畜牧业、狩猎和野生动物养殖。主食为自制的面包,副食多俄式热菜。常食包子、饺子、各式面条和抓饭。喜欢吃黄瓜、西红柿等生菜,还常吃用青西红柿、胡萝卜、黄瓜、圆白菜腌成的酸菜。喜欢喝加有牛肉和土豆的菜汤、白酒、啤酒。

节日与礼仪食俗:俄罗斯族十分重视传统节日,尤以过复活节最为隆重。过年前一周不吃荤。节日里要制作各种糕点、彩蛋。有客人到来,主人要给客人递过一个彩色鸡蛋,并盛情款待。

(十四)裕固族饮食风俗

裕固族人口 1.37 万,主要居住在甘肃省。

日常食俗:裕固族主要从事畜牧业,部分从事农业和狩猎。食物以粮肉为主,蔬菜为辅。民间有一日三茶一饭或两茶一饭的习惯。早晨喝早茶,是将茯茶、砖茶捣碎,放入开水,加姜片、草果、花椒粉煮沸熬酽,再调入酥油、食盐和鲜奶搅匀后饮用。若再加上奶皮、奶疙瘩、炒面、红枣或沙枣就可作早点了。中午要喝午茶,吃炒面、烫面或烙饼。下午依然喝茶,在茶内加酥油、奶,或吃酸奶。晚上为正餐,一般以米面为主,有米饭、面条、面片等。平时喜食牛、羊肉,多制成手抓肉、烤全羊、牛羊背子、焖羊羔肉、炒羊肉片、羊血灌羊盘肠、肉馅灌羊肥肠、熏羊肉条、羊肉干等,也食猪肉、骆驼肉、鸡肉和炒菜。吃牛羊肉时多佐以大蒜、酱油、香醋等。牧民平时很少吃到新鲜蔬菜,多采集野葱、沙葱、野蒜、野韭菜、地卷皮、蘑菇等野生植物为食。奶制品主要用牦牛、黄牛、羊奶为主制成,有甜奶、酸奶、奶皮子、酥油和曲拉等品种。还喜欢在大米饭里、粥里加些蕨麻、葡萄干、红枣,拌上白糖和酥油,或在小米、黄米饭内加羊肉丁、酸奶作为主食。也喜食面片、炸油饼、包子、奶馃子、饺子等。

节日与礼仪食俗:裕固族待客真诚,凡有客来,皆热情招待,有先敬茶后敬酒的习惯,饮酒时有一敬二杯之习。待客和节庆期间,佳肴为牛、羊背子和全羊。

三、中南、西南少数民族食俗

中南、西南是我国少数民族最多的地区,居住的少数民族有藏、苗、彝、壮、布依、侗、瑶、白、土家、哈尼、傣、黎、傈僳、佤、拉祜、水、纳西、景颇、仫佬、羌、布朗、毛南、仡佬、阿昌、普米、怒、德昂、京、独龙、门巴、珞巴、基诺等族。由于各民族所处的地理环境不同,社会经济形态与生产发展水平参差不齐,信仰与社会风俗各异,故这一地区的民族食俗呈现出五彩缤纷的繁盛景象。

（一）藏族饮食风俗

藏族人口541.60万,主要聚居在西藏,还分散居住在青海、甘肃、四川、云南等省。

日常食俗:藏族大部分从事畜牧业,少数从事农业。牲畜主要有藏系绵羊、山羊、牦牛和犏牛。农作物有青稞、豌豆、荞麦、蚕豆、小麦等。大部分藏族日食三餐,但在农忙或劳动强度较大时有日食四餐、五餐、六餐的习惯。藏族一般以糌粑为主食,食用时,要拌上浓茶或奶茶、酥油、奶渣、糖等一起食用。四川一些地区的藏族还常食"足玛"(俗称人参果)、"炸馃子"等。还喜食用小麦、青稞去麸和牛肉、牛骨入锅熬成的粥。青海、甘肃的藏族也食烙薄饼和用沸水加面搅成的"搅团"。还喜食用酥油、红糖和奶渣做成的"推"。藏族过去很少食用蔬菜,副食以牛、羊肉为主,猪肉次之。食用牛、羊肉讲究新鲜。民间吃肉时不用筷子,而是用刀子割食。藏族喜饮奶、酥油茶及青稞酒。

节日与礼仪食俗:藏族普遍信奉藏传佛教。藏历年是最大的节日,届时,家家都要用酥油炸馃子。云南的藏族,除夕家家吃一种类似饺子的面团。在面团里分别包入石子、辣椒、木炭、羊毛,且各有说法。比如吃到包石子的面团,说明在新的一年里他心肠硬;而吃到包羊毛的面团,则表示他心肠软。此外,藏族还要过"雪顿节"(原意为"酸奶宴")、"望果节"、"沐浴节"等节日。吃饭讲究食不满口,嚼不出声,喝不作响,搛食不越盘。

（二）苗族饮食风俗

苗族人口894.01万,主要居住在贵州、云南、湖南、湖北、广西、四川和海南等省、区。

日常食俗:苗族主要从事农业。以大米为主食,喜吃糯食,常将糯米做成糯米粑粑。常食的蔬菜有豆类、瓜类和青菜、萝卜,肉食多为猪、牛、狗、鸡等。四川、云南等地的苗族喜吃狗肉。嗜好酸辣,一些地区"无辣不成菜"。各地苗族普遍喜食酸味菜肴,蔬菜、鸡、鸭、鱼、肉都喜欢腌成酸味食用。苗民好饮酒,其中咂酒别具一格,饮时用竹管插入瓮内,饮者沿酒瓮围成一圈,由长者先饮,再由左而右,依次轮转。酒液吸完后可再冲入饮用水,直至淡而无味为止。

节日与礼仪食俗:苗族过去信仰万物有灵,崇拜自然,供奉祖先。节日较多,除传统年节、祭祀节日外,还有专门与吃有关的节日。如吃鸭节、吃新节、杀鱼节、采茶节等。苗族过节除备酒肉外,还要准备节令食品。如吃鸭节要宰鸭子,用鸭肉和米煮成稀饭食用;在吃新节时,要用新米做饭,新米酿酒,就连菜和鱼都要刚摘、刚出塘的。传统节日以苗年最为隆重。年前,各家各户都要备丰盛的年食,除杀猪、宰羊(牛)外,还要备足糯米酒。年饭丰盛,讲究"七色皆备"、"五味俱全",并用最好的糯米打"年粑"。互相宴请,互相馈赠。苗族民间最大的祭祀活动"吃牯脏"。一般是七年一小祭,十三年一大祭。于农历十月至十一月的乙亥日进行,届时要杀一头牯子牛,跳芦笙舞,祭祀先人。食时邀亲朋共聚一堂,以求增进感情,家庭和睦。糯米饭是苗族节庆、社交活动中的必备食品,在青年男女婚恋过程中作为信物互相馈赠;举行婚礼时,主婚人还要请新郎、新娘吃画有龙凤和奉娃娃图案的糯米粑。无论婚丧嫁娶必须备有酒、酸肉、酸鱼,否则视为失礼。迎接贵客时,苗族人民习惯先请客人饮牛角酒。婚礼上,新娘新郎要喝交杯酒。

(三)彝族饮食风俗

彝族人口776.23万,主要居住在四川、云南、贵州及广西等省区。

日常食俗:彝族主要从事农业,兼事畜牧业,喜种杂粮,主要农作物有玉米、小麦、荞麦、大麦,滇南河谷地区的彝族也广种水稻。彝族以杂粮面、米为主食。早餐多为疙瘩饭,午餐以粑粑作主食,备有酒菜,晚餐也多做疙瘩饭,一菜一汤,配以咸菜。农忙或盖房请人帮忙,晚餐也加酒;肉、煮豆腐、炒盐豆等菜肴。肉食以猪、羊、牛肉为主。主要制成"坨坨肉"、牛汤锅、羊汤锅,或烤羊、烤小猪。蔬菜除鲜食外,大部分都要做成酸菜。彝族日常饮料有酒有茶,以酒待客,民间有"汉人贵茶,彝人贵酒"之说。饮酒时,大家常常席地而坐,围成一个圈,边谈边饮,端着酒杯依次轮饮,称为"转转酒"。且有饮酒不用菜之习。

节日与礼仪食俗:彝族民间传统节日很多,主要有十月年、火把节等。十月年是彝族的传统年,节日里要杀猪、羊,富裕者要杀牛,届时盛装宴饮,访亲问友,并互赠礼品,其礼品多为油煎糯米粑或粑粑,并在上面铺盖四块肥厚的熟腊肉;火把节要杀牛、杀羊,祭祀祖先,有的地区也祭土主,相互宴饮,吃坨坨肉,共祝五谷丰登。

(四)壮族饮食风俗

壮族人口1617.88万,主要居住在广西、云南、广东、湖南,贵州也有分布。

日常食俗:壮族主要从事农业。壮族习惯于日食三餐,有的也吃四餐,即在中、晚餐中间加一小餐。早、午餐比较简单,一般吃稀饭,晚餐为正餐,多吃干饭,菜肴也较为丰富。大米、玉米是壮族的主食。肉食主要为猪、牛、羊、鸡、鸭、鹅等,有些地区还酷爱吃狗肉。壮族多自酿米酒、红薯酒和木薯酒。

节日与礼仪食俗:壮族的节日与汉族有许多相同之处,以春节为重。除夕晚,席中一定要有一只整煮的大公鸡。他们认为,没有鸡不算过年。年初一喝糯米甜酒、吃汤圆,初二以后开始拜年,互赠糍粑、粽子、米花糖等食品。壮族好客,凡有客至,必定热情接待。平时即有相互做客的习惯,比如一家杀猪,均请全村各户来一人,共吃一餐。招待客人的餐桌上务必备酒,方显隆重。敬酒的习俗为"喝交杯",其实并不用杯,而是用白瓷汤匙。两人从酒碗中各舀一匙,相互交饮,眼睛真诚地望着对方。壮族筵席实行男女分席,一般不排座次,不论辈分大小,均可同桌。按规矩,即使是吃奶的婴儿,凡入席即算一座,有一份菜,由家长代为收存,用干净的阔叶片包好带回家,意为平等相待。每次夹菜,都由一席之主先夹最好的送到客人碗碟里,其他人才能下筷。

(五)布依族饮食风俗

布依族人口297.15万,主要居住在贵州、云南、四川等地。

日常食俗:布依族大部分主要从事农业。布依族过去有闲时食二餐、农忙时食三餐的习惯。每日主食多以大米为主,普遍喜食糯米。传统小吃很多,尤其是居住在云南的布依族,善做米线、饵块、豌豆粉、米凉糕等。喜欢吃酸辣食品。酸菜和酸汤几乎每餐必备,尤以妇女最喜食用。还有血豆腐、香肠及用干、鲜笋和各种昆虫加工制作的风味菜肴。大部分布依族都善于制作咸菜、腌肉和豆豉,尤以腌菜"盐酸"更具特色和出名。荤菜中,狗肉、狗灌肠和牛肉汤锅为上肴,并将猪血、肉末加作料煮制成菜作为待客佳肴。布依族喜饮酒,每年秋收之后,家家都要酿制大量的米酒储存起来,以备常年饮用。

节日与礼仪食俗:布依族一年之中最隆重的节日是过大年(即春节),除夕前要杀年猪、舂糯米粑粑、备各种蔬菜。云南的布依族有初一到初三吃素的习惯。四川的布依族每年除夕或初一都必须吃鸡肉稀饭。

年节期间还要举行"跳花会"。"跳花会"是男女青年的社交活动,规模盛大,很多未婚男女青年通过吹木叶、对歌订终身,然后男方便托媒人到女方家说亲。一经定亲后,女方家要请亲朋好友吃定亲酒。婚前两三天要由男方家送半片猪肉、一只公鸡和鸭、一壶水等给女方家,女方家也须杀猪办"嫁女酒"待接亲客人。过去新娘在结婚后须在娘家住一两年后才住夫家。贵州的布依族若遇婚丧嫁娶,喜用黄牛做菜。布依族豪爽好客,每年二月三(或三月十三)枫叶节,很多布依族都用枫香叶等各种植物色素把糯米染成五颜六色,做花糯米饭招待客人和分送给亲朋好友。布依族喜饮酒,更喜以酒待客。若是贵客或至亲如舅父母、姑父母,还要打狗杀鸡款待以表敬意。在贵州望谟一带,每年三月初三,都要杀狗过节。布依族过去信仰原始的自然崇拜,每年节日都要进行祭祀活动,其中祭老人房(寨神)最为隆重,于农历二月选兔日或虎日开祭,各户要奉献鸡蛋和猪肉祭神,祭毕全寨人就地聚餐,以祈望丰收,全寨平安。

(六)侗族饮食风俗

侗族人口296.03万,主要居住在贵州、湖南、广西等省区。

日常食俗：侗族以农业生产为主，兼事林业。侗族一般日食三餐，也有部分地方日食四餐，即两茶两饭。两茶是指侗族民间特有的油茶。四餐之中中间两餐为正餐，以米饭为主食，一般在平坝地区的侗族吃粳米饭，山区多食糯米。侗族口味嗜酸辣，有"侗不离酸"之说。不仅有酸汤，还有用酸汤做成的各种酸菜、酸肉、酸鱼、酸鸡、酸鸭等。腌鱼、腌猪排、腌牛排及腌鸡鸭以筒制为主，酸菜多用坛制。置办酒宴时，以鲜鲤鱼、鲫鱼为贵。节庆活动中吃油茶比较讲究，家里专门备有吃油茶的小碗，并事先切好姜、辣椒等作料，供客人自选。侗族普遍者爱饮酒。

节日与礼仪食俗：侗族传统节日各地日期不一，节日饮食常和宴客活动联系在一起。特别是生诞婚丧之日，都要进行不同规模的宴客活动。广西三江地区侗族民间，婚后妇女头胎儿女诞生，都有以"三朝酒"祝贺之习。祝贺时要置办酒席，特别是要将小孩外祖父母家族的人邀来赴宴，筵席上除备有各种鱼、肉、菜外，还要备有大量的熟鸡蛋和甜酒。敬酒时，主客双方互持杯交手腕而饮，谓之喝"交杯酒"。若双方性别不同，男方先饮，若年龄不同，长者先饮。主客之间，以客为尊。酒后大家才一起吃油茶。孩子周岁时，还要喝对周茶（有的吃周岁酒）。家里来了贵客，通常要用最好的苦酒和腌制多年的酸鱼、酸肉及各种酸菜款待，并有"苦酒酸菜待贵客"之说。民间用鸡、鸭待客时，主人首先要把鸡头、鸭头或鸡爪、鸭蹼敬给客人。到侗族家里做客，食腌鱼时，主人将一堆酸鱼块放入客人碗中，但客人最好不要吃光，留一两块，以示"有吃有余"。

（七）瑶族饮食风俗

瑶族人口263.74万，主要居住在广西、湖南、广东、云南、贵州等省区。

日常食俗：瑶族从事农业，兼事林业和狩猎。瑶族一日三餐，一般为两饭一粥或两粥一饭，农忙季节三餐干饭。过去，瑶族常在米粥或米饭里加玉米、小米、红薯、木薯、芋头、豆角等。有时也单独煮薯类或把稻米、薯类磨成粉做成粑粑吃。常将蔬菜制成干菜或腌菜，肉类也常加工成腊肉和"鲊肉"。住在山里的瑶族，善于捕捉候鸟，并将鸟制成"鸟鲊"。瑶族人喜欢吃虫蛹。一些地区禁食狗肉、母猪肉、老鹰肉、蛇肉、猫肉、黄瓜等。

节日与礼仪食俗：瑶族除过春节、清明节、端午节、中秋节等外，还有自己特有的传统节日，如盘王节、祭春节、达努节、耍歌堂、啪嘎节等。每逢节日，用木甑蒸饭，并要做粑粑。遇有客来，要以酒肉热情款待，有些地方要把鸡冠献给客人。瑶族在向客人敬酒时，一般都由少女举杯齐眉，以表示对客人的尊敬。也有的由德高望重的老人为客人敬酒，被视为大礼。在过山瑶中，喜用油茶敬客，遇有客至，都习惯敬三大碗，称之为"一碗疏、二碗亲、三碗见真心"。盐在瑶族食俗中有特殊的地位，瑶区不产盐，过去瑶族人为了得到盐曾付出过很大代价。盐在瑶族中是请道公、至亲的大礼,俗叫"盐信"。凡接到"盐信"者,无论有多重要的事都得丢开,按时赴约。瑶族祭神,一般用猪、鸡、鸭、蛋、鱼等食品,忌用狗、蛇、猫、蛙肉。

(八)白族饮食风俗

白族人口185.81万,主要居住在云南。

日常食俗:主要从事农业。习惯日食三餐。农忙季节或节庆期间,则多加早点和午点。平坝地区多以大米、小麦为主食,山区多以玉米、洋芋(土豆)、荞麦为主食。主食以蒸制为主,常吃干饭,外出劳动随身携带盒饭,就地冷餐。白族食酸辣麻甜食品,妇女善做腌菜、酱品。肉食以猪肉为主,除鲜食外,还常制成各种腌腊制品。冬天,白族喜欢食用大锅牛肉汤,并加蔓菁、萝卜、葱等一起食用。临水而居的擅长烹制水鲜。白族大都喜欢饮酒喝茶,他们很注重每天清晨和中午两次茶。晨茶又称"早茶"或"清醒茶",人们起床就烤茶,全家成年人都喝;午茶又叫"休息茶"或"解渴茶",内放米花、乳扇,包括小孩均要喝一杯。

节日与礼仪食俗:白族节日饮食有讲究,如年节(春节)家家都要杀猪、磨豆腐、舂饵块和糯米粉。隆重的团年饭在餐桌中央摆一个大的铜火锅,必上猪头肉,周围有八大碗寓意深刻的菜肴。比如藕寓开窍通畅,烧鱼寓富富有余等。大年初一要吃汤圆,有的吃面条,从初一到初五,每天吃什么都有一定的规范。清明节吃凉拌什锦。在其他一些节日里,除要杀猪或宰羊置办酒席外,还要有应时的食品。如三月街要有各种蒸糕、凉粉;清明节要凉拌什锦;端午节包粽子,喝雄黄酒;栽秧会吃栽秧肉、炒蚕豆;六月二十五日火把节吃甜食和各种糖果;中秋节吃白饼、酥饼;尝新节吃掺新米饭等。当白族青年男子向姑娘求恋时,姑娘若同意,要向男方送粑粑;婚礼时新娘要下厨房制作"鱼羹";婚后第一个中秋节新娘要做大面糕。婚礼期间讲究先上茶点,后摆四四如意(即四碟、四盘、四盆、四碗)席。白族好客,无论平时或节日,若有客至都要先奉茶,并且连斟三道,称三道茶。为客人斟茶不能斟满,民间有"酒满敬人,茶满欺人"之说。

(九)土家族饮食风俗

土家族人口802.81万,主要居住在湖南、湖北、四川、贵州四省。

日常食俗:土家族主要从事农业。平时每日三餐,闲时一般吃两餐,农忙时吃四餐。日常主食除米饭外,以包谷饭最为常见。包谷饭是以包谷面为主,适量掺一些大米用鼎罐煮或用木甑蒸制而成。有时也吃豆饭,粑粑、团馓也是土家族季节性的主食。过去红薯在一些地区为主食,现仍是部分地区入冬后的常备食品。土家人特别喜欢吃酸辣味菜肴,几乎餐餐离不开酸菜。豆制品也很常见,如豆腐、豆豉、豆腐乳等。尤其喜食合渣,即将黄豆磨细,浆渣不分,煮沸澄清,加菜叶煮熟即可食用。民间常将豆饭、包谷饭加合渣汤一起食用。土家族还喜食油茶汤。

节日与礼仪食俗：土家族民间很重视传统节日，尤以过年最为隆重。届时家家都要杀年猪、打粑粑、磨豆腐和汤圆面、煮阴米（将糯米蒸熟，染成红、绿色，晾干即成）、做绿豆粉、煮米酒或咂酒等。逢年过节或亲朋临门，餐桌正上方必摆腊肉。土家族十分好客，平时粗茶淡饭，如果有客人来，夏天先让客人喝一碗糯米甜酒，冬天则先吃一碗开水泡团馓，然后再以美酒佳肴款待。一般说请客人吃茶是指吃油茶、阴米或汤圆、荷包蛋等。湖南湘西的土家族待客喜用盖碗肉，即以一片特大的肥膘肉盖住碗口，下面装有精肉和排骨。为表示对客人尊敬和真诚，待客的肉要切成大片，酒要用大碗来装。无论婚丧嫁娶、修房造屋等红白喜事都要置办酒席，一般习惯于每桌九碗菜、七碗或十一碗菜，但无八碗桌、十碗桌。土家族置办酒席分水席（只有一碗水煮肉，其余均为素菜，多系正期前或过后办的席桌）、参席（有海味）、酥扣席（有一碗米面或油炸面而成的酥肉）和五品四衬（四个盘子、五个碗，均为荤菜）。入席时座位分辈分老少，上菜先后有序。土家族的饮酒，特别是在节日或待客时，酒必不可少。其中常见的是用糯米、高粱酿制的甜酒和咂酒，度数不高，味道纯正。祭祖的食品有猪头、团馓、粑粑、鸡鸭和五谷种等。

（十）哈尼族饮食风俗

哈尼族人口 143.97 万，主要居住在云南西南山区。

日常食俗：哈尼族绝大部分从事农业。过去日食两餐。主食是当地产的稻米，玉米为辅。喜欢将大米、玉米制成米饭、粑粑、米线、卷粉和豌豆凉粉等。居住在西双版纳的哈尼族分支僾尼人喜将瘦肉剁细，与大米、姜末、八角面、草果面一起熬粥，并作为主食。哈尼族擅长用当地土特原料腌制咸菜、烹制肉类及各种风味菜肴，每餐都食豆豉。哈尼族有共享猎物的传统，当猎手们捕猎归来，全寨子人都可来分割猎物，各享一份。如果猎物太少，便直接煮好，大家一起分享。哈尼族还喜饮茶、喝酒。

节日与礼仪食俗：哈尼族在一年之中，有过两个年的习惯。一个是十月年，届时家家都要杀一只红公鸡，就地煮食，不得拿入室内，全家每一个成员都得吃上一块鸡肉，准备出嫁的姑娘则不能吃。然后再做三个饭团和一些熟肉献给同氏族中辈分最高的老人。寨子里要举行盛大的街心宴，各家争相献上自己的拿手好菜。另一个是六月年，届时要杀鸡宰羊，举办酒筵。红河地区的哈尼族每年七、八月间，还要举行盛大的喝新谷酒仪式，预祝这一年五谷丰登，人畜平安。届时要捋下新谷百余粒，炸开花，放入酒瓶内泡酒，并备下丰盛的酒菜，请亲朋好友尝新谷酒。当地产的锡制酒具非常精美。在民间不仅有许多酒节，还有许多酒歌。哈尼族好客，若有客至，主人要先敬一碗米酒，三大片肉，称"喝焖锅酒"。待客食品讲究食多量大。在宴饮之时常常酒歌不断。客人离开时，有的还要送上一块大粑粑和一包用芭蕉叶包好的腌肉、酥肉、豆腐圆子等食品。西双版纳的倭尼人,宴请客人有男女分桌之习。按传统习惯,家中分别设有男室、女室。只有男人可以与客人同桌用餐,妇女一般不陪客。进餐时的席位以靠近火塘的一方为首,首席一般由长者坐。在男室进餐,首席由男性长者坐,在女室就餐,首席则由女性长者坐。

（十一）傣族饮食风俗

傣族人口115.90万,居住在云南省。

日常食俗:傣族从事农业。大多有日食两餐的习惯,以大米和糯米为主食。通常是现春现吃,习惯用手捏饭吃。外出劳动者常在野外就餐,用芭蕉叶或竹饭盒盛一团糯米饭,随带盐巴、辣子、酸肉、烧鸡、酱、青苔松等佐食。肉食有猪、牛、鸡、鸭,也喜食鱼虾等水产及昆虫,不食或少食羊肉,善用野生植物调味。傣族人嗜酒好茶,酒的度数不高,是自家酿制的;只喝不加香料的大叶茶,喝时在火上略炒至焦,冲泡而饮,略带烟味。喜嚼食槟榔。

节日与礼仪食俗:傣族过去普遍信仰小乘佛教,重要节日有泼水节、关门节、开门节等。每年傣历六月举行的泼水节是最盛大的节日,届时要赕佛,并大摆筵席,宴请僧侣和亲朋好友。一些节日与汉族大致相同,节日里食用狗肉汤锅、猪肉干巴、腌蛋、干黄鳝等食品。"赶摆黄焖鸡"是西双版纳男女青年以食传言的求恋方式,即姑娘把黄焖的鸡拿到市场上出售,如果买者恰恰是姑娘的意中人,姑娘就会主动拿出凳子,让其坐在自己身旁,通过交谈,如果双方情投意合,两人就端着鸡、拎着凳子到树林里互吐衷情;如买者不是姑娘的意中人,姑娘就会加倍要价。再如"吃小酒",在男女订婚时,男方挑着酒菜去女方家请客,当客人散去后,男方由三个男伴陪同和女方及女方的三个女伴,共摆一桌共饭。"吃小酒"讲吃三道菜:第一道是热的;第二道要盐多;第三道要有甜食。表示火热、深厚和甜蜜。

（十二）黎族饮食风俗

黎族人口124.78万,居住在海南省中南部。

日常食俗:黎族主要从事农业。主食大米,有时也吃一些杂粮。做米饭的方法之一与汉族的焖饭大体相同,另一种是颇具特色的"竹筒饭"。粥是黎族的主食,特别是在夏天,往往一天煮一次供全天食用。黎族经常食用一种"雷公根"的野菜。过去还常食"南杀","南杀"的制法是用螃蟹、田蛙、鱼虾或飞禽走兽等洗净、剖膛、剁块,加盐拌匀后入坛子里封口,置阴湿处或埋于地下,经一月或数月便可取出食用。"祥"是黎族的风味佳肴,有"鱼茶"和"肉茶"两种。鱼茶又分湿鱼茶和干鱼茶。湿鱼茶是鲜鱼块加凉米粉或酒糟腌制而成,干鱼茶是鲜鱼块加炒米腌制而成。肉茶是用畜兽肉制作而成。"祥"只有在节庆或贵客登门时才能吃到。黎族人有爱嚼槟榔的习惯。

节日与礼仪食俗：黎族大多数节日与汉族相同，如春节，与汉族过春节的情形基本一致。过春节前，家家年饭、酿年酒，春"灯叶"（即一种年糕，也吃糯米饼）。有些地区的黎族同胞还包一种没有肉馅的过年粽子。除夕祭祖，吃年饭，喝年酒。初一都要闭门守在家中，初二才出门访亲探友，或上山打猎，或下河摸虾，并举行各种具有民族特色的喜庆活动，直至正月十五才告结束。每年的农历三月三这一天，具有敬老美德的黎族同胞带上自家腌制的山菜、酿好的米酒、做好的糕点去看望寨内有威望的老人；年轻的男子则结伙外出狩猎、打鱼，姑娘们烤鱼、煮饭。

（十三）傈僳族饮食风俗

傈僳族人口 63.49 万，主要居住在云南西北部，四川也有一小部分。

日常食俗：傈僳族主要从事农业。傈僳族习惯于饭菜一锅煮的烹制方法。平时很少单做菜，饭菜合一的粥煮熟后，全家围着火塘就餐。一般用玉米和荞麦煮粥，只有在节日或接待客人时才用大米做粥。有的地区用玉米瓣做成干饭或玉米面饭当主食。荞麦多磨成粉制成荞粑。傈僳族的肉食主要有猪、牛、羊、鸡肉，也有捕猎的麂子、岩羊、山驴、野牛、野兔、野鸡，也食鱼虾。多将肉抹上盐，放入火塘中烧烤后食用。因当地盛产漆油，所有菜肴均用漆油烹制。傈僳族有家家酿酒饮用和喜饮麻籽茶的习惯。麻籽茶洁白，多饮也像饮酒一样能够醉人。在贡山一带的傈僳族，有喝酥油茶的习惯。

节日与礼仪食俗：傈僳族传统节日都和宗教祭礼活动密切相关。民间最大的节日为一年一度的阔什节（年节）。过年节也叫过年日，为祈求五谷丰登，每家都要将第一次春出的籼米粑或糯玉米粑拿出一部分悬于树上做祭供，还要分出一小碗喂狗，因民间传说是狗把五谷带到了人间；有的地方还要把第一次春出的粑粑喂牛，以感谢牛帮助人类耕地。年节的第一天，全家聚餐，并同饮同心酒。收获节大都在每年农历九、十月间举行。收获节最大的活动是家家都酿酒和尝新，有的人家甚至直接到地里一边收获一边煮酒，并伴以歌舞，常常通宵达旦，尽兴方散。傈僳族民间婚丧嫁娶均要宰羊（或牛）杀猪宴客。婚礼之后，新郎、新娘要互换碗筷，表示今后要互敬互爱。傈僳族待客时有一种独特的饮酒方式，两人共捧一碗酒，相互搂着对方的脖子和肩膀，一起张嘴，使酒同时流进主客的嘴里，称"同心酒"，好友见面时常用这种喝法。待客时，不论猪肉、羊肉（或牛肉）都愿一锅同煮。若是有贵宾至，还要煮乳猪招待。待客要吃独品菜，就餐时主客都席地而坐，肉食分吃，剩余的可以带走。

（十四）佤族饮食风俗

佤族人口 39.66 万，居住在云南西南部。

日常食俗：佤族主要从事农业。以大米为主食，西盟地区的佤族喜欢把菜、盐、米一锅煮成较稠的烂饭。其他地区则多干饭。农忙时日食三餐,平时吃两餐。鸡肉粥和茶花稀饭是家常食品的上品。旱稻多用木碓现吃现舂,人人喜食辣椒,民间有"无辣子吃不饱"之说。猪、牛、鸡为主要肉食。此外,也有捕食鼠和昆虫的习惯。佤族普遍喜欢饮酒、喝苦茶。待客以酒为先。敬酒习俗颇多,如主人先自饮一口,以打消客人的各种戒意,然后依次递给客人饮。敬给客人的酒,客人一定要喝,最好喝干,以示坦诚;主客均蹲在地上,主人用右手把酒递给客人,客人用右手接过后先倒在地上一点或用右手把酒弹在地上一点,意为敬祖。然后主客一起喝干。佤族有不知心、不善良者不敬酒的习惯。送子远行或送客离去,主人要用葫芦(盛酒器)盛满酒,先喝一口,接着送到要出行的亲人和客人嘴边,他们必须喝到葫芦见底,以示亲情、友谊永远不忘。喝苦茶要选用大叶粗茶,放入茶缸或砂罐里在火塘上慢慢熬,直到把茶煮透,并使茶水变稠才开始饮用,称为苦茶。佤族男女老少还爱嚼槟榔。

节日与礼仪食俗:佤族过去普遍信奉万物有灵原始教,有部分地区的佤族信奉佛教,差不多所有节日都伴有祭祀活动。传统的祭祀活动除杀鸡和杀猪外,还要进行特有的剽牛。如播种节全寨人聚居在一起进行剽牛。届时由主人持长柄铁剽刺进牛的心脏使其致死,而后把牛肉均分到客户祭祖。牛骨归主人,牛头骨被视为富有的标志。祭祖仪式后,全家吃午餐,开始播种旱谷。"崩南尼"是辞旧迎新的年节,要选在佤历一年最后一月的癸亥日,当夜四更,全寨的头人、青壮年男子,都要集聚到寨王家,并凑钱买猪、鸡各一只宰杀,各家用小篾桌端去一盆糯米饭、一块粑粑等给寨王拜年,祭神灵和祖先。后互赠粑粑,互相祝贺。天亮时祭神树,并开始打猎、捞鱼虾,以求新的一年里交下好运。其他节日如接新水节、取新火、拉木鼓等活动,都要杀鸡、杀猪祭祀。佤族豪爽好客,迎接客人以酒当先,认为无酒不成礼。

(十五)拉祜族饮食风俗

拉祜族人口 45.37 万,居住在云南西南部。

日常食俗:拉祜族主要从事农业。过去有日食两餐的习惯,主食为大米和包谷。喜欢用鸡肉或其他配料加大米或包谷做成稀饭,有瓜菜、菌子、血、肉等各种稀饭,其中鸡肉稀饭为上品。拉祜族习惯将兽肉烤着吃,猎获的野兽肉,有的直接用火烤,有的用芭蕉叶将肉包住埋入火中焖烤。肉食以猪、鸡、牛、羊为主,喜捕食鼠类,忌食狗肉。喜食香麻辣食品,民间有"拉祜的辣子,汉人的酒"的说法。在民间,男女均嗜饮酒,并有在酒和肉上不分彼此的习惯。平时喜饮烤茶。

节日与礼仪食俗:拉祜族有拉祜年、火把节和尝新节等传统节日。其中最隆重的节日是过拉祜年。从秋季开始,拉祜族的男人就开始上山狩猎,准备野味,进入腊月便杀鸡烤肉,除夕晚上舂粑粑。初一凌晨,全寨的年轻人都要背葫芦或抬竹筒,到山泉去抢新水,然后便开始正式过年,喝酒唱歌。一般过年都由初一到初五;初九到十一为小年。据说过小年是专为那些在初一到初五期间不能赶回家乡的亲人预备的,因而小年的活动内容基本与大年相同。大年初一不准外族进寨,进寨住在家里的客人也不准走。在过尝新节时,男女分别在稻田和包谷地里选一些颗粒饱满、成熟较早的稻穗和包谷做新米饭,并以鲜菜瓜果、杀猪煮酒,邀舅舅、叔伯和亲友共同聚餐。若有客至,都要敬酒献茶。献茶时,一般第一碗主人喝,第二碗敬客人,以表示真诚,茶水中无毒,让客人放心。拉祜族青年男女婚嫁当天,男女双方家里都要杀猪,男方要把猪头送到女方家,然后破成两半,一半仍要带回;女方家的猪头也是如此,以表示骨肉至亲、新婚和合。拉祜族过去信仰原始宗教和大乘佛教,每逢节日或过年,家家都要赕佛和敬祖。在各种祭祀活动中,祭品以鸡为主,有时还要杀猪宰羊。

（十六）水族饮食风俗

水族人口 40.69 万,主要居住在贵州,广西也有分布。

日常食俗:水族主要从事农业。日常主食以大米为主,辅以小麦和杂粮。一日三餐都以酸菜汤、辣椒水加萝卜、南瓜和葱蒜为菜肴,有时也磨些豆腐食用。水族喜欢糯米饭、糯米糍粑、汤粑、粽子和用糯米做成的各种油炸食品,并作为馈赠亲友的礼品。还爱吃鱼,也有吃火锅的习惯,方法是将火锅置于铁火架或泥炉上,先将肉类、豆腐、葱、姜、蒜、盐等作料放入锅内煮沸,随吃随加入新鲜蔬菜,另外备有辣椒和作料碟供就餐者选用。水族喜食酸辣和腌鱼、腌肉。

节日与礼仪食俗:端节是民间一年之中最隆重的传统节日。水族有本民族的历法,以农历九月为岁首,每年农历八月下旬至十月上旬(水历十二月至新年二月),每逢"亥日",各村寨轮流"过端"。四乡八寨的亲友以及不认识的人都到"过端"的寨子去做客吃酒。现端节已改为农历十一月的第一个"亥日"举行。按传统习惯,过端节之前一个晚上只能吃素。端节的当天,各户都要盛宴欢庆。来了客人一般都杀鸡宰鸭,如果是贵客到来,还要杀猪上鱼。因猪头和鸡头象征尊贵,在就餐时,鸡头要先敬给客人;猪头是为客人饯行的菜;如果是女客,客人离开时要将事先留下的鸡鸭翅膀、腿和糯米糍粑带走,民间称扎包礼。

（十七）纳西族饮食风俗

纳西族人口 30.88 万,居住在金沙江上游的滇川藏交界地区。

日常食俗:纳西族主要从事农业。日食三餐,早餐一般吃馒头或水焖粑粑(用玉米或青稞面制成),伴以炒洋芋或白菜汤,也有的以茶(或酥油茶)、奶渣、糌粑代饭,午餐和晚餐较为丰富,一般都有一两样炒菜和咸菜、汤等,特别喜食当地回族的牛肉汤锅和干巴。居住在坝区、河谷地带的纳西族以水稻、玉米、小麦为主食,山区则以玉米、小麦、青稞为主食。肉食以猪肉为主,大部分猪肉都做成腌肉,尤以丽江和永宁的琵琶猪最为有名。不食马肉,一般不食狗肉。外出劳动携带麦面粑粑或糌粑等。就餐时围桌而坐,冬天喜移至向阳地方就餐。嗜酒,喜饮酥油茶,喜食酸辣甜食和腌腊食品。

节日与礼仪食俗:纳西族不少节日,如春节、清明、端午、中秋等均与当地汉族大致相同,其中春节是最大的传统节日,并且伴有祭祀活动。届时家家都要宰杀年猪,制作酸肝,酿制米酒。除夕之夜要杀鸡、炖猪头祭灶君和祖先。就餐时,如家里有人外出,在餐桌上也要摆上碗筷,以表示全家团圆。初一早餐禁荤食,初二开始走亲访友,互相拜年,请客吃饭和互赠红糖、红饼、点心等礼物。晚辈给长辈拜年时,要送一圈猪膘肉、两筒茶、一瓶酒、一盒糖,长辈则以酒、茶招待客人。至初五,全村寨男女老幼带活鸡、活鸭、猪膘肉和烟酒到温泉洗浴和野炊。此外,纳西族还有许多祭祀活动。其中最为隆重的是"纳西祭天大",祭天大一般都选在正月上、中旬,届时要选好祭天场,由东巴教掌教人(无掌教人的村寨,推选德高望重的老人)任祭司,并宰杀轮流喂养的祭天猪,各家各户都要捐大麦、小麦用来酿酒,做饵块。祭前要清扫场地,搭棚。砌灶安锅,祭时用全牲大祭,在场者均要洗手执香肃立。祭毕,用猪血灌肠、猪头、内脏烧汤,熟后按户分食。大祭后三天,还要进行以各家各户为单位的小祭。纳西族热情好客,每当猎获归来,凡路遇的行人都可分得一份猎物。贵客临门,主人要做六样或八样菜款待。纳西族男女青年相识后,通过媒人撮合,双方家长合完八字,男方就请媒人送给女方酒一罐、茶二筒、糖四盒或六盒、米二升,有的地方还要加上铊盐两个,以表示山盟海誓,算是订婚,订婚时要摆订婚宴,一般要做十二个菜。菜肴之中要有凉藕、粉丝、百合、丸子,婚礼要进行3～5天,届时男、女双方都要置办酒席。

(十八)景颇族饮食风俗

景颇族人口13.21万,绝大部分居住在云南德宏傣族景颇族自治州。

日常食俗:景颇族主要从事农业。闲时一日两餐,忙时一日三餐。主食大米,喜食干饭和竹筒饭。肉食以猪肉和鸡肉居多。农闲时进行渔猎。肉类食用方法,一是明火烤熟后与野菜一起舂成泥而食,二是烤熟后蘸盐巴、辣椒吃。很多地区平时进餐仍然沿袭无论男女长幼均把饭菜分份进餐,无需桌椅、餐具,饭菜都用芭蕉叶包好,进食时人手一份。无论喝酒喝汤,均就地砍一节竹筒,筒口斜削一刀,随用随丢。景颇族人赶街外出,一般随身携带酒和竹制酒筒,路遇亲朋好友,敬一杯(用酒筒盖),犹如汉族递烟一样。路遇时敬酒,不是接过来就喝,而是先倒回对方的酒筒里一点再喝。景颇族一直保留着"吃白饭"的待客习俗。在日常交往中,无论走到哪一寨、哪一家,都可坐下来吃饭,并不付任何报酬。对于任何一个不相识的人,主人都必须招待饭菜。

节日与礼仪食俗：景颇族最大的活动是"目瑙纵歌"，即景颇族人民驱恶扬善，预祝吉祥幸福的传统节日，一般在农历正月举行，为期2～3天。每次"目瑙"都要杀牛祭祀，然后牛肉大家分食，并伴以歌舞活动。此外还要祭"能尚"宸庙，祭"能尚"每年两次。一次在春播，祭品比较隆重，届时要杀牛、猪、鸡等，以庆贺丰收。景颇的"吃新谷"选在农历八月的一个龙日，届时把新谷炒干、春成米，与老米合在一起做饭，以喻老米、新米持续不断。吃新饭时，要把好吃的饭菜和酒洒到地里一部分，献给地鬼，然后全家共餐。景颇族男女婚恋有以食传言之习。小伙子如爱上某位姑娘，就用树叶包上象征各种爱慕心情的树根、大蒜、火柴、辣椒送给女方，其中辣椒表示爱慕的炽热心情。如女方表示同意，可将原物送回；如表示可以考虑，则加上奶浆草；如不同意，即在原物上加火炭。景颇族坦诚好客，一直保留着"吃白饭"的待客习惯，即无论走到哪一寨、哪一家，都可留下来吃饭，并可以不付任何报酬。

（十九）仫佬族饮食风俗

仫佬族人口20.74万，主要居住在广西。

日常食俗：仫佬族主要从事农业。习惯日食三餐，早餐为粥，午餐吃早餐留下的粥，晚餐才吃米饭和比较丰富的菜肴。农忙时一般午、晚两餐均吃饭。主食以大米为主，红薯、玉米、麦、豆为辅，长于制作腌菜，黄豆多制成豆腐和豆酱。喜欢冷食，饭菜煮熟后，多晾凉了才吃，平时一般喝生水。肉类以猪、鱼、鸡、鸭为主，忌食猫、蛇肉。吃肉习惯于"白余"，鱼类多用油煎，牛肉常作单炒，蔬菜先水煮后再加油盐。仫佬族喜食酸辣。

节日与礼仪食俗：仫佬族过去崇信多神，节日较多。三年一次的"依饭"节较为隆重。依饭节在立冬后的"吉日"举行。其目的主要是向祖先还愿，祈保人畜平安、五谷丰收。常用老姜、鸡蛋、芝麻、黄豆、老公鸡、鱼以及猪的心、肝、肺、肾、肠、肚等十二种食品供祭。每逢节日，除进行各种庆贺活动外，家家要置办丰盛食品。如鸡、鸭、鱼、肉及糯米食品，还要按节令制作不同的节令饭菜。正月十五过小年要捣糍粑；二月春社要包粽子；四月初八要蒸糯米饭；八月十五要做狗（牛）舌粽；十二月二十四要做水圆（汤圆），蒸年糕；大年初一吃水圆，初二开始请客。出了嫁的妇女初二回娘家，并要带猪肉、鸡、鸭腿作为拜年礼品，返回婆家时照例也要带回一些节日食品。糯米制品是各个节日和喜庆日子里的主要食品。仫佬族的祭祀活动多在节日中进行，所用祭品的费用大家平摊，祭祀活动后，祭品按户平分。

（二十）羌族饮食风俗

羌族人口30.61万，主要居住在四川。

日常食俗：羌族以经营农业为主,兼事饲养业。大都日食两餐一点,即吃早饭后出去劳动,要带上玉米馍馍,中午就在地里吃,称为"打尖"。下午收工回家吃晚餐。主食大都离不开面蒸蒸。以玉米、小麦、马铃薯为主食。常年多食用白菜、萝卜叶子泡的酸菜以及青菜做成的腌菜。肉食以牛、羊、猪、鸡为主,兼食鱼和狩猎而获得兽肉。散居在山区的羌族一般不常食新鲜猪肉,都是将猪肉吊在房梁上熏烤制成"猪膘",供平时和节日食用。还有血肠、血馍馍、瓢肚等特色食品。羌族喜饮咂酒。

节日与礼仪食俗：逢年过节、婚丧寿庆,必备美酒。有"无酒不成席,无歌难待客"之谚。结婚叫"做酒",宴客叫"喝酒",重阳节酿制的酒叫重阳酒。无论年节或待客,羌族都以"九"为吉,所以宴席都要摆九大碗。有用鸡头缯上宾的习俗。农历十月初一为羌族年节。年节这天全寨人到"神树林"还愿,焚柏香孝敬祖先和天神,要用荞麦粉做成一种馅为肉丁豆腐的荞面饺,有的还要用面粉做成牛、羊、马、鸡等形状不同的动物作为祭品。次日,设家宴,请出嫁的女儿回娘家,进行各项节日活动。祈祷丰收的祭山会是全村寨的一种祭祀活动,除已婚的妇女不准参加外,全寨的人都要带上酒、肉和馍去赴会。会首由全寨各户轮流担任。届时会首要备好一只黑公羊、一只红公鸡、一坛咂酒、三斤猪肉、一斗青稞、十三斤面做的大馍和香蜡、爆竹、纸钱等,按规定摆好,由"许"(巫师)主持祭祀,祈求天神和山神保佑全寨人寿年丰,并将山羊宰杀后煮熟,连同其他食品分给各户。大家席地而坐,品尝祭祀食品。

(二十一)布朗族饮食风俗

布朗族人口 9.19 万,主要居住在云南。

日常食俗：布朗族主要从事农业。习惯日食三餐,以稻米为主食,辅以玉米、小麦、黄豆、豌豆等杂粮。喜欢用罗锅或土锅焖饭,通常是现焖现吃,尤擅煮竹筒饭。居住在西双版纳的布朗族,中午习惯吃冷饭,并习惯用竹节或芭蕉叶盛饭菜。所食蔬菜,部分仍靠采集。肉类以牛、羊、猪、鸡肉为主,也常捕食野味和昆虫。多以清煮、凉拌法制菜,也常把食物烤着吃。对许多野味、鱼、虾、蟹、蝉、虫等,一般用舂、炸、蒸等法制作。布朗族男女都有嚼烟、嚼槟榔的习惯,一般不吃竹鼠。喜欢饮酒,有"有酒必饮,饮酒必醉"之习。喝茶是另一个爱好,竹筒茶和酸茶是布朗族所特有的。

节日与礼仪食俗：布朗族过去崇拜多神,普遍信仰小乘佛教。最具特色的节祭日有年节、祭寨神、洗牛脚等。过年节在农历清明后十日左右举行,家家都要杀年猪,全寨子要宰牛,妇女们做糯米粑粑;年节的当天,晚辈都必须向家族长拜年,并准备两份糯米粑粑用芭蕉叶包好,每份上面放一对蜡烛、两朵鲜花,其中一份糯米粑粑供奉给祖宗,另一份献给家族长。祭寨神是以树寨为单位的祭祀活动。祭神时,要先杀一只鸡,然后到村寨的四周和寨子中心滴水祭祀,祭祀完毕大家一起欢宴,最后全寨的青年人都去挖竹鼠,并以竹鼠肉敬神,祈祷丰收。每年五月,施甸的布朗族还要过洗牛脚。届时老人和头人头戴斗笠,披蓑衣,手执杨柳、桃枝扎成的扫把,牵着羊,把枝枝红纸小幡插在各家门前,表示祝福。被祝福的户主,应把洁净的水泼在老人和头人的身上,表示洗去牛脚迹,最后把羊牵到寨子外宰杀煮熟共餐。布朗族一对夫妻一般要举行两次婚礼,摆两次婚宴。第一次婚礼是新郎到新娘家同居,由新娘家举办酒席,婚宴前要给每户分送烤猪肉串,以示"骨肉至亲"。同时要请寨子里的孩子吃猪肝饭,表示婚后早生子,然后再办酒席。待生儿育女后,第二次婚礼、酒席在新郎家举办,菜肴一定要成双,以示喜庆吉祥及对新郎、新娘的祝福。

(二十二)毛南族饮食风俗

毛南族人口 10.72 万,主要分布在广西西北部。

日常食俗:毛南族主要从事农业。日常以大米和玉米做成的各种饭为主食,并喜食甜红薯、南瓜等。肉食主要有猪、牛、鸡、鸭等,喜食狗肉,有些地方中元节有杀狗食肉之习。毛南族喜食酸辣食品,有"不吃辣椒上不得高坡"的俗语。大部分人都有吃酸肉的习惯。毛南族一般喜食半生半熟的菜肴,尤其是鸡肴,只是鸭应煮至烂熟,有"鸡生鸭熟"之说;毛南族喜饮酒喝茶,在杀牛时,喜饮牛血。

节日与礼仪食俗:毛南族的节日有祭祖、唱歌对歌两个特点。节日祭祖,一般多用猪、鸡、鸭、牛肉、酒、糯米饭等作祭品。逢年过节、操办喜事,都喜欢做豆腐圆,喜欢用开水涮牛肉待客。民间最大的节日是每年夏至后的分龙节。届时,户户都要蒸五色糯米饭和粉蒸肉,有的还要烤香猪。毛南族也过端午节,民间称为"药节"。过药节时,习惯采艾叶、菖蒲、黄姜、狗屁藤等草药熬水饮汁,或用这些草药剁碎作馅包粽粑可以解毒去病。毛南族成年男子都好喝酒,并有非酒不足以敬客之说。

(二十三)仡佬族饮食风俗

仡佬族人口 57.94 万,大部分居住在贵州,少数居住在广西、云南。

日常食俗:仡佬族主要从事农业。习惯上日食三餐,早餐稀饭或发酵发酸后的肉菜酸汤烫饭,午餐和晚餐多为干饭,即大米饭或玉米饭。仡佬族喜欢糯米食品,糯米一般都用来制作糯米粑。还十分喜食酸辣食品,大都把鲜菜做成酸菜和腌菜再吃。肉类主要有猪肉、羊肉和牛肉、马肉。

节日与礼仪食俗:仡佬族的传统节日大体与汉族相同。如春节、端午节、七月节和中秋节。糯米粑是仡佬族节庆活动中必不可少的食品。亲戚朋友相聚,都要以酒为礼,遇到喜庆或节日,酒必不可少。

（二十四）阿昌族饮食风俗

阿昌族人口 3.39 万,主要居住在云南。

日常食俗:阿昌族以农业为主。日食三餐,以米饭为主食,也常用大米磨粉制成饵丝、米线作为主食。阿昌族喜吃芋头,传说古代庆丰收时,杀狗和吃芋头必不可少。妇女大都会做豆腐、豆粉,常用豌豆做成凉粉食用。肉食主要为猪肉和黄牛肉,喜食蛇肉和狗肉。食用的鱼多为稻田所养,将鲜鱼用油煎或油炸,再加水和酸辣椒煮熟或蒸熟即可。腌制的咸菜、卤腐、豆豉常年必备,餐餐均食。阿昌族喜食酸辣糯香和凉拌食品。酒是常年不断的饮料,妇女常饮用糯米制作的甜酒,成年人和老年人多饮白酒。

节日与礼仪食俗:阿昌族过去普遍信仰小乘佛教。主要宗教节日有关门节、开门节、泼水节等,还有火把节、窝罗节、浇花节等民族传统节日。火把节和窝罗节的规模较大,活动内容较多。火把节于农历六月二十四举行,为祈求五谷丰收,驱虫消灾,要杀猪、宰牛祭祀,届时要熟制火烧生猪肉拌米线给大家分食。入夜后点火把在村寨周围游动。窝罗节于每年农历正月初四举行,以纪念传说中阿昌族的始祖遮帕麻、遮麻为民除害、造福后人的功绩,届时人们要祭献最好的菜肴,然后杀狗吃狗肉和芋头,如果在祭祀的当天能捕到蟒蛇,则认为更吉利。在梁河、陇川一带的阿昌族也有于农历八月十五过尝新节的习惯,节日的当天要到地里拔一蓬籽结得最多的芋头,砍一棵结双穗的玉米,捆在一根竹棍上,摆在屋角,然后舂新米做饭,饭熟后要先盛一碗喂狗,最后全家聚餐。阿昌族男女青年结婚的婚宴首先要请新娘的舅舅坐在上首,并摆上一盘用猪脑拌制的凉菜,酒宴后舅舅要送新娘一条约4.5 千克的带猪尾巴的后腿,称为外家肉,表示新娘永远不忘娘家的养育之恩。

（二十五）普米族饮食风俗

普米族人口 3.36 万,主要居住在云南西北部,四川也有分布。

日常食俗:普米族主要从事农业、兼事林、牧业,辅以采集、狩猎。普米族习惯日食三餐。早餐多吃面食点心,喝酥油茶或盐茶;中午和晚上为正餐,以玉米为主食,也食稻米、小麦、大麦、燕麦、荞麦及蔬果。以猪、牛、羊肉为主要肉食,并能制作酥油、乳饼、奶酪等乳制品。过去有不食狗肉的习惯,近年有所改变,但仍不食花狗肉,也不食马骡肉、水牛肉和驴肉。肉类多煮食或烤食,不习惯炒食。杀年猪时除鲜食外,一般都做猪膘肉,也有将猪肠做成面肠或米肠的。也吃狩猎捕获的黑熊、野猪、獐子、麂子、雉鸡等野味。口味上嗜酸辣甜。普米族每天必喝茶,如果不喝就会坐卧不安,甚至头昏脑涨。一般一天喝三次,早、中、晚各一次,有的人临睡时还要喝一次。茶的种类有酥油茶、化油茶、盐茶和米花茶。普米族也好饮酒,习惯用牛角盛酒或用竹管去吸。

节日与礼仪食俗：普米族过去崇拜多神，敬奉祖先，节日大都与祭祀活动密切相关。如大过年、清明、立夏、端午节、火把节、尝新节等节日。在大过年时，同一民族的各家要祭"锅庄"，杀羊敬祖先。宁蒗地区的普米族在大过年当天，在三角锅庄上供猪头，然后吃团圆饭。有缺员之家，吃饭也要为缺席者摆上碗筷，各种菜都要为缺席者留一点，表示他们也和全家人一起食用。有些菜甚至一直留到缺员归来后才食用。其他一些节日，除必备传统风味食品如粑粑、酒、肉外，还要加上应时的食品。如清明节的凉拌冷菜；立夏的辣蒜腌肉；火把节的饵块和水豆腐；尝新节的新米和荞麦粑等。普米族热情好客，有客来，必用酥油茶、炒面、酒肉盛情招待。主人敬酒，客人喝得越多，越能赢得主人的喜欢和信任。客人离去时，主人有礼物相送，赠给贵客的最好礼物是"四色礼"，即一只鸡腿、一块猪膘肉、一瓶茶叶、一瓶苏里玛酒。

（二十六）怒族饮食风俗

怒族人口 2.88 万，居住在云南。

日常食俗：怒族主要从事农业。习惯日食两餐，以玉米为主食，也食荞麦、稗子、高粱等。玉米常制成爆米花、咕嘟饭（类似玉米面稠糊）、包谷稀饭、包谷粑粑、石板粑粑等，以石板粑粑最有特色，是用石板锅烙制而成的。少数信奉喇嘛教的怒族也吃酥油糌粑。常见的蔬菜有青菜、白菜、萝卜、瓜、豆、辣椒等，也采食野菜。肉类主要有牛、猪、鸡、羊，常捕鱼和打猎。怒族食用狗肉者不普遍。儿童还要禁食熊、虎、豺肉，禁食鸡爪、鸡血，妇女在 40 岁前不吃心肺。喜食漆油，常用漆油焖鸡、烤羊肉。怒族口味以酸辣为主，嗜酒、喜喝漆油茶。不论男女，都能饮酒，而且饮酒必歌，每饮必醉。自古便有以蜜代糖的习惯。

节日与礼仪食俗：怒族传统节日有过年、鲜花节和祭谷神节、祭山林节，其中以过年的节日气氛最浓。每到腊月末，家家都要清扫庭院，除净火塘中的余灰，并用松枝装饰门面，地上及炊具餐具、各种器皿铺上一层绿松毛，象征去旧迎新。除夕之夜，家家要吃团圆饭。初一凌晨，年轻的小伙子要抢先去井里打吉祥水，并给长辈拜年请安，长辈要拿出酒、油茶、麻花等招待。过年期间，杀猪宰羊，要相互送礼，邀乡里亲朋好友，共同聚餐，酒菜丰盛，情趣盎然。其他节日，除必备酒外，还备有一些应时食品。如在祭谷神节时要将所有的饭、剁碎的肉在簸箕内拌匀，一起用手抓着吃。婚筵是所有礼仪中宴请规模最大的筵席。婚前新郎要带猪肉、米等物去岳父家帮助砍柴和耕地，然后才能举行婚筵，婚筵时不但酒肉要丰盛，场地也要布置一新。怒族好客，客人来访时，全寨都要献出最好的野味。主妇要烹制佳肴款待，并送上中间夹煎鸡蛋或烤猪肉的两块石板粑粑。两块粑粑象征夫妻二人，中间夹鸡蛋或肉象征有兴旺的后代。并有主客同饮"同心酒"的习俗。

（二十七）德昂族饮食风俗

德昂族人口 1.79 万，居住在云南。

日常食俗：德昂族主要从事农业。绝大多数以大米为主食，部分地区杂以包谷和薯类。多蒸焖而食，擅长制作豌豆粉、豆腐、米粉、年糕、粑粑、汤圆等粮食制品。蔬菜种类繁多，四季常食竹笋。竹笋除鲜吃外，多加工成酸笋或干笋食用。其他蔬菜常配以酸笋，煮炖成又酸又靶的酸靶菜。或加油、豆豉、盐制成杂熬菜。炖鸡、炒肉或烹鱼时也要加酸笋调味。德昂族以酸辣甜为主要食品风味，喜饮酒喝茶，嚼烟草、沙基（石灰）、芦子。既饮香茶，也饮酸茶。制酸茶时在茶叶中加少许槟榔，放入大竹筒内压实，密封筒口，存放一至两个月，发酵后取出入嘴细嚼，味酸涩，能生津解渴、清热消食。

节日与礼仪食俗：德昂族大部分信奉小乘佛教，大多数村寨都有佛寺和小和尚，所有小和尚的斋饭由全寨人轮流布施。在部分德昂族中，过去一直有见杀不吃、闻声不吃的习惯。新中国成立后，这种情况才有所改变。民间传统节日大都与佛教活动有关，如泼水节、关门节、开门节、烧白柴等节日，都要敬佛；每逢节日，民间相互宴请成俗，不论酒席宴上菜肴多少，均要有一碗用新鲜蔬菜白煮的素菜，食用时蘸辣椒水吃，别具风格。

（二十八）京族饮食风俗

京族人口 2.25 万，居住在广西。

日常食俗：京族以海上捕鱼为主业，也从事小规模的农业。大部分地区习惯日食三餐，居住在沥尾的京族一般习惯日食两餐，早餐多选在上午十一点左右，直到入夜后才吃晚餐。京族以前常以玉米、红薯、芋头加少量大米煮粥作为主食，只有出海捕鱼或秋收时才吃干饭。现在稻米已成为京族的主食。稻米除用来做米饭外，还常磨粉做成"风吹糙"（用大米粉制成约 33cm 直径的薄圆饼，撒上芝麻晒干，在炭火上烤至香脆而成）和"糙丝"（用大米粉制成的粉条）。日常菜肴以鱼虾为主，常用鱼虾做成鱼汁，作为每餐不离的调味品。猪、鸡也是日常主要肉食。

节日与礼仪食俗：京族最隆重的节日是"唱哈节"。每年哈节，由村里人轮流做"哈头"（哈节中主持唱歌娱乐的人），并由"哈头"出一头肥猪，办一桌席，准备八大碗菜肴，就餐的人还自带各式各样酒肉参加。在宴会上轮流唱歌，妇女只能听唱，不能入席。过春节时，家家均要用糯米粉包糖心制成"白薯糙"，年初一早餐不吃荤不喝酒，只吃糖粥、粽粑和白薯糙。端午节全家吃糯米粽和雄黄酒；中秋节除做糯米饭、糯米糖粥外，还要购买猪肉和月饼全家吃团圆饭。京族男女青年订婚，男方要用一定数量的猪肉、糕饼等作为礼品送给女方，贫穷之家也要送少量的糖、糯米、茶叶、糕饼作为订婚礼。结婚时,男方要备五十公斤猪肉、二百提酒(每提等于200克)、七斗米及其他礼品,送给女方。婚后三天,新娘"回潮",夫妻俩将带自家染红的糯米饭两托盘(约三公斤)、猪肉两块、鸡两只回娘家谢拜岳父母,婚礼才算结束。

(二十九)独龙族饮食风俗

独龙族人口 0.74 万,居住在云南。

日常食俗:独龙族主要从事农业。习惯日食两餐,早餐一般都是青稞炒面或烧烤洋芋;晚餐则以玉米、稻米或小米做成的饭为主,有时也用各种野生植物的块根磨成淀粉,做成糕饼或粥食用。民间现在仍保留着许多古朴的烹调方法,其中最常见的是用一种特制的石板锅烙制食品。如烙制石板粑粑时,多选用阿吞或董棕树淀粉,用鸟蛋和成糊状,然后倒在烧热的石板锅上;随烙随食,别具风味。独龙族常吃的蔬菜,既有自种的洋芋、豆荚、瓜类,也有采集的竹笋、竹叶菜及各种菌类,配上辣椒、野蒜、食盐后一锅煮熟而食。冬季是狩猎的旺季,猎获的野牛是冬季的主要肉食。独龙族还喜欢吃鱼、蜂蛹,常以蜂蜜代糖,喜食麻辣、酥脆食品,嗜饮酒、茶。无论饮酒、吃饭和吃肉,家庭内部均由主妇分食。客人来临也平均分给一份。一般每个家庭都有数个火塘,每个子女结婚后便增加一个火塘,做饭由各个火塘轮流承担。

节庆与礼仪食俗:独龙语称年节为"卡雀哇",年节在每年冬腊月的某一天举行。节期的长短常常以食物准备的多少而定,一般为 2～5 天。年节期间最隆重的祭祀活动是"剽牛祭天"。牛被刺死后,切割成块,用大锅煮食。节日期间所有的人都要以家族为单位,互相问候,共同祝贺。独龙族民间互相邀请的方式十分独特,通常用一块木片做请柬,木片上刻有几道缺口就表示几天后举行宴会。被邀请的客人要携带各种食品以表示答谢。客人进入寨门后,先与主人共饮一筒酒,然后落座聚餐,并观赏歌舞助兴。有的寨子在宴请的第二天,还要举行射猎庆典。独龙族婚宴时多以杀猪、杀鸡置酒待客。婚后每当妇女生一个孩子,女婿都要送岳父一头牛或一件其他东西如铁锅,一把刀等表示感谢。独龙族性情淳厚,即使路上相逢,也要置酒相待,认为有饭不给客人吃,天黑不留客人住,是一种见不得人的事。

(三十)门巴族饮食风俗

门巴族人口 0.89 万,居住在西藏。

日常食俗:门巴族大部分从事农业,兼事狩猎。食用的粮食有稻谷、鸡爪谷、玉米、青稞、高粱等。肉类以牦牛、黄牛肉居多,也食猪肉和羊肉及猎获的野生动物,食用方法习惯于炖制或制成肉干。过去有些地区以采集野生棕榈类植物"达谢"等作为蔬菜,种植的蔬菜有南瓜、黄瓜、白菜、西红柿、洋白菜、辣椒、韭菜等品种。门巴族善用鸡爪谷、玉米、高粱等粮食酿酒。老人在与藏族交往时也常饮用酥油茶和青稞酒。狩猎时自愿结伙,公推首领,首先击中猎物者,在分肉时要分得双份,其余人均一份。狩猎结束后,将肉割好,烤熟背回。若猎物很多,则点火为号,召集村民接应,进村后要将多余的猎物分给村人或共同聚餐。如果在归途中遇见行人,无论相识与否,均赠一份猎物,认为这样下次狩猎才有好运气。

节日与礼仪食俗:门巴族的节日与藏族相同,节日期间要杀牛宰羊,置办酒菜,宴请宾客。若有客人来,全家人携酒到村口为客人洗尘,并做好米饭、炖肉款待。宴请客人时,主妇要站立一旁,为客人斟酒,并保证客人的酒杯总是满的,客人喝醉了,主人会很高兴。客人离别时,主人要执酒送到村外。门巴族婚礼前,新郎一方要带几竹筒酒上路迎亲,新娘途中要喝三次酒。新娘进屋后,新郎家要摆酒肉和油饼款待客人,届时新娘的舅舅要故意刁难新郎家,以考验男方的诚意。新郎家要献哈达、赔话,不断增加酒肉,直到舅舅满意后,才能开怀畅饮。婚宴上,新郎、新娘要轮流给客人敬酒,客人还要求新郎、新娘互敬对饮,并让他们当众比试谁喝得快,谁先喝完就喻示着今后谁当家。

(三十一)珞巴族饮食风俗

珞巴族人口 0.29 万,居住在西藏。

日常食俗:珞巴族主要从事农业。日常饮食及食品制作方法,基本上与藏族农区相同。珞巴族食用青稞、小麦、玉米、水稻、荞麦、高粱等粮食,肉食主要为牛、犏牛、猪、羊、鸡等,也常食猎物。喜食烤肉、干肉、奶渣、荞麦饼,尤其喜欢食用用粟米搅煮的饭坨,并喜以辣椒佐餐。蔬菜有白菜、油菜、南瓜、芜菁和土豆等。普遍嗜酒,除饮用青稞酒外,还常饮用玉米酒。狩猎活动一般集体进行,猎获物一律平分。

节日与礼仪食俗:珞巴族的节日和祭祀活动与藏族大致相同。希蒙的珞巴族称年节为"调更谷乳术"节,届时要把宰杀的猪、牛、羊肉连皮切成块,分送给同族的人。一些地方还保留有"氏族集合"的古老习俗。过节时,村落的住户要自带酒肉欢聚,全村男女老少席地围坐,饮酒吃肉,笑语欢歌,进行各种娱乐活动。在客人吃饭前,主人要先饮一杯酒,先吃一口饭,以表示食物无毒和对客人的真诚。

(三十二)基诺族饮食风俗

基诺族人口 2.09 万,居住在云南。

日常食俗:基诺族主要从事农业。习惯于日食三餐,以大米为日常主食,杂以玉米、瓜豆等。基诺族吃大米讲究吃好米、新米,陈仓米多用来喂养家畜或做烤酒。玉米侧重于吃青。早餐通常把糯米饭用手捏成团吃,午餐多把米饭用芭蕉叶包好带到地里随时加盐和辣椒食用,也有的把米带上山,就地砍竹筒,采集野菜,把米和菜放在竹筒里煮熟而食。晚餐除主食米饭外,还备有一些菜肴,既有自种的蔬菜,也有采集、猎获的山菜野味。家养的畜禽只在婚丧礼祭时才能宰杀。基诺族喜好饮酒,民间有不可一日无酒之说;也爱饮茶,多喜喝老叶茶,喝茶时一般都将老叶揉炒后放入茶罐加水煮至汤浓方饮。在毛俄、茄玛等寨的部分基诺族妇女中,有食一种当地特有的胶泥的习惯,有的老年妇女甚至食土成癖,一日不食就有不适。

节日与礼仪食俗:基诺族传统节日以过年为重,具体时间由各村寨自定,但多在农历腊月间进行。过年或祭祀时,家家都要宰杀畜禽置酒备肉,以传统的剽牛活动最为隆重。基诺族待客真诚,在民间一直保留着"生分熟吃"的习俗,即捕获到猎物之后,凡是见到捕获者的人,生的均可分一份,熟的都可以去吃,直到吃完为止。饮酒的时候,只要客人不放杯,主人一定要奉陪到底。在民间有以酒代罚之习,凡违反村规寨法或做错事的人,一般要罚十碗酒,重者要罚当事人两头猪以及一定的大米和酒,请全村老少吃一顿。

四、华东少数民族食俗

华东居住着高山族、畲族等少数民族。

(一)畲族饮食风俗

畲族人口 70.96 万,主要聚居在浙江,分散居住在福建、江西、广东、安徽等省。

日常食俗:畲族主要从事农业。日常主食以米饭为主,还有以稻米制成的各种糕点,常统称为"粿"。番薯也是畲族的主食之一。除直接煮食外,大都是先刨成丝,洗去淀粉,晒干踏实于仓或桶内,供全年食用;也有先将番薯煮熟,切成条晒成八成干长期存放,作干粮用;也有的人把番薯切片煮制后捞出风干或晒干,再用沙炒或油炸作为节日用和招待客人用;也可制成粉丝,作点心或菜肴用。畲族人大都喜食热菜,一般家家都备有火锅,以便边煮边吃。除常见的蔬菜外,豆腐也经常食用,还有用辣椒、萝卜、芋头、鲜笋和姜做成的卤咸菜。肉食最多的是猪肉,鸡、鸭也较多,也有少量的牛、羊、兔等。畲族喜饮自产的烘青茶。

节日与礼祭食俗:畲族在节日期间除酒肉必不可少外,每个节日吃什么都有一定的传统习惯。如三月三吃乌饭,清明节吃清明粿,端午节包粽子等,但不论过什么节日都要做糍粑。成年人过生日除杀鸡、宰鸭外,也要做糍粑。祭祖时要以两杯酒、一杯茶、三荤三素六碗菜,加上不同时节的粿。畲族婚礼别具情趣,届期新郎由岳家亲迎,岳家款以饭。就餐时,餐桌上不陈一物,必俟新郎一一指名歌之,如要筷子则唱《筷歌》,要酒则唱《酒歌》,司厨也要以歌相和,其物应声而出,席毕新郎还需把餐桌上的东西一件件唱回去。如果有客人到来,都要先敬茶,一般要喝两道。客人只要接过主人的茶,就必须喝第二碗。如果客人口很渴,可以事先说明,直至喝到满意为止。

（二）高山族饮食风俗

高山族人口 0.45 万,主要居住在中国台湾,一部分居住在福建。

日常食俗:高山族主要从事农业,兼事狩猎和采集。以谷类和薯类为主食,除高山族中的雅美人和布农人之外,其他几个族群都以稻米为日常主食,以薯类和杂粮为辅。雅美人以芋头、小米和鱼为主食,布农人以小米、玉米和薯类为主食。高山族食用的蔬菜主要靠种植,少量依靠采集。常见的有南瓜、韭菜、萝卜、白菜、土豆、豆类、辣椒、姜和各种山笋野菜。高山族普遍爱吃姜,有的直接用姜蘸盐当菜,有的用盐加辣椒腌制。肉类主要为猪、牛、鸡,在很多地区捕鱼和狩猎也是日常肉食的一种补充,特别是居住在山林里的高山族,捕获的猎物几乎是肉食的主要来源。高山族过去一般不喝开水,也没有饮茶的习惯。泰雅人喜欢用生姜或辣椒泡的凉水作为饮料。过去在上山狩猎时,还有饮兽血之习。不论男女,都喜欢饮酒。

节日与礼仪食俗:高山族性格豪爽热情,喜在节日或喜庆的日子里举行宴请和歌舞集合。每逢节日,均要杀猪、宰老牛,置酒摆宴。

复习思考题四

1. 什么是饮食民俗?

2. 试述中国主要传统节日的食俗。

3. 节日食俗有哪些文化特征?

4. 中国的餐制是怎样发展的?居民的食物结构有何特点?

5. 诞生礼食俗主要有哪些内容?

6. 婚事食俗的主要内容是什么?

7. 寿庆食俗的主要内容是什么?

8. 丧事食俗的主要内容是什么?

9. 什么是宗教?宗教信仰食俗有哪些特性?

10. 试述佛教食俗。

11. 试述伊斯兰教食俗。

12. 试述基督教食俗。

13. 试述道教食俗。

14. 结合生活实际谈谈哪些食俗是积极健康,需要提倡的?

第五章

中国饮食礼仪

学习目的

1. 了解中国饮食礼仪的起源。

2. 理解中国封建制时代饮食礼仪的基本内容。

3. 掌握现代中国宴席礼仪的内容。

本章概要

本章主要讲述礼的起源与作用,先秦时代的饮食礼仪;分餐与合食、筵宴座次及进饮食礼仪仪等封建制时代的饮食礼仪;座次、餐桌排列及宴席上的礼仪等现代筵宴礼仪。

第一节　先秦时代的饮食礼仪

一、礼的起源与作用

(一)礼的起源

中国向有"礼仪之邦"之誉。在中国古代社会里,上至朝廷的军国大政,下至民间的日常饮食,均是在礼的规范下进行的。曾有学者认为礼与中国文化同义。正如冯天瑜先生所言:"从一定意义言之,一部中国文化史,即是一部礼的发生、发展史。"(冯天瑜《中华元典精神》,上海人民出版社 1994 年版)关于礼的起源,有"礼源于宗教"、"礼源于对人的欲望的抑制"、"礼源于商品交换"、"礼以义起"、"礼生于理,起于俗"、"礼源于人性"等多种观点。但导致礼的雏形出现的直接因素,当在于人们的饮食行为。

儒家经典《礼记》认为,礼发轫于饮食活动。《礼记·礼运》说:"夫礼之初,始诸饮食。其燔黍捭豚,汙尊而抔饮,蒉桴而土鼓,犹若可以致其敬于鬼神。"这就是说,礼,最初产生于人们的饮食活动,始于对鬼神的祭祀。中国先民是按照人要吃饭穿衣的观念来构想诸神灵界生活的,以为祭祀就是让神吃喝,神吃好以后才能保证大家平安。《周易·序卦传》也讲:"物畜然后有礼。"可见,原始礼仪是在人们的食物丰富之后,再从人们的饮食习惯开始的。

"礼"字的原意是把食品放在豆这一食器里供奉给神的意思。正如王国维在《观堂集林·释礼》中所说:"盛玉以奉神人之器谓之丰,推之而奉神人之酒醴亦谓之醴,又推之,而奉神人之事通谓之礼。"又如古代的"乡"(乡)字。本来"乡"同"饗",甲骨文和金文中只有"乡"字,其含义为乡人共食。后来才把在一块共食的人群称作"乡",也即推演为乡党、乡里的"乡"。由此可以看出,《周礼》中的"乡饮酒礼"当是从原始社会的聚餐饮食活动中演化生成而来的。

（二）礼的作用

礼的主旨是充分承认存在于社会各阶层的亲疏、尊卑、长幼分异的合理性,认为这种分异就是理想的社会秩序,为了使这种秩序得以维护,就必须使贵贱、尊卑、长幼各有其特殊的行为规范。

礼的作用是把人与人、群体与群体之间的区别表现出来。凡同层同等之人礼数相同,有相同的权利和义务,不同等人之间在权利、义务上有所不同。礼就是要标明这种差异,使各等之人按适合自己所属之等的礼数去做事、去生活。每个人都严格地遵循由自己的社会地位所决定的礼仪规范,就是对现存社会制度最好的维护,这就是"行礼"。饮食是人们每天都离不开的行为,因此也就有种种的礼仪规范。

二、饮食方式

商周时期,人们在进食时实行的是分食制。分食制的历史可以上溯到远古时期。在原始社会里,人们遵循的是对财物共同占有、平均分配的原则。当时,氏族内食物是公有的,食物煮熟以后,按人数平均分配。那时,既无厨房饭厅,也没有饭桌,人们均围在火塘旁进餐。分食制一直沿袭了很长时期,商周乃至汉唐仍盛行分食制。这不仅与远古社会平均分食的饮食传统有关,而且与合食所需的新家具、肴馔品种的发展等因素有关。

先秦时期，人们习惯于席地而坐，席地而食，或凭俎案而食。这与当时无桌椅板凳以及大多数房屋较为低矮窄小有关。商代以后，无论是王府还是贫苦人家，室内都铺席，但席的种类却有区别。贵族之家除用竹、苇织席外，还有的铺兰席、桂席、苏熏席等，王公之家则铺用更华贵的象牙席。铺席多少也有讲究，西周礼制规定天子用席五重，诸侯三重，大夫两重。后来，有关用席的等级意识逐渐淡化，住房内只铺席一重，稍讲究一点的，再在席上铺一重，谓之"重席"。下面的一块尺寸较大，称为"筵"，上面的一块略小，称为"席"，合称为"筵席"。筵席本是铺在地上的坐垫，后因人们常在其上进行饮食活动，逐渐演变成酒席的代名词。

席地而食也有一定的礼节，如坐席要讲席次，主人或贵宾坐首席，称"席尊"、"席首"，余者按身份、等级依次而坐；坐席要有坐姿，要求双膝着地，臀部压在足后跟上；若坐席双方彼此敬仰，就把腰伸直，称之为跪或跽；坐席是不能随随便便的，坐时不要两腿分开平伸向前，上身与腿成直角，形如簸箕，这是一种不拘礼节、很不礼貌的坐姿。

商周时期，人们的进食方式可以说是手抓与用筷子、匙叉进食并存。

三、饮食上等级森严

先秦时各阶层的饮食有明显的等级差别，周代时，"鼎"是代表人们身份之物，西周就对其使用作了明确规定，身份不同，用鼎的数量也不同。天子用九鼎，鼎实为牛、羊、猪、鱼、腊、肠胃、肤、鲜鱼、鲜腊，称太牢。诸侯用七鼎，鼎实为牛、羊、猪、鱼、腊、肠胃、肤，称大牢。大夫用五鼎，鼎实为羊、猪、鱼、腊、肠胃，称少牢。士用三鼎，鼎实为猪、鱼、腊。

周代筵宴上饮食可分为四部分，分别为饭、膳、羞、饮。饭是主食，盛在簋、簠或盨中。但这些都是大件容器，食用时还要用匕盛在碗中。膳为用"六畜"之肉烹制的主菜，一般置于鼎中。羞指众多的小菜和多样化的食品，一般装入豆中。饮则为酒等饮料的总称，饮用时用勺盛入酒具，如觥、爵、瓠、觯。

按照周礼，各等级的人食有常式不许僭越。《周礼》记周天子便宴："食用六谷，膳用六牲，饮用六清，羞用百有二十品，珍用八物，酱用百有二十瓮。"《仪礼·公食大夫礼》记诸侯招待应聘上大夫的宴会是八豆、八簋、六铏、九俎，外加雉、兔、鹑、鴽四种野味；招待下大夫则为六豆、六簋、四铏、七俎而无野味。一般说只有贵族、统治者才能经常吃肉，平民庶人被称为蔬食者。至于奴隶，大多连脱粟米饭都吃不上，只能食"犬彘之食"。孟子为其"仁政"描绘的蓝图是："五亩之宅，树之以桑，五十者可以衣帛矣。鸡豚狗彘之畜，无失其时，七十者可以食肉矣。"到了"仁政"社会，七十岁的老人可以吃肉；"人生七十古来稀"，"仁政"又难得，可以想见黎民百姓是几乎与肉无缘的。

四、宴礼与餐前祭祀

《仪礼》和《礼记》中所记述的"乡饮酒礼"主要发生在西周乡民之间,王公贵族的宴席则有"燕礼"和"公食大夫礼"。"燕"通"宴",因此《仪礼》与《礼记》中的"燕礼"即"宴礼"。

"燕礼"就是国君宴请群臣之礼。《礼记·燕义》中讲:"献君,君举旅行酬,而后献卿;卿举旅行酬,而后献大夫;大夫举旅行酬,而后献士;士举旅行酬,而后献庶子。俎、豆、牲、体、荐、羞,皆有等差,所以明贵贱也。"这段话是说,饮酒时,宰夫(宴会主持人)先敬国君,国君饮后举杯向在座的来宾劝饮;然后宰夫向大夫献酒,大夫饮后也举杯劝饮;然后宰夫又向士献酒,士饮后也举杯劝饮;最后宰夫向庶子献酒。燕礼中应用的餐具饮器、食物点心、果品酱醋之类,均因地位的不同而有差别。由此可见,燕礼中尊卑差别十分明显。

西周时,"燕礼"往往与"射礼"联合举行,先行"燕礼",而后行"射礼"。西周初年以武立国,十分注重射礼。《礼记·射义》云:"古者诸侯之射也,必先行燕礼。"射礼是在宴饮后比赛射箭,"燕射礼"主要行于诸侯与宴请的卿大夫之间,其具体礼仪可以在《仪礼·大射》中看到。西周贵族们行"燕射礼"的场面,在《诗经》中也有一些描写,其中以《诗经·小雅·宾之初筵》所描写的最为形象、精彩。诗中描述了西周幽王宴会大臣贵族的情形,展示了西周王室宴会礼仪的基本情况以及群臣失仪纵酒、行为放荡的生活。

餐前祭祀是商周饮食礼俗的一个重要内容。人们在进餐前,一般都要荐祭祖先和神灵。这在西周时已成为一种制度。《周礼天官·膳夫》云:"膳夫授祭品。"郑玄注:"礼,饮食必祭,示有所先。"郑玄在注《礼记·曲礼上》也云:"祭先也,君子有事不忘本也。"孔子也主张进餐前必须祭祀先人,他说:"虽疏食菜羹,瓜祭,必齐如也。"商周时进餐之前礼祭祖先和神灵的礼俗,对后世产生过较大的影响,并一直在古代中国传承着。那些外国的"鬼",只消一束鲜花便心满意足了;可中国的"鬼",却需要丰盛的饭菜供奉。即便修成了神仙,也有所不同。那些外国的神仙,只听听赞美诗,向其祈祷即满足了;可中国的神仙一概要大小三牲来祭。中国讲究"心到神知",但供品归根结底还是"供膳人吃"。

第二节　封建制时代食礼

一、分餐与合食

在中外许多人看来,中国传统筵宴为多人共享一席的合食制。其实,中国自原始社会直至汉唐一直盛行分餐制。分餐制并非外国人的专利和舶来品,而是土生土长的中国货。宴席由分食制向合食制的转变,大约始于唐代中期以后,至宋代逐渐普及开来的。

汉代仍承袭先秦的分餐制。从发掘出的汉墓壁画、画像石和画像砖上,经常可以看到人们席地而坐、一人一案的宴饮场面。如在河南密县打虎亭一号汉墓内画像石的饮宴图上,主人席地坐在方形大帐内,其面前设一长方形大案,案上有一大托盘,托盘内放满杯盘。主人席位的两侧各有一排宾客席。另在成都市郊出土的汉代画像砖上,也有一幅宴乐图,在其右上方,一男一女正席地而坐,两人一边饮酒,一边观赏舞蹈。中间有两案:案上有尊、盂,尊、盂中有酒勺(见图5.1)。《史记·项羽本纪》中的鸿门宴也实行的是分食制,在宴会上,项王、项伯、范增、刘邦、张良一人一案,分餐而食。

图5.1　四川出土的汉代画像砖宴饮图

西晋以后,随着北方少数民族进入中原地区,胡风南渐,引起了饮食生活方面的一些新变化。床榻、胡床、椅子、凳等坐具相继问世,并逐渐取代了铺在地上的席子。发生在魏晋南北朝时期的家具新变化,至隋唐时期已达高潮。传统的床榻几案的高度继续增高,常见的有四高足或下设壸门的大床,案足增高;新式的高足家具品种不断增多,椅子、桌子均已开始使用;至五代时,这些新出现的家具日趋定型,在《韩熙载夜宴图》中(见图5.2),可以看到各种桌、椅、屏风和大床等陈设在室内,图中人物完全摆脱了席地而食的旧俗。

图 5.2　韩熙载夜宴图

　　随着桌椅的使用,人们围坐一桌进餐也就顺理成章了,这在唐代壁画中也有不少反映。1987 年在陕西长安县南里王村发掘了一座唐代韦氏家族墓,墓室东壁绘有一幅宴饮图(见图 5.3),图正中置一长方形大案桌,案桌上杯盘罗列,食物丰盛,案桌前置一荷叶形汤碗和勺子,供众人使用,周围有三条长凳,每条凳上坐三人,这幅图反映出分食已过渡到合食了。此外,在敦煌第 473 号窟唐代壁画中也可看到类似围桌而食的情景。

图 5.3　唐代野宴图

　　由分食制向合食制转变,是一个渐进的过程,在相当长的时期内,两种饮食方式是并存的。如在南唐画家顾闳中的《韩熙载夜宴图》中,南唐名士韩熙载盘膝坐在床上,几位士大夫分坐在旁边的靠背大椅上,他们的面前分别摆着几个长方形的几案,每个几案上都放有一份完全相同的食物。碗边还放着包括餐匙和筷子在内的一套食具,互不混杂,说明在当时虽然合食制已成潮流,但分食制仍同时存在;合食制的普及是在宋代,饮食市场的繁荣,名菜佳肴的层出不穷,一人一份的进食方式已不适应人们追求多种菜品风味的需要,围桌合食也就成了一种不可阻挡之势。

　　二、筵宴座次

　　在筵宴座次的安排上,中国向来有以东为尊的传统。此礼俗源于先秦,在《仪礼·少牢馈食礼》和《特牲馈食礼》中可以看到这样一种现象。郑玄在《禘祫志》中讲:天子祭祖活动是在太祖庙的太室中举行的,神主的位次是太祖,东向,最尊;第二代神主位于太祖东北,即左前方,南向;第三代神主位于太祖东南,即右前方,北向;主人在东边面向西跪拜。这反映出室中尊卑位次的排序。

　　这一礼仪在《史记·项羽本纪》中清楚地反映出来:"项王、项伯东向坐;亚父南向坐——亚父者,范增也;沛公北向坐;张良西向侍。"项羽东向坐,是自居尊位而当仁不让,项伯是他叔父,不能低于他,只有与他并坐。范增是项羽的最主要谋士,乃重臣,故其座次虽低于项羽,却高于刘邦。刘邦势单力薄屈居亚父之下。张良是刘邦手下的谋士,在五人中地位最低,自然只能敬陪末座,也就是"侍"坐。这种主客座次的颠倒安排,反映了项羽的自尊自大和对客人刘邦、张良的轻侮,这是一种不讲礼,而是讲霸道的行为。

　　家宴中最尊的首席一般由家中的长者来坐,但有时也有例外。如《史记·武安侯列传》中说,田蚡"尝召客饮,坐其兄盖侯南向,自坐东向"。田蚡坐首席,因为他是丞相,在家比哥哥年龄小,官位却比哥哥高,只有东向坐才符合他的丞相身份,符合礼制。

　　一般而言,只要不是在堂室结构的室中,而是在一些普通的房子里或军帐里,都是以东向为尊的。而汉唐时堂上宴席尊卑座次则有所不同。

　　堂是古代宫室的主要组成部分。堂位于宫室主要建筑物的前部中央,坐北朝南。堂前没有门而有两根楹柱,堂的东西两壁的墙叫序,堂内靠近序的地方分别叫东序和西序。堂的东西两侧是东堂、东夹和西堂、西夹。堂的后面有墙,把堂与室、房隔开,室、房有门和堂相通。堂用于举行典礼、接见宾客和饮食宴会等,但不用于寝卧。在堂上举行宴饮活动时,以面南为尊。如《仪礼·乡饮酒礼》中,堂上席位的次序是:主宾席在门窗之间,南向而坐;主人在东序前,西向而坐;介(陪客)则在西序前,东向而坐。清人凌廷堪《礼经释例》中讲:"室中以东向为尊,堂上以南向为尊"(见图 5.4)。

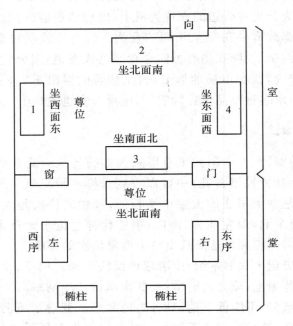

图 5.4 堂屋结构及方位尊卑示意图

中国古代社会长期沿袭这种礼俗,在汉唐时,若在堂上举行宴会,一般也是南向为尊。但因地域不同,而有所差别,大致可分为南、北两种类型(见图 5.5)。

宴席中一席人数并非定数,自明代流行八仙桌后,一席一般坐 8 人。但不论人数多少,均按尊卑顺序设席位,席上最重要的是首席,必须待首席者入席后,其余的人方可入席落座。中国宴席按入席者身份排座次的礼俗影响深远,直至今日。

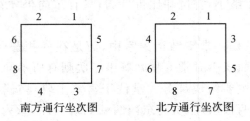

南方通行坐次图　　　北方通行坐次图

图 5.5 宴会坐法的两种类型

三、进食礼仪

《礼记》中对进食礼仪有详细的记载。《礼记》是儒家经典,相传为西汉戴圣编纂,故其中所讲的饮食行为规范带有一定的汉代色彩,并为后世所遵循,成为一种礼俗。关于菜品的摆放位置,《礼记·曲礼》中讲:"凡进食之礼,左殽右胾,食居人之左,羹居人之右。脍炙处外,醯酱处内,葱渫处末,酒浆处右。以脯脩置者,左朐右末。"上鱼菜时,《礼记·少仪》中说:"羞濡鱼者进尾,冬右腴,夏右鳍。"即如果是烧鱼,以鱼尾向着宾客,冬天鱼肚向着宾客右方,夏天鱼脊向着宾客右方。民间也有"鱼不献脊"的习惯。据传,春秋末年,吴国苏州太湖有一位擅烹炙鱼的厨师叫太和公。吴王僚特别爱食此炙鱼,吴公子光欲争位,请勇士专诸去刺杀吴王僚,但平时无机会接近吴王僚。得悉僚爱吃炙鱼,便让专诸去拜太和公为师。炙鱼手艺学成后,专诸乘公子光请吴王僚到家里吃饭之机,做好一条整鱼炙,藏匕首于鱼腹,在上菜时,取出匕首,刺死了吴王僚,自己也被吴王卫士所杀。后来,宴席上菜,一般不将鱼脊对着客人,表示以诚相待,同时鱼腹味肥美,对着客人,也是让客人便于品味。

对于吃饭时的礼仪规矩,《礼记》中也有规定。《礼记·曲礼上》云:"共食不饱,共饭不泽手。毋抟饭。毋放饭。毋流歠。毋咤食。毋啮骨。毋反鱼肉。毋投与狗骨。毋固获。毋扬饭。饭黍毋以箸。毋嚃羹。毋絮羹。毋刺齿。毋歠醢。客絮羹,主人辞'不能亨'。客歠醢,主人辞以'窭'。濡肉齿决,干肉不齿决。毋嘬炙。卒食,客自前跪,彻饭齐,以授相者。毋放饭。主人兴,辞于客,然后客座。"

若和长者在一起吃饭,更要注意礼仪。《礼记·少仪》云:"燕侍食于君子,则先饭而后已。毋放饭。毋流歠。小饭而亟之,数噍,毋为口容。"如果与国君一起进食,更要讲究揖让周旋之礼。《礼记·玉藻》云:"若赐之食,而君客之,则命之祭,然后祭。先饭,辩尝羞,饮而俟。若有尝羞者,则俟君之食,然后食。饭,饮而俟。君命之羞,羞近者。命之品尝之,然后唯所欲。凡尝远食,必顺近食。"

这套饮食礼仪对后世产生过很大的影响,在中国古代不同阶层的饮食活动中,普遍遵循着礼的规范,体现着尊卑等级的差别,同时对人们讲礼貌、谦恭、尊敬长辈风气的形成也是有显著作用的。有些食礼,一直沿袭至今,如吃饭时长者优先、讲究吃相等皆成为中华民族的优良传统。

第三节　现代宴席礼仪

一、宴席座次与餐桌排列

(一)宴席座次

中式宴席一般用方桌或圆桌，每席坐八人、十人或十二人不等。民间很重视席位的安排，尤其要突出"上座"，"上座"即首座，一般靠近正对大门的室壁。其他各席位的安排往往因地因人而异。

1. 一席二人席位(见图 5.6)

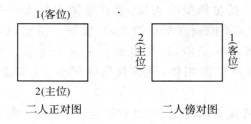

二人正对图　　　　　　二人傍对图

图 5.6　一席二人席位

正对图是正常坐法，傍对图是客人礼让不肯正座时的坐法。

2. 一席三人席位(见图 5.7)

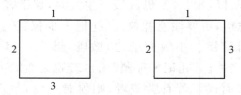

图 5.7　一席三人席位

3. 一席四人及以上席位(见图 5.8)

上述席中的末位者，通常是第二主人或主人的亲属晚辈，在宴席中负责接菜、递盘。

(二)餐桌排列

餐桌排列要视桌数多少、宴会厅的大小与形状、主体墙面位置、门的朝向等情

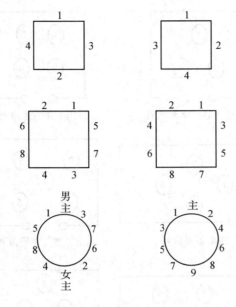

图 5.8　一席四人及以上席位

况合理安排。餐桌的排列要强调主桌的位置,一般而言,主桌应设在面对大门、背靠主体墙面的位置。两桌以上的宴会,桌子之间的距离要适当,各个座位之间的距离要相等。图 5.9 所示是餐桌排列的通常方式。

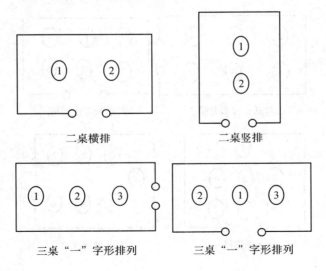

　　　二桌横排　　　　　　　　　二桌竖排

三桌"一"字形排列　　　　三桌"一"字形排列

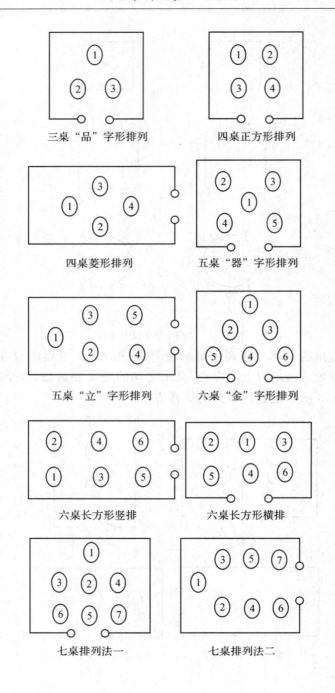

三桌"品"字形排列　　四桌正方形排列

四桌菱形排列　　五桌"器"字形排列

五桌"立"字形排列　　六桌"金"字形排列

六桌长方形竖排　　六桌长方形横排

七桌排列法一　　七桌排列法二

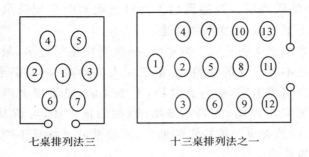

七桌排列法三　　　　　　十三桌排列法之一

图 5.9　餐桌排列的通常方式

宴席的席位排列应视席数多少、客厅形状、客人情况等合理布置。民间举办宴席,宾主入座时,还有一些规矩,如所请者是平辈,则年长者在前,年幼者在后;所请者辈分有高低,则按高低依次入座;若是长辈请晚辈,晚辈虽是客人,也应礼让长辈;所请者有亲疏,疏者应逊让在后;宾主人数超过两桌时,主人应坐第一桌。有些地区对一些特定宴席有特别讲究,比如外甥结婚,则舅舅坐首座;岳父母庆寿,则女婿入首座;其他客人无论辈分多高,年岁多大,在这两种宴席上也应该礼让。

二、宴席上的礼仪

中国人在宴席中十分讲究礼仪。宴席中的规矩很多,各地的情形不尽一致,这里介绍一下宴席上的一般礼仪。

在接到请柬或友人的邀请时,能否出席应尽早答复对方,以便主人安排。一般说来,接到别人的邀请后,除了有重要的事情外,都应该赴宴。

参加宴会时应注意仪容仪表、穿着打扮。赴喜宴时,可穿着华丽一些的衣服;而参加丧宴时,则以着黑色或素色衣服为宜。出席宴请不要迟到早退,如逗留时间过短,一般被视为失礼或对主人有意冷落。如果确实有事需提前退席,在入席前应通知主人。告辞的时间,可以选择在上了宴席中最名贵的菜之后。吃了席中最名贵的菜,就表示领受了主人的盛情。也可以在约定的时间离去。

赴宴时应"客随主便",并听从主人安排,应注意自己的座次,不可随便乱坐。邻座有年长者,应主动协助他们先坐下。开席前若有仪式、演说或行礼等,赴宴者应认真谛听。若是丧席,应该庄重,不应随意欢笑。若是喜宴,则不必过于严肃,可以轻松一点。

在宴客时,主人应率先敬酒。敬酒时可依次敬遍全席,而不要计较对方的身份地位。敬酒碰杯时,主人和主宾先碰。人多时可同时举杯示意,不一定碰杯。在主人与主宾致词、祝酒时,应暂停进餐,停止碰杯,注意倾听。席中,客人之间常互相敬酒以示友好,并活跃气氛。当遇到别人向自己敬酒时应积极示意、响应,并须回敬。要注意饮酒不要过量,以免醉酒失态。

宴饮时应注意举止文明礼貌。取菜时,一次不要盛得过多,最好不要站起来夹菜。如果遇到自己不喜欢吃的菜肴,上菜或主人夹菜时,不要拒绝,可取少量放在碗内。吃食物时应闭嘴咀嚼,嘴内有食物,不要说话,更不要大声谈笑,喷出饭菜、唾沫。吃东西不要发出声响,喝汤不要啜响,如果汤太烫,可待其稍凉之后再喝。嘴内的鱼刺、骨头应放在桌上或规定的地方,不要乱吐。并且不要当着别人的面剔牙齿、挖耳朵、掏鼻孔等。

本章主要介绍了中国宴席中的饮食礼仪。宴席食礼是食礼最集中、最典型,也是最为讲究的部分。我国的不同地区、不同民族在不同场合均有一些食礼食仪,有一些属于尊老爱幼、礼貌谦恭、热情和睦、讲究卫生等内容,是中华民族的优良传统,也符合现代文明的要求,对此,我们应该继承和发扬。当然,也有一些不够合理、健康的成分,如一些地区敬酒必须喝干的礼俗,对那些不胜酒力的人确实是勉为其难;一些地区男女不同席的礼俗,妇女不上正席的习俗,反映了封建的男尊女卑的思想残余仍然存在,有的需要改革,有的必须革除。

复习思考题五

1. 如何理解"夫礼之初,始诸饮食"?
2. 试述中国历史上分食制与合食制的形成与发展过程。
3. 中国传统宴席的座次有何讲究?
4. 先秦时期筵席的含义是什么?
5. 参加中国式宴会应注意哪些问题?
6. 结合实际谈谈如何弘扬中国饮食礼仪的优良传统。

第六章

中国菜点文化

学习目的

1.了解中国菜点起源与发展历史。

2.了解中国古代烹饪器具。

3.掌握中国传统烹饪方法的主要类型及其特点。

4.熟悉中国菜点种类,理解中国菜点美的构成因素。

本章概要

本章主要讲述中国菜点的起源与发展历史;炊具、贮藏器具、盛食器具与进食器具等中国古代烹饪器具;煮、汆、涮、卤、煨、炖、烧、焖、扒、烩、炸、烹、熘、爆、炒、煎、贴、煸、蒸、烤、熏、拔丝、蜜汁、拌、醉、烘、浸、焐、冻等中国传统烹饪方法;中国菜点种类及色彩、触感、香气、滋味、形态、营养、卫生、名称、器皿和意境等中国菜点美的构成因素。

第一节 中国菜点史

一、中国菜点发展的萌芽期

原始社会,是中国菜点发展的萌芽期。人类经历了生食、熟食(火的使用)、陶烹几个阶段。

　　生食阶段。人类的祖先猿猴习居于树上，主要以植物性食物为主，不得已时偶到地上捕食小动物，属以吃"素"为主的杂食动物。早期猿人主要靠采集天然的果实、幼芽、嫩叶、根茎为主，以捕捉雏鸟、昆虫，捕捉行动较慢的龟、蛙、蜥蜴等动物，以及一些没有抵抗能力的小型哺乳动物充饥。正如《淮南子·修务训》中所说的最早的人们的食物是"鸟兽虫鱼草木之实"。人类过着原始、粗陋、生吞活剥的饮食生活。在生食阶段，人类处于动植物混合杂食状态，没有饭、菜的区分。

　　火的使用。大约在170万年前，中国先民开始懂得用火，但是真正能够很好地管理火、长期保存火种，却是在约50万年前的北京人时期。在这一时期，中国饮食已从生食时期进入了熟食时代。其中，火的发明使用是史前人类结束"茹毛饮血"自然饮食生活的重要标志。当时中国先民是用自然火熟食。关于中国先民人工取火的具体时间，大约在距今5万～1万年的旧石器时代后期。旧石器时代的烹饪方法主要有烧、烤、石烘、石烹，从熟食之始到陶器发明并用于炊煮食物以前，只是开始了由完全生食向熟食的逐步转变，动植物的混合杂食及主副食无明显区别的状态并没有从根本上改变。

　　陶器的产生与使用。中国先民最初用火熟食、进行原始烹饪时没有使用炊具，而是直接在火上烧烤食物，即"炮生为熟"，或者用石头传热使食物成熟；在食用食物时也没有餐饮器具，饿了，用手抓食；渴了，用手捧水喝。这种饮食状况持续了很长时间，直到新石器时代陶器产生、使用后才发生了根本变化。新石器时代人们逐渐掌握了种植谷物和养殖禽畜的技术，黄河流域及长江中下游的农业和畜牧业有了一定的发展，使人类有了相对稳定的食物原料来源。新石器时代人类烹饪与饮食具有以下几个标志性特点：

　　(1)食物原料多系渔猎的水鲜和野兽，间有驯化的禽畜、采集的草果试种的五谷，不很充裕。调味品主要是粗盐，也用梅子、苦果、香草和野蜜，各地食源不同。

　　(2)炊具是陶制的鼎、甑、鬲、釜、罐和地灶、砖灶、石灶；燃料系柴草；还有粗制的钵、碗、盘、盆作为食具。

　　(3)烹调方法为炙、炮、石燔、蒸、煮等，较为粗放。

　　(4)陶器用于烹饪食物的初期，食物原料"共煮一器"，也是"混合食品"状态。至于菜品，也相当简陋，最好的美味也不过是传说中的彭祖(彭铿)为尧帝烧制的"雉羹"。

　　(5)此时先民进行烹调，仅仅出自求生需要；关于食饮和健康的关系，他们的认识是朦胧的。但是，从燧人氏教民用火、有巢氏教民筑房、伏羲氏教民驯兽、神农氏教民务农、轩辕氏教民文化等神话传说来看，先民烹饪活动具有文明启迪的性质。在食礼方面，祭祀频繁，常常以饮食取悦于鬼神，求其荫庇。开始有了原始的饮食审美意识,如食器的美化、欢宴时的歌呼跳跃等。这是后世筵宴的前驱,也是他们社交娱乐生活的重要组成部分。

二、中国菜点发展的雏形期

先秦时期,为中国菜点发展的雏形期。在这一时期,不仅在食物原料、烹饪器具、菜品制作等物质财富的创造上有了新的变化,更引人注目的是在饮食思想与理论、饮食制度与礼仪等精神财富上的创造性变化,主要表现出以下特点。

(一)在这一时期,由于农业和畜牧业在原始社会的基础上又有了进一步的发展,因此食物资料更加丰富

以种植、养殖为主并迅速增加了食物原料以种植、养殖为主,夏商周时期,随着农业和畜牧业的高度发展,种植、养殖所提供的产品已经成为主要的食物来源,品种稳定而丰富,到周朝时已经是五谷、五菜、五果、六禽、六畜齐备。据《周礼》《仪礼》《诗经》等典籍记载,当时的谷物有黍、稷、菽、麦、稻、粟、麻等;蔬菜有瓜、瓠、葵、韭、芹、芥、藕、芋、蒲、莼、莱菔、菌等;果品有桃、李、枣、榛、栗、枸杞、杏、梨、橘、柚、桑葚、山楂等;家禽家畜有马、牛、羊、犬、豕、鸡、鹅、骆驼等。此外,由于狩猎和捕捞工具的改进,对野生动植物的利用也更进一步。熊鹿鹑雉、鱼虾鳖蟹、草蒲藻藿等,已经普遍使用。在文献中时常出现"五味"一词。以五味的系列而言,常用咸味调料有盐、醢、酱、豆豉;酸味调料有梅、醯等;甜味调料有蜂蜜、饴糖、蔗浆等;辛香味调料有花椒、姜、桂、蓼、襄荷、蒜、薤及芥酱、酒等;苦味调料在调味时可以使菜肴滋味更丰厚,已被人们认可,只是还没有出现常用的品种。

(二)青铜炊餐具种类繁多,在夏商周时期,人们用青铜铸造各种各样的炊具和餐具

属于炊具的,已经有青铜的鼎、鬲、镬、釜、甑等;属于切割器或取食器的,有青铜的刀、俎、匕、箸、勺等;属于盛食器的,有青铜的簋、豆、盘、敦等;属于盛酒器的,有尊、壶、方彝等;属于饮酒器的,有爵、角、觚、斗、舟、觯、杯、兕、卣等。此外,还值得一提的是用于冷藏的青铜"鉴",在湖北随州曾侯乙墓中曾经出土,呈方形,高50余厘米,纹饰精美,内外两层,夹层可放冰以便冷藏食品。其他质地的炊餐具层出不穷,在这一时期,青铜器主要是供上层贵族使用,平民百姓仍然是大量使用陶器。不过,人们在陶器的制作中不断改进、提高,采用不同的原料,利用高温烧制技术、施釉技术,逐渐制作出质地精致的白陶器,进而在商朝中期创制出原始瓷器。餐饮器具有尊、钵、豆、簋、碗、盘、瓮等。此外,还拥有以玉石、牙骨、竹木为材料制作的餐饮器具。在河南安阳殷墟妇好墓出土了玉壶、玉簋、玉盘、玉匕、玉勺、象牙杯,在曾侯乙墓出土了漆耳杯、漆食具盒、漆豆、漆尊等,形制精美,色泽雅丽,皆为珍品。

谷物加工技术有所发展,中国古人早期对谷物加工使用的是杵臼、石磨盘、棒以及碓等,这些工具主要可以使谷物脱壳,后来也可以破粒取粉,但效率不高。经过长期的探索和实践,终于发明出石磨。

（三）三代期除了沿用新石器时代的烧、烤、煮、蒸、烩等火直接烹以及水蒸气蒸等烹调方法之外,还出现了煎、炸等烹调方法

河南新郑一座春秋古墓出土的"王子婴次之卢",便以实物证明了春秋时期已有煎、炸法和相应的专用炊具。由单纯的用水及水蒸气为介质烹调发展到用油烹调,这是烹调史上的又一次飞跃。

（四）菜品分类细化,当时的主要品种有羹、炙、脯、脩、菹、齑、醢等

每一类菜又可派生出许多品种。如醢,就多达上百种;羹有牛羹、羊羹、豕羹、犬羹、兔羹、雉羹、鳖羹、鼋羹、鱼羹、藜菜羹、葵菜羹、芹菜羹、苦菜羹等。周代出现了被称为"八珍"的名食。周八珍是黄河流域的宫廷食馔,据《礼记·内则》所载,八珍为淳熬、淳母、捣珍、渍、炮豚、炮牂、熬、肝膋。淳熬为肉酱盖浇稻米饭;淳母为肉酱盖浇黍米饭;炮豚为经烧、烤、炖制成的小乳猪;炮牂为烧、烤、炖小羊;捣珍为脍肉扒;渍为酒香牛肉;熬为烘烤五香牛羊肉干;肝膋为烤网油狗肝。《楚辞》之《招魂》、《大招》所载食单,反映的是楚国贵族的南味名食。文中要招的虽是死者的"灵魂",但所列举的食物必然是生活的写照。《楚辞》中记载的楚地名肴有炖牛蹄筋、清炖甲鱼、烧烤羔羊、醋烹天鹅肉、煎炸鸿鸽、卤鸡、红烧龟肉、豺羹、猪肉酱、苦味狗肉、烤鸪鸽、蒸野鸭、氽鹌鹑肉、油煎鲫鱼等。出现了饵、蜜饵、糁、粔籹、酏食等面点品种。除主食南北分野的传统在这一时期继续加强外,副食中菜肴的口味也形成了南北分野的趋势,周代的"八珍"和《楚辞·招魂》中的菜式,就分别代表了中国北、南地区的两种截然不同的口味,这表明中国南北菜肴开始形成分野。

（五）饮食市场。商朝的都邑市场上已经开始有饮食店铺,出售酒肉饭食,有饮食品的经营者、专业厨师与服务员

谯周《古史考》记载道:吕尚"屠牛于朝歌,卖饮于孟津"。到了西周时期,商业发展较快,为满足来往客商的饮食需要,饮食市场有了极大的发展,甚至在都邑之间出现了供人饮食与住宿用的综合性店铺。《周礼·地官司徒·遗人》言:"凡国野之道,十里有庐,庐有饮食。"

（六）食品加工和烹饪技术更趋进步,当时从选料、时令、主副食搭配、刀功、调味和火候等方面都积累了丰富的经验,并提出了"食不厌精、脍不厌细"、"和而不同"等烹饪理论

《吕氏春秋·本味篇》、《论语·乡党》、《黄帝内经》等著作,都对饮食之道作了阐述。

《吕氏春秋》是战国末期吕不韦集合门客共同编写而成的。其中的《本味篇》主要记载了伊尹用烹饪至味谏说商汤的故事，首创中国烹饪的"本味"之说，指出"凡味之本，水最为始。五味三材，九沸九变，火为之纪"，并说"调和之事，必以甘酸苦辛咸，先后多少，其齐甚微"，详细阐述了用水、用火、调和等与肴馔烹饪成败的关系，是世界上最早的较完整的烹饪技术理论著述。此外，《本味篇》还记载了当时各地的优质原料、调味料与美食等。《黄帝内经》是开始成书于战国时期的医学理论著述，也从饮食营养与人体健康的角度阐述了饮食养生等问题。涉及饮食烹饪各个方面的著述有很多，包括儒家的十三经即《易经》《尚书》《周礼》《仪礼》《礼记》《诗经》《左传》《春秋公羊传》《春秋榖梁传》《论语》《孝经》《尔雅》《孟子》，也包括《楚辞》和其他先秦诸子的著述如《老子》《韩非子》等。席地分食、乡饮酒礼、王公宴礼及餐前行祭等饮食礼仪的形成，是这一时期具有划时代意义的成果，它对当时及后世产生了极其深远的影响。

三、中国菜点发展的拓展期

秦汉时期是中国菜点发展的拓展期，这一时期是我国封建社会的早期，农业、手工业、商业和城镇都有了较大的发展。中国菜点的发展具有下列特点：

（一）在这一时期，食物原料更加丰富多彩

张骞出使西域，相继从阿拉伯等地引进了茄子、大蒜、西瓜、黄瓜、扁豆、刀豆等新蔬菜品种及葡萄酒的酿造技术。《盐铁论》说，西汉时的冬季，市场上仍有葵菜、韭黄、箪菜、紫苏、木子耳、辛菜等供应，而且货源充足。杨雄的《蜀都赋》中还介绍了天府之国出产的菱根、茱萸、竹笋、莲藕、瓜、瓠、椒、茄，以及果品中的枇杷、樱梅、甜柿与榛仁。有"植物肉"之誉的豆腐，相传也出自汉代，随后，豆腐干、腐竹、千张、豆腐乳等也相继问世。在动物原料方面，这时猪的饲养量已占世界首位，取代牛、羊、狗的位置而成为肉食品中的主角。其他食品利用率也在提高，如牛奶，就可提炼出酪、生酥、熟酥和醍醐。再如岭南的蛇虫、江浙的虾蟹、西南的山鸡等也都上了餐桌。

（二）烹饪器具的鼎新

锅釜由厚重趋向轻薄。战国以来，铁的开采和冶炼技术逐步推广，铁制工具应用到社会生活的各个方面。西汉实行盐铁专卖，说明盐与铁同国计民生关系密切。铁比铜价贱，耐烧，传热快，更便于制菜，因此铁制锅釜此时推广开来，如可供煎炒的小釜、多种用途的"五熟釜"、大口宽腹的锅以及"造饭少顷即熟"的"诸葛亮锅"，都系锅具中的新秀，深受好评。与此同时，还广泛使用锋利轻巧的铁质刀具，改进了刀工刀法，使菜形日趋美观。

（三）菜点制作技艺有所提高

据《淮南子·齐俗训》记载：今屠牛而烹其肉，或以为酸，或以为甘，煎、熬、燎、炙，齐味万方，其本牛之一体。用一头牛能够采用不同的烹饪方法做出不同口味的菜肴，而且达到"齐味万方"的水平，这反映汉代烹饪技术已达到了相当精湛的水平。石磨的广泛使用，发酵等面点制作技艺的提高，面点的品种迅速增加，并在民间普及。东汉庖厨石刻图（见图 6.1）反映了当时的烹饪状况。

图 6.1　东汉庖厨石刻图

（四）菜点类型在原有的基础上又有新的拓展

如羹，品种就有很多。仅长沙马王堆一号汉墓出土的遣策上就记有用牛、羊、豕、狗、雉、鸡、鹿、凫等制作的羹二十多种。此外，脯、炙、酱等类菜也有较大发展。名肴有《释名》所载的貊炙、衔炙、鸡纤；《史记》所载的胃脯、枸酱；《汉书》所载的鲭酱；《新论》所载的脡酱等。出现了一些新调料、新制法、新菜肴，如豆豉、酱清（即酱油），在汉代便有黄豆芽、豆浆、豆腐等豆制品，尤其是豆腐的发明，为系列豆制品的产生起了关键作用。出现了杂烩菜、鲊菜、濯菜。据《西京杂记》等书记载，汉代名医类护曾发明用鱼、肉等原料混合烧煮成的五侯鲭，这实际上是一种杂烩。鲊在先秦时已萌芽，但正式记载其制法的文字见于东汉刘熙《释名·释饮食》："鲊，菹也。以盐米酿鱼以为菹，熟而食之也。"长沙马王堆一号汉墓出土的遣策上记有牛濯胃、濯豚、濯鸡等，濯在这里类似涮或氽。汉代末年面食从中亚输入，是中国饮食史的第三次重要突破。面食把米、麦的使用价值大大地提高了，因为中国古代主食的植物以黍、粟为主，因为有面食方式的输入，所以才开始先吃"胡饼"，以后才吃"面条"。面食的意义是中国饮食文化由"粒食文化"进入"粉食文化",也就是说由原来主食的黍、粟转变成为麦,麦就代替了黍、粟成为中国的主食。菜点风味特色的地域性差异进一步显现。南方多猪肉、水产菜肴;北方多牛肉、羊肉、狗肉菜肴。蜀地菜肴辛香突出,北方菜肴多咸鲜,南方菜肴重甜酸。中国饮食文化南北分野的现象,在秦汉时期进一步加强,并形成了关中、西北、中原、北方、齐鲁、巴蜀、吴楚七个相对稳定循环传承的饮食文化圈。

（五）筵宴昌盛

《史记》中的鸿门宴,《汉书》中的游猎宴,都写得有声有色。特别是枚乘在《七发》中为"生病的楚太子"设计的一桌精美的宴席已达到了相当高的水平:"煮熟小牛腹部的嫩肉,加上笋蒲;用肥狗肉烧羹,盖上石花菜;熊掌炖得烂烂的,调点芍药酱;鹿的里脊肉切得薄薄的,用小火烤着吃;取鲜活的鲤鱼制鱼片,配上紫苏和鲜菜;兰花酒上席,再加上野鸡和豹胎。"它与战国时的《楚宫宴》相比,在原料选配、烹调技法与上菜程序上,都有了长足的进步。至于汉高祖刘邦的《大风宴》、汉武帝刘彻的《析梁宴》、东汉大臣李膺的《龙门宴》、吴王孙权的《钓台宴》、魏王曹操的《求贤宴》、诗人曹植的《平乐宴》、名士阮籍的《竹林宴》、大将军桓温的《龙山宴》、梁元帝萧绎的《明月宴》、梁简文帝萧纲的《曲水宴》、乡老的《籍野宴》等,在格局和编排上都不无新意。其中最突出的是,突出筵席主旨,因时因地因人因事而设,重视环境气氛的烘托。这些后来都成为中国筵宴的指导思想,并被发扬光大。

（六）烹饪著述

如《老子食禁经》、崔氏《食经》、刘休《食方》、诸葛颖《淮南王食经》等,可惜绝大部分已佚。在饮食养生经验积累方面也有进展。西汉淳于意、三国华佗和他的弟子吴普,对食疗方面都有所建树。《神农本草经》、《伤寒病杂论》、《脉经》等总结出脏腑经络学说,奠定了辨证施治的理论基础,传统医学体系初步形成。在药物运用上,强调"君臣佐使"、"七情和合"和"四性五味",并且试图用阴阳五行观解释食饮与健康的关系,使"食医同源"的理论进一步得到验证。

四、中国菜点发展的交融期

魏晋南北朝是中国菜点发展的交融期。这一时期民族之间的沟通与对外交往也日益加强。中国菜点在各区域和各民族间以前所未有的规模、速度融合交汇。其主要特点如下。

（一）烹调原料

《齐民要术》记载了黄河流域的 31 种蔬菜,以及小盆温室育幼苗、韭菜捉子发芽和韭菜挑根复土等生产技术。《齐民要术》还汇集了白饧糖、黑饧糖稀、琥珀饧、煮脯、作饴等糖制品的生产方法。特别重要的是,从西域引进芝麻后,人们学会了用它榨油。从此,植物油便登上了中国烹饪的大舞台,促使油烹法的诞生。当时植物油的产量很大,不仅供食用,还作为军需。有文章介绍说,在赤壁之战中,芝麻油曾发挥出神威。《齐民要术》记载的肉酱品,就分别是用牛、羊、獐、兔、鱼、虾、蚌、蟹等十多种原料制成的。

（二）烹饪器具

晋人束皙《饼赋》说:"重罗之面,尘飞雪白。"证明当时已能用重罗筛出极细的麦面粉,出现了蒸笼等炊具。

（三）菜肴的烹饪方法明显增多

据记载,这一时期的烹饪方法已达二十多种,主要有炸、炒,烧、煮、蒸、腊、煎、炙、腌、糟、酱、醉等。尤其是炒,这种旺火速成的烹饪方法的出现,对中国菜肴的进一步发展起了重要的推动作用。发酵方法形成并普遍使用。《齐民要术》"饼法第八十二"中不仅写明了酸浆酵的制法,还说明了在不同季节的用量,还记有在粥中加酒的发酵法。这两种发酵方法,当时已在黄河中下游及江南广泛使用,馒头、白饼、烧饼、馎饦、面起饼都要用发酵面。

（四）菜点品种

1.菜肴品种、名肴增多

如《齐民要术》所载的蒲鲊、八和齑、炙豚、腩炙、肝炙、酿炙白鱼、炙蚶、捣炙、五味脯、鲤鱼脯、猪蹄酸羹、鸡羹、胡麻羹、鸭臛、鳖臛、兔腥、蒸熊、蒸鸡、蒸豚、蒸藕、腊鸡、腊白肉、蜜纯煎鱼、鸭煎、蝉脯菹、糟肉、油豉、羌煮;《异物汇苑》所载的驼蹄羹;《晋书·王羲之传》所载的牛心炙;《晋书·张翰传》所载的莼羹、鲈鱼脍等。菜肴风味趋于多样化。菜肴呈现出各种不同色泽、形态、滋味、香味和质感。当时的菜肴制作已比较重视造型,出现了灌肠、肉丸、圆形鱼饼、烤肉圈等。南北朝时,人们开始有意识地在菜肴中使用色素,如用栀染黄、苏木染红等,使菜肴颜色更加美观。酿菜也已出现,如酿炙白鱼就是将鸭肉蓉加调味料拌匀后瓤入掏空的鱼腹中烤制而成。少数民族菜有较大发展。《齐民要术》中提到的胡炮肉、羌煮、胡羹等均是北方和西北少数民族所创制的佳肴。素菜也有较大发展。由于佛教的盛行,儒、释、道文化的融通,加之梁武帝的提倡,佛教素食戒律问题开始提出来了。在梁时,素食在江南已成一种典型的饮食原则、风格和社会风气。从而涌现出许多素菜品种,如《齐民要术》中就有《素食第八十七》篇专记素食。

2.当时出现了许多面点品种

如《饼赋》中提到了安乾、粔籹、豚耳、狗舌、剑带、案成、髓烛、馒头、薄壮、起溲、汤饼、牢丸等10多个品种。《齐民要术》中记有白饼、烧饼、髓饼、粲、膏环、细环饼、截饼、水引、馎饦、切面粥、粉饼、豚皮饼、粽等近 20 个品种,并有详细制法。另据记载,饼锣、馄饨、春饼、煎饼也已出现。在这些面点中有的是笼蒸、甑蒸而成,如馒头、棋子面;有的要在铛中油煎而成,如膏环;有的要在锅中用沸水煮成,如馎饦;有的要在炉中烤成,如髓饼、烧饼;还有的要先在铜钵中烙熟,再下沸水锅煮成,如豚皮饼;还有的要加浓草木灰汁煮,如粽子,显示了成熟方法的多样化。

（五）著作

在这一时期,有关饮食的著作急剧增加,其数量和范围都远远超过前代,呈现出系统性、独立性和总结性的特点。它们从饮食原料到加工烹饪,从饮食内容到饮食文化,都有较为系统和深入的记述和研究,可以说饮食学作为一门新兴的学科已经基本形成。尤其是北魏高阳太守贾思勰所著的《齐民要术》,是中国烹饪理论演进史上的一座丰碑。该书 10 卷、92 篇、12 万言,涉猎面甚宽,容量远远超过前代的农书和食书。它是公元 6 世纪以前黄河中下游地区农业生产经验和食品加工技术的全面总结,其主要贡献是:较多地介绍了主要农作物的品种、性能、产地和养殖方法,初具烹饪原料学的雏形;广泛收集调味品生产的传统工艺,对食品酿造技术进行了总结,并有发展;汇集了众多菜谱,分析了不少技法,保留了珍贵的饮馔资料,堪称我国最早的菜品大全。这本书上起夏禹,下及六朝,思路贯通十多个朝代,健笔纵述两千余年。引用了古籍 150 余种,包容百川。对横向知识也很重视,虽然主要介绍齐鲁燕赵,但对荆湘吴越和秦陇(指甘肃一带)川粤亦有反映。

五、中国菜点发展的繁荣期

隋唐宋元时期,是中国封建社会的鼎盛期。中国菜肴发展迅速,主要特点如下。

（一）食源继续扩充

隋唐宋元时期,烹饪原料进一步增加,通过陆上丝绸之路和水上丝绸之路,从西域和南洋引进了一批新的蔬菜,如菠菜、莴苣、胡萝卜、丝瓜、菜豆等。还由于近海捕捞业的昌盛,海蜇、乌贼、鱼唇、鱼肚、玳瑁、对虾、海蟹相继入馔。另据《新唐书·地理志》记载,各地向朝廷进贡的食品多得难以数计,其中香粳、紫杆粟、白麦、荜豆、蕃蒻、葛粉、文蛤、糟白鱼、橄榄、槟榔、凤栖梨、酸枣仁、高良姜、白蜜、生春酒和茶等都为食中上品。此时厨师选料,仍以家禽、家畜、粮豆、蔬果为大宗,也不乏蜜饯、花卉以及象鼻、蚁卵、黄鼠、蝗虫之类的特味原料。同一原料中还有不同的品种可供选择,如鸡,便有专制汤菜的肉用鸡,可治女科杂症与风湿诸病的乌骨鸡等。元代,为了满足大都(今北京市)的粮食供应,海运、漕运每年两次,有时国内基本原料不足,还需进口。北宋有种"香料胡椒船",专门到国外运载辛香类调料和其他物品。与元代有贸易关系的国家和地区是 140 余个,进口货物 220 余种,其中最多的是胡椒、茴香、豆蔻、丁香等。

(二)在炊具、燃料及引火技术等方面取得了长足的进步

煤从隋代开始应用于饮食烹饪,木炭也已成为当时主要的燃料。经济而又卫生的瓷制饮食器具,在当时得到了相当广泛的应用。

(三)烹饪技术有较大提高

如制鱼脍的刀工技术相当高超,能将鱼片批得极薄。唐人对炸的菜,往往将原料切成薄片或细丝,入沸油快炸而成;对煮的菜,视原料不同,煮的时间有长有短,如鹿肉可煮一整天,至软烂入味为止。五代时,还用红曲煮羊肉,起到了增色、添香、防腐作用。宋代的烹调方法已达 30 种以上,新出现或较前代有较大发展的有炒、爆、煎、炸、涮、焙、炉烤、焐、冻等。如炒,已出现将肉片"入火烧红锅、爆炒,去血水,微白即好"的记载,与现代的炒法相似。当时还出现了生炒、熟炒、南炒、北炒的区别。《山家清供》中所记载的拨霞供与现在的涮法相似。

(四)菜点品种大量增加

1. 出现了大量的名肴

如韦巨源《食谱》载有光明虾炙、冷蟾儿羹、凤凰胎、乳酿鱼、葱醋鸡、仙人脔、箸头春、过门香、遍地锦装鳖、汤浴绣丸、升平炙;《岭表录异》中载有蚁卵酱、虾生、炸乌贼、炸水母、炒蜂子;《山家清供》载有蟹酿橙、莲房焦包、拨霞供、东坡豆腐、酒煮玉蕈;《事林广记》载有肉珑松、佛跳墙、鸡子线酒、肉咸豉;《中馈录》载有炉焙鸡、蒸鲥鱼、糖醋茄等。据《东京梦华录》《梦粱录》《武林旧事》等书记载,北宋都城汴京和南宋都城临安,市场上有花色多样、数以百计的菜肴。

2. 食雕、花色菜迅速发展

随着唐宋时期为数众多的知识分子开始关注饮食艺术,至宋代,士大夫饮食文化已经形成,中国菜肴的艺术文化色彩大为增强。如韦巨源《食谱》所载的玉露团是在酥酪上进行雕刻;南宋佞臣张俊在孝敬宋高宗的筵席中,有大量的雕刻食品,据《武林旧事》载的食单,其中有"雕花蜜煎一行",计有十二味;《山家清供》所载的蟹酿橙是将螃蟹肉填入掏空的橙子中蒸制而成,莲房鱼包是将鳜鱼肉块填入掏空的嫩莲蓬中蒸制而成;《清异录》所载的辋川小样是用多种荤素熟原料拼摆的大型组合式风景冷盘,玲珑牡丹鲊是用鱼鲊片拼成牡丹花形蒸制而成。

3. 食疗菜有较大的发展

唐宋时期食疗养生家辈出。孙思邈的《备急千金要方》中列有《千金食治》,是我国历史上现存最早的饮食疗疾专篇。孟诜的《食疗本草》、昝殷的《食医心鉴》等均有大量的食疗方。如《食医心鉴》中,用动植物制作的菜肴达数十种,有治中风的蒸驴头、治水气大腹浮肿的煮牛尾、治痔疮的烤野猪肉、治小便涩少疼痛的青头鸭羹。

4.素菜迅速发展,市肆素菜发展兴旺

在北宋汴京、南宋临安的市肆上,已有了专营素菜的素食店,这些素食店不仅有了精细的素菜品种,而且出现了素筵。宋代产生了象形素菜,即用素菜原料制成荤菜的形状,如素蒸鸭、玉灌肺、翠乳鱼、夺真鸡、假炙鸭、假煮白肠等。宋代还出现了素食专著《本心斋疏食谱》《笋谱》《山家清供》等。

5.中国菜肴的重要风味流派已初步形成

唐宋时各地菜肴均有发展,其中比较突出的为北方菜、川菜、江浙的南方菜。苏轼、陆游等人的诗文中屡屡写到了川味、南烹。汴京市肆上出现了北食店、南食店、川食店。

6.隋唐时期出现的面点新品种主要有春茧、馄、包子、饺子等

旧有的面点无论是品种还是花色上都有了新的发展。面制品方面,如馄饨,出现了"花形馅料各异"的二十四气馄饨;胡饼出现以油酥、羊肉、豆豉为馅心的名品古楼子,还有的胡麻饼达到了"面脆油香"的境界,受到诗人白居易的赞赏;面条出现了过水凉面槐叶冷淘(槐芽汁加水和面制成),诗圣杜甫认为吃了有"经齿冷于雪"之感;蒸饼出现了莲花饼馅、玉尖面等品种;馎饦也出现阔片、细长片、力叶形、厚片等形状,并出现一种以生羊肉衬底的用面片盖上浇以五味的鹘突。米面品方面,如馓子,出现了既酥又脆"嚼着惊动十里人"的品种;糕团发展更快,出现十数种名品,有水晶龙凤糕、花折鹅糕、满天星、粉团等。这一时期出现的食疗面点很多,在《食疗本草》《食医心鉴》中均有记载。大抵以动植物食药、面粉为原料,制成馎饦、饼、索饼、馄饨等品种。著名的有薯蓣馎饦、生姜末馄饨、羊肉索饼、野鸡肉饼等。宋元时期新出现的面点主要有薄脆、角子、棋子、月饼、经卷儿、秃秃麻失、卷煎饼、拨鱼、河漏、烧卖等,米粉制品主要有元宵、水团、麻团、米缆、油炸果子等。旧有的面点在这一时期也有所发展。馒头、包子、馄饨出现了许多因馅心不同而命名的品种,面条因粗细不同、浇头不同而出现数十种名品。糕因用料、制法的差异,也出现了许多品种。如《武林旧事》卷六"糕"类食品中就收有19个品种,有糖糕、蜜糕、栗糕、粟糕、豆糕、花糕、糍糕;雪糕、小甑糕、干糕、乳糕、社糕、重阳糕等;胡饼也出现了许多品种,仅《东京梦华录》所记,就有门油、菊花、宽焦、侧厚、髓饼、新样、满麻、白肉胡饼等。

(五)这一时期有关饮食的著作较多

如《备急千金要方》、《食疗本草》、《食医心鉴》、《山家清供》、《本心斋疏食谱》、《饮膳正要》、《居家必用事类全集》、《云林堂饮食制度集》等。

六、中国菜点发展的鼎盛期

明清时期,我国各民族文化大交融达到了前所未有的高潮。至清代,中国菜点的发展进入了鼎盛期。主要特点如下。

(一)在这一时期,食品原料比过去更为广泛,特别是玉米、甘薯、花生、向日葵、西红柿、马铃薯等的传入,极大地改变了人们的饮食结构

(二)菜点的制作技术十分高超

如鸭,可以烤成外酥里嫩的炙鸭,也可以整鸭去骨后填入多种原料制成八宝鸭,还可以制成套鸭;鱼,既可以取其净肉制成鱼圆,也可以用模具压成鱼形,裹糊炸烧;连竹笋也能掏空后酿以肉馅,再煨制成菜。面粉加工更为精细。山东的飞面、江南的澄粉已经常使用。发酵法、油酥面皮制法更趋完善。据《随园食单》记载,扬州制作的小馒头“如胡桃大”、“手捺之不短半寸,放松仍隆然而高”。面点成形方法更加多样。擀、切、搓、抻、包、裹、捏、卷、模压、刀削各显其妙。馅心制作变化多端,荤、素、咸、甜、酸、辣均有,花卉也用以作馅,还出现使肉汁冷凝以做汤包的方法。面点成熟方法较前代也有发展,主要表现在多种方法的综合使用上。如有的面条要先煮熟,后过水晾干,再经油炸,入高汤微煨而食,有的饼要先烙后蒸。

(三)菜点品种层出不穷

1. 菜肴名品,多达数千种

如明代《宋氏养生部》中收录的食物达 1300 多种,其中菜肴几百种;清代《调鼎集》收录菜有 1600 多种,仅鸭菜就有 160 多种;其他如《易牙遗意》、《饮馔服食笺》、《食宪鸿秘》、《养小录》、《醒园录》、《随园食单》、《素食说略》等也分别收录了大量的菜肴。各地各类菜肴风味特色鲜明,中国菜肴的主要风味流派已经形成。此时,地方风味菜、少数民族菜、素菜等均有较快发展。如北京的烧鹅、炮炒猪肝、烤鸭、涮羊肉、满汉全席等;山东的烧海参、扒鲍鱼、爆肉丁;四川的麻婆豆腐、绣球燕窝、清蒸肥坨;广东的鱼生、烤乳猪、蛇羹;江苏无锡的烧鹅、蟹鳖、煮麸干,扬州的葵花肉丸、大烧马鞍桥、文思豆腐,南京的鸭菜,苏州的松鼠鱼、斑肝汤,淮安的鳝鱼席;浙江的火腿、卷蹄、醋搂鱼等各具特色。蒙古菜、满族菜、清真菜、素菜等均具有鲜明的特色。

2. 这一时期新出现的主要面点品种

这一时期新出现的面点品种主要有春卷、青糕、青团、月饼、火烧、油条、锅盔等,其中春卷始于元代,此时方才叫春卷。旧有的面点品种迅速增加。如包子,出现了汤包、水煎包、米粉为皮的包子等;面条出现了抻面、刀削面、五香面、八珍面、伊府面等;饺子出现了扁食、饽饽、水点心等名称,馅心多样,煮、蒸、炸均可;粽子出

现果馅、火腿、豆沙等品种,包裹材料也可以用菱叶、竹叶等;糕的新品种也相当多,年糕、重阳糕中均不乏佳品。

（四）中外饮食文化的交流日益频繁

元代,中国与欧亚各国互通使臣,往来不绝,不少国家的饮食文化受到中国饮食文化的影响。外国来中国的使节、商人、传教士络绎于途,中国菜谱中也融入了大量的"四方夷食"。明代,我国与亚洲各国的交流更加频繁。郑和曾率领船队七下西洋,不仅传播了中国饮食文化,也引进了一些他国食品。至清末,随着大批华侨到国外开餐馆谋生,中国菜进一步在世界各地扩大影响。同时,西洋饮食也传入中国,上海、北京、武汉、广州等地出现了不少西菜馆。

（五）明清时期的饮食思想和理论研究也是达到了新的高度

出现了《多能鄙事》、《居家必备》、《遵生八笺》、《酒史》、《随园食单》、《素食说略》、《中馈录》、《食宪鸿秘》、《养小录》、《调鼎集》、《随息居饮食谱》等一大批高水平的饮食著作,内容涉及饮食的各个方面,这表明中国古代的饮食学体系已经形成,从而使饮食学成为一门饮食（色、香、味、形、声）、饮食心态、美器与礼仪（饮宴餐具、陈设、仪礼）、食享与食用（保健、养生与食疗）等多重文化内涵的"综合艺术"。如李渔在《闲情偶寄》中论蔬菜之美体现在清洁、芳馥、松脆上,论鱼的烹煮之法,全在火候得宜,火候不到则肉生,生则不松;过了火候则肉死,死则无味。袁枚在《随园食单》中列有"须知单"、"戒单",分别阐述了做菜中选料、配菜、用火、调味、装盘等方面的注意事象和应克服的弊端,对当时菜肴制作经验作了全面的总结。

七、中国菜点发展的转型创新期

辛亥革命后至今,中国菜点的发展体现在以下几个方面。

（一）从食品原料来看,除传统的食品原料外,又从国外引进了生菜、洋葱、卷心菜等一批新品种

此外,花生油、荷兰奶牛、法式葡萄种子等的引进和洋米、洋面、洋酒、洋饼干、洋罐头等的大量进口,打破了中国几千年来自给自足的基础食品原料饮料的结构,使得中国人的食品原料来源更加多样化。而烧碱、味精、食用香精等的使用,也使传统的食品烹饪更加方便,味道也更加鲜美可口。科学技术的发展,使各类动植物原料及调料的品种和数量日益增多,为菜点的发展奠定了良好的基础。

（二）新能源、新设备与新技术在菜肴制作中广泛应用

烹制菜点的能源已由原来的柴、煤、油逐步向煤气、电、太阳能方面发展。菜点生产设备日趋现代化,电灶、煤气灶、机械化的切料机、电冰箱、电烤箱、微波炉、保温箱、净水器、搅拌机等设备已被广泛使用。从饮食器具来看,这一时期人们餐桌

上摆放的已不再是单一的中式饮食器具了,那些光洁美观、轻巧耐用的西式餐具(如高脚酒杯、不锈钢餐具、搪瓷餐具等)也逐渐进入中国人的家庭,成为一些中上等收入人家的必备用具。

（三）从食品加工技术和工艺来看,出现了传统手工加工作坊和近代化机器专业食品加工厂并存的现象

一方面传统的手工艺作坊加工出来的产品,以其独特的工艺和烹制手法为老顾客们所喜好;另一方面,那些用近代化机器生产工艺制造出来的食品也大量涌入市场,形成了一个多元的食品加工工业和食品市场。

（四）菜点品种

当今,中国形成了一股挖掘传统菜点,创制新品菜点,重文化、讲科学、求艺术的社会风气。人们的饮食观念开始从满足温饱转变到追求营养、快捷方便、新潮风味以及审美享受上来。厨师的文化水平得到提高,创新意识不断增强,菜肴的科技与文化艺术含量大大增加,中国菜点走进了现代化与传统饮食文化有机结合的新时代。新中国成立以来,中国菜点不断推陈出新,热潮此起彼伏。

1. 地方菜点热

20 世纪 50 年代,我国各地纷纷置办代表本地风味特色的地方菜馆、酒家、饭店,以传统和正宗风味为经营特点,至七八十年代达到高潮。在此潮流影响下,"菜系"热潮兴起,先后出现了"四大菜系"、"八大菜系"、"十大菜系"等提法。

2. 造型艺术菜点热

此热潮兴起于 20 世纪 70 年代,至 90 年代达到高潮。通过雕刻拼摆、打花刀、制蓉后再塑造等方法,先后出现了花色拼盘、造型热菜、食品雕刻等热潮。

3. 仿古菜点热

仿古菜点兴盛于 20 世纪 80 年代中后期。一些烹饪专家、史学家与厨师一同研制仿造古典菜点,先后出现了仿清宫御膳菜、仿唐菜、仿宋菜、仿红楼菜、仿孔府菜、仿随园菜等。

4. 食疗保健菜点热

20 世纪 80 年代后期以来,随着人们饮食营养保健意识的增强,吃出健康的愿望越来越强烈,营养丰富、天然无污染、保健食疗强的菜点越来越受人们欢迎,由此兴起了药膳热、绿色食品热、黑色食品热、昆虫食品热、保健食品热、功能食品热等热潮。

5. 快餐热

20 世纪 80 年代开始,肯德基、麦当劳、比萨饼等一批批洋快餐纷纷登陆中国,中式快餐随之兴起,中式快餐公司、快餐店、快餐食品如雨后春笋,迅猛地发展

起来。

6.乡土与民族菜点热

在人们目睹嘴尝了大量的造型菜点、花色菜点后，又开始留恋起带有民族风情、别有一番风味的、实实在在的乡土菜、民族菜，于是从 20 世纪 90 年代起，乡土菜点、民族菜点开始兴盛起来。

7."迷宗"菜点热

随着人们饮食口味的不断变化，厨师创新意识的增强，大约自 20 世纪 90 年代中期起，一批兼取百家之长，融合各种风味于一体，难辨其传承关系的"迷宗"菜产生了，并很快风靡一时。

8.其他热潮

20 世纪 90 年代以来先后出现了生猛海鲜热、知青菜热、香辣蟹热、小龙虾热、杂烩热、涮锅热、私家菜热、江湖菜热、家常菜热等热潮。

（五）从餐饮业来看，除了传统的老字号仍占一席之地外，具有新口味的、用西方经营方式来管理的饭店、酒楼、西式餐馆，犹如雨后春笋般地在各地纷纷建立，并大有一种取而代之的趋势

这迫使一些中式饮食店开始学习西式餐馆的做法，特别是吸收西式烹饪技法的长处，并将改进后的菜肴纳入自己的菜肴体系之中。从饮食方式来看，中国传统的进餐方式和进餐程序都受到了挑战。西式的分餐制，以其卫生的习惯被一部分中国人所接受，特别是西菜先冷后热的上菜程序为许多中餐馆和家庭所接受，从而也大大简化了中式宴会的进餐时间。这一时期的饮食文化交流，也呈现出新的特点，这就是中国饮食文化在吸收西方文明的同时，也将自己民族的饮食逐步推向遥远的欧美国家，并以其精良的烹调、优美的造型、独特的风味蜚声世界，赢得了"烹饪王国"、"食在中国"的美名。

第二节　中国古代烹饪器具

一、炊具

炊具通过烹、煮、蒸、炒等手段，用以将食物原料加工成可食用物品的器具就是炊具。这类器物包括灶、鼎、鬲、甑、甗、釜、鬶、斝等类别，而以灶为核心用具。

●灶（见图 6.2）

最原始的灶是在土地上挖成的土坑，直接在土坑内或在其上悬挂其他器具进行烹饪。这种灶坑在新石器时代广为流行，并发展为后世的用土或砖垒砌成的不

可移动的灶,至今仍在广大农村普遍使用。新石器时代中期发明了可移动的单体陶灶,为商周秦汉各代所继承,并发展出了铜或铁铸成的炉灶,较小的可移动灶称为灶或镟,实际就是炉。进入秦汉以后,绝大多数炊具必须与灶相结合才能进行烹饪活动,灶因此成为烹饪活动的中心。

汉代灰陶灶

战国提梁虎形青铜灶

汉代青铜灶

汉代釉陶灶

图 6.2　灶

●鼎(见图 6.3)

新石器时代的鼎均为圆形陶质,是当时主要的炊具之一。鼎食传统最为光大的时代是史前时代。新石器时代末期,鼎为大众化的食器,到青铜时代后,鼎逐渐成了贵族们的专门用器。虽鼎的意义越来越大,但只限于特殊阶层使用,鼎食传统已开始改变。商周时期盛行青铜鼎,有圆形三足,也有方形四足。因功能的不同,又有镬(音获)鼎、升鼎等多种专称,主要是用来煮肉和调和五味的。青铜鼎多在礼仪场合使用,进而成为国家政权的象征,而日常生活所用主要还是陶鼎。秦汉时期,鼎作为炊具的意义已大为减弱,演化成标示身份的随葬品。秦汉以后,鼎变为香炉,完全退出了饮食领域。镬,其本义是无足的圜底锅,实际上是在列鼎之外专门用于炊煮的鼎。《淮南子·说山训》:"尝一脟肉,知一鼎之味。"高透注:"有足曰鼎,无足曰镬。"《周礼·天官·亨人》:"掌共鼎镬,以给水火之齐。"郑玄注:"镬所以煮肉及鱼、腊之器。既孰,乃脀于鼎,齐多少之量。"周人列鼎而食,就是把肉食品先在镬中煮熟,然后分别盛在各自的鼎内。镬在西周应已从鼎类器中分化出来,但在墓葬中出现却较晚。

商代龙虎耳青铜扁足鼎

商代青铜蝉纹鼎

周代灰陶折腹鼎

春秋青铜带流鼎

周代召伯鬲

楚墓出土王子午升鼎

曾侯乙镬鼎

曾侯乙升鼎

东周错金银有流铜鼎

西汉青铜带盖鼎 　　　　汉代彩绘陶鼎

汉代褐红釉加彩陶鼎 　　　　汉代釉陶鼎

图 6.3　鼎

● 鬲（音利，见图 6.4）

鬲是煮粥器，新石器时代普遍使用陶鬲，青铜鬲最早出现在商代早期。陶鬲是炊具，青铜鬲则同时也作为祭祀用的礼器而存在于夏商周时期。鬲侈口束颈，圆肩立耳，鼓腹分档，尖锥形空足。西周中期以后很盛行。鬲有三足而中空，《汉书·郊祀志》谓鬲就是空足鼎。至战国时已渐趋消亡，故秦以后的文献中此字已很少见。

新石器时代灰陶单耳鬲 　　新石器时代夹砂灰陶绳纹鬲 　　商代青铜单耳有流鬲

西周刖人守门方形青铜鬲

西周中枏父鬲

楚墓出土青铜荐鬲

战国夹砂灰陶双耳鬲

图 6.4　鬲

● 甑（音增，见图 6.5）

甑就是底面有孔的深腹盆，是用来蒸饭的器皿，它的镂孔底面相当于一面箅子。甑只有和鬲、鼎、釜等炊具组合起来才能使用，相当于现在的蒸锅。自新石器时代晚期产生后，甑便绵延不绝，今天的厨房中仍能见到它的遗风。妇好墓出土的这件三联甗就是目前所见到的唯一的这种复合炊具。它是将三个甗的鬲合为一起铸成一个长方形中空的案，案下有六条实足，案面上保留着三个鬲的口，甑则仍然是三个个体，分别套接于三个鬲口内，从而形成一鬲加三甑的格局。使用时，鬲腔内的热蒸汽分别进入三个甑内，三个甑中可分别放置不同的食品，既提高了热能的利用效率，也增加了食物的品类和总量。

商代青铜汽柱甑　　　　　　　　　　妇好三联甗

汉代青铜甗　　　　　　　　　　汉代彩绘陶甗

图6.5　甗

● 釜（见图6.6）

古代写作鬴，实际就是圜底的锅。陶釜产生于新石器时代中期，最先由夹砂陶罐中分化出来的专用炊具，多呈圆形、广口、鼓腹、圜底形制。商周时期有铜釜，秦汉以后则有铁釜，带耳的铁釜或铜釜叫鍪（音谋）。釜单独使用时，须悬挂起来在底下烧火，大多数情况下，釜是放置在灶上使用。"釜底抽薪"一词，已表明了它作为炊具的用途。

汉代铁釜

图6.6　釜

● 甗（音眼，见图 6.7）

这是一种复合炊具，上部是甑下部是鬲或釜，下部烧水煮汤，上部蒸干食。陶甗产生于新石器时代晚期，商周时期有青铜甗，秦汉之际有铁甗，东汉之后，甗基本消亡，所以现代汉语中没有相关的语汇。东周之前的甗无论是陶还是铜，多是上下连为一体的，东周及秦汉则流行由两件单体器物扣合而成的甗。鬲、鼎与甑相合的甗可直接用于炊事，而釜、甑相合而成的甗仍需与灶相配才能使用。汉代有时径直将甗称为甑。

新石器时代夹砂红陶甗

商墓出土立鹿耳足青铜甗

商代青铜甗

西周青铜甗

汉代彩绘陶甗

图 6.7　甗

● 鬶（音规，见图 6.8）

将鬲的上部加长并做出流，一侧再安装上把手就成了鬶，这是中国古代炊具中个性最为鲜明独特的一种，只流行于新石器时代晚期的大汶口文化和山东龙山文化，其他地域罕有发现。同鬲一样，鬶也是利用空袋足盛装流质食物而烹煮的，但它因有可以外泄的流和錾而显得功能更齐全。

大汶口文化灰陶鸟形鬶　　　新石器时代红陶鬶

图 6.8　鬶

● 斝（音甲）

斝的外形似鬲而腹与足分离明显。陶斝产生于新石器时代晚期，当时也是空足炊具之一。进入夏商周时期的斝变为三条实足，且多青铜制成，但已是酒具而不是炊具了，作为炊具的陶斝只存在于新石器时代晚期的几百年间，作为酒具的斝则盛行于商周两代。

● 鏊（见图 6.9）

鏊子是一种制作饼类干食的器具，即将面粉加水擀成薄饼摊放在鏊面上，并利用竹篾或木条反复翻转，鏊底薪柴的热量通过鏊面传导至面饼从而将其焙烧至熟。今天仍流行于北方地区的烙饼就是这一工艺的遗响。在原始熟食阶段，人们曾将石头加热，然后将面饼贴于石面，利用石头残存的热能焙烧食饼。进入新石器时代以后，随着陶器的出现，形态稳固并能不断加热的鏊子应时而生，人们可以一边烧热陶鏊一边烙饼，提高了饼食的制作速度和质量，也节约了能源。令人吃惊的是，鏊子烙饼工艺从产生一直流传至今，其方法和工具形态居然没什么改观，只不过由陶质改为金属制品而已。"鏊"字的本义，系指铁器而言，可见此字是后起的叫法。

图 6.9　新石器时代夹砂褐陶鏊

● 铜炉盘（见图 6.10）

这套复合烹饪器，于湖北省随县墓出土，由上盘下炉两部分组成。盘直口方唇，浅腹圜底，下附四条蹄状足，四蹄立于炉的口沿上，盘腹两侧各有一对环形耳，耳内套接铜质二节双式提链，链端为环形提手，除提手上模印有卷云纹样外，余部素而不饰。刚出土时，盘内盛有鱼骨，经鉴定是鲫鱼骨。盘底有明显的烟炱，而炉盘内尚盛有十几块未燃尽的木炭。无论是从其造型、结构，还是从其盛装物品判断，这套复合器具的炊器功能应是毋庸置疑的。而且我们还可以进一步推论，它是煎烧而非烹煮的器具。浅盘似后世的平底锅，既可煎烤鱼类肉食，也可用以煎面饼类素食。油炸之法的发明，启发了"炒"这一重要烹饪工艺的出现，在烹饪史上具有重要意义。

图 6.10　曾侯乙铜炉盘

● 上林方炉（见图 6.11）

上林方炉于 1969 年在陕西省西安市延兴门村出土，分上下两层。上层是长槽形炉身，其底部有数条条形镂孔而形同算子。下层为浅盘式四足底座，炉身亦有四条蹄足安放于承盘之上。已出土的这类带有镂孔的汉代炉形器数量不是很多，其用途也众说纷纭。实际上，在新石器时代的马家浜文化中，即已出现用来烧烤肉食的同类器具。河南密县打虎亭汉墓壁画中烤肉的画面更是明确地告诉了长条炉的用途。其下层底座名叫承灰，是用来放炭烧火并盛装灰烬的。火苗透过算孔烧烤放置在炉底或炉沿上的肉食，其方法是对原始熟食阶段燔炙的发展。今天仍在使用的烤羊肉串的长条形炭炉应是其余响。烤肉古称为炙，故此类炉可称为炙炉。

图 6.11　汉代上林方炉

● 鍪（见图 6.12）

鍪是一种金属炊具，实际是釜的一种变体，圜底釜的口部缩小并加长成脖颈，便成了鍪。所以古代文献中说"鍪似釜而反唇"，或说"鍪，小釜类"，其形态与功能都很明确。鍪最早见于战国中期四川一带的蜀人墓葬中，其形态是单环耳、对称双环耳两种。自秦统一中国后，出现了一大一小不对称双环耳形鍪，而且鍪底已开始出现三足。三足鍪发展至后来有了专有名称，成为另一种名叫"锜"的炊具。这件铜鍪既有单环耳的战国遗风，又有三足的后起之形，是铜鍪发展史上的重要物证。战国时期的鍪是与甑配套而烹饭的，但汉代时鍪则大多单独使用，用于温饭。

汉代鎏金铜鍪　　　　　汉代龙首柄青铜鍪

图 6.12　鍪

● 铜鐎斗（见图 6.13）

器身为宽折沿的深腹盆，沿部一侧带有斜长的流，底部有三条外撇的两节兽蹄足。盘沿下部安有扁条形长柄以备握持。鐎斗是汉代新出现的一种炊器，汉墓中屡有出土。陕西临潼曾出土一件器形与此鐎相近的铜器，自铭"黄氏铜鐎"，可证此类器物确为鐎斗。《史记》中曾记载汉代士兵用铜鐎斗白天做饭、夜间手持行军的故事，可知鐎斗是小型炊器。其容量一斗左右，恰供士兵一人使用。鐎斗的流也是外注口，可见用于炊器时主要是煮粥羹类软食。但已发现的鐎斗也有不带流的，如黄氏鐎斗即是。这类鐎斗的用途与前述大同小异。不过据有的铭文，鐎斗是温器，

图 6.13　汉代铜鐎斗

即以文火为食物保温而不直接煮食,其使用场合也不局限于军队。另外,有一部分镌斗是用于温酒的。看来在汉代镌斗的用途并不专一。另有一种较镌斗稍大,造型与之相似的器物,名叫刁斗,纯作炊器之用,是汉代特有的器物。

二、贮藏器具

藏贮具广义地讲,用于藏贮食物原料与食物成品的器具均可归入此类,腌制食品的容器也可视作藏贮器。这类器物的构成比较繁杂,包括瓮、罐、仓、瓶、壶、菹罂诸类,既有存贮粮食的,也有汲水、提水的,还有存贮剩余熟食和腌食的。部分盛食器如盆、盘类也兼有储藏的功能。由于功能的多样化,我们虽可将它们广义地归入饮食具中,但仅仅借此说明饮食具的构成与发展,而不作过多的深究。

● 瓶

瓶是一种小口深腹而形体修长的汲水器,新石器时代的陶瓶形式多样且大小悬殊,尤以仰韶文化的小口尖底瓶最有特色。进入青铜时代以后,金属瓶虽已出现,但数量甚少,用于汲水的瓶仍以陶质为大宗。形体较小的瓶进而兼具盛酒的功能。

● 罐(见图 6.14)

罐是小口深腹但较瓶矮胖的器物的泛称,考古学所指称的罐,包括了瓮、缶、瓿等多种器物,直到北魏时期,文献中才有罐的名称,但也无确切所指。我们可将新石器时代及其以后用于汲水、存水和保存食品而难以明确归入其他器类的小口大腹器物统称为罐。

夏商彩绘陶罐　　　　　　　春秋印纹硬陶罐

东汉青瓷罐　　　　　　　唐代白地黑花瓷罐

图 6.14　罐

● 瓮

瓮是罐类器物的基本形态,用以存水、贮粮,当然也可贮酒,但装酒的瓮多称为资或卢,形体稍小的瓮可称为瓿,一般在口沿部位有穿孔以备绳索,主要用于汲水。

● 壶(见图 6.15)

壶的形态介于瓶和瓮之间且有颈的器物称为壶,因其形似葫芦而得名。壶可存水,也用以存贮粮,另有一部分盛酒。用作量器的壶叫钟,陶壶自新石器时代产生后一直沿用,后又有金属制品及瓷壶行业。

新石器时代红陶折肩壶　　　　新石器时代彩陶壶　　　　汉代彩绘陶壶

汉代褐红釉加彩壶　　　　东汉青瓷双系盘口壶

图 6.15　壶

● 菹罂

形状似瓮但有内外两层唇口,并加有盖,实际就是今天所说的酱菜坛子。菹就是酸菜,罂则是类似瓮的存粮储水陶器,其命名已示用途。周代已有腌制食品,但尚未发现其制作器具,最早的菹罂出自汉代墓葬,魏晋唐宋遗物也屡有出土,均为陶瓷制品,至今亦然。

三、盛食器具

盛食具指进餐时所使用的盛装食品的器具,约相当于今天所说的餐具,包括有盘、盆、碗、盂、钵、豆、簋、敦、俎、案等类。盘是盛食容器的基本形态。

● 盘(见图 6.16)

新石器时代已广泛使用陶盘作为盛食器皿,自此以后,盘一直是餐桌上不可或缺的用具,直到今天仍与我们朝夕为伴。作为中国古代食具中形态最为普通而固定、流行年代最为久远的品类,盘包括了陶、铜、漆木、瓷、金银等多种质料。最为常见的食盘是圆形平底的,偶有方形,或有矮圈足。值得注意的是,商周时期的青铜盘中有一部分是盥洗用具。清代粉彩果品盘盘内粘接有瓷塑的一只肥蟹,周围是荔枝、樱桃、红枣、核桃、花生、瓜子、石榴等瓜果类食品。这些食品每种都有象征意义,如肥蟹寓为"一甲",即清代科举制度中的殿试第一等,进士及第之意;核桃表示"满福满寿",祈求的是富贵永享;荔枝象征"万事吉利";石榴表示"榴开百子","子孙满堂";枣、花生、瓜子意谓"早生贵子"。

新石器时代红陶圈足盘

夏代灰陶三足盘

汉代彩绘绘木胎漆盘

唐代三彩飞鸟云纹盘

唐代绞胎纹瓷

北宋天青釉汝瓷盘

北宋豆青釉印花盘　　　　宋代钧瓷盘　　　　白釉画花"刘家瓷器"盘

元代卵白釉印花瓷盘　　　明代青花束莲盘　　　明代黄釉盘

明代红彩龙纹盘　　　　明代矾红鱼纹盘　　　明代龙凤纹菊瓣雕漆盘

明代嵌螺钿山水人物画漆盘　　　清代粉彩果品盘

图 6.16　盘

● 碗、盂、钵（见图 6.17）

碗似盘而深，形体稍小，也是中国炊食用具中最常见、生命力最强的器皿。碗最早产生于新石器时代早期，历久不衰且品类繁多。商周时期稍大的碗在文献中称为盂，既可盛饭，也可盛水。碗中较小或无足者称为钵，也是盛饭的器皿，后世专以钵指称僧道随身携带的小碗，是佛教梵文钵多罗（PATRA）的省称，故有"托钵僧"之谓。

新石器时代朱木碗　　　仰韶文化勾叶纹彩陶钵　　　汉代彩绘漆木盂

唐代釉下彩绘瓷水盂　　　唐代刻花赤金碗　　　北宋天青釉汝瓷碗

宋代白瓷食具一套　　　清代红地珐琅彩瓷碗

清代粉彩折枝花卉纹碗　　　清代仿雕漆碗　　　宋代钧瓷碗

图 6.17　碗、盂、钵

●盆（见图 6.18）

盘之大而深者为盆，从"锅碗瓢盆"这一习语中可知，盆自然是用于炊事活动的。但"金盆洗手"的说法，又表明盆也可以作盥洗用具，不过后一种意义的盆古代常写为鉴，形态上与盛食之盆也略有差异，新石器时代的陶盆均为食器，式样较多，秦汉以后食盆的质料虽多，但造型一直比较固定，与今天所用基本无别。

仰韶文化彩陶曲腹盆

汉代釉陶盆

北宋白地黑花瓷盆

清代斗彩缠枝西番莲纹盆

图 6.18 盆

●罂（见图 6.19）

罂是一种盛贮器，既可用来汲水、存水，也可用来盛粮，在汉代即已存在。盛水的罂在古书中多有记载。《三国志》曾记载吴国连日大雨不止，饮用水浑浊不堪，吴国士兵因此腹泻严重而丧失战斗力，军将们只好令士兵准备许多罂，盛水澄清后再饮用，情况始有缓解。而宋代人更是别出心裁，在水灾之时把许多中空封闭的罂用绳索捆绑起来，利用罂中空的浮力作为救生工具，颇似后来的"葫芦舟"，不过宋代时的罂已主要是盛酒了。大文学家欧阳修曾写诗戒人自戒，说"行当考官绩，勿复困罂缶"，不要整天困在酒桌上，要认真督察官吏办实事，可资为证。

唐代釉下彩绘瓷盖罂

图 6.19 罂

●豆（见图 6.20）

青铜豆最早产生于西周而不见于商代。商周时期，均是专以盛装肉食的。

豆，盘下附高足者称为豆，豆即是此类物品的泛称，也专指木质的豆，陶质豆称为登，竹质的豆则做笾，都是盛食的器皿。豆是用以盛放腌菜、肉酱等和味品的器皿。《周礼》："醢人，掌四豆之实。朝事之豆，其实韭菹、醓醢、昌本、麋臡、菁菹、鹿臡、茆菹、麋臡。"菹，就是咸菜、酸菜之类。臡就是肉酱之类。豆有圆口与方口之分,又存在有盖与无盖之别。铜豆出土较少,可能人们常以陶豆、漆豆为主,新石器时代晚期即已产生陶豆,沿用至商周时期,汉代已基本消亡。青铜豆出现于商代晚期,盛行于春秋战国。豆广泛用于祭祀场合,故后世以"笾豆之事"代指以食品祭神,豆类器皿因此被称为"礼食之器"。

春秋末战国初青铜方豆　　　　　战国青铜带盖豆

图 6.20　豆

● 俎(见图 6.21)

俎为长方形案面,中部微凹,案下两端有壁形足。俎即可用来放置食品,也可用作切割肉食的砧板,故鸿门宴上张良自谓"人为刀俎,我为鱼肉",其意昭然。

商代石俎　　　　　　　楚墓出土的青铜俎

图 6.21　俎

新石器时代的此类食具尚无确切的发现,但夏商周时期的俎却多有出土,既有石俎,又有青铜俎。当时的俎也是祭祀用的礼器,用来向神荐奉肉食,所以常常"俎豆"连用,代指祭仪。

● 案

案的形态功用与俎多有相似,但秦汉及其后多言案而少称俎。食案大致可分两种,一种案面长而足高,可称几案,既可作为家具,又可用作进食的小餐桌;另一种案面较宽,四足较矮或无足,上承盘、碗、杯、箸等器皿,专作进食之具,可称为棜案,形同今天的托盘。自商周至秦汉,案多陶质或木质,鲜见金属案,木案上涂漆并髹以彩画是案中的精品,汉代称为"画案"。

●簠(见图 6.22)

簠是祭祀和宴飨时盛饭食的器具。《周礼·舍人》:"凡祭祀共簠簋。"郑玄注:"方曰簠,圆曰簋,盛黍、稷、稻、粱器。"簠一般为长方体,如盨而棱角突析,壁直而底平埋,足为方圆或矩形组成的方圈。盖和器形状相同,大小一样,上下对称,合起来成为一体,分开则为两个器皿。如安徽寿县楚王墓出土的战国时期折壁直缘无耳簠。簠出现于西周早期后段,但主要盛行于西周末春秋初,战国晚期后逐渐消失。

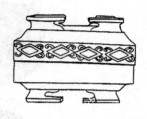

图 6.22　簠

●簋(见图 6.23)

簋专指商周时期的青铜盛食器。在青铜器产生之前,此类器物是陶质或竹木质,被称为塯,或称土簋,功能与碗相同。簠簋之称仅存在于夏商周时期,当时除作为日常用具外,更多地用作祭祀礼器,且多与鼎连用,以偶数出现,用来表示使用者身份地位的不同。与豆不同的是,簋专盛素食,秦汉之际,作为实用器的簠簋已不复存在。簋圆口,圈足,无耳或有两耳、四耳,方座,带盖等形制。如在湖北黄陂盘龙城李家嘴出土的商代早期的无耳深腹圈足簋和兽首耳深腹圈足簋。

西周青铜簋　　　　西周青铜四足簋　　　　无耳深腹圈足簋　兽首耳深腹圈足簋

图 6.23　簋

●盒(见图 6.24)

两碗相扣成为盒。盒产生于战国晚期,流行于西汉早中期,有的盒内分许多小格,自西汉至魏晋,流行于南方地区,被称为八子槤,后也发展出方形,统称为多子盒,无盖的多子盒又叫格盘,此类器具均是用来盛装点心的,但扣碗形的食盒也一直在使用,不过由陶器变成漆木器或金银器了。但在三国时期及其以后,南方和北方的广大地区,圆形、方形的食盒都大量出现,既有陶瓷制品,也有装饰精美的漆木器,成为魏晋南北朝时期广为流行的食具。

汉代凤纹漆食盒　　　　　　　　　　曹魏红陶多子盒

明代雕漆牡丹盒　　　　　　　明代五彩多子盒

图 6.24　盒

● 敦(音对,见图 6.25)

青铜质盛食器,存在于商周两代,盛行于春秋战国,进入秦汉便基本消失。敦呈圆球状,上下均有环形三足(或把手)两耳(或无耳),一分为二,盖反置后把手为足,与器身完全相同,同样用来盛装黍、稷、稻、粱类谷物食品。方形之敦叫做簠,但属酒具而非食具。

图 6.25　春秋战国时期青铜敦

四、进食器具

● 中国古代进食具（见图 6.26）

饮食活动中，将烹饪好的食物从炊具中取出放入盛食器，再从盛食器中取出放入口腔，这两个过程所需要的中介工具就是进食器具，中国传统的进食器具可分为勺子和筷子两类。筷子一经产生，历三千余年而无功能和形态的木质变化，因而被视为中华国粹的一种，成为饮食文化的象征。而勺类进食具的历史则更为久远，发展变化的过程相对要复杂些。

● 筷子

筷子古称"箸"，至明代始有今称。考古发现最早的箸出于安阳殷墟商代晚期墓葬中，文献中曾记载商纣王制作使用精美象牙箸。但中国发明使用箸的历史肯定要早于商代。这种首粗足细的圆柱形进食具，最早应是以木棍为之，商周时期出现青铜制品，汉代则流行竹木质，且多经髹漆，至为精美。隋唐时出现了金银制作的箸，一直沿用到明清，至宋元时期，出现了六棱、八棱形箸，装饰也日渐奢华，明清时宫廷用箸更是用尽匠心，工艺考究且有题诗作画的箸实际成了高雅的艺术品。历代对箸的制作费尽心思，力图在两枝简单的圆柱体上展现出更多的技艺，因此有象牙箸、玉箸、金银箸、铜箸、木箸之分，还有方头、圆头、多棱头之别，更有一枝完整、另一枝分两节或三节套装的多用途箸。作为一种独特的食具，箸成为中华文化的国粹之一，在文化史上处处都能找到箸的印记。

● 瓢魁

将完整的葫芦一剖为二便成了两个瓢，故俗语说"比葫芦画瓢"，可见最早的瓢应是圆形带柄并是木质的。后来又有了陶质和金属瓢，汉代的瓢方形、平底，既可舀水，又可直接进食，称为"魁"，瓢之较小者称为"蠡"。瓢魁之类，既然可舀水进食，当然也可用以挹酒，上古之世，用于舀水的器具除陶质、木质的瓢外，尚有以动物甚至人脑壳为瓢者。

● 勺

在功能上可分为两种，一种是从炊具中捞取食物入盛食具的勺，同时可兼作烹饪过程中搅拌翻炒之用，古称匕，类似今天的汤勺和炒勺。另一种是从餐具中舀汤入口的勺，形体较小，古称匙，即今天所俗称的调羹。但早期的餐勺往往是兼有多种用途的，专以舀汤入口的小匙的出现应是秦汉及其以后的事。考古发现最早的餐勺距今已有七千余年的历史，属新石器时代。当时的勺既有木质、骨质品，也有陶质的。夏商周时期出现铜勺，带有宽扁的柄，勺头呈尖叶状，自铭为匕，即勺头展平后形如矛头或尖刀,"匕首"之称即指似勺头的刀类。自战国起,勺头由尖锐变为圆钝,柄也趋细长,此形态一直为后代沿袭,秦汉时流行漆木勺,做工华美,并分化出汤匙,此后金、银、玉质的匕、匙类也日渐增多,餐桌上的器具随着食具的多样而更加丰富。

　　在古代的饮食活动中,餐勺与箸往往是一同出现并配合使用的。周代时曾规定,箸只能夹取菜类,而食米饭米粥时则必须用匕,分工十分明确。但延及后代,这一规定也渐成具文。

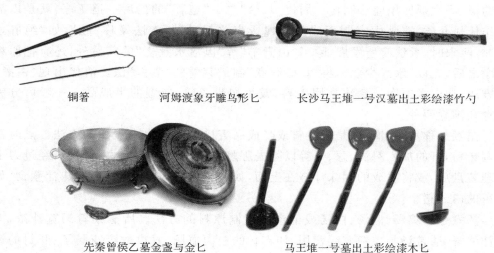

铜箸　　　　　河姆渡象牙雕鸟形匕　　　长沙马王堆一号汉墓出土彩绘漆竹勺

先秦曾侯乙墓金盏与金匕　　　　马王堆一号墓出土彩绘漆木匕

图 6.26　进食具

成套餐具(见图 6.27)

汉代漆制餐具一套　　　　　　　　　盒装餐具一套

图 6.27　成套餐具

第三节 中国传统烹饪方法

一、煮氽涮卤煨炖类

(一)煮

煮是原料加多量汤或清水,旺火烧沸转中小火加热成菜的烹调方法。先秦时期的羹、汤大都使用此法制作。周代"八珍"之一"炮豚"的最后一道工序,就是以清水作传热介质,在鼎中煮制而成的。魏晋南北朝时期,煮法又称"胚",如"纯肛鱼法"。两宋时,煮法有所发展,除了"山煮羊"等"以活水煮之"的菜肴外,还有把原料洗净之后,先以"水煮少熟",再用"好酒煮"制成菜肴的"酒煮"法。清代出现"白煮"的方法,如白煮羊肉。煮法常用生料,或为初步成熟、成型的半成品。一般可分为白煮和汤煮两种。

白煮又称水煮、清煮,是把主料或半成品直接放入清水中煮熟的方法。煮时不加调味料,有的加入料酒、葱、姜等以除去腥膻异味。食用时把主料捞出,经过刀工处理装盘后,或将对成的调味汁浇在上面,如北京的白肉片;或外带调味汁蘸食,如广东的白云猪手。

汤煮是以鸡汤、肉汤、白汤或清汤等煮制原料的方法。所烹菜肴汤宽汁浓,或汤汁清鲜,通常汤与主料一起食用,如吉林的白肉血肠、甘肃的杏花肠子、开封的银煮肺、北京的砂锅羊肉、扬州的鸡汁煮干丝等。

(二)氽

氽是小型原料在沸汤中快速致熟的烹调方法。氽法多用于制作汤菜,有的原汤供食,称氽汤,有的换清汤上桌;也用于原料的初步熟处理。适用于动物性原料的如牛、羊、猪的肚头,鸡、鸭、鹅的肫、肝,子鸡子鸭的脯肉,海产贝类以及畜、禽和鱼、虾肉的茸泥制品;植物性原料如冬笋、鲜菇以及菜心等,均需新鲜的。氽制前,大形原料需切成丝、片或花刀块,利于快速成熟,并使成熟度一致。氽时一般不上浆、不挂糊。调味有的先码味,有的在汤中调味,也有的成菜后蘸调味料食用。特点是清鲜柔脆或软嫩,爽利适口。

氽法始见于宋元时文献。如宋代的氽鸡、清氽鹌子、清氽鹿肉、蝌蚪氽鱼肉、改汁羊氽粉等;元代的熄肉羹、青虾卷熄等。明清时有生爨牛肉、爨猪肉、熄蟹等,并有了以肉制成丸子后氽制的记载;如水龙子(即氽丸子)、氽鱼圆等。现代氽法主要有两种:①清氽:将主料投入沸水中快速氽透,捞入汤碗内,另加新鲜清汤,调味后供食。如杭州西湖莼菜汤、四川清汤腰方等。也有将主料焯水后再放入清汤的,如陕西清汤里脊、甘肃猴头过江、广东清汤爽口牛丸等。②混氽：先将清汤烧沸，再把主料投入，汤沸料熟后盛装供食。如四川、山东、河南等地的氽丸子，江苏莼菜氽塘鳢片等。

（三）涮

涮是由食用者将备好的原料夹入沸汤中，来回晃动至熟供食的烹调方法。所用炊具以火锅为主，锅中备汤水，供涮制用。原料须先加工成净料，肉类并经刀工处理成薄片。涮制调味料一般有芝麻酱、料酒、乳腐卤、酱油、辣椒油、卤虾油、腌韭菜花、香菜末、葱花等，分置在小碗中，由食者各自对制成蘸料，供边涮、边蘸、边吃；也有的于汤中调味。因涮法系由食用者自涮自吃，热烫鲜美，别有情趣。

涮法始见于南宋林洪《山家清供》的"拨霞供"。至17世纪中叶，清宫御膳菜单上的"羊肉片火锅"即为涮羊肉。后来乾隆年间所办的几次千叟宴，也均供有涮羊肉火锅。另有一说，认为涮羊肉为回族清真菜的传统风味，故多见于华北、西北等地。涮法南北均有，仅工具、吃法略有不同。除涮羊肉外，还有：

涮九门头。见于福建连城一带，又称米酒涮牛肉。逢年过节、亲友团聚必不可少。主料为牛里脊和牛的舌、肝、腰、心、脾、肚（含百叶肚、草肚壁、肚尖、蜂肚头），治净后肉切片，其他剞刀后切块。用火锅加鲜牛肉及陈皮、姜片、香藤根、花椒、山奈（沙姜）、料酒煮制的汤，汤滚沸后，下入主料边涮边吃，蘸盐酒等调味料。此法因加有草药，民间认为具有健脾补肾、清热祛湿、通气活血、强壮筋骨等功用。

打边炉。多见于广东等地，又称便炉、锅边炉、御寒生镬，广西称神仙钵，台湾因多用沙茶酱调味称沙茶火锅，贵州、云南调味重辣椒称油辣椒火锅。民间常用红泥炭炉，上置小锅（铁锅、铝锅、砂锅均可），内盛水。旺火将水烧沸，下入菜料，边涮边吃。水中并可加猪油，使菜料香滑。蘸料有酱油、麻油等。菜料有多种，如虾、鱼及所制的小丸，鸡、牛、猪肉切的片以及鱿鱼、蛤蜊和新鲜蔬菜等。

菊花生锅。见于江苏、上海、浙江、山东、湖南等地。又称生片锅、白滚、生锅。因涮制前先向锅中投入一把白菊花瓣，故名，现多已省去。因所备原料的数量不同，分为四生、六生、八生、十二生等。原料多为生品，如鱼、虾，猪的肉、肚、肝、腰，鸡鸭的肉、肫、肝，野鸡，野鸭，鱿鱼及贝类等，分别切片，配以粉丝、白菜、豆腐、菠菜、徽子等。所用炊具为一特制的铜锅，置于铜制镂花炉圈上，下为一有圆凹槽的铜盘，供贮酒精。使用时将锅置于桌中，点燃酒精，锅中下鸡汤、火腿、香菇、冬笋等烧沸，然后由食者夹取各料于锅内涮熟后，蘸调味料食用。

（四）卤

卤是将原料用卤汁以中、小火煨、煮至熟或烂并入味的烹调方法。适用原料有猪、牛、羊、鸡、鸭、鹅及其脏杂，各种野味，蛋类以及香菇、蘑菇、豆干、百叶、素鸡等。

原料治净后直接入卤卤制;有的也可先腌后卤。卤制品称卤货,或称卤菜,因卤汤多用香料调配制成,具有醇厚浓郁的鲜香味,滋味隽永,宜于下酒。一般晾凉后食用,常作筵席冷盘;也可以热吃;有时也用作菜肴原料。

卤法约源于先秦时期。至北魏,《齐民要术》引《食经》的"绿肉法",属卤制法,即将猪、鸡、鸭肉切成方块,用盐、豆豉汁、醋、葱、姜、橘皮、胡芹、小蒜作调味料,一起煮制而成。至宋代,《梦粱录》上出现"卤"的名称,如"鱼鲞名件"之一的卤虾。清代的《随园食单》、《调鼎集》上有卤鸡、卤蛋等,并有了卤料的配方和卤制方法。

卤菜必须用卤汁。卤汁又称卤汤,第一次现配,用后保存得当,可以继续使用。经常制作卤制品并保存好的卤汁,称为老卤。再次用时,适当添加水、香料和其他调味料,可一次次使用下去。用老卤卤制,制成品滋味更加醇厚。卤汁的配制,需用多种香料及调味料。可分为红卤、白卤、清卤(又称盐水)等。老卤的保存,关键在于防止污染而致发酵变质。常用的方法是:卤制品出锅后,滤清卤汤里的肉渣等,再烧沸,然后倒入装卤汁的罐中,静待其自然冷却。

(五)煨

煨是将原料加多量汤水后用旺火烧沸,再用小火或微火长时间加热至酥烂而成菜的烹调方法。煨法适用于质地粗老的动物性原料。炊具有时用陶制器皿,如砂锅、陶罐,甚至陶瓮、坛子等。调味以盐为主,不勾芡。成菜特点是主料软糯酥烂,汤汁宽而浓,口味鲜醇肥厚。

煨原指将原料埋入火灰中加热成熟的方法。现多指原料入锅中加汤水制成带汤汁菜肴的方法,此法由熬、煮演化而来,始见于清代的《食宪鸿秘》。《随园食单》中汤煨法应用渐多,如"海参三法"中指出"大抵明日请客,则先一日要煨,海参才烂";鲍鱼则"火煨三日,才拆得碎";其他如鱼翅、淡菜、乌鱼蛋、猪头、猪蹄、猪爪、猪筋、猪肚等,均指出要加汤水"煨烂"。该书并已提到红煨、白煨、清煨、汤煨、酒煨等,并有黄芽菜煨火腿、蘑菇煨鸡、红煨鳗、汤煨甲鱼等菜式。清代《调鼎集》上所收煨法菜更多。

煨法与炖法相似,不同处在于旺火烧沸后改用小、微火乃至炉火余热进行长时间加热,有时甚至要 24 小时以上,直至原料酥烂为止。调味注意突出原料本味,仅用盐、姜、葱、酒,红煨时才用酱油、冰糖等。一般要在原料酥烂后才下调味料。

(六)炖

炖是将原料加汤水及调味品,旺火烧沸后用中、小火长时间烧煮成菜的烹调方法。成菜特点是汤汁鲜浓,本味突出,滋味醇厚,质地酥软。

炖法由煮法演变而来,至清代始见于文字记载。《食宪鸿秘》上有"炖豆豉(两则)"、"炖鸡"、"炖鲟鱼"、"蟹炖蛋"、"炖鲂"等,《调鼎集》中"炖"已多见,并且出现了

"酒炖"、"白糟炖"、"神仙炖"、"红炖"、"干炖"、"葱炖"等不同炖法。《随园食单》有"赤炖"法。现在炖已广泛应用。习惯上将炖分为隔水炖和不隔水炖两种:①隔水炖是将原料焯水洗净后放入陶、瓷钵中,加清水及葱、姜、料酒,盖上盖并用湿桑皮纸封住缝隙,置于小锅内,盖严锅盖,用旺火烧三小时左右,再经调味而成。另有一法,是将放入原料及汤水的陶、瓷器皿置于笼屉中,旺火猛蒸而成,此法又称为蒸炖。隔水炖法原料与汤汁受热稳定,封盖严密,菜肴鲜香味不易散失,汤汁清澈如水。如雪峰驼掌。②不隔水炖是将原料焯水后洗净,放入陶钵中,加水及葱、姜、料酒,置旺火上烧沸,撇去汤上浮沫,盖上盖转用小火加热2~3小时,再经调味而成。此法操作简便,但成菜效果不及隔水炖法。清炖法以江苏、浙江一带最为擅长,传统名菜有江苏清炖蟹粉狮子头、安徽清炖马蹄鳖等。

二、烧焖扒烩类

(一)烧

烧是将经过初步熟处理的原料加适量汤(或水)用旺火烧开,中、小火烧透入味,旺火收汁成菜的烹调方法。烧菜的汤汁一般为原料的1/4,并勾入芡汁(也有不加芡汁的),使之黏附在原料上。成菜特点是卤汁少而浓,口感软嫩而鲜香。

古代烧法有不同的内涵,最初指将食物原料直接上火烧烤成熟。后来,将食物封于锅中,在锅下加热,亦称烧。到了南北朝时,出现了烧饼之类,是一种入炉炙烤烧熟法。宋元时始有汤汁烧法,如烧猪脏、烧猪肉等,清代烧法有了广泛应用,如烧肚丝、烧皮肉等,同时出现红烧、煎烧等方法。近代的烧法多种多样,变化很大,以色泽分有红烧、白烧;以风味分有葱烧、酱烧、糟烧;此外还有老烧、干烧等。其中常用的是红烧、白烧、软烧、干烧、葱烧等。

红烧:因成菜色泽为酱红色或红黄色故名。适用于色泽不太鲜艳的原料。原料烹制前一般经过焯水、过油、煎炒等方法制成半成品,以汤与带色的调味品(酱油、糖色等)烧成金黄色,或柿黄色、浅红色、棕红色与枣红色,最后勾入芡汁(或不勾芡汁)收浓即成。如河南红烧鲤鱼、山东红烧肉、四川红烧鱼唇、湖南红烧寒菌等。

白烧:原料经过汽蒸、焯水等初步熟处理,加汤(或水)及盐等无色调味品,进行烧制的方法。汤汁多为乳白色,勾芡宜薄,使其清爽悦目、色泽鲜艳。如河南烧二冬、北京烧素四宝等。

软烧:将经过汽蒸、焯水的原料直接烧制成菜的方法。先把原料以有色的调味品煮上色,然后添汤烧制。如河南软烧肚片、北京软烧羊肉、山东软烧豆腐等。

干烧:成菜汤汁全部渗入原料内部或裹覆在原料上的烧制方法。多为红烧。

烧制时先将原料炸或煎上色后，再用中火慢烧，将汁自然收浓，或见油不见汁。在风味上有辣味和鲜咸的区别。如四川干烧岩鲤、河南干烧冬笋等。

葱烧：原料经焯水等初步熟处理后加炸或炒黄的葱段、熰葱油及其他调味品烧制成菜的方法。也有把炸葱加汤蒸制后放在烧好的主料一边，以蒸葱的汤汁勾芡浇上的。一般烧成红色，成菜油亮光滑，具有葱香浓郁的特点。如北京葱烧海参、葱烧蹄筋等。

（二）焖

焖是将经初步熟处理的原料加汤水及调味品后密盖，用中小火较长时间烧煮至酥烂而成菜的烹调方法。多用于具一定韧性的鸡、鸭、牛、猪、羊肉，以及质地较为紧密细腻的鱼类等。初步熟处理需根据原料质地选用焯水、煸炒、过油等法，然后进行焖制。焖法有的用陶瓷炊具，焖时要加盖，并须严密，有些甚至要用纸将盖缝糊严，密封以保持锅内恒温，促使原料酥烂。焖时要注意经常晃锅，以防原料粘底。焖菜一般不勾芡，汤汁自行黏稠，有些也可于出锅时勾芡，有的可淋明油装盘。成菜特点是质地酥烂，滋味醇厚香美，汤汁稠浓，形态完整，吃口软滑。

焖法由烧、煮、炖、煨演变而来。焖法始见于宋代，如《吴氏中馈录》"治食有法"中，元代《居家必用事类全集》中记有焖制方法，明代《遵生八笺·饮馔服食笺》上开始出现"焖"字，如"水煤肉"中的"蒲盖焖，以肉酥起锅食之"。清代"焖"字应用已多，并出现了"焖"字，如《随园食单》"鸭脯"中"用肥鸭斩大方块，用酒半斤，秋油一杯，笋、香蕈、葱花焖之"。

（三）扒

扒是将经过初步熟处理的原料整齐入锅，加汤水及调味品，小火烹制收汁，保持原形成菜装盘的烹调方法。用料大多为高档原料，如鱼翅、海参等；或用于整只、整块的鸡、鸭、肘子等；或用于经过刀工处理的条、片等动植物原料。主料须先经过汽蒸、焯水、过油等初步熟处理，有时需用复合的方法，使其入味后扒制。扒制前原料要经过拼摆成形处理，使其保持较整齐美观的形状。原料下锅时应平推或扒入，加汤汁也要缓慢，或沿锅边淋入，以防菜形散乱。烹制时用小火，避免汤汁翻滚影响菜形完整。如需勾芡，则用淋芡、晃锅。有的在烹制完成后，主料装盘，留汤汁收浓后浇在菜肴上。扒菜特点是主料软烂，汤汁浓醇，菜汁融合，丰满滑润，光泽美观。

扒法有多种，最常见的为用炒锅或砂锅扒制。炒锅扒即直接用锅扒制成菜，也有在锅中用竹算扒制的，一般将主料焯水后排在竹算上，用切成大片的猪肘或鸡肘等覆盖，入锅加汤汁烹制，至汤汁浓稠，取去鸡肘等，将主料扣入盘中，再将汤汁收浓浇上，如河南白扒鱼翅等。砂锅扒即主料用纱布包住，与鸡腿、肘子等一起放进砂锅,并用鸡骨、猪骨、竹箅等垫底,加汤烧至主料软烂入味时取出,放入盘内,同时整理菜肴形状,另外起锅将原汤汁勾芡浇上;或主料排入砂锅,上放纱布包好的鸡、猪肘扒制成菜的,如扒海参等。

根据初步熟处理方法不同,扒有先蒸后扒的,即主料经煮或炸后放在碗内,加入配料、调料和汤汁,上笼蒸熟后用原汤汁扒制,如河南扒窝鸡;或将主料蒸熟后,直接扣入盘内,用蒸时的原汤汁勾芡后浇上,如山东扒雏鸡。有先煎后扒的,即把主料两面煎黄后再扒制,如河南煎扒青鱼头尾。

根据菜肴成品色泽的不同,扒有用无色调味品进行扒制的白扒,如清真菜白扒鸡肚羊、河南白扒鱼翅、黑龙江白扒鹿筋等。有用有色调味品进行扒制的红扒,如红扒羊肉。

（四）烩

烩是将几种原料混合在一起,加汤水用旺火或中火烧制成菜的烹调方法。烩制前原料须经刀工处理成大小相近的料形,并经焯水、过油等初步熟处理,个别鲜嫩易熟的原料也可生用。一般都在原料下锅前起油锅或用葱姜炝锅,原料下锅后加水或汤,旺火烧煮,至汤汁见稠即可;有的须勾薄芡。成品特点是汤宽汁稠,口味鲜浓或香醇、软嫩等。烩制菜肴,主料有上浆和不上浆之分。凡生料经细加工后需要上浆或经滑油后再以汤烩制;熟料则经细加工后,以汤直接烩制。烩菜的主料与汤的比例基本相等或略少于汤汁。烩菜汤汁较多,除了清汤烩菜不勾芡外,其他烩制菜肴一般均需勾芡,故勾芡是烩菜与其他汤菜不同的特征之一。在加热过程中,主料不可久煮,汤开即勾芡,芡汁要浓淡适宜,以保持主料质地鲜嫩和软滑。

三、炸烹熘爆炒煎贴煸类

（一）炸

炸是以多量食油旺火加热使原料成熟的烹调方法。成品特点是酥、脆、松、香。

炸法出现于青铜炊具诞生之后。唐代称炸法为油浴,如"油浴饼"。《卢氏杂说》上还记载了个精于炸制糫子的尚食令的故事,所述炸制技术已很精湛。至宋代炸法应用已较多见,如油炸鲂鱼、油炸假河鲀、油炸鱼茧儿、炸肚山药等。此后,炸法成为主要烹饪方法之一。清代以前,用沸水焯水也称为炸。清人翟灏的《通俗编·杂字》谓:"今以食物纳油及汤中,一沸而现曰炸。"现今,炸法专指油炸。炸法根据所用的原料质地及其操作工艺的不同,可分为清炸、干炸、软炸、酥炸、卷炸、包炸、特殊炸等多种。

清炸是原料不经挂糊、上浆,码味后即投入油锅内炸制的方法。一般是先用165℃左右的油温把原料炸至八成熟捞出,再入255℃左右的热油中复炸一遍成熟。

如山东清炸大肠、河南炸八块等。干炸是原料码味后经拍粉或挂糊,再入油锅炸制的方法。如江苏干炸刀鱼、北京干炸里脊等。软炸是将质嫩、形小的原料用调味品拌渍后,挂薄糊入油锅炸制的方法。通常是先用165℃左右的油温炸至断生后,再用225℃左右的热油复炸即出。如河南软炸小鸡、四川软炸子盖等。酥炸是把经调味后煮或蒸熟烂的原料挂全蛋糊(或不挂)用油炸制的方法。一般用195℃左右的油温,直炸到外层呈深黄色并发酥为止。如江苏香酥鸭子、广东的酥炸胗肝等。此外还有将原料拌渍后挂蛋泡糊的松炸,如炸凤尾虾;把加工成小形的原料用调味品拌渍后,再用其他原料(豆腐衣、蛋皮、猪网油等)包裹或卷起来的卷炸,如炸春卷,以及用无毒的玻璃纸包裹起来的纸包炸,如纸包虾仁等。

(二)烹

烹是原料经熟处理后,泼入调味汁,利用高温使味汁大部分汽化而渗入原料,并快速收干的烹调方法。主料多加工成小形段、块。烹前须按菜品味型的需要预先对制好调味汁。由于有些地方熟处理多取炸法,故也有逢烹必炸之说。成菜特点:一般盘中无汁,味道醇厚,炸烹者外焦酥里软嫩。

古代的烹均指烧、煮。至宋代始有烹汁,如烧焙鸡,将鸡剁小块,入热油锅炒一会,加盖烧至极热,用醋、酒各半加盐调成的味汁烹之,如此数次,至十分酥熟取食。清初《随园食单》有了用经码味、油炸、烹汁的工序。如油灼肉,即为将肉切成小方块,用酒和酱码味后,入滚油炮炙之。至清末,烹成为独立的烹饪法。

现代烹法主要分为炸烹、煎烹、醋烹等。①炸烹。主料码味并上一层薄浆或糊,再入油锅用旺火炸制,烹汁成菜的方法。如北京炸烹大虾、浙江烹鹌鹑等。也有的不上浆、糊,直接炸制烹汁,如河南干烹子鸡和烹汁八块等。②煎烹。原料经煎后或半煎半炸后烹汁成菜的方法。如河南烹段虾、北京煎烹鱼片等。③醋烹。以醋为主要调味品。如山东醋烹对虾、河南烹辣椒等。

(三)熘

熘是将烹制好的熘汁浇淋在预熟好的主料上,或把主料投入熘汁中快速翻拌均匀成菜的烹调方法。适用于新鲜的鸡、鸭、鱼、肉、蛋,以及质脆鲜嫩的蔬菜等原料。常用过油、汽蒸、焯水等法作初步熟处理,多旺火加热,快速操作,以保持主料酥脆或滑软或鲜嫩等的口感特点。

熘法由南北朝时期的"白菹"和"臆鱼"法演化而来。宋元时期的"醋鱼"为后来的熘法奠定了操作基础。明清时期始称"搂"或"熘",如醋搂鱼、醋熘鱼等。

据加工方法及成菜风味的不同,熘法可分为焦熘、滑熘、软熘等方法。焦熘为主料码味后挂糊,下油锅炸至外部酥脆、内部软嫩,再将熘汁浇淋在主料上,或者与主料一起迅速翻拌均匀成菜的方法。如江苏松鼠黄鱼、广东糖醋咕噜肉等。滑熘为主料上浆后用温油或沸水滑透,再与熘汁一起翻拌成菜的方法。成菜滑嫩鲜香,如河南滑熘鱼片、山东滑熘里脊等。软熘为主料直接在温油中浸炸,或蒸、烫、氽、煮至熟,根据不同菜肴的要求,或将烹制的熘汁与主料翻拌在一起,或浇淋在主料上面而成菜的方法。成品具软嫩如豆腐的特点,如浙江西湖醋鱼、河南软熘鲤鱼等。

（四）爆

爆由宋代的"爆肉"和"暴齑"演变而来。明代始见"油爆",如"油爆猪"、"油爆鸡"。清代出现焯水、油炸、爆制的操作工序,如"爆肚"。由于两宋时期制作"肉生"曾出现"爆炒"一词,所以从明代起也有把油爆叫做爆炒或生爆的。元代出现汤爆,如"汤肚"、"腰肚双脆"。清代出现水爆。汤爆和水爆又都是借用"爆"的快速操作和快速成熟而得名。现代爆法根据传热介质的不同,一般分为油爆、汤爆两类。

油爆有两种方法:一是主料不上浆,先在沸水中稍氽,再用255℃左右的油速炸,然后急炒成菜的方法。北京、山东、东北等地多用此法,如油爆肚仁、油爆鸡脦。也有不经水氽而直接将主料速炸后而急爆的,如福建的油爆海螺,上海的油爆生肠等。二是主料上一层薄浆,用165℃左右的油滑透再急炒成菜的方法。河南、陕西、浙江、江苏、福建等地都用此法,如油爆双脆、油爆肚尖等。原料如不经初步熟处理而直接爆制,即为生爆。当使用沸点的油温,油面燃烧呈现飞火时,就在火焰中爆炒,称为火爆,如山东的火爆燎肉、四川的火爆腰花。为了快速操作,一般先将所需要的调味料、清汤和水淀粉放在一起对汁,一次放入锅内,与主料、配料快速颠翻均匀成菜。由于调味料的不同,油爆又派生了葱爆、芫爆、酱爆、糟爆、姜爆、盐爆等法。汤爆与氽类似,把加工成花刀块或薄片的主料在沸汤中快速焯至断生后捞入碗内,另外用相当于两倍主料体积的沸汤进行调味,盛入主料碗内而成菜的方法。也有将胡椒面、葱椒泥、香菜分别盛装上桌,由食者自选调味,如河南、山东、陕西、云南等地的汤爆肚、汤爆双脆等。如将主料在沸水中急焯后装盘或捞入凉开水中快速降温后再捞入盘内,然后与配料和调味料同时上桌,由食者自行对汁蘸食的,称为水爆,如爆肚。

（五）炒

炒是以少油旺火快速翻炒小型原料成菜的方法。因其成熟快,原料要求形体小,大块者要改刀成薄、细、小的丝、片、丁、条、末或花刀块,以利于均匀成熟与入味。炒制时油量要小,锅先烧热、滑锅,旺火热油投料,翻炒手法要快而匀。成菜特点是汁或芡均少,并紧包原料,菜品鲜嫩,或滑脆,或干香。

炒法由煎法发展而来,在北魏《齐民要术》中已有"炒"字出现。其中"鸭煎法"有将肥嫩子鸭肉"炒令极熟,下椒姜末食之"的记载。至宋代,炒法应用已很广泛,如《东京梦华录》、《梦粱录》、《吴氏中馈录》上的炒白腰子、炒白虾、炒兔等。当时且有了生炒、南炒、爆炒等不同炒法。明清以来,又有了酱炒、葱炒、烹炒、嫩炒等,炒法成为使用最广泛的烹调法之一。炒法种类很多,根据技法、传热介质以及调味、调色、配料等的不同,主要分为滑炒、生炒、熟炒、水炒、软炒、小炒等几类。

滑炒:主料上浆后用165℃左右的热油滑散至断生,再以少量油与配料(或无配料)、调味料炒制成菜的方法,如滑炒肉丝、清炒虾仁、过油肉、枸杞头炒肉丝等;或将主料上浆后用沸水滑散至熟,再炒制成菜,如滑炒肉片等。

生炒:又称煸炒。生料不上浆、不滑油,直接用旺火热油速炒至断生而成菜的方法,如炒肉丝、生煸草头等。也有经较长时间加热,将原料水分煸干再炒的,称干煸,如干煸牛肉丝、干煸鳝丝、干煸冬笋等。

熟炒:将已制熟的原料经细加工后直接以少量油炒制成菜的方法,如炒回锅肉。

水炒:多用于蛋类原料,以水为传热介质,原料下锅后不断搅动炒制成菜的方法,如上海水炒鸡蛋、河南老炒鸡蛋等。

软炒:用于液体原料(如牛奶)或加工成茸泥的固体原料,炒制时牛奶加蛋清搅成糊状,茸泥用清汤澥成糊状,用适量油炒成粥状而成菜,如广东大良炒牛奶、河南炒鸡茸、北京炒三不粘等。

小炒:原料经码味、上浆,不过油,用适量油急火短炒成菜的方法,如四川的鱼香肉丝、宫保鸡丁等。

(六)煎

煎是原料平铺锅底,用少量油,加热使原料表面呈金黄色而成菜的烹调方法。原料生熟均可,需加工成扁平形,有的视需要可先上浆、挂糊或拍粉再进行煎制。煎制品可先码味;或煎成烹汁调味;也可煎成后拌味、蘸味食用。一般要求先煎一面再煎另一面,油以不淹没原料为准,采用晃锅或拨动的手法,使原料受热均匀,色泽一致。煎制成品不带汤汁,外酥脆里软嫩。

煎在古文献中有多种含义,常指炰、熬、煮、烧等法。至北魏时的《齐民要术》上,煎始成独立的烹调技法。如"鸡鸭子饼",将蛋液下入"锅铛中,膏油煎之,令成团饼";或将鱼肉制成茸泥,"手团作饼,膏油煎之"的鱼肉饼。南宋《山家清供》出现有挂糊煎。《岭外代答》上记有岭南煎鱼不加油,利用鱼身析出的油煎制的自裹煎法。元代出现瓤煎,如《居家必用事类全集》上的"七宝卷煎饼",明代称其为藏煎。至清代又出现了酥煎、香煎等法。

据加工方法和调味品的不同分,煎法有多种类型,如:

干煎:将主料渍淹入味,用面粉(或芡粉)、鸡蛋沾匀,用少量油将两面煎成金黄色。如山东干煎鱼、河南真煎丸子等。也有煎过之后用少量调味汁收干的,如北京干煎鱼、广东干煎虾碌等。

糟煎:以糟腌制主料后煎制的方法。如河南煎糟鱼、江苏糟煎白鱼等。

酒煎:以酒腌渍主料后煎制的方法。如酒煎鱼等。

水油煎:原料坯整齐地排入平锅内。先洒少量的稀面水焖熟,至水耗尽后再用油将一面煎成金黄色的方法。

酥煎:又称蛋煎,原料上浆后沾以面包屑(或馒头屑)煎制的方法。如煎鳜鱼片等。

瓤煎:原料瓤入馅料后煎制或再经挂糊后煎制的方法。如江苏煎蟹合、山东煎肉合等。

(七)贴

贴是将几种原料经刀工成形后,加调味品拌渍,合贴在一起,挂糊后在少量油中先煎一面,使其呈金黄色,另一面不煎或稍煎而成菜的烹调方法。也可再加汤汁用慢火收干。贴既有加工成型的意思,又指成熟的方法。多用于软嫩肉质原料。原料一般要用两种以上:一种用作贴底,一般多用猪肥膘肉,制作时先将其煮熟后切片成形,这样可以防止贴煎过程中脂肪溶化而萎缩、干瘪;另外再将第二种切配成形的原料与第一种作垫底的原料贴在一起成形。有的还在两层中间夹馅。然后放入六成油温的少量油锅中,底面朝下用中、小火煎制,同时用手勺舀锅内热油向主料上淋浇,加快成熟。当底面呈金黄色时即成。成菜特点:制作较精细,一面金黄一面白嫩,一菜两色,口感既酥脆又软嫩,味咸鲜。如山东锅贴鱼合、江苏锅贴鳝鱼等。

(八)煏

煏是原料挂糊后煎制并烹入汤汁,使之回软并将汤汁收尽的烹调方法。对已经干硬的食品加入汤水,使之吸收水分并回软的过程。适用于质地软嫩的动、植物原料,如蒲菜、芦笋或里脊肉片、鱼肉片等。整料要切割、整理成片状,挂全蛋糊或拍粉拖蛋糊,放在盘子内。炒勺(或平底锅)加少量油烧至180℃左右,把原料推入勺中,用中火煎至两面金黄;再加调味品和少量汤汁,使之慢慢把汤汁收尽。操作时为了使两面受热一致,可用大翻勺使原料完整地翻转。汤汁一般是调味品及清汤兑成,用量不宜过多。味咸鲜为主。成菜特点是色泽黄亮,软嫩香鲜,如锅煏豆腐、锅煏鱼扇、黄金肉等。

四、蒸烤熏类

(一)蒸

蒸是利用蒸汽传热使原料成熟的烹调方法。蒸具有笼屉、甑、箅以及蒸箱、蒸柜等。蒸法一般要求火大、水多、时间短。成品富含水分,比较滋润或暄软,极少出现燥结、焦煳等情况。因其不在汤水中长时间炖煮,营养成分保存也较好。

蒸法起源于陶器时代,最初的蒸器是陶甑,距今已五千多年历史。到北魏时,《齐民要术》专列了蒸缹之篇,有蒸熊、蒸鸡、蒸羊、毛蒸鱼菜、蒸藕等法。至两宋时期,蒸法有了更多变化,如裹蒸、排蒸、酒蒸、烂蒸(如烂蒸两片)、脂蒸、乳蒸、盏蒸、糖蒸、瓤蒸等。至清代出现了干蒸、粉蒸等。近代又有了煎蒸等法。蒸法因受热方式、手法、配料和调味等的不同,分为多种,常用的有干蒸、清蒸、粉蒸三种。

干蒸又称旱蒸,即不加汤水,直接蒸制的方法。一般是将加工好的主料先在沸水中汆煮一下,然后用调味料浸渍片刻码入盛器,摆上配料,不加任何汤水,以旺火蒸制,成熟后再把另外准备好的调味汁浇在成品上。也有的将原料码味后包裹起来蒸制,不用浇汁,又称包蒸、裹蒸。河南、山东、湖南等地常用,如旱蒸全鸡、干蒸鲤鱼等。此外,甜菜也常采用此法,如干蒸莲子、干蒸山药等。

清蒸是蒸制中不用酱油等有色调味品,使成品色泽清淡的方法;或指主料不经挂糊、拍粉或煎、炸等处理而直接蒸制的方法,或指不加配料蒸制的方法。一般制法是将主料细加工后,有的并下入高汤汆透,再与配料一起调味后,放入盛器蒸制;有的加入清汤蒸制,如湖北清蒸武昌鱼、江苏清蒸鲥鱼、四川清蒸江团等;有的不加汤汁,于蒸成后浇汁供食,如湖南的清蒸甲鱼等。

粉蒸是将主料加工成片状或块状,与炒香的碎粳米(或糯米)粒、调味料和适量汤汁拌匀,装入盛器蒸制的方法。以湖北、江西、湖南、四川为常用。如湖南粉蒸白鳝等。为增加菜肴的清香味,也有的用荷叶将主料包裹起来蒸制,如浙江荷叶粉蒸肉等。

(二)烤

烤是利用柴草、木炭、煤、可燃气体、太阳能或电为能源所产生的辐射热,使原料成熟的烹调方法。烤制过程中一般不进行调味,原料或在烤前先进行码味处理,如叉烤鱼,鱼腌渍入味后再烤,或烤制成熟后佐调味品食用,如烤鸭佐以葱段、甜酱等;有的则现烤现吃,如烤羊肉串。烤制菜肴的特点多为外皮酥脆,内里鲜嫩或酥烂。

烤法是最原始的烹饪法之一。据考古资料记载,"北京人"遗址发现有在火中烧食后的动物骨骼。后来出现了将原料移至火焰之外的烤法,古称为炙。《诗经·小雅·瓠叶》:"有兔斯首,燔之炙之。"烤制名菜,历代均有,如商代的烤羊,周代的牛炙,汉代的烤肉串,南北朝的炙豚,唐代的光明虾炙,宋代的烧羊,元代的柳蒸羊,明代的炙蛤蜊标,清代的烧鸭子等。在魏晋南北朝时,烤法有很大的发展,据《齐民要术》记载,当时有貊炙、衔炙、范炙、酿炙等十多种明炉烤法。烤法通常先将生原料进行修整,或腌渍,或加工成半成品之后再行烤制。整只或大块的动物性原料则需经烫皮、涂糖上色、晾皮等处理,有的又需要用猪网油、黄泥等包裹后再行烤制。烤法一般使用特制的烤炉,根据烤炉的不同,烤法可分为明炉烤、暗炉烤两类。

明炉烤包括叉烤、挂炉烤、炙子烤等。叉烤即用特制的烤叉叉插原料,然后置于明火上烤制,如广东烤乳猪、江苏叉烤鱼等;挂炉烤即把原料钩吊起后挂在敞炉中烤制,适用于形体较大、烤制时间较长的原料,北京挂炉烤鸭、新疆烤全羊等;炙子烤即把原料置于特制的烤肉炙子上边烤边吃,适用于形体较小的原料,如北京烤肉。

暗炉烤又称焖炉烤。将原料挂在烤钩上,或放在烤盘里,然后送进可以封闭的烤炉内烤制的方法。此法温度稳定,原料受热均匀,烤制时间较短。北京焖炉烤鸭和烤面包等多用此法。

(三)熏

熏是将原料置于密封的容器中,利用燃料的不完全燃烧所生成的烟使原料成熟的烹调方法。熏时原料置于熏架上,其下置火灰并撒上熏料(锯末、松枝、茶叶、糖、锅巴等),或锅中撒入熏料,上置熏架将锅置火上隔火引燃熏料,使其不完全燃烧而生烟,烘熏原料致熟。成品色泽红黄,具有各种烟香,风味独特。

熏法原是一种古老的贮藏食品的方法。食品经过烘烤、烟熏,烟中的蚁醛等成分可直接杀灭细菌,并使食品水分大部分挥发,提高防腐能力。但很长时期未形成为独立的烹饪方法。元代,始见于食谱,仍属制作半成品的方法。如《易牙遗意》"火肉"、《居家必用事类全集》"婺州腊猪法"等。清代,熏法始见于食品制作,《养小录》上有熏豆腐、熏面筋、熏笋、熏鲫;《食宪鸿秘》上有熏肉、熏马鲛;《随园食单》上有熏蛋、熏鱼子。《中馈录》中的"制五香熏鱼法",用青鱼或草鱼切厚片,经腌、煎等处理后,"将花椒、大小茴香炒研细末掺上,安在细铁丝罩上。炭炉内用茶叶、米少许,烧烟熏之,不必过度,微有烟香气即得",此时熏制技法已趋完善,成为独立的烹饪方法。

熏法一是制作加工性原料,如湖南腊肉、湖北恩施熏肉、金华熏腿等;二是熏制熟食品,如上海熏鱼、辽宁熏牛百叶、天津糖熏野鸭等;三是熏制菜肴,如安徽无为熏鸭、四川樟茶鸭子等。

用于熏制菜肴,因原料生熟不同,有生熏、熟熏之分。

1.生 熏

生熏以生原料熏制,熏后直接食用,如山东生熏黄鱼、安徽毛蜂熏鲥鱼、上海生熏白鱼;也有生料熏后再经蒸、炸成菜的,如四川樟茶鸭子。

2.熟 熏

原料经初步熟处理后再行熏制。如福建卜兔、安徽茶叶熏鸡、江苏松子熏肉等。有些以熏制为名的菜肴,并不经过熏制,而是以先炸后烹熏汁(一种预先制成的有熏制肴馔风味的汁)的方式制成,有似熏制的风味,如五香熏鱼、绍酒熏鱼等。因熏制设备不同,有缸熏(敞炉熏)、锅熏(封闭熏)、室熏(房熏);因熏料不同,有锯末熏、松柏熏、茶叶熏、糖熏、米熏、樟叶熏、甘蔗渣熏、混合料熏等。

五、其他制法

(一)拔丝

拔丝是将糖熬成能拉出丝的糖液,包裹于炸过的原料上的成菜方法。多用于去皮核的鲜果、干果,根茎类蔬菜,以及动物的净肉或小肉丸等。成菜具有色泽晶莹金黄,口感外脆里嫩,香甜可口的特点,夹起时可拉出细长的糖丝,颇有情趣。

拔丝法由元代制作"麻糖"的方法演化而来。《易牙遗意》记载,制麻糖时,"凡熬糖,手中试其黏稠,有牵丝方好"。清代出现"拔丝"名称。《素食说略》载有拔丝山药一菜:将山药"去皮,切拐刀块,以油灼之,加入调好冰糖起锅,即有长丝……"

拔丝法的一般程序是将原料加工成段、条、块状,或用原有形态,按需要挂糊或不挂糊,下入180℃左右的热油中炸至适度,沥油;另锅炒制糖液,糖与主料比例约为1∶3;至可拔丝时迅速投入炸好的主料,炒匀至每块均已裹匀糖液,立即出锅盛入抹有油的盘内,迅速上桌供食。炸后主料不宜放置时间过长,否则温度降低,下锅使糖液温度降低,即裹不匀糖液;成菜装盘后要立即供食,否则稍冷后便拔不出丝;寒冷季节盘下可托一沸水碗保温,可延长拔丝时间,避免冷却过快。吃拔丝菜品时应备凉开水一碗,供食者夹食物拔丝后蘸一下,快速降温,既避免烫口,也可使糖衣变脆而不黏牙。拔丝法的关键在于熬糖液。熬糖液有干熬、水熬、油熬、油水混合熬四种方法。如油熬法的油与糖比例要适当,油多原料裹不上糖液,油、糖下锅后以小火加热,不停推搅,至糖全部溶化,由稠变稀,呈金黄色时投料翻锅颠匀即可;水熬法的糖与水比例约为3∶1,水、糖下锅后以中小火加热,不停搅动使其受热均匀,但勿过快。此时锅中先出大泡,搅动犹如清水,很快转向稠黏,搅动有阻力,再搅几下,大泡渐少,出现小泡,此时不能再搅动,待糖液再变稀、色渐变深、小泡形成泡沫、舀起糖液倒回锅中有清脆的"哗哗"声,投入炸好的原料翻锅裹匀即成。

（二）蜜汁

蜜汁是以白糖与冰糖或蜂蜜加清水将原料煨、煮成带汁菜肴的烹调方法。适用于白果、百合、桃、梨、枣、莲子、香蕉等含水分较少的干鲜果品及其罐头制品，以及山药、红薯、芋头等块根蔬菜和银耳等；也用于火腿、果子狸等动物性原料。小型原料一般不经细加工即可直接烹制；形体稍大的原料通常切成块、条、片等形状。烹制多用中火或小火，将糖汁收浓。成菜具有香甜软糯、色泽蜜黄的特点。

蜜汁法明代称为"蜜煮"或"蜜煨"，到清代始称"蜜炙"，《随园食单》中记有"蜜火腿"，《素食说略》中记有"蜜炙莲子"、"蜜炙栗子"等。

蜜汁法的一般程序为：将原料下锅加水、糖直接熬煮到原料酥烂、卤汁浓稠，如蜜汁百合。也可先将糖用油稍炒，至微黄色时加入水将糖熬化，再将原料放入熬煮成菜。原料可生的直接蜜汁，也可经过油、汽蒸等初步熟处理后蜜汁，如蜜汁葫芦，以枣泥为馅心，用面团包成葫芦形，过油定形后与糖、水等一同入锅熬煮而成。某些不易熟烂或易散碎的原料，可放碗中加糖等上笼屉蒸制后，取出翻扣在盘或碗中，滗出甜汁入锅收浓（或勾薄芡），再浇在菜料上。如蜜汁山药、蜜汁莲子等。

（三）拌

拌是用调味料直接调制原料成菜的烹调方法。拌菜多数现吃现拌，也有的先经用盐或糖码味，拌时挤去汁水，再调拌供食。其调味因菜品不同有多种：有的仅用盐或酱、糖、醋调拌；有的用麻油、酱油、醋调拌；有的事先对制好调味汁再调拌；有的在基本调味的基础上另加蒜泥或葱油、葱椒、椒油、姜米、芥末、辣椒糊、腐乳汁、虾油、芝麻酱等调味料调拌。成菜特点是口感鲜嫩或柔脆，清利爽口。

拌法由生食加调味演化而来。《礼记》记有芥末酱拌生鱼片等。《齐民要术》提到"新韭烂拌，亦中炙啖"。至宋代，《吴氏中馈录》中记有拌菜调味汁的制法。到清代，拌法应用已很广泛，并出现拌制各种动物性原料的菜式，如拌鸡皮、拌鸭舌等。

根据原料生熟不同，有生拌、熟拌、生熟拌；因拌时温度不同，有凉拌、温拌、热拌；因拌时技法变化，有手拌、捶拌、清拌、烫拌、锁食拌（云南特有方法，即取鸡蛋4只打散，加盐、味精、酱油、麻辣油、炒芝麻、芝麻油等搅拌并打成泡糊，加醋调匀成锁食料，然后以其拌制菜肴）等。拌菜多数生用、冷吃，制作时要注意原料必须新鲜，制作过程中和成菜后须防污染，调味料必要时也要经过加热消毒。

（四）醉

醉是原料用以酒为主的味汁浸渍或先用酒浸渍吃时再调味成菜的烹调方法。适用于新鲜的鸡、鸭、鸡鸭肝、猪腰、虾、蟹或蔬菜、贝类等原料。酒多用米甜酒或露酒、果酒、白酒。成品特点是酒香浓郁、鲜爽适口。

酒醉法《礼记·内则》已有记载，至宋代出现"醉"、"酒腌"等名称。如醉蟹、酒腌虾等。清代出现用熟料酒醉法,如醉鸡翅、醉蚶子等。现代醉法主要有生醉、熟醉两种。

生醉:原料洗净后装入盛器,加酒料等醉制的方法。主料多用鲜活的虾、蟹和贝类等。山东、四川、上海、江苏、福建等地多用此法。如醉蚶、醉蟹、醉螺、醉活虾等。

熟醉:原料加工成丝、片、条、块或用整料,经熟处理后醉制的方法。可分三种。

1.先焯水后醉

原料入八成热水中快速焯透,捞出过凉开水后挤干水分,放入碗内醉制,如山东醉腰丝。

2.先蒸后醉

原料洗净装碗,加部分调味料上笼蒸透,取出冷却后醉制,北京、福建等地多用此法,如青红酒醉鸡。

3.先煮后醉

原料煮透再醉制,天津、上海、北京、福建等地多用此法,如醉蛋、醉鸡、酒醉黄螺等。

(五)烘

烘是将原料置于无焰小火上,利用辐射热使之成熟的烹调方法。如烘白薯等。烘法因火力小、加热时间长而缓慢,不加水或汤汁,食品具有特殊香味。

烘法由烤法发展而来,历史已久,《诗经》已有记述。现代烘法,除于火上直接烘制外,已发展至利用炊具烘制。如四川火腿烘蛋、椿芽烘蛋,原料备好后,起油锅,旺火将油烧至适当温度,下料后转中火或小火烘制。河南三鲜铁锅蛋,用特制铁锅,铁盖于火上烧红备用;铁锅加蛋液于小火上烘至八成熟,将烧热的铁盖加上,再利用铁盖的高温从上向下烘,至达到适宜的成熟度,连锅上桌。

(六)糟是以糟卤为主要调味料将原料腌、浸、渍成菜的烹调方法

糟多用于动物性原料,包括蛋类;也可用于豆制品和少数蔬菜。成菜特点:糟香浓郁,口味清爽,色泽纯净。

用糟制作食物,始见于北魏《齐民要术》的"糟肉法"。其后,《清异录》上有"炀帝幸江都,吴中贡糟蟹"的记载。南宋之际,市食已有糟鲍鱼、糟羊蹄、糟蟹、糟猪头肉、糟黄菜、糟瓜齑等。元明清时期,出现制三黄糟、陈糟、甜糟、香糟、糟油、陈糟油、糟饼等方法。糟制食品除原有品种外,还有糟腐乳、糟萝卜、糟鱼、糟蛋、糟鲫鱼、糟肚、糟大肠等。

现代糟法很多,主要分熟糟、生糟两类。熟糟是将原料熟处理后糟制。一般取整只鸡、鸭、鸽等,或取鸡爪、猪爪、猪肚、猪舌等,经过煮熟成半成品后,整料分割成

较大的块，浸没在糟卤内，使之入味。糟卤的配方各异，各显特色，基本配料为香糟、红糟、料酒、食盐、白糖、葱、姜等；有的再增添花椒、八角茴香、小茴香、桂皮、桂花、陈皮等香料，浸化后沥净渣滓，取卤使用。如糟鸡、糟凤爪、糟猪爪等。生糟是原料未经熟处理直接糟制。以浙江、四川等地所制糟蛋最著名。

（七）浸

浸是将原料下入沸热液体致熟而成菜的烹调方法。适用于制作质地鲜嫩的鸡、鱼类和脆嫩的藕、荸荠等原料。成菜特点：保持原料自然色泽，口感软嫩或脆嫩，香滑鲜甜。因传热介质的不同，浸法可分为两种。

1.汤浸

将原料腌渍入味，入沸汤锅中，快速烹制调味，锅离火再浸养一定时间后煮沸而成菜的方法。多适于动物性原料如荔枝鸡。

2.油浸

将经过腌渍入味的原料放入温油或油水混合的沸锅中，随即将锅离火，使原料慢慢浸至断生的方法。若原料体积较大，可复浸至熟为止。例如油浸鲳鱼、油浸山斑鱼等。

（八）焐

焐由古代煨法演化而来。宋代出现称为鸡制的菜品；如《梦粱录》中的焖肠；《玉食批》中的鸡湖鱼糊、羊鸡鸡、杂鸡四软羊。元代出现汤鸡法，如鸡牛肉。清代焐法已多见，如《清嘉录》中的鸡熟藕，注文说：吴浯，谓煮食物得暖气而易烂曰鸡。《调鼎集》中的灯灯肉是比较典型的鸡法："肉五斤，切方块入锅，加黄酒、酱油、葱、蒜、花椒，放河水浮面一寸，纸封锅口；锅底先用瓦片铺平，烧滚撤去火，随用油灯一盏熏着锅脐，点一宿。次日极烂。烧猪头同。"

焐法以长江下游一带应用较多。炊具多用砂锅、砂罐等，封盖严密，并常使用称为"鸡窠"的特制炉灶进行加热，"鸡窠"上部放锅，四周和盖均有保温层，下部置碳基，利用碳基微火使锅内保持恒温，达到焐制目的。因焐法费工费时，现已不常使用。

（九）冻

冻是利用胶质冷却凝固原理制成食品的烹调方法。有的汤汁清澈见底，凝固后晶莹透明光洁，故又称水晶法。冻法多用于制作冷菜，也用于制作甜菜或小吃，是一种特殊的烹调方法。成品质地软嫩滑韧，清凉爽利，有的入口即化。

冻法在南北朝时已有应用。《齐民要术》中的"水晶法"就是用猪蹄和肉等加水共同烹制，然后包压吊在井中，其使冷冻凝结的方法；"豚皮饼法"用米粉和稀制成像猪皮冻一样的饼。宋代出现水晶菜名称，《东京梦华录》记有"滴酥水晶脍"。至南宋,都城临安市场中已有冻蛤蜊、冻鸡、冻三鲜、冻鲞、冻肉、冻姜豉蹄子和水晶脍等用冻法制成的食品,《梦粱录》、《武林旧事》还载有官邸菜肴鹌子水晶脍、红生水晶脍等。元代《居家必用事类全集》记有用猪皮熬取胶汁制水晶脍、水晶冷淘脍和用琼脂制素水晶脍的具体方法。清代《食宪鸿秘》有用猪蹄加石花菜液共制夏月冻蹄膏的方法,冻法开始作为夏令菜式应用。

冻法主要有:

(1)直接利用主料所富含的胶质,经较长时间熬、煮水解后,再冷却凝结而为成品。如江苏镇江的水晶肴蹄、四川的绿豆冻肘、民间常见的肉皮冻以及冬季的鱼冻等。

(2)在制作过程中加入胶质添加料,最常用者为猪皮或猪皮汤汁,或用琼脂、食用明胶等。以琼脂、食用明胶为冻料的如江苏冻鸡、上海冰冻水晶全鸭等;以猪皮为冻料的如广东潮州冻肉、云南琥珀冻蹄等。

第四节　中国菜点的种类与菜点美的构成因素

一、中国菜点的种类

中国菜点的品种数以万计,其分类方法很多。

（一）按民族分类

按民族分类,可分为汉族菜点、回族菜点、朝鲜族菜点、维吾尔族菜点、藏族菜点、满族菜点、蒙古族菜点、壮族菜点、侗族菜点、苗族菜点等。

（二）按地域分类

按地域分类,可分为北京菜点、上海菜点、天津菜点、河北菜点、山西菜点、内蒙古菜点、辽宁菜点、吉林菜点、黑龙江菜点、陕西菜点、甘肃菜点、宁夏菜点、青海菜点、新疆菜点、山东菜点、江苏菜点、安徽菜点、浙江菜点、江西菜点、福建菜点、中国台湾菜点、海南菜点、河南菜点、湖北菜点、湖南菜点、广东菜点、广西菜点、四川菜点、贵州菜点、云南菜点、西藏菜点等。

（三）按时代分类

按时代分类,可分为先秦菜点、秦汉菜点、魏晋南北朝菜点、隋唐两宋菜点、元明清菜点、现代菜点。

（四）按原料来源分类

按原料来源分类,菜肴可分为水产菜、畜类菜、禽蛋菜、蔬果菜、其他菜;面点可分为麦类制品、米类制品、杂粮类和其他原料制品。

（五）按烹饪技法分类

按烹饪技法分类,菜肴可分为炸菜、炒菜、熘菜、爆菜、烹菜、炖菜、焖菜、煨菜、烧菜、扒菜、煮菜、汆菜、烩菜、煎菜、贴菜、塌菜、蒸菜、烤菜、涮菜、卤菜、冻菜、酥菜、熏菜、拌菜、炝菜、腌菜、蜜汁菜、挂霜菜、泥烤菜等;面点可分为蒸制品、炸制品、煎制品、烙制品、烤制品、复合熟制品等。

（六）按菜肴的风味特色分类

按菜肴的风味特色分类,菜肴可分为红色菜、黄色菜、褐色菜、白色菜、绿色菜、黑色菜、花色菜;酥脆菜、滑嫩菜、松软菜、爽脆菜;咸味菜、甜味菜、酸味菜、苦味菜、辣味菜、鲜味菜、咸鲜味菜、咸辣味菜、咸甜味菜、酸甜味菜、酸辣味菜、煳辣味菜、鱼香味菜、家常味菜、麻辣味菜、五香味菜、酱香味菜、甜香味菜、糟香味菜、烟熏味菜、怪味菜以及冷菜、热菜、汤菜、工艺菜等。面点可分为甜味制品、咸味制品、咸甜味制品,团、包、饺、羹等。

（七）按档次规格分类

按档次规格分类,可分为高档菜点、中档菜点、低档菜点等。

（八）按消费类别分类

按消费类别分类,可分为家常菜点、市肆菜点、寺观菜点、官府菜点、宫廷菜点、药膳菜点等。

二、中国菜点美的构成因素

人们在食用菜点,品尝、鉴赏菜点时,菜点作用于人的美感因素涉及色彩、触感、香气、滋味、形态、营养、卫生、名称、器皿和意境等诸多方面。人们对菜点美的感受,是多种因素共同作用的结果。

（一）营养卫生

在汉语里,“营”是谋求的意思,“养”是养身或养生的意思,从字面上讲,“营养”是指通过食物谋求养生。通常我们把机体摄取、消化、吸收和利用食物中的成分以维持生命活动的整个过程,称为营养或营养作用。食物中所含的能够维持人体正常生理功能、生命活动和生长发育所必需的成分,称为营养素。重要的营养素有蛋白质、脂类、碳水化合物、维生素、无机盐和水。合理的菜点营养贯穿于饮食活动的始终,它是美食的前提、基础、灵魂和目的。基本要求是原料品质优良,营养合理搭配,有利人体健康。

“卫生”一词源于《庄子·庚桑楚》:“愿闻卫生之经而矣”,原意也为养生或养身。现在所说的卫生,是指为增进健康、预防疾病,改善和创造合乎生理要求的生产环境和生活条件而采取的个人和社会措施。菜点卫生的基本要求是安全可食,无毒副作用。

（二）色彩

1. 菜点色彩

色彩是指菜点的颜色。色彩具有象征意义，不同颜色的菜肴具有不同的心理味觉（见表6.1）

表6.1　色彩的象征意义与心理味觉

色彩	象征意义	心理味觉
白	纯洁、朴实、洁净、明快	质洁、软嫩、清淡，白色，带油光时肥浓
黑	严肃、庄重、威严、神秘、静寂	糊苦感，干香，味浓，余味隽永
红	热情、激昂、喜庆、健康、愤怒、危险	强烈、鲜明、味浓、酸、甜、香
黄	光明、愉快、希望、智慧、尊贵	金黄、多酥脆，干香 淡黄：嫩而淡香，甜味感，有时有淡味寡之感 深黄：香甜、肥糯
绿	和平、健康、宁静、新生、清新、春天，暗绿恐怖	清淡、嫩爽

2. 菜点色彩的配合原则

色泽既要鲜明，又要协调。调和色的组合俗称"顺色配"，是用色环上相近的颜色，如红与黄、黄与绿、黄与白等相配，这类色彩的配合效果是统一协调，优美柔和，较为雅致和谐。由于调和色的色彩之间具有较多的共同因素，所以多比较弱，易产生同化作用。在面积相当的情况下，两色的观感均较模糊，造成平淡单调，缺乏力量的弱点。再过于调和的色彩组合中，以对比色作为点缀，形成局部小对比，是增强色彩的有效方法。如可在淡黄与白色间点缀一点红色或绿色。

对色相配合俗称"岔色配"，是用色环上相距较远的颜色，如红色与绿色、黄色与紫色等配合，这类色彩的配合具有鲜明生动、气氛浓郁、刺激强烈的效果。但躲避色相配以因对比强烈而刺激过度，令人产生烦躁感，应予注意。

突出主色，选好配色。一道菜点，一般以主料色味"基调"，配料色彩只起衬托、点缀作用。如芙蓉鸡片是以鸡肉的白色为基调，再配一些绿色的蔬菜，就能将鸡片的白色烘托得更为突出。

注意冷暖色的搭配。红、黄等暖色可以使人兴奋，产生温暖、前进之感，令人食欲增强，还可以增强宴会的欢乐气氛。青、紫等冷色可令人产生冷凉感。冬天食用暖色菜点，可令人感到温暖。夏天食用冷色菜点，可令人感到凉爽。

注意灯光色彩的配合。一般以自然光和无色灯光或与之相近灯光较合适。

（三）香气

香气是令人产生愉快感觉的气味。气味属于嗅感，是挥发性物质刺激鼻腔嗅觉神经而在中枢神经中引起的感觉。人们常常根据自己的喜好和厌恶,把气味人为地划分为香和臭。香是令人喜爱的气味,臭则是令人厌恶的气味。由于人对气味的好恶各有不同,因而认识也有区别。如臭豆腐,有人说臭,有人却说香。可见,香与臭并不是绝对的。但无论是香还是臭,它们都是气味,是单纯的嗅觉感受,我们可以延用"香味"这种习惯叫法,但要同味严格区别开来。

1. 香气的种类

食物中香气的种类比较复杂,从生成途径看,主要有生物合成,微生物作用以及加热等。如水果的香气就是生物合成的;泡菜、酱制品的香气就是微生物作用生成的;烹调菜肴出现的香气,又主要是加热生成的。为了便于烹调实践,下面将香气种类划分为原料的天然香气和烹调加工产生的香气加以简述。

原料的天然香气主要包括以下四种:

辛香。辛香是一类有刺激性的植物天然香气,如葱香、蒜香、花椒香、胡椒香、八角香、桂皮香、香菜香等。

清香。清香是一类清新宜人的植物天然香气,如芝麻香、果香、花香、叶香、青菜香、菌香等。

乳香。乳香是一类动物性天然香气,包括牛奶及其制品的天然香气以及其他类似的香气,如奶粉、奶油、香兰素等香气。

脂香。脂香是一类动植物兼有的油香气,如猪脂香、牛脂香、羊脂香、鸡油香,各种植物油的香气等。

烹饪加工产生的香气主要包括六种:

酱香。酱品类的香气,如酱油香、豆瓣香、豆理、豆豉香、面酱香、腐乳香等。

酸香。酸香包括以醋为代表的香气和以乳酸为代表的香气,如各种泡菜香、腌菜香等。

酒香。以酒为代表的香气,如料酒香、米酒香、醪糟香、啤酒香等。

腌腊香。经腌制的鸡鸭鱼肉等所带有的香气,如火腿香,腊肉香、腊鱼香、风鸡香、板鸭香等。

烟熏香。某些原料受烟气熏制产生的香气,如熏肉香、熏鱼香、熏鸡香、熏鸭香等。

其他香。如煮肉香、蒸肉香、烧鱼香、煎炸香、叉烤香等。

2. 调香方法

调香方法是指利用调料来消除和掩盖异味,配合和突出原料香气,调和并形成菜肴风味的操作手段。调香的方法较多,根据调香原理及作用的不同,分为抑臭调香法、加热调香法、封闭调香法、烟熏调香法四类。

　　抑臭调香法。抑臭调香法是指运用一定的调料（食盐、食醋、料酒、生姜、香葱、花椒、辣椒、蒜泥、胡椒等），借助适当的手段，消除、减弱或掩盖原料不良气味，同时突出并赋予原料香气的调香法。

　　加热调香法。加热调香法是指借助热力的作用，使调料的香气大量挥发，并与原料的本香、热香相交融，形成浓郁香气的调香法。通过加热，调料中的呈香物质迅速挥发出来，或者溶解于汤汁中，或者渗透到原料内，或者吸附在原料表面，或者直接从菜肴中散发出来，从而使菜肴带有香气。

　　封闭调香法。封闭调香法是指将原料保持在封闭条件下加热，临吃时开启，以获得浓郁香气的调香法。此法属于加热调香法的一种辅助方法。一般调香法，容易使呈香物质在烹制过程中散失掉了，存留在菜肴中的只是一小部分，加热时间越长，散失越严重。如气锅炖、瓦罐煨、竹筒蒸、叫化鸡、纸包虾、麦香盒子鱼、八宝鸭等菜品的制作。

　　烟熏调香法。烟熏调香法是指以特殊物料作熏料，把熏料加热至冒浓烟，产生浓烈烟香气味，使烟香物质与被熏原料接触，并被原料吸附的调香法。常用熏料有樟木屑、茶叶、香叶、花生壳、谷草、柏树叶、锅巴、大米、食糖等。

（四）滋味

　　滋味是某种物质刺激味蕾所引起的感觉。味觉的化学成分对味蕾的作用是一种化学诱导作用，故味觉在本质上属化学属性。味分基本味和复合味。基本味又称单一味，是最基本的滋味。实际上，只有一种味道的菜肴是不存在的，复合味是由基本味的调料调制而成的。

　　1. 滋味的种类

　　从味觉生理角度看，公认的基本味只有咸、甜、酸、苦四种。我国古代流行"五味说"，即酸、甜、苦、辣、咸。实际上，辣、麻是触觉，不是味蕾感受到的，但因传统习惯，我国约定俗成地将辣、麻归于滋味中。现在有人证实，鲜味也是一种生理基本味。我国的基本味包括七种，即咸、甜、酸、辣、鲜、苦、麻。

　　菜点味觉美有浓烈美、清淡美等类型。浓烈美味觉美最主要、最基本的一种类型。浓烈的美味，通过对烹饪原料较大幅度的改变，蕴含着人类对自然界的征服和改造，并由此获得精神愉悦。给人一种粗犷、阔大、厚实、雄浑、豪放的美感。清淡美强调质朴自然的本味，突出原料本身的风味，含蓄隽永。给人优雅、婉约、沉静、悠远的美感。

　　2. 中国菜点的调味原则

　　富于变化。适口原则的基本观点是"物无定味，适口者珍"。调味须随季节改变浓淡，譬如：人们的口味常常随季节的变化、气候的冷暖而有着不同的要求。一般来说,夏秋两季气温偏高,菜肴应偏重于清淡;而冬春两季,则趋向于醇厚。许多酒店根据季节的变化而调换所供应的品种,正是为了适应节令的变化,以便尽可能地适合顾客的口味要求。调味须随时代变化调换口味,调味不是墨守成规,一成不变的,否则,调味技术就不会发展和提高。现代人对菜肴口味的要求不再仅仅满足于传统口味,口味上要求新、求奇,赋予时尚气息,讲求品味内涵,是当今社会对口味的普遍追求。调味必须顺应时代变化而变化,开发出更加广阔的新的调味领域。

根据原料特点合理调制。原料不同,其自身属性不一。给菜肴调味,只有熟悉原料的特性,因料施艺才能发挥原料固有的特长,达到正确烹调菜肴之目的。许多烹调原料都具有鲜味足,异味少,味美可口的潜在特质,调味时应尽量突出其本味,如新鲜的时蔬,鲜活的河鲜、海鲜等,调味时所用调料都不宜过量,味宜清鲜。尽量避免浓烈味料与之调和。一些不太新鲜的畜肉、鱼鲜、异味较重的动物内脏,要彻底清除其异味,需要重用一些除异增香的调料,如料酒、醋、葱、姜、蒜、酱油、鲜味料等,以便达到去异味,增鲜味,生香气,扬长避短的调味目的。

调味须适时适量。适时,是指在恰当时机调味。各种菜肴在调味上都有工艺流程的严格规定,违反调味工艺流程,颠倒调味次序,都将直接影响调味效果。我们的前辈厨师非常重视调味的先后次序,这是在无数次的失败与成功的实践中总结出来的,理当予以继承。

适量,是指按照规定的味型,投入数量适宜的调味料。随着调味工艺的不断规范,菜肴味料的投放量都有严格的量化标准,这种量化标准的依据主要是菜肴的味型特征。因此,调味必须严格遵循"适量"原则,味料过多过少都不能调制出合乎标准的味型。

（五）形态

形态体现美食效果,服务于食用目的的富于艺术性和美感的造型。

1.菜点的常见形态

自然形态。自然形态原料本身固有的形态。如花生米、豆芽、黄花菜等。

几何形态。几何形态的造型是指烹饪原料经过刀工处理后的各种形状,主要以片、丁、丝、条、块、段、茸、末、粒、球、花为主,它们是菜点最基本的造型表现形式。

象形形态。象形形态是利用原料的可塑性,以自然界某一具体物象为对象,用烹饪原料模仿制作出形似该物象特征的形态。一般分仿烹饪原料造型和仿自然形态造型两种。

仿烹饪原料的造型　通常表现为用一种或几种烹饪原料制作成另一种烹饪原料的形态。如螺蛳肉、龙眼肉、素排骨、素火腿、仿鸡腿、仿金橘饼等。

仿自然形态的造型是以自然界或生活中某一具体的形象为对象,结合烹饪原料可塑性的特点,对烹饪原料加以处理,成为具有一定形态特征和物象特点的菜点。

2.菜点形式美的构成法则

对称与均衡。对称分绝对对称和相对对称。绝对对称是指依一假设的中心线或中心点,在其左右、上下或周围配置同形、同量、同色的图案。相对对称是指在中心线或中心点左右、上下或周围,配置不同形、不同色,但量相同的图案。均衡是指将两个东西放到支点在中央的天平上,若两者相等、天平保持水平就是均衡。

对称和均衡之间,对称是均衡的完美形式。左右对称的形态,因为在对称轴的两侧保持着平衡,使图案在视觉上给人的感觉极为安定。均衡和对称是一种视觉平衡,在菜点图案中,不同的形体、色彩、结构等在力点上都应是平衡的。均衡的图案使人感到庄重、严谨、完美。对称图案则表现为稳定、平衡和完美。对称和均衡在菜点造型中的运用,不仅给人以稳定、安全的饮食心理,而且进一步地渲染了图案的艺术气氛。

对比和调和。对比是指菜点图案造型中,形、色、味、质的对比。形的对比有大小、方圆、长短、粗细的对比,形的对比使图案达到平衡。色的对比有深浅、浓淡、色域面的对比,色的对比使图案中的色泽相互衬托、突出主题。味的对比有浓、淡、适中之分,味的对比使图案的味道丰富。质的对比有硬软、老嫩、脆皮等,这些对比都是菜点本身的属性对比,但是在菜点图案中,就画面本身来说还有一种感觉的对比,如图案的动与静的对比,活泼与严肃的对比等。调和是指适合、舒适、安定、完整等因素。调和就是统一,色彩的调和使人的视觉感到舒适,味道的调和使整个图案的味道富有特色,形态的调和,使菜点图案的形象完整。

渐次、节奏与韵律。渐次是一种形式逐渐变化起来。如大到小、深到浅、高到低、强到弱,太极图反映出的就是这种变化。节奏就是间歇,韵律就是有规律的抑扬变化。节奏是韵律形式的纯化,韵律是节奏形式的神话。节奏富于理性,韵律则富于感情,具有抒情的意味。

反复与比例。反复就是同样的形式屡次重复出现,给人强烈的印象。比例是对于一个形体内各部分关系的研究。黄金分割律为长∶高≈5∶3,在比例为1.618∶1时令人产生安定、恰到好处的美感。

(六)触感

触感指食物在口腔中咀嚼所产生的对口腔皮肤的接触感觉。

1.菜点质感的类型

菜肴质感,可以划分为单一质感和复合质感两大类。

单一质感。通常所说的单一质感主要包括以下几类:

老嫩感：嫩、筋、挺、韧、老、柴、皮等；

软硬感：柔、绵、软、烂、脆、坚、硬等；

粗细感：细、沙、粉、粗、糙、毛、渣等；

滞滑感：润、滑、光、涩、滞、黏等；

爽腻感：爽、利、油、糯、肥、腻等；

松实感：疏、酥、散、松、泡、暄、弹、实等；

稀稠感：清、薄、稀、稠、浓、厚、湿、糊、干、燥等。

复合质感。复合质感是指菜点质地的双重性和多重性。双重质感是指由两种单一质感构成的质地感觉。如细嫩、嫩滑、柔滑、焦脆、粉糯、黏稠等。多重质感是由三种以上的单一质感构成的质地感觉。

2.触感的设计原则

把握人们吞咽难易之度。人们食用菜点，往往希望吞咽痛快，畅通无阻。如吃面条易于吃馒头，喝稀饭盛于吃干饭。但太烂太软的食物，常常不令人痛快。人们常希望菜点有一定的强度、韧性和弹性，如刀削面、海蜇、蹄筋受一些食用者喜爱正体现了人们的征服欲。

要有层次，避免单调。巧克力、鱼冻妙在入口即化，好像在与人捉迷藏，给人一种嬉戏的情趣，是一种味觉艺术的虚实对比。一道菜点可有不同的触感，如外脆里嫩。一桌宴席更是应该将各种不同触感的菜点搭配起来，避免单调。

因人而异。不同的消费者对菜点的触感有不同的喜好，如老人多喜吃软、烂、松的菜点，小孩多喜食嫩、脆、松的菜点，青年人多喜欢硬、韧、实的菜点。菜点制作必须因人而异。

（七）器皿

器皿是指盛装菜点的餐具。"葡萄美酒夜光杯"，"美食还宜美器"，"美食不如美器"，美器不仅早已成为古人美食的重要审鉴标准之一，甚至发展成为独立的工艺品种类，有独特的鉴赏标准。

1.菜点器皿的种类

按材质分，菜点器皿可分为金属（青铜、铁、锡、金、银、铝、钢、合金）、非金属（陶、瓷、玉、琥珀、玛瑙、玻璃、琉璃、水晶、翡翠、骨、角、螺壳、竹、木、漆等）器皿。

按用途分，菜点器皿可分为盘、碗、砂锅、气锅、火锅等类型。

2.盛器与菜点的配合原则

盛具的大小应与菜点的分量相适应。量多的菜点使用较大的盛具，反之则用较小的盛具。非特殊造型菜点，应装在盘子的内线圈内，碗、炖盆、砂锅等菜点应占容积的 80%～90%，特殊造型菜点可以超过盘子的内线圈。应给菜盘留适当空间，不可堆积过满，以免有臃肿之感。否则，既影响审美，又影响食欲。

盛具的品种应与菜点的品种相配合。高档菜点，造型别致的菜点选用高档盛具，大众菜点用普通盛器。但宁可普通菜点装好盘，也不可高档菜点用低挡盛具。

盛具的色彩应与菜点的色彩相协调。白色盛具对于大多数菜点都适用，更适合于造型菜点。白色菜点选用白色菜盘，应加以围边点缀，最好选用带有淡绿色或淡红色花边盘盛装。冷菜点和夏令菜点宜用冷色食具，热菜、冬令菜和喜庆菜点宜用暖色食具。

盛具与菜点配合能体现美感。注意突出菜点质量好的部位。不同的盛具对菜点有着不同的作用和影响，如果盛具选择适当，可以把菜点衬托得更加美丽，如糖醋鲤鱼盛在饰有金鱼跳龙门图案的鱼盘中，会使人情趣盎然，食欲大增。

（八）名称

不同的名称又可在人们心中形成不同的感受。

1.菜点命名类型

菜点的命名方法很多，概括起来讲有两大类："阳春白雪"式的寓意性命名法和"下里巴人"式的写实性命名法。

写实性命名是一种如实地反映原料构成、烹制方法和地方特色的命名方法。其特点是开门见山，突出主料，朴素中稍加点缀，素净里蕴含文雅，使人一看便可大致了解菜点的构成和特色。如青椒肉丝、青豆虾仁、西湖醋鱼、武汉豆皮、东坡肉、麻婆豆腐、宫保鸡丁、拔丝苹果、香酥鸭、冬瓜盅等。

寓意性命名法是一种撇开菜点的具体内容而另立新意，抓住其某一特色加以艺术手法渲染气氛，以达到雅致奇巧、耐人寻味的一种命名方法。如霸王别姬、油炸桧、彩蝶迎春、松鹤延年、桃花泛等。

2.菜肴的命名原则

满足顾客求实心理。菜点的名称应与菜点实体的主要性质和特点相适应，反映菜点的特色和全貌，使顾客只要间接看到或听到菜名就能顾名思义地对菜点的某些特性有一定的了解，便于顾客选购。

文字简洁、易读易记。菜点命名应力求文字简洁，能高度概括地标志菜点实体，音韵和谐，朗朗上口，便于记忆和传诵，避免使用冷僻难懂的方言土语，根据人们的记忆规律，菜点名最好以五个字以内为宜（包括五个字）。文字太长不易记忆，而且印象模糊。

突出特色、诱发情感。菜肴命名应在反映菜点特色和全貌的基础上，根据顾客的个性心理特征，给菜点起具有某种情绪色彩或性格特征的名字，使不同的菜点命名各具特色，或工巧含蓄，或朴素明朗，更好地反映菜点的个性，以适应不同顾客的需要。如"飞燕迎春"给人一种勃勃生机,产生一种春风拂面的感觉;"熊猫戏竹"让人感到生活的和谐和安定。

启发联想、情趣健康。命名不仅要有知识性、科学性,还应有趣味性,以利用事物间的联系,形成美妙的联想,还应力求菜点名称富有艺术感染力,寓意深远,含义深刻,能引起顾客对美好事物的回忆和向往。力求避免雷同和一般化,否则可能引起厌烦、疑虑等抑制购买行为的心理。如"桃园三结义"让人想到那刀枪剑戟的三国时代,有几个不求同年同月同日生,但求同年同月同日死的结拜义士。

（九）意境

意境是客观景物和主观情思融合一致而形成的艺术境界,具有情景相生和虚实相成以及激发想象的特点,能使人得到审美的愉悦。

意境多用含蓄手法设置脉脉含情的环境,令食者触景生情、联想翩翩,情感升华,不可直抒胸臆一泻千里。应让食者自己去感觉,去揣摸,去捕捉,去体验,去联想。造意手法多样,主要表现为比喻、象征、双关、借代等。

1. 比喻

比喻是用甲事物来譬比与之有相似特点的乙事物。如"鸳鸯戏水"是用鸳鸯造型来比喻夫妻情深恩爱。

2. 象征

象征是以某一具体事物表现某一抽象的概念。主要反映在色彩的象征意义和整个立体造型或某一局部的象征意义等方面。

3. 双关

双关指利用语言上的多义和同音关系的一种修辞格。菜肴造型多利用谐音双关。如"连年有余"等。

4. 借代

借代指以某类事物或某物体的形象来代表所要表现的意境,或以物体的局部来表现整体。如"珊瑚鳜鱼"是借鳜鱼肉的花刀造型来表现珊瑚景观。

复习思考题六

1. 简述中国菜点起源与发展历史。

2. 简述中国传统烹饪方法的主要类型及其特点。

3. 中国菜点有哪些分类方法?试述中国菜点美的构成因素。

第七章

中国茶文化

学习目的

1. 了解茶文化的起源与发展。

2. 掌握茶的种类及基本特点,了解茶水、茶具的种类及特点。

3. 了解古代烹茶与饮茶方法,掌握现代泡茶及品饮方法。

4. 理解茶艺与茶道的关系,中国的茶道精神,中日茶道的异同。

5. 了解杭州、成都、北京、广州茶馆文化的各自风格。

6. 了解茶与文学艺术的基本内容。

本章概要

本章主要讲述中国茶文化的起源与发展;茶的种类及绿茶、红茶、青茶、白茶、黄茶、黑茶的基本特点;茶水、茶具、中国古代烹茶与饮茶方法、现代泡茶及品饮方法;茶艺与茶道的关系、中国茶道、中国茶道与日本茶道比较;茶馆的形成与发展、风格各异的茶馆;茶与文学艺术等内容。

第一节 中国茶文化的起源与发展

一、茶文化的起源

中国是茶的故乡,是世界上最早发现茶树、利用茶叶和栽培茶树的国家。茶树的起源至少已有六七千万年的历史。茶被人类发现和利用,大约有四五千年的历史。

茶的利用最初是孕育于野生采集活动之中的。古史传说中认为"神农乃玲珑玉体,能见其肺肝五脏",理由是,"若非玲珑玉体,尝药一日遇十二毒,何以解之?"又有说"神农尝百草,日遇十二毒,得茶而解之"。两说虽均不能尽信,但一缕微弱的信息却值得注意:"茶"在长久的食用过程中,人们越来越注重它的某些疗病的"药"用之性。这反映的是一种洪荒时代的传佚之事。

依照《诗经》等有关文献记录,在史前期,"茶"是泛指诸类苦味野生植物性食物原料的。在食医合一的历史时代,茶类植物的止渴、清神、消食、除瘴、利便等药用功能是不难为人们所发现的。然而,由一般性的药用发展为习常的专用饮料,还必须有某种特别的因素,即人们实际生活中的某种特定需要。巴蜀地区,为疾疫多发的"烟瘴"之地。"番民以茶为生,缺之必病。"(清·周蔼联《竺国游记》卷二)故巴蜀人俗常饮食偏多辛辣,积习数千年,至今依然。正是这种地域自然条件和由此决定的人们的饮食习俗,使得巴蜀人首先"煎茶"服用以除瘴气,解热毒。久服成习,药用之旨逐渐隐没,茶于是成了一种日常饮料。秦人入巴蜀时,见到的可能就是这种作为日常饮料的饮茶习俗。

茶由药用转化为习常饮料,严格意义的"茶"便随之产生了其典型标志便是"茶"(chá)音的出现。郭璞注《尔雅·释木》"槚"云:"树小如栀子,冬生叶,可煮作羹饮。今呼早采者为茶,晚取者为茗,一名荈,蜀人名之苦茶。"可见,汉时"荼"字已有特指饮料"茶"的读音了,"茶"由"荼"分离出来,并走上了"独立"发展道路。但"茶"字的出现则是伴随茶事的发展和商业活动的日益频繁,直到中唐以后的事,也正符合新符号的产生后于人们的社会生活这样一种文字变化的规律。

中国从何时开始饮茶,众说不一,西汉时已有饮茶之事的正式文献记载,饮茶的起始时间当比这更早一些。茶以文化面貌出现,是在汉魏两晋南北朝时期。

两汉三国时期,文人、官宦之家已兴饮茶之习。汉人王褒(见图 7.1)所写《僮约》记载了一个饮茶、买茶的故事。说西汉时蜀人王子渊去咸都应试,在双江镇亡友之妻杨惠家中暂住。杨惠热情招待,命家僮便了为子渊酤酒。便了不高兴,到主人坟前哭诉,说"当初主人买我来,只让我看家,并未要我为他人男子酤酒"。杨氏与王子渊对此十分恼火,便商议将便了卖给王子渊为奴,并写下契约。契约中规定便了每天应做的事中有"武阳买茶"、"烹茶尽具"两项。这张《僮约》写作的时间是汉宣帝神爵三年(公元前 59 年)。司马相如曾作《凡将篇》、扬雄作《方言》,分别从药物和文字语言角度谈到茶。常璩《华阳国志》已见巴蜀出贡茶的较早文录。明人陈霆《雨山墨谈》一书曾记有汉成帝(公元前 32—前 7 年)赐赵飞燕茶事。茶作为贡物,入于内府之后,皇室又每每作为赏赐品,分发诧勋戚属臣。这说明,在西汉时,饮茶之事,在黄河流域首先在宫廷和贵族阶层流布开来。西汉贵族饮茶已成时尚,东汉可能更普遍些。东汉名士葛玄曾在宜兴"植茶之圃",汉王也曾"课僮艺茶",到三国时,宫廷饮茶更经常了。《三国志·吴书·韦曜传》载:吴王孙皓常与大臣宴,不管你会不会饮酒,都要灌你七大升。韦曜自幼好学能文,但不善酒,孙皓暗地赐以茶水,用以代酒。以文人、政治家的视角来看待茶,喝起来自然别有滋味,这就为茶走向文化领域打下了基础。

图 7.1　汉王褒

两晋南北朝时期,门阀制度业已形成,不仅帝王、贵族聚敛成风,一般官吏乃至士人皆以夸豪斗富为荣,多效膏粱厚味。在此情况下,一些有识之士提出"养廉"的问题。于是,出现了陆纳、桓温以茶代酒之举。南齐世祖武皇帝是个比较开明的帝王,他不喜游宴,死前下遗诏,说他死后丧礼要尽量节俭,不要以三牲为祭品,只放些干饭、果饼和茶饭便可以。并要"天下贵贱,咸同此制"。在陆纳、桓温、齐武帝那里,饮茶不仅为了提神解渴,它开始产生社会功能,成为以茶待客、用以祭祀并表示一种精神、情操的手段。饮茶已不完全是以其自然使用价值为人所用,而是进入了精神领域。

魏晋南北朝时期,天下骚乱,各种文化思想交融碰撞,玄学相当流行。玄学是魏晋时期一种哲学思潮,主要是以老庄思想糅合儒家经义。玄学家大都是所谓名士,重视门第、容貌、仪止,爱好虚无玄远的清谈。东晋、南朝时,江南的富庶使士人得到暂时的满足,终日流连于青山秀水之间,清谈之风继续发展,以致出现许多清谈家。最初的清谈家多酒徒,后来,清谈之风渐渐发展到一般文人。玄学家喜演讲,普通清谈者也喜高谈阔论。酒能使人兴奋,但喝多了便会举止失措、胡言乱语,有失雅观。而茶则可竟日长饮而始终清醒,令人思路清晰,心态平和。况且,对一般文人来讲,整天与酒肉打交道,经济条件也不允许。于是,许多玄学家、清谈家从好酒转向好茶。在他们那里,饮茶已经被当作精神现象来对待。

随着佛教传入、道教兴起,饮茶已与佛、道教联系起来。在道家看来,茶是帮助炼"内丹",升清降浊,轻身换骨,修成长生不老之体的好办法;在佛家看来,茶又是禅定入静的必备之物。尽管此时尚未形成完整的宗教饮茶仪式和阐明茶的思想原理,但茶已经脱离作为饮食的物态形式,具有显著的社会、文化功能,中国茶文化初见端倪。

二、茶文化的形成

唐代是中国茶文化的形成期,是中国茶文化史上划时代的时期。

中国茶文化的形成，以陆羽（参见图7.2）《茶经》的刊行为标志。陆羽是唐玄宗时复州竟陵郡（今湖北省天门县）人。民间称他为"茶神"、"茶圣"、"茶仙"。陆羽的《茶经》一出，中国茶文化的基本轮廓方成定局。《茶经》是一种独出心裁的文化创造，它把精神与物质融为一体，突出反映了中国传统文化的特点。仅从茶文化

图7.2　杭州中国茶叶博物馆中陆羽像

学角度讲，陆羽开辟了一个新的文化领域。《茶经》首次把饮茶当作一种艺术过程来看待，创造了烤茶、选水、煮茗、列具、品饮等一套中国茶艺。《茶经》首次把"精神"二字贯穿于茶事之中，强调茶人的品格和思想情操，把饮茶看作进行自我修养、锻炼志向、陶冶情操的方法。陆羽首次把我国儒、释、道的思想文化与饮茶过程融为一体，首创中国茶道精神，搭建了中国茶文化的基本构架，为茶文化的形成与发展作出了卓越的贡献。

唐代，我国茶的生产进一步扩大，饮茶之风盛行南北，同时进一步传到边疆各地。正如《封氏闻见记》所说，中原地区自邹、齐、沧、隶以至京师，无不卖茶、饮茶。饮茶的普及和茶事的大发展，尤其是商业的需要，使长久沿袭下来的"茶"字表义有极大的不便，于是使"茶"字去一横，完全区别于一般苦味植物的"茶"字应运而生。在茶字出现以前，古代指茶的字和词虽然有槚、选游、苑、荈、葭、蒪、檟、荼、皋芦、过罗、酪奴等多种，但以荼字多用。荼音 tú，但在"茶"字出现以前，由于专表茶义的需要已经读为 chá，故有顾炎武所谓"梁以下，始有今音"（《求古录》）之说。但音异形同仍无法准确地表达，"茶"义，终于导致形异。茶字的出现，大约在唐宪宗元和（公元806—820年）前后。宪宗前的一些碑文上茶文仍为"荼"形，宪宗以后的文宗（公元826—840年）、宣宗（公元847—859年）时便均写成"茶"字了（《唐韵正》）。

茶文化之所以在唐代形成，除了与整个唐代经济、文化的昌盛、发展有关外，还与以下几个特殊因素有关。一是茶文化的形成与佛教的发展有关。隋唐之际，佛教在中国发展迅速。僧人中的上层人士不仅享受世俗地主高堂锦衣的优裕生活，而且比世俗地主更加闲适。饮茶需要耐心和功夫，将茶变为艺术又需要一定的物质条件。寺院常建在名山秀水之间，气候常宜植茶，因此唐代许多大寺院都有种茶的习惯。僧人道士们是专门进行精神修养的，把茶与精神结合，僧道均是合适人选。茶文化的兴起与禅宗的兴盛关系密切。禅宗主张佛在内心，提倡静心、自悟，

所以要"坐禅"。坐禅对老和尚来说或许容易些,但年轻僧人往往尘念未绝,既不许吃晚饭,又不让睡觉,便相当困难了。能解渴又可提神的茶,成了僧人喜爱的饮料。二是与唐代科举制度有关。唐代采取严格的科举制度。每当会试,考生与监考官均感劳乏疲惫,于是朝廷特命以茶果送到试场。举子们来自四面八方,朝廷一提倡,饮茶之风便更快地在士人中流行。三是与唐代诗风大盛有关。唐代是我国诗歌的极盛时期。诗人要激发文思,需要提神之物助兴。有的诗人以酒助兴,相当多不会饮酒的诗人则以茶提神助兴。因此卢仝说:"三碗搜枯肠,唯有文字五千卷。"此外,还与唐代贡茶的兴起和中唐以后唐王朝禁酒有关。贡茶促进了名茶、茶具的发展,禁酒令更多的人转向饮茶。中国茶文化正是在这种大气候和特定的环境下形成的。

三、茶文化的拓展

从五代至宋辽金,是茶文化的拓展期。这一时期,是我国封建社会的一个大转折时期。从中原王朝看,封建制度已走过了它的鼎盛时期,开始走下坡路。但从全中国看,却是北方民族崛起,南北民族大融合,北方社会向中原看齐和大发展的时期。茶文化正是在这种民族交融、思想撞击的时代得到发展。特别是从茶文化的传播看,无论社会层面或地域都大大超过了唐代。

从茶文化的社会层面上看,唐代是以僧人、道士、文人为主的茶文化集团领导茗运动,而宋代则进一步向上下两层拓展。一方面是宫廷茶文化的正式出现。宋朝一建立便在宫廷兴起饮茶风尚。宋太祖赵匡胤有饮茶癖好,历代皇帝皆有嗜茶之好,以致宋徽宗还亲自作《大观茶论》。另一方面是市民茶文化和民间斗茶之风的兴起。斗茶,又称"茗战",是古人集体品评茶的品质优劣的一种形式。斗茶之风的盛行,促进了茶叶学和茶艺的发展。

从地域上讲,唐代虽已开始向边疆甚至国外传播饮茶技术,但作为文化意义上的茗饮活动,仍基本限于产茶盛地的南方和中原地区。而到宋代,中原茶文化通过宋辽、宋金的交往,正式作为一种文化内容传播到北方游牧、狩猎民族之中,奠定了此后上千年间北方民族饮茶的习俗和文化风尚,甚至使茶成为中原政权控制北方民族的一种"国策",使茶成为联结南北经济、文化的纽带。

宋辽金时期,是中国茶文化承上启下的时代。随着理学思想的出现,儒家的内省观念进一步渗透到茗饮之中。从茶艺讲,已将唐代的穿饼发展为精制的团茶,使制茶本身工艺化,增加了茶艺的内容,并且出现了大量散茶,为后代泡茶和饮茶简易化开辟了先河。民间的点茶和斗茶之风的兴起,将茶艺推展到广泛的社会层面。宫廷贡茶和茶仪、茶宴的大规模举行,又使茶文化的地位抬升。如果说唐代茶文化更重于精神实质,宋人则把这种精神进一步贯彻于社会各阶层日常生活和礼仪之中。从表面看是从深刻走向通俗、浮浅,而从社会效果看是向纵深发展了。

四、茶文化的曲折发展

自元代以后,茶文化进入了曲折发展期。宋人拓展了茶文化的社会层面和文化形式,茶事十分兴旺,但茶艺走向繁复、琐碎、奢侈,失去了唐代茶文化深刻的思想内涵,过于精细的茶艺淹没了茶文化的精神,失去了其高洁深邃的本质。在朝廷、贵族、文人那里,喝茶成了"喝礼儿"、"喝气派"、"玩茶"。

元代蒙古人入主中原,标志着中华民族全面大融合的步伐大大加快。一方面,北方少数民族虽喜饮茶,但主要是出于生活、生理上的需要,从文化上却对品茶煮茗之事兴趣不大;另一方面,汉族文人面对故国破碎,异族压迫,也无心再以茶事表现自己的风流倜傥,而希望通过饮茶表现自己的情操,磨砺自己的意志。这两股不同的思想潮流,在茶文化中契合后,促进了茶艺向简约、返璞归真方向发展。明代中叶以前,汉人有感于前代民族兴亡,本朝一开国便国事艰难,于是仍怀砺节之志。茶文化仍承元代大势,表现为茶艺简约化,茶文化精神与自然契合,以茶表现自己的苦节。

明末清初,精细的茶文化再次出现,茶风趋向纤弱。这时,文化界出现一种新复古主义,"文必秦汉,诗必盛唐",实际上既无秦汉的质朴雄浑,也没有盛唐的宏大气魄。待至满族入主中原,许多文人既不肯"失节"助清,又对时局无可奈何,乃以风流文事送日月、耗心志,有些人甚至皓首穷茶,一生泡在茶壶里。这反映了封建制度日趋没落,文人无可奈何的悲观心境。明末清初的文人茶文化明显地脱离了大众和实际生活。这种文化思想自然缺乏生命力。清末民初,祖国多灾多难,有志文人忧国忧民,已无雅兴和心情去悠闲品茶,这造成自唐宋以来文人领导茶文化潮流的地位终于结束了。表面看,中国传统的茶艺、茶道逐渐衰落,但优秀的茶文化精神并未从中国土地上消亡,而是深入人民大众之中、进入千家万户。茶文化作为一种高洁的民族情操,与人民生活、伦常日用紧密结合在一起。

第二节 中国茶艺

一、茶的种类

中国茶叶的种类繁多,命名方法也不少。有的以茶叶产地的山川名胜为主题而命名,如"西湖龙井"、"黄山毛峰"、"庐山云雾"、"井冈翠绿"、"苍山雪绿"等。有的以茶叶的形状而命名,如"碧螺春"、"瓜片"、"雀舌"、"银针"、"松针"等。有的以茶叶的加工方式而分为基本茶类和再加工茶类。基本茶类包括绿茶、红茶、青茶、白茶、黄茶、黑茶等,再加工茶类包括花茶、紧压茶、萃取茶、果味茶、药用保健茶和含茶饮料等。

（一）绿茶

绿茶是我国产量最多的一类茶叶。绿茶是鲜茶叶经高温杀青,然后经揉捻、干燥后制成。高温杀青是绿茶类制法的主要特点,成品特点是汤清叶绿。绿茶首先根据杀青方法不同分为蒸青（蒸汽杀青）、炒青和红外线杀青三种;再根据干燥的方法又分为炒干、烘干、晒干三种;然后依外形不同分为圆、长、针形、尖形、片形等。比如信阳毛尖属炒青的烘干针形茶,云南饼茶属炒青片晒干的针形茶,西湖龙井属炒青的炒干扁形茶。

（二）红茶

红茶是鲜茶叶经萎凋、揉捻,然后进行发酵,叶子变红后干燥而成。制法特点是经过室温自然渥红或热化的作用,成品特点是红汤红叶。依制法,成茶外形和品质不同而分小种红茶、工夫红茶、分级红茶、切细红茶、窨花红茶、蒸压红茶等六类。

小种红茶经过萎凋、揉捻、渥红、锅炒、毛烘、拣剔复烘等工序。其中熏蒸为松木。故成品茶有松木香味。而在福建崇安桐木其范围内的产品有自然的松木香味,叫正山小种。而用油松木烟烘,叫工夫小种。

工夫红茶经过萎凋、揉捻、渥红、干燥四个工序。毛茶加工很精细,粗大做小,不分花色,分叶茶和芽茶。叶茶是整叶工夫,芽茶是细嫩工夫。

分级红茶经过工序与工夫红茶相同。毛茶经过筛分分级为四个花色。分条茶和碎茶,条茶是整叶的成茶,好白毫等;碎茶是一般揉捻方法生成破叶茶,成茶外形破碎成细粒状,如碎白毫等。

切细红茶或称颗粒红茶,是在揉捻过程中边揉边切,以生产破叶茶为主,分半叶茶、碎叶茶、碎片三类。半叶茶是叶不完整,系不完全切细的半叶或少许未切细的整叶,有白毫、橙黄白毫。名称虽与分级红茶相同,但生产量少,完全无破损叶子不多。破叶茶为颗粒状的破碎的细粒茶,卷条经过切细的,有碎白毫,碎橙黄白毫,名称虽与分级红茶相同,但生产量不大,成颗粒状的多,是碎片状茶,有花香、碎橙黄白毫花香、碎末等。

窨花红茶有杭州的内销玫瑰红、福建的香红茶。

蒸压红茶有花香压成的小京砖茶、米砖茶。

（三）青茶

青茶是鲜叶经萎凋、做青、杀青、揉捻、干燥等工序制成。属半发酵茶,是介于不发酵的绿茶和全发酵的红茶之间的一类茶叶,外形色泽青褐,也称乌龙茶。青茶制造工艺的前半部分类似红茶,鲜叶经过晒青萎凋,并经反复数次摇青,叶子进行部分发酵红变,然后采用类似绿茶制法,经高温锅炒、揉捻、干燥制成。青茶冲泡后,叶片上有红有绿,汤色黄红,香味醇,兼具红、绿茶的品质特征。按做青程度和产地分:

闽北青茶:如武夷岩茶、大红袍、铁罗汉。

闽南青茶:如安溪铁观音、梅占、色种。

广东青茶:如凤凰单枞、水仙。

中国台湾:如乌龙色种。

(四)白茶

白茶是鲜叶经萎凋和干燥两个工序制成。属轻微发酵茶。制造特点是不经高温破坏酶的活性,也不创造条件促进多酶类化合物酶性氧化,而是任其自动缓慢氧化,形成茶芽满披白色茸毛,汤色清淡,味鲜醇的特点。根据萎凋程度分:

全萎凋:芽茶,如政和银针;叶茶,如政和白牡丹。

半萎凋:芽茶,如白云雪芽、银针;叶茶,如贡眉、寿眉。

(五)黄茶

黄茶是鲜叶杀青后,揉捻前或揉捻后经堆积闷黄,干燥前或干燥后堆积闷黄而成。制法基本上与绿茶相同,只是在揉捻或初干后经过特殊的闷黄工序,促进多酚类化合物氧化。特点是汤黄叶黄。根据闷黄的先后为:

杀青后湿坯堆积闷黄:如溥山毛尖、台湾黄茶。

揉捻后湿坯堆积闷黄:如黄大茶、黄小茶、君山银针。

(六)黑茶

黑茶是鲜叶经杀青、揉捻、渥堆、干燥四个工序制成。原料一般较粗老,制造过程中往往堆积发酵时间较长,毛茶色泽油黑或暗褐,茶汤褐黄或褐红的特征。根据渥堆法不同分:

湿坯渥堆发酵:蒸压变色,如湘一、二、三号;蒸压定型,如黑砖茶、花砖茶、茯砖。干坯渥堆发酵:散茶,如湖北老青茶;蒸压定型,如云南紧茶、广西六堡茶。

成茶堆积再发酵:蒸压,如康砖茶、金尖、四川茯砖、湖北青砖茶;炒压,如方包茶、安化茯砖。

(七)其他茶

花茶是茶叶和香花进行拼和窨制,使茶叶吸收花香而成。紧压茶是以各种散茶为原料,经过再加工蒸压成一定形状的茶叶。萃取茶以各种成品茶为原料,用热水萃取茶叶中的水可溶物,过滤弃去茶渣获得的茶汤,经浓缩、干燥制成固态"速溶茶"，或不经干燥制成"浓缩茶"，或直接将茶汤装入瓶、罐制成液态的"罐装饮料茶"。果味茶是茶叶半成品或成品加入果汁后，经干燥制成。药用保健茶是茶叶与某些中草药或食品拼合调配制成。含茶饮料是在饮料中添加茶汁制成。

二、茶　水

古来论茶者，无一不极重水品，好茶好水才能相映生辉，相得益彰，否则好茶之神韵必将随劣质之水而汰走大半。那么，究竟以什么水煮汤点茶好呢？这一问题，很早就为人们所注意，而在茶事开始受到特别重视的唐初则有了更高的讲究。关于宜茶之水，早在陆羽所著的《茶经》中，便曾详加论证。他的看法是：

其水，用山水上，江水中，井水下。其山水，拣乳泉、石池慢流者上。其瀑涌湍漱，勿食之。久食，令人生颈疾。又多别流于山谷者，澄浸不泄，自火天至霜郊以前，或潜龙蓄毒于其间。饮者可决之，以流其恶，使新泉涓涓然酌之。其江水，取去人远者。井，取汲多者。

陆羽所讲对水的要求，首先要远市井，少污染；重活水，恶死水。故认为山中乳泉、江中清流为佳。而沟谷之中，水流不畅，又在炎夏者，有各种毒虫或细菌繁殖，自然不宜作烹茶用水。陆氏之谈，可以说道尽了茶水要义，其后论水者，大多不出此窠臼。

据唐代张又新《煎茶水记》记载，大历元年（公元 766 年），御史李季卿出任湖州刺史，行至维扬（今扬州）遇陆羽，请之上船，抵扬子驿。季卿闻扬子江南零水煮茶最佳，便派士卒去取。士卒自南零汲水，至岸泼洒一半，乃取近岸之水补充。士卒取水而归，陆羽"用勺扬其水"，便说："江则江矣，非南零者，似临岸之水。"士卒分辩道："我操舟江中，见者数百，汲水南零，怎敢虚假？"陆羽一声不响，将水倒掉一半，再"用勺扬之"，才点头说道："这才是南零之水矣！"士卒大惊，乃据实以告。季卿大服，于是陆羽口授，乃列天下二十名水次第：

庐山康王谷帘水第一；

无锡县惠山寺石泉水第二；

蕲州兰溪石下水第三；

峡州扇子山蛤蟆口水第四；

苏州虎丘寺石泉水第五；

庐山招贤寺下方桥潭水第六；

扬子江南零水第七；

洪州西山西东瀑布水第八；

唐州柏岩县淮水源第九；

庐州龙池山岭水第十；

丹阳县观音寺水第十一；

扬州大明寺水第十二；

汉江金州上游中零水第十三；

归州玉虚洞下香溪水第十四；

商州武关西洛水第十五；

吴淞江水第十六；

天台山西南峰千丈瀑布水第十七；

郴州园泉水第十八；

桐庐严陵滩水第十九；

雪水第二十。

对于水品的这个评定结果，未必准确，因以陆羽一人一力、一人之见实难对中国众多的名山大川之水品排定名次。而且后人对这个品水的结论是否为陆羽评定，多有怀疑，这二十名水有多处与《茶经》的观点有所不合。尽管如此，评水的作用却不容忽视，《煎茶水记》打开了人们的视野，加深了人们对茶艺中水的作用的认识。后世又出现了许多鉴别水品的专门著述，如宋代欧阳修的《大明水记》、叶清臣的《述煮茶小品》，明人徐献忠的《水品》、田艺衡的《煮泉小品》，清人汤蠹仙的《泉谱》等。

由于每个茶人爱好不同，所处环境和经历各异，对水的判定标准也很不一致，但归纳起来，也有许多共同之处，一般强调源清、水甘、品活、质轻。

许多茶人对泉水情有独钟，世上因不同时期、不同茶人的提倡而出现了众多的"天下第一泉"。

据张又新《煎茶水记》记载：陆羽根据所了解的宜茶用水，提出"庐山康王谷帘水第一"，因此，自唐始，庐山谷帘泉就有"天下第一泉"之称。

唐代的刘伯刍称"扬子江南零水第一"。宋代民族英雄文天祥也赋诗云："扬子江心第一泉，南金来北铸文渊。"清代书法家王仁堪在中泠泉（即南零水）池旁的石栏上，书有"天下第一泉"五个大字。

明代著名地理学家徐霞客周游全国名山大川后，来到云南安宁，他考察了当地的碧玉泉，认为在所见过的温泉中，碧玉泉可谓第一。明代诗人杨升庵被流放云南，也认为碧玉泉实为"四海第一汤"。为此，杨升庵在碧玉泉畔亲题"天下第一汤"五个大字。

济南的趵突泉，早在北魏郦道元所著《水经注》中即有记述，经《老残游记》的艺术渲染，吸引了更多的名士和游人前去观赏品味。故也被世人称为"天下第一泉"。

北京玉泉位于颐和园以西的玉泉山南麓,泉水从"龙口"喷出,远望似老龙汲水,近看像白雪纷飞,故玉泉又有"喷雪泉"之称。乾隆皇帝为品茗择水,选取全国多处饮水,用特制的银斗称重,结果表明,同样一银斗水,北京玉泉的水重量最轻,于是乾隆就定北京玉泉为"天下第一泉",并亲题"御制天下第一泉记",刻碑立石。

清人刑江把四川的玉液泉誉为"天下第一泉"。泉旁石崖上,刻有明代御史张仲贤题写的"神水"两字。民间传说峨眉山金顶下的玉液泉是玉母令玉女自瑶池所引琼浆玉液,故被视为"神水"。

至于各地自定的名水就更多了。究竟谁属第一,实难定论,只有让人们自己去品评了。

中国茶人不仅重视泉水,对江水、井水、雪水、露水也相当注意。北宋政治家王安石,曾出任宰相,后退居江宁(今南京),封为荆国公。据说,他晚年患痰火之症,经多方医治均不见效,唯有用长江三峡的瞿塘中峡水,烹煮阳羡茶才有效果。某年,正逢大文豪苏轼谪迁黄州。王安石知道苏轼家在四川,此去湖北黄州,需经瞿塘中峡。于是,拜托他在路过三峡时,在瞿塘中峡汲水一瓮。哪知苏轼心情沉重,随从又陶醉于三峡风光,均无心顾及,直至船到下峡时忽然记起王安石所托之事。只好在下峡汲水一瓮,给王安石送去。王安石煮茶品味后,讲此水并非出自瞿塘中峡。苏轼大惊,问其故。王安石云:瞿塘上峡水流太急,下峡水流太缓,惟中峡水流不急不缓。以上、中、下三峡之水烹阳羡茶,上峡味浓,下峡味淡,中峡处于浓淡之间,最适宜治中脘病症。苏轼听后,既感惭愧,又佩服不已。

一些茶人认为,天下之大,不可能处处有佳泉,故主张因地制宜,学会"养水"。如取大江之水,应在上、中游植被良好幽静之处,于夜半取水,经搅拌、沉淀、取舍而后烹茶。一些茶人主张取雪水、朝露之水、清风细雨中的"无根水"(露天承接,不使落地)。甚至有的人专于梅林之中,取梅瓣积雪,化水后以罐储之,深埋地下,来年用以烹茶。《红楼梦》中的女道士妙玉便是个善用雨雪水烹茶之人。书中记有妙玉用埋藏五年的梅花上的雪水烹茶,请宝钗、黛玉品饮的趣事。清中叶的苏州穷苦才子沈复夫妇也有此雅致,《浮生六记》卷二《闲情记趣》云:"夏日荷花初开时,晚含而晓放。芸(沈复妻陈芸——引者)用小纱囊撮茶叶少许,置花心。明早取出,烹天泉水泡之,香韵尤绝。"

泡茶用水一般都用天然水,水质要求甘而洁、活而新鲜。天然水按其来源可分为泉水(山水)、溪水、江水(河水)、湖水、井水、雨水、雪水等,自来水也是通过净化后的天然水。其中,最引人注目的是山泉水,泉水甘冽,质清味美,为泡茶用水之上品。其次,溪水、江水(河水)、湖水等长年流动之水以及部分井水和达到饮用水卫生标准的自来水,都可用来泡茶。只不过在选择泡茶用水时,还必须了解水的硬度和茶汤品质之间的关系。水的硬度高,茶汤色泽加深或变淡,背离原茶本色,而且影响茶叶有效成分的溶解度,使茶味变淡。所以选择泡茶用水宜选择软水(如雨水、雪水)或暂时硬水(如泉水、溪水、江水、河水等),这样泡出来的茶,色、香、味、形才俱佳。

三、茶　具

(一)茶具发展历史

中国人饮茶,最早没有专门的茶具,到了西汉,在王褒的《僮约》中才第一次提到"烹茶尽具",这个"具",当属茶具了。随着南北朝时饮茶之风开始兴起,唐代饮茶之风的盛行,煮茶、饮茶的专门器具也就诞生了。陆羽在《茶经·四之器》中,总结了前人的煮茶、饮茶用具,开列了二十多种专门器具,这是中国茶具发展史上最早、最完整的记录。陆羽所列茶器按其用途可分为如下几类:

生火、烧水和煮茶器具,包括风炉、承灰、筥、炭树、火䇲、鍑、交床和竹夹。

烤茶、煮茶和量茶器具,包括夹、纸囊、碾、拂末、罗合和则。

盛水、滤水和提水器具,包括水方、漉水囊、瓢和熟盂。

盛茶和饮茶器具,包括碗和札。

装盛茶具的器具,包括畚、具列和都篮。

洗涤和清洁器具,包括涤方、渣方和巾。

当然,这诸多茶器,一般只在正式茶宴上才能用上,陆羽当时便说明,三五友人,偶尔以茶自娱,是可据情从简的。中国的茶具在历史上发生了较大的变化,其演变过程大致如下。

煮茶烧水器具的演变:中国在宋代以前饮的是团茶,因此要饮茶先要烧水煮茶。从宋代起,开始有少量散茶。到了明代,中国人饮的茶基本为散茶。饮散茶,也需烧水。唐代以前,人们煮茶用的可能是釜。唐代,据《茶经》说,煮茶用具为鍑。釜、鍑为宽边、凸肚、无盖的大口小锅。宋代已演变为用铫煮茶,铫是一种有柄有嘴的小烹器。明代,宜兴紫砂陶茶具兴起,用陶瓷茶具煮水已很普遍。清代,一方面来自国外的铜吊受到推崇,另一方面中国古老的瓦铫仍然备受欢迎。近代,中国人多习惯用铝茶壶烧水。

泡茶饮茶器具的演变:唐代的饮茶器具,民间多以陶瓷茶碗为主,而皇宫贵族家庭多用金属茶具和当时稀有的秘色茶具及琉璃茶具。从宋开始直到明代,饮茶多用茶盏,它敞口小底,实是一只小茶碗,再垫一个茶托,自成一套。明代,江苏宜兴用五色陶土烧成的紫砂茶具开始兴起。清代陶瓷茶具以康乾时期最为繁荣,并以"景瓷宜陶"最为出色。瓷器茶具以盖碗为主,它由盖、碗、托三部分组成。此外,福州的脱胎漆茶具,四川的竹编茶具,海南的椰子、贝壳茶具也自成一格。近代,茶具名目更多,除陶瓷茶具外,常用的还有玻璃茶具、塑料茶具、搪瓷茶具、金属茶具等。

(二)茶具的种类

1.金属茶具(见图 7.3)

是用金、银、铜、锡制作的茶具,古已有之。公元前 18 世纪,我国青铜器已广泛应用,也作食具、酒具、茶具。

1987 年,陕西省扶风县法门寺的地宫中,发掘出大批唐代宫廷银质鎏金烹茶用具。现在用金属茶具饮茶较少。但用金属贮茶较普遍,如用锡罐贮茶防潮、防氧化、避光、防异味性能都好。

唐鎏金银龟

唐鎏金茶碾

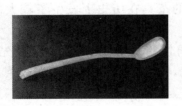
唐鎏金茶匙

现代维吾尔族刻花镂空提梁铜壶

图 7.3　金属茶具

2.瓷器茶具(见图 7.4)

我国的瓷器茶具产生于陶器之后,大约始自东汉晚期。分为白瓷、青瓷、黑瓷、彩瓷茶具等几个类别。

青瓷茶具。东汉时,浙江上虞就开始烧制青瓷茶具。唐代开始兴盛,经历宋、元的繁荣,明、清其重要性下降。主要产于浙江、四川等地。浙江龙泉青瓷,以造型古朴挺健、釉色翠青如玉著称于世,是瓷器百花园中的一枝奇葩,被人们誉为"瓷器之花"。特点:胎薄质坚,造型优美,釉层饱满,有玉质感。

白瓷茶具。白瓷茶具大约始于北朝晚期,隋唐时已发展成熟。白瓷茶具以色白如玉而得名。其产地甚多,有江西景德镇、湖南醴陵、四川大邑、河北唐山、安徽祁门等。其中以江西景德镇的产品最为著名,早在唐代就有"假玉器"之称,其质薄光润,白里泛青,雅致悦目,并有影青刻花、印花和褐色点彩装饰。

黑瓷茶具。黑瓷茶具始于晚唐,盛于宋,衰于明,没于清。产地:福建建窑、江西吉州窑、山西榆次窑等。以建窑为最。特点:胎质较厚,釉色漆黑,造型古朴,风格独特。

青花瓷茶具。青花瓷茶具以氧化钴为成色剂,在瓷胎上直接描绘图案纹饰,涂上透明釉,经高温烧制而成。始于唐代,兴于元、明、清。产地:江西景德镇、吉安、乐平,广东潮州、揭阳、博罗,云南玉溪,四川会理,福建德化、安溪等。以景德镇所产最有名。特点:花纹蓝白相映,色彩淡雅宜人,华而不艳。

宋青瓷茶碗

宋兔毫盏

南宋建窑油滴天目茶碗

青花茶碗

青花提梁壶

南朝越窑莲花纹碗

唐白瓷茶臼

唐黑釉执壶

宋青白釉碗

宋耀州窑碗

宋代钧窑小碗

清黄釉托杯

清粉彩方壶

晋青釉鸡首壶

隋青釉碗、杯

隋代白瓷龙首双身壶　　　唐代越窑青釉海棠式碗　　　唐代五瓣葵口圈足秘色瓷碗

五代越窑青黄釉盒　　　五代青釉雕花三足盖罐　　　明代甜白僧帽壶

明青花壶　　　明代青花三羊开泰杯　　　明代五彩八仙庆寿盅

明青花盖罐　　　明青花碗　　　明末清初德化窑杯

图 7.4　瓷器茶具

3.陶质茶具(见图 7.5)

陶器历史悠久,紫砂茶具由陶器发展而成。现今用江苏宜兴南部与比邻的浙江长兴北部的一种紫金泥烧制而成。色泽经调配可形成:紫红色、暗肝色、淡赭石色、朱砂色、冻梨色、古铜、淡墨色等。宜兴紫砂壶始于北宋,兴盛于明、清。特点:它造型古朴,色泽典雅,光洁无暇,传热缓慢。用紫砂茶具泡茶,既不夺茶真香,又无熟汤气,能较长时间保持茶叶的色、香、味。夏天不易变馊,冬季放在炉上煮茶不易炸裂。鉴别:从总体上说首先应考虑它的实用价值,其次是它的欣赏价值,即外观的形态美。以壶为例,具体要求应注意把握以下各点:容积和重量比例恰当,壶把提用方便,壶盖周围合缝,壶嘴出水流畅,造型、色地和图案脱俗和谐,实用和艺术美融洽,才算是完美的茶具。

汉代陶碗

仰韶文化时期陶碗、陶瓶

大溪文化时期彩陶圈足碗

新石器时代黑陶镂孔高柄杯

战国时期陶碗、陶瓮

明代时大彬乌钢砂壶

民国仿供春树瘿壶组

现代三足带勺茶叶罐

现代紫砂八瓣瓜棱形工夫茶具

贝壳形

荷叶瓣杯

紫砂壶

紫砂茶具一套

图 7.5　陶质茶具

4.漆茶具(见图 7.6)

采割天然漆树汁液在木胎或泥胎模型上经复杂工序制作而成。漆器历史悠久,在距今 7000 年前的浙江余姚河姆渡文化中就有木胎漆碗。漆器茶具较著名的有北京雕漆茶具,福州脱胎茶具,江西波阳、宜春等地生产的脱胎漆器等。其中以福州漆器茶具为最佳,形状多姿多彩,有"宝砂闪光"、"金丝玛瑙"、"釉变金丝"、"仿古瓷"、"雕填"、"高雕"和"嵌白银"等多个品种。特点:表面晶莹光洁,质轻且坚,散热缓慢,耐温、耐酸碱。具较高收藏价值。

图 7.6　漆茶具

5.玻璃茶具(见图 7.7)

古称之为"琉璃",我国起步较早,但至唐代,随西方琉璃器的传入,才开始烧制琉璃茶具。至近代玻璃茶具才大量出现。特点:质地透明,光泽夺目,造型多样,价格低廉。但传热快,易碎。

图 7.7　唐代琉璃茶具

6.竹木茶具(见图 7.8)

隋唐之前,多为竹木茶具。清代四川出现竹编茶具。特点:美观大方,不易破碎、不烫手,并富艺术欣赏价值。

现代竹制茶具

竹制茶具

图 7.8　竹木茶具

7. 其他茶具(见图 7.9)

现代石雕茶具　　　　　明犀角雕花卉蟠螭杯（牙骨器）

图 7.9　其他茶具

8. 各类茶具的特点

瓷制茶具具有传热不快、久热难冷、不易馊、不留渣等特点,而且造型美观,装饰精巧,欣赏性与实用性并重。陶茶具中以江苏宜兴紫砂制茶具最好。其造型典雅,古朴大方,且具有较好的透气性能,传热慢、不易馊,茶味特佳。玻璃制茶具,最大的优点在于里外透明,有利于欣赏茶品(色、香、味、形)。其缺点是传热太快。搪瓷与塑料茶具虽比较耐用,但也嫌传热太快。金属茶具主要有金、银、铜、锡、不锈钢等,因传热太快、使用面不广等原因,普遍评价不高,而竹木茶具倒是经济方便,别具特色。

茶壶。以不上釉的陶制品为上,瓷制和玻璃制次之。陶器茶壶透气性强,又能吸收茶香,每次泡茶时,能将平日吸收的精华散发出来,更添香气。

茶杯。常与茶壶配套,对茶杯的要求是内部以素瓷为宜,以便欣赏茶汤色泽,茶杯杯形宜浅,以方便饮用。

茶碗。以陶瓷制为主,但瓷器比陶器色泽洁白,质地更细腻,更有利于观赏茶汤美好的色泽。

茶船。有盘形与碗形两种,以供放茶壶之用。其一可保护茶壶;其二可盛热水保温并供烫杯之用。

茶盅。又叫"茶海",供盛放茶汤之用。待茶泡至适当浓度,先将茶汤从茶壶倒入茶盅,然后再斟入每个茶杯中,可保持茶汤的浓度均匀,色泽清澈。

四、茶的烹制沏泡与品饮

(一)古代烹茶与饮茶方法

1. 茶的烹制

中国历代的烹制茶水之法大致有煮茶法、点茶法、泡茶法等。

煮茶法是直接将茶放在釜中烹煮,唐代以前盛行此法。陆羽在《茶经》中对其作了详细介绍。大体上讲,先将饼茶碾碎,然后煮水,当釜中水微沸时加入茶末。茶与水交融,二沸时出现沫饽,沫为细小茶花,饽为大花,皆为茶之精华。此时将沫饽勺出,置熟盂之中备用。继续烧煮,茶与水进一步融合,波滚浪涌,称为三沸。此时将二沸时盛出的沫饽浇入釜中,称为"救沸"、"育华"。待精华均匀,茶汤便好了。

点茶法以宋代最为盛行。点茶法不直接将茶入釜烹煮,而是先将饼茶碾碎,置碗中待用。以釜烧水,微沸初漾时即冲点入碗。但茶末与水也同样需要交融一体。点花茶法是将梅花、桂花、茉莉花等蓓蕾数枚直接与茶末同置碗中,热茶水汽蒸腾,双手捧定茶盏,使茶汤催花绽放,既观花开美景,又嗅花香、茶香。

泡茶法因茶叶种类不同、地区差异而有所区别。但大体上讲,以发茶味、显其色、不失其香为要旨。浓淡则因人因地而异。

2.饮茶之法

饮茶之法,在中国茶文化史或茶饮史上,颇具地域、民族、饮人类别等丰富的形态差异,同时也明显呈现为历史风格变化特点的文化现象。

(1)唐代的饮法。唐代饮茶"尚杂以苏椒之类"(宋·彭乘《续墨客挥犀》),故李泌有赋茶诗句云:"旋沫翻成碧玉池,添酥散出琉璃眼。"(《全唐诗》卷一百九)又唐薛能诗云:"盐损漆常戒,姜宜著更夸。"(《全唐诗》卷五百六十)足见唐人饮茶一般都杂以苏椒、姜、盐、酪等物。边地少数民族还有添入桂料的:"蒙舍蛮以椒、姜、桂和烹而饮之。"(唐·樊绰《蛮书》)但情况也不尽然。如刘禹锡《西山兰若试茶歌》即烹得清茶,而且是随摘、即炒、旋烹、立饮,这多是僧道辈清雅茶人所为。

(2)宋代的饮法。添辛香料饮法在两宋时仍较流行。如陈后山乞茶诗句:"愧无一缕破双团,惯下姜盐枉肺肝。"苏辙和苏轼煎茶诗云:"君不见,闽中茶品天下高;倾身事茶不知劳。又不见,北方俚人茗饮无不有,盐酪椒姜夸满口。"茶中熬以盐酪,正是游牧民族的奶茶。从诗中"北方俚人茗饮无不有"句看,当时北方人(黄河流域)的饮食习惯,茶中添加物是比较普遍和随意的。而相比之下南方(长江流域)则倾向于清淡。苏东坡也认为:"茶之中等者,若用姜煎,信佳也。盐则不可。"(苏轼《东坡志林》卷十)看来苏东坡认为上好之茶应清饮,而中等之茶宜姜烹,他是反对茶中入盐的。宋代,还有将芝麻碾碎入茶的饮习:"柘罗铜碾弃不用,脂麻白玉须盆研。"这种习尚主要流行于北方,北人煮茶,"其法以茶芽盏许,入少脂麻沙盆中烂研。量水多少煮之,其味极甘腴可爱。"(南宋·袁文《瓮牖闲评》)时人称这种茶为"雷茶"。依黄庭坚的说法,这种杂以芝麻的饮茶方法源出于游牧民族:"笛中渴羌饱汤饼,鸡苏胡麻煮同吃。"宋代建州茶最为著名,"建茶旧杂以米粉,复更以薯蓣。两年来,又更以楮芽与茶叶颇相入,且多乳。"(陆游:《入蜀记》)米粉和薯蓣粉可能是为了"多乳"增白的,楮树芽大概形与茶叶相似,又味"颇相入"才调入的。四

川奉节一带还饮一种"辣茶"："夔门有曲鳝瘴,以茱萸煎茶饮之良愈,谓之辣茶。"(南宋邢凯《坦斋通编》)

茶中多杂他物的饮法,主要是北方的习惯,是一般民众及少数民族的饮法。至于深知饮食的富贵之家或精擅茶道的雅逸之人,则多尚清饮,求本色真香。他们是在饮茶、品茶。而前者则在相当意义上是作为"茶食"和"茶粥",是"饮"和"食"结合意义上的饮茶。如招待刘禹锡的西山寺僧的饮法,宋徽宗《大观茶论》的主张,苏轼的观点等都是后一种饮法的证明和代表。但也有介于两者之间的意见,苏门四学士之一的黄庭坚可以看作一个代表。一方面他反对茶中兑盐,痛斥这样做是"勾贼破家,滑窍走水",反对搀入"鸡苏胡麻"等类物品;但另一方面他又主张:"胡桃、松实、庵摩、鸭脚、勃贺、蘑芜、水苏、甘菊"等类,不妨"前四后四,各用其一"。他认为这样"既加臭味,亦厚宾客",既"发扬其精神,又益于咀嚼"。原则是"少则美、多则恶"。他甚至上升到政治哲学上说:"盖大匠无可弃之材,太平非一士之略"(宋·黄庭坚《煎茶赋》)。

北宋时茶多添加香料以增香,包括贡茶龙团、凤团也是如此,观念的转变和品鉴的提高来自上层。徽宗的《大观茶论》就已经认为:"茶有真香,非龙麝可拟",开始主张本色香味了。到了南宋,这种主张便转为以天然花香入茶的风习。南宋茶人有文记道:"木樨、茉莉、玫瑰、蔷薇、兰蕙、橘花、栀子、木香、梅花,皆可作茶。诸花开时,摘其半含半放香气全者,量茶叶多少,摘花为伴。花多则太香,花少则欠香,而不尽美。三停茶叶一停花始称。如木樨花,须去其枝蒂,及尘垢虫蚁,用瓷罐,一层茶一层花,投间至满。纸箬扎固入锅,隔罐汤煮,取出待冷。用纸封裹,置火上焙干收用。诸花仿此。"(宋·黄庭坚《煎茶赋》)

(3)明清的饮法。到了明代,茶风又为之一变。"宋元以来,茶目遂多。然皆蒸干为末,如今香饼之制,乃以入贡。非如今之食茶,止采而烹之也。"(明·于慎行《谷山笔尘》)明代中叶,大概很少有用盐姜入茶的饮习了。万历间(1573—1620)著名学者、书画家张萱曾说:"饮茶今未闻有用盐姜者。"(明·张萱《疑耀》)唐宋时通习的茶用盐姜,明代人只是在为了食疗目的时才偶一为之。但又习常在茶中加入榛、松、新笋、鸡豆、莲实及诸般果仁,这要算上述黄山谷主张的继承和发展吧。据说,这些东西"不夺茶香"。"果亦仅可用榛、松、新笋、鸡豆、莲实不夺香味者,他如柑、橙、茉莉、木樨之类,断不可用。"(明·文震亨《长物志》)明代社会小说《金瓶梅词话》叙及饮茶多达数十处,除极特殊者外,几乎无一不在茶中搀入果仁诸品:福仁泡茶、木樨金灯茶、木樨青豆茶、熏豆子茶、咸樱桃茶、桂花木樨茶、八宝青豆木樨泡茶、姜茶、瓜仁栗丝盐笋芝麻玫瑰香茶、芫荽芝麻茶,甚至还有梅桂泼卤瓜仁泡茶和土豆泡茶!有时一茶之"泡",竟要添入十余品这样的果实:"火边茶烹玉蕊……点了一盏浓艳艳芝麻、盐笋、栗丝、瓜仁、核桃仁、夹春不老,海青拿天鹅,木樨、玫瑰、六安雀舌芽茶"(第七十二回)。但综合明代饮茶习惯来看,这主要是北方的特点,也可以说是元帝国的蒙古贵族好尚厚重尊贵食风的余韵。而上层雅逸之士,仍奉行品清真本味的饮茶习惯。如著名文人屠隆曾论述说:"茶有真香,有真味,有正色,烹点之际不宜以珍果香草夺之。夺其香者松子、柑、橙、木香、梅花、茉莉、蔷薇、木樨之类是也,夺其味者香桃、杨梅之类是也。凡饮佳茶,去果方觉清绝,杂之则无辨矣。"如果固有此习或特有所需,即"若必曰所宜",则"核桃、榛子、杏仁、榄仁、菱米、栗子、鸡豆、银杏、新笋、莲肉之属,精制或可用也。"(明·屠隆《考般余事·择果》)

　　明代茶风之变,正如同唐宋两代茶风嬗变一样,主要得益于知识群体的倡导。崇尚清纯本味,追求儒雅意蕴的明代士饮者群,他们于茶艺、茶韵的追求,的确已上宋人一层,元蒙贵族自然更遑不能及了:"一壶之茶,只堪再巡。初巡鲜美,再则甘醇,三巡意欲尽矣。""所以茶注欲小,小则再巡已终。宁使余芬剩馥,尚留叶中,犹堪饭后供啜嗽之用,未遂弃之可也。若巨器屡巡,满中泻饮,待停少温,求浓苦,何异农匠作劳,但需涓滴,何论品赏,何知风味乎?"(明·许次纾《茶疏·饮啜》)"茶注宜小不宜大。小则香气氤氲,大则易于散漫。若自斟酌,愈小愈佳。容水半斤者,量投茶五分,其余以是增减。"(明·无名氏《茗芨》引《茶啜》)泡茶用小壶,饮用两巡,以享清茗,品真味,余者作饭后漱口用,此种饮法既科学又经济,同时有儒雅的风韵。只是古时劳动阶级则很少能有如此闲情雅趣,他们大多"求浓苦",速消渴,以酽、多、快为意。这就难怪刘姥姥一说出"好是好,就是淡些!再熬浓些更好了"的意见时,立刻引起周围贵胄之家、温柔富贵乡的人们哄堂大笑了。茶泡好之后,又要"酾不当早,啜不宜迟"。因为"酾早元神未逞,啜迟妙馥先消"(明·程用宾《茶录》"酾啜")。即一壶好茶,要及时斟、及时品,才能充分享受到它的香韵。

　　明末清初,茶风又一大变,整个社会南北上下逐渐趋向清茶之饮了。一代诗宗、清初著名文人王士禛(1634—1711)便极力主张清茶之饮:"茶取其清苦,若取其甘,何如蔗浆、枣汤之为愈也!"(《香祖笔证》)清中叶著名诗人,一代美食大家——食圣袁枚曾记下了他游武夷山受到曼亭峰天游寺等处僧道待以茶事之习:"僧道争以茶献。杯小如胡桃,壶小如香橼,每斟无一两。上口不忍遽咽,先嗅其香,再试其味,徐徐咀嚼而体贴之,果然清芬扑鼻,舌有余甘。一杯之后,再试一二杯,令人稀躁平矜怡情悦性。"(《随园食单·茶酒单》)这种吟品法,足为清代饮茗的代表。这同样在清代反映社会生活的大批文学作品中得到证实。《聊斋志异》、《儒林外史》、《红楼梦》以及清中叶以后的无数小说中,几乎再也见不到在茶中加盐姜果仁诸般杂物的例子了。

　　品茶一般以两杯为度,饮到三杯者少有。即便需长时茗饮,也要更盏重泡,不能强饮乏茶。至于上层社会中某些高标风雅的人,则更主张以一杯为限。《红楼梦》中的妙玉姑娘有一句颇能代表此辈人的话:"一杯为品,二杯即是解渴的蠢物,三杯便是饮牛饮骡了。"当然这种饮法不会有普遍性的。

3.斗　茶

斗茶(见图7.10)是从品茶、点茶及对茶品的鉴别和茶事的艺术化中发展而来的。斗茶又称"茗战",究其源则见于唐代:"建人谓斗茶为茗战"(唐·冯贽《记己事珠》)。"建",唐置"建州",宋升为建宁府(今福建建瓯),向产名茶,宋为贡茶主要产地。但斗茶之盛,则是在宋代。宋徽宗对此有很好的评价:"缙绅之士,韦布之流,沐浴膏泽,熏陶德化,盛以雅尚相推,从事茗饮。故近岁以来,采择之精、制作之工、品第之胜、烹点之妙,莫不盛造其极。……而天下之士,励志清白,竟为闲暇修索之玩。莫不碎玉锵金,啜英咀华,较筐箧之精,争鉴裁之别。虽下士于此时,不以蓄茶为羞,可谓盛世之清尚也。""凡芽如雀舌谷粒者为斗品,一枪一旗为拣芽,一枪二旗为次之,余斯为下。"(《大观茶论·采择》)概言了斗茶盛于北宋的原因、规模及基本内容。范仲淹有诗歌其事:"年年春自东南来,建溪先暖冰微开。溪边奇茗冠天下,武夷仙人从古栽。……北苑将期献天子,林下雄豪先斗美。鼎磨云外首山铜,瓶携江上中濡水。黄金碾畔绿尘飞,碧玉瓯中翠涛起。斗茶味兮轻醍醐,斗茶香兮薄兰芷。其间品第胡能欺,十目视而十手指。胜若登仙不可攀,输同降将无穷耻。……君莫羡花间女郎只斗草,赢得珠玑满斗归。"(《和章岷从事斗茶歌》)每年斗茶之举

图7.10　宋代斗茶图

都在春季,而且自东南首先兴起。值得注意的是,斗茶已非只上流社会雅尚和须眉男子所专断,连妙龄女郎和艳妆妇人都踊跃其事,乐而不疲了。

参斗之茶预碾为末,水自江之中流取来。开斗之时,五人围住,目不转睛,盯住瓯中翠涛(香水痕),评香、品味、观色,既十分热烈又格外紧张。以至于"玩久手生胝,窥久眼生花"(梅尧臣《答宣城张主簿遗鸦山茶次韵》)。具体步骤是,"先钞茶一钱匕,先注汤调令极匀,又添注入环回击拂。汤上盏可四分则止,视其面色鲜白着盏无水痕为绝佳。建安斗试,以水痕先者为负,耐久者为胜。故较胜负之说,曰相去一水两水。"(蔡襄《茶录》上篇《论茶·点茶》)水痕后者谓之"咬盏","烹新斗硬要咬盏"(梅尧臣《和次韵再作》)。"咬盏"是指茶面汤花持续时间长,能紧贴住盏沿不散,如同咬住一般。否则,汤花散退便在盏沿上现出水痕——"水脚",即"云脚涣乱"。斗者一旦取胜便如"登仙",斗败则如降将一样蒙受无穷耻辱。更何况在斗茶胜败的背后还有巨大的商业利益和荣誉关系着茶农、茶商和许多茶人。新茶一经斗胜,便能身价倍增。

"斗茶",是竞争、比赛,比的是茶品、汤泉,竞的是点茶之技艺,故"斗茶"并不等同于一般的"点茶",尽管有时混同称谓。宋而后,"斗茶"之习渐寝,而"点茶"作为茶艺和茶道的技巧功夫、生活艺术却被沿袭保留了下来。

(二)现代泡茶及品饮方法

茶的沏泡与品饮程序一般分为"品、评、喝"三个步骤。品、评茶,就是欣赏茶叶的色、香、味、形,品评茶汤滋味,充分领略各种茶叶的自然风韵,是一种高雅的艺术享受。喝茶主要目的为了消渴和帮助消化。

1. 茶叶用量、水温、冲泡时间及次数

(1)茶叶用量。茶叶用量主要根据茶叶的种类、茶具大小以及消费者的饮用习惯而定,用量多少,关键是掌握茶与水的比例。如冲泡一般红、绿茶,茶与水的比例约为1∶(50～60)。用茶量最多的是乌龙茶,每次投入量几乎为茶壶容积的1/2以上。总之,茶叶用量应视具体情况而定,茶多水少则味浓,茶少水多则味淡。

(2)泡茶水温。一般情况下,泡茶水温与茶叶中有效物质在水中的溶解度呈正相关,水温愈高,溶解度愈大,茶汤就愈浓,反之愈淡。但泡茶水温的掌握,主要看泡饮什么茶而定。高级绿茶,特别是芽叶细嫩的名茶,一般以80℃左右为宜,这样泡出的茶汤,才嫩绿明亮,滋味清爽。泡饮各种花茶、红茶和中低档绿茶,则要用95℃以上的沸水冲泡,以增加茶中有效成分的渗透。泡饮乌龙茶,每次用茶量较多,而且茶叶较粗老,必须用100℃的沸滚开水冲泡,有时,为了保持和提高水温,还要在冲泡前用开水烫热茶具,冲泡后在壶外淋开水。

(3)冲泡时间和次数。茶叶冲泡的时间和次数与茶叶种类、用茶数量、泡茶水温和饮茶习惯都有一定的关系。通行的冲泡法是:红茶、绿茶放入杯中后,先倒入少量开水,以浸没茶叶为度,加盖 3 分钟后,再加水到七八成满,便可趁热饮用。当饮至杯中尚余 1/3 左右茶汤时,再加开水,这样可使茶汤浓度前后比较均匀。乌龙茶常用小型紫砂壶冲泡,由于用茶量较多(约 1/2 壶),第一泡 1 分钟就要倒出,第二泡 1 分钟 15 秒,第三泡 1 分钟 40 秒,第四泡 2 分钟 15 秒。这样前后茶汤浓度才会比较均匀。

据测定:一般茶叶冲泡第一次时,其可溶性物质能浸出 50%~55%;泡第二次能浸出 30% 左右;泡第三次能浸出 10% 左右;泡第四次则所剩无几了,所以通常以冲泡三次为宜。

1. 绿茶沏泡与品饮

(1)绿茶泡饮步骤

备具:常采用玻璃杯、瓷杯和茶壶。将选好的茶具,用开水一一加以冲泡洗净,以清洁用具。

观茶:细嫩名优绿茶,在泡饮之前,通常要进行观茶。观茶时,先取一杯之量的干茶,置于白纸上,让品饮者先欣赏干茶的色、形,再闻茶香,充分领略名优绿茶的天然风韵。对普通大宗绿茶,一般可免去观茶这一程序。

泡茶:对名优绿茶的冲泡,一般视茶的松紧程度,采用上投法、中投法两种方法冲泡。

赏茶:针对高档名优绿茶而言,在冲泡茶的过程中,品饮者可以看茶的展姿,茶汤的变化,茶烟的弥散以及最终茶与汤的成像,以领略茶的天然风姿。

饮茶:饮茶前,一般多以闻香为先导,再品茶啜味,以品尝茶的真味。

(2)常用茶具泡饮法

玻璃杯泡饮法。采用玻璃杯泡饮细嫩名茶,便于欣赏茶在水中的缓慢舒展、游动、变幻过程及茶汤的色泽。其操作方法有两种:一是采用"上投法",适于冲泡外形紧洁厚重的高档名优绿茶,如龙井、碧螺春、蒙顶甘露、庐山云雾、凌云白毫等,洗净茶杯后,冲入 85~90℃ 的开水,然后取茶投入,一般不需加盖,饮至杯中茶汤尚余 1/3 水量时,再续加开水,谓之二开茶,饮至三开,一般茶味已淡,即可换茶重泡;二是采用"中投法",适于泡饮条索比较松散的高档名优绿茶,如黄山毛峰、太平猴魁、六安瓜片等,在干茶欣赏后,取茶入杯,冲入 90℃ 开水至杯容量的 1/3,稍停 2 分钟,待干茶吸水伸展后再冲水至满。

瓷杯泡饮法。中高档绿茶亦常采用瓷质茶杯冲泡。欣赏干茶后,采用"中投法"或"下投法"冲泡,水温为 95~100℃,盖上杯盖,以防香气散逸,保持水温,以利茶身开展,加速下沉杯底,待 3~5 分钟后开盖,嗅其香,品其味,视茶汤浓淡程度,饮至三开即可。

茶壶泡饮法。茶壶泡饮法适于冲泡中低档绿茶,这类茶叶中多纤维素、耐冲泡,茶味也浓。冲泡时,先洗净茶具,取茶入壶,用100℃初开沸水冲泡至满,3～5分钟后,即可斟入杯中品饮。

绿茶一般可冲泡2～3次。

2. 红茶沏泡与品饮

备具:红茶泡饮采用杯饮法和壶饮法。一般情况下,功夫红茶、小种红茶、袋泡红茶等大多选用白瓷杯、玻璃杯。红碎茶和片末红茶多采用茶壶冲泡后,分置小茶杯中饮用。用洁净的水,清洁茶具。

量茶入杯:结合需要,每杯放入3～5克的红茶,或1～2包袋泡茶。若用壶煮,则另行按茶和水的比例量茶入壶(茶与水的比例约为1:50～60)。

烹水沏茶:茶入杯后,冲入沸水。通常冲水至八分满为止。如果用壶煮,那么应先将水煮沸,而后放茶配料。

闻香观色:红茶经冲泡后,经3分钟后,即可先闻其香,再观汤色。这在品饮高档红茶时尤为时尚。

品饮尝味:待茶汤冷热适口时,即可品味。饮高档红茶,需在品字上下功夫,缓缓啜饮,细细品味,在徐徐体察和欣赏之中,品出红茶的醇味,领会饮红茶的真趣,获得精神的升华。

工夫红茶,一般可冲泡2～3次。红碎茶,通常只冲泡一次。

3. 乌龙茶沏泡与品饮

中国的广东、福建、台湾等地,热衷于用小杯品啜乌龙茶,特别是闽南,以及广东潮汕地区的人们对啜乌龙茶最为讲究,冲泡也颇费工夫,故而称之为饮功夫茶。

备具:先备好茶具,泡茶前用沸水把茶壶、茶盘、茶杯等淋洗一遍,使茶具保持清洁和相当的热度,俗称备具。啜乌龙茶的茶具,人称"烹茶四宝",即玉书碨(开水壶)、潮汕烘炉(火炉)、孟臣罐(紫砂茶壶)、若深瓯(白瓷杯)。

整形:将乌龙茶按需倒入白纸,经轻轻抖动,将茶叶粗细上下分开,并用竹匙将粗茶和细末分别堆开。

置茶:将碎末茶先填入壶底,其上再覆以粗条,以免茶叶冲泡后,碎末填塞茶壶内口,阻碍茶汤的顺畅流出,称"观音入宫"。

冲茶:盛水壶需在较高的位置循边缘缓缓冲入茶壶,使壶中茶叶打滚,形成圈子,俗称"高冲"。

刮沫:冲入的沸水要溢出壶口,再用壶盖轻轻刮去浮在茶汤表面的浮沫。也有将茶冲泡后,立即将水倒去,俗称"茶洗"。

洗盏:刮沫后,立即加上壶盖,再用沸水淋壶身,称之为"内外夹攻",同时,用沸水冲泡茶杯,使之清洁,俗称"若琛出浴"。

斟茶:待茶泡2～3分钟后,用食指轻压壶盖的钮,中、拇指紧夹壶的把手斟茶。需低斟入杯。每杯先注一半,再来回倾入,至八分满时为止,称为"关公巡城"。最后几点浓茶,分别点入各杯,此谓"韩信点兵"。

品饮:品茶时,一般用右手食指和拇指夹住茶杯杯沿,中指抵住杯底,先看汤色,再闻其香,而后啜饮。

乌龙茶因冲泡时,因茶多、壶小,且乌龙茶本身较耐泡,因此一般可冲泡3～4次,好的乌龙茶也有泡6～7次的,称"七泡有余香"。

4.花茶沏泡与品饮

备具:一般选用白色的有盖瓷杯或盖碗。

烫盏:将茶盏置于茶盘,用沸水高冲茶盏、茶托,再将盖浸入盛沸水的茶盏转动,尔后去水,目的在于清洁茶具。

置茶:用竹匙轻轻将花茶从贮茶罐中取出,按需分别置入茶盏。用量结合各人的口味按需增减。

冲泡:提高茶壶向茶盏冲入沸水,冲水至八分满为止,冲后立即加盖,以保茶香。

闻香:花茶经冲泡静置3分钟后,即可提起茶盏,揭开杯盖一侧,用鼻闻香。领略香气对人的愉悦之感,人称"鼻品"。

品饮:经闻香后,待茶汤稍凉适口时,小口喝入,使茶汤在舌面上往返流动1～2次后再咽下,这叫"口品"。

花茶一般可冲泡2～3次。

第三节　茶　道

一、茶艺与茶道的关系

茶艺与茶道是茶文化的核心。"艺"指选茶、制茶、烹茶、品茶等艺茶之术。"道"指艺茶过程中贯彻的精神。有道无艺,是空洞的理论;有艺无道,艺则无精无神。茶艺有名有形,是外在表现形式。茶道,经常是看不见、摸不着的,但可以通过心灵去体会,它是精神、道理、规律、本源与本质。"茶道"一词的最早记载出于唐诗僧皎然"熟知茶道全而真,唯有丹丘得如此"。唐代封演《封氏闻见记》:"茶道大行,王公朝士无不饮者。"说明唐时茶道已在王公贵族中广为流行,并形成了一定的茶道程式。而唐代贡茶的发展，又为宫廷茶艺的形成与完善提供了条件。

二、中国的茶道精神

中国的茶道以儒、释、道三家文化为主体构成，总体基调是高雅而深沉、博大而精深。各家茶文化精神既有共同之处，又有独到之点。

（一）共同特征

1. 和谐与宁静

曾有人在比较东西方文化的差异时讲，西方人性格像酒，热烈、奔放、好动，容易激动，甚至好走极端，遇到矛盾，往往针锋相对，乃至水火不容。中国人的性格像茶，总是清醒、理智地看待世界，强调和睦、友好、理解与秩序，讲究中庸，看重"老到"，遇到矛盾不好斗，而是主张"大事化小，小事化了"、"君子动口不动手"、"要文斗不要武斗"，并且妥善地解决问题。

儒家将中庸引入茶道，主张在饮茶中沟通思想，创造和谐气氛，增进彼此的友情.通过饮茶自省，清醒地认识自己，也清醒地看待别人。道家主张人与物、物质与精神不分，互相包容，与儒家的中庸有异曲同工之妙。中国茶人接受了老庄思想，强调天人合一，精神与物质的统一。佛教禅宗主张"顿悟"，心里清静、无有烦恼，此心即佛，佛在"心内"，既可除苦恼，又可自由自在做信徒，与茶找到了相通之处。如果世界缺乏火热、激情，会显得过于沉闷，没有生机。如果世界的纷争、喧闹过分了，又会显得混乱、烦躁，人类也难以正常生存。茶性之柔，茶的宁静、清醒恰是纷乱世界的清凉镇静剂，有利于心情的平静与环境的和谐。

2. 淡泊与旷达

道家主张清心寡欲、无为、简朴、不贪。老庄的无限时空观促成了茶人的宽大胸怀，使茶人十分注意从茶中体悟大自然的道理，获得一种淡然无极的美感，从无为之中看到大自然的勃勃生机。

文人儒士是中国茶文化潮流的领导者，"知足常乐"而又"以天下为己任"，他们借茶修身养性、磨砺匡世治国之志，正所谓"修身齐家治国平天下"。孔明的"宁静以致远，淡泊以明志"，是儒士心态的真实写照。于是"大丈夫能屈能伸"，于是"达则兼济天下，穷则独善其身"，用通俗的话说是一切看开，时来运转就干一番轰轰烈烈的事业，时运不济也没有什么了不起，落得个"无官一身轻"、逍遥自在，提倡超脱通达一些。

印度佛的原意是今生永不得解脱，天堂才是出路，未免太悲观了。但禅是中国化的佛教，认为把事情都看淡些就"大彻大悟"了。

于是儒、释、道三家在这一点上趋于一致，三家思想融入茶道，形成了中国茶文化中淡泊与旷达的基调,深通茶道的茶人往往胸怀宽大、雅然超尘。

　　3.礼仪与养生、清思

　　中国乃礼仪之邦。中国人主张礼仪,便是主张互相节制、有秩序。茶能使人清醒,所以在中国茶道中也吸收了"礼"的精神。

　　儒家的思想核心之一便是"克己复礼",提倡克制和约束自己的行为规范,讲究君臣、父子、夫妻之情义与礼仪规范,倡导敬老爱幼、兄弟礼让、尊师爱生。儒家"礼"的思想已贯穿于上自朝廷的以茶荐社稷、祭宗庙,下至民间的以茶待客、婚姻茶礼等各个社会层次之中。

　　佛教戒律甚多,这在茶文化中也有体现。唐代怀海和尚在《百丈清规》中对僧人的行为均作了规范,对饮茶的规矩也作了明确的规定。从此,佛家茶仪正式出现。此后,佛门的茶礼茶仪不断完善,不仅茶宴讲究礼仪,而且日常饮茶和待客也十分讲究茶礼,一些禅院茶礼还渗透、传播到民间。

　　养生与清思也是儒、释、道之家茶文化的共同之点。道家是神仙家,求长生、清静,认为茶对其修炼很有帮助。儒家讲究通过饮茶明心见性,清晰思路,许多茶人深知茶比酒更能令人冷静思考的道理。早期的僧人饮茶旨在养生、保健、解渴与提神,后因与儒、道茶文化的沟通与融合,有了更重的以茶养性、以茶助思的精神方面的色彩。

　　(二)个性特征

　　儒、释、道三家茶文化既有相通之处,也有各自的特点。儒家茶文化具有"乐感"与雅志的特点。深受儒家思想熏陶的中国人充满了乐观主义精神,多能随遇而安,直面惨淡的人生。即使自己生活境况不佳,也谈不上有何作为,但他们却能乐观地寄希望于子孙和未来,相信"芝麻开花节节高"、"一代更比一代强"。多能"苦中求乐",既承认苦,又争取乐。饮茶,自己养浩然之气,大家又分享快乐,这构成了儒家茶道精神的欢快格调。儒家立足于现实,什么事都积极参与,喝茶也忘不了家事、国事、天下事。主张文武之道,一张一弛。中国茶文化从一产生开始,便是以儒家积极人世的思想为主,茶人中消极避世者有之,但一直不占主导地位,提倡的是以苦茶而砺大志。

　　道家茶文化具有明显的避世超尘思想。道家强调"无为",避世思想浓重,给中国文化扩大了领域,增加了弹性和韧性,对儒家思想是个补充。中国许多著名的茶人,退隐思想浓重,并不是逃避责任,而是表明不苟同世俗的人格。大多数茶人有一股穷骨气,富者也懂得雅洁自爱。即使不敢公然指责权贵,也总会明讥暗讽地对抗几下子。这培养了许多知识分子忠耿清廉的性格,对封建世俗观念唱反调。如果说儒家茶文化适合士大夫的胃口,那么道家茶文化则更接近普通文人寒士和平民的思想。它以避世超尘的消极面目出现,正反映了与占统治地位的儒家思想处于不同的境地。

佛家茶文化具有"苦寂"、以茶助禅、明心见性,以助"顿悟"而得道的特点。道家从饮茶中找寻一种空灵虚无的意境,失意的儒士希冀从茶中培养超脱一点的品质。虽说三家在求"静"、求豁达、求理智等方面趋于一致,但道人们过于疏散,儒士们多红尘难了,难以摆脱世态炎凉和人间的烦恼,禅僧们在追求静悟方面却执著得多,故中国"茶道"二字率先由禅僧提出。

三、中国茶道与日本茶道比较

讲到茶道,一般人便想到日本,很少有人提到中国的茶道。事实上,中国不仅有而且很早就有茶道。不过,中国茶道与日本茶道有着明显的差异,比较而言,两者之间有如下几点主要差别。

(一)茶道的源流之别

中国茶道是母体,是源。自唐代陆羽开创之后,经千百年的发展,融儒、释、道三家文化于一炉,不仅博大精深,而且流派众多。日本茶道是分支,是流。它是自宋代始,在学习了中国的茶艺、茶道的基础上,以禅宗茶文化为基础所创立的茶文化流派。后又经不断吸收中国茶文化的精华,结合当地文化,日本茶道不断发展,产生了较大的影响。

(二)茶道的内涵不同

中国的茶道兼释的静悟、道的驰纵、儒的雅逸,是儒、释、道三者的融合体,是深植于实际生活而又远远高于这一生活的综合性文化形式。中国茶道是由茗饮引发,并以茗饮为中心的品鉴、享味、悦志、清心、陶情、内省、洗练的物质和精神文化活动。作为物质活动,它是茶艺和品茶的过程;作为精神活动,它是情感的陶冶、性理的探索、意境的追求。假物以明道,更有意义的还在于道,最终上升到更高的精神层面,而不偏重拘泥于繁琐的修饰形式。

日本茶道则突出了中国禅宗的"苦寂",至于吸收儒家的"和敬"是有限度的。日本茶道由于其厚重的贵族气派与禅悟精神而显得过于繁缛沉重,它着重追求严格的程仪和悟省功夫。这与日本的岛国意识有关。地处孤岛,物质贫乏,人口增加;生存不易,故其崇尚武士道精神,要在苦寂中顽强跋涉。日本也强调"忍",注重人际关系的协调。古典茶道室人口很低,体现了隐忍精神;而以树干为柱,竹木、茅草为顶,也随时提醒人们不要忘记苦难,要有紧迫感和危机感。

(三)茶道的美学意境有别

中国茶道以道家的阴阳五行与儒家的中庸原则为前提,重视和谐、宁静、平衡与雅致。日本茶道的审美情趣则要求不对称,以不平衡为前提。如日本茶室,故意开一些不对称的窗,着各样的色彩。在室内要求绝对地平和,在室外的生活则是紧张的奋争。茶道中要求简朴,平时则可以豪华。这种鲜明的对比、极大的反差,可以让人们更清楚地体会到现实生活的不平衡。

(四)茶道的影响层面有异

中国茶道的影响层面宽广。由于其内容丰富,思想深刻广博,给人们留下了许多选择的余地,各层面、各地区的人可从不同角度根据自己的情况和爱好选择不同的茶艺形式和思想内容,并不断加以发挥创造,中国茶文化已成为全民族的好尚。日本茶道却很难做到这一点。日本茶道内容比较单一,程式要求又十分繁复,故一般人不易学,主要流行于部分人群之中。

第四节　茶　馆

一、茶馆的形成与发展

茶馆,是国人专门用作饮茶的场所,也是人们休息娱乐、买卖交易、问讯议事的地方,可谓老少咸宜、男女皆至的好去处。客人们来到茶馆,泡上一壶茶,"摆开龙门阵",啜茗清谈,好不安逸。在茶馆,"四海之内皆兄弟也",人们不论职位高低,不分财产多少,大家一起喝茶,国事、家事、天下事,无所不谈。茶馆可称得上是一个"浓缩了的小社会"。茶馆,在历史上又有茶楼、茶亭、茶坊、茶肆、茶园、茶社、茶室等称谓。虽然称呼有别,但其形式与内容大抵相同。

我国的茶馆,由来已久。在《广陵耆老传》中曾谈到一个神话故事。"晋元帝时(317—322),有姥姥每旦独提一器茗,往市鬻之,市人竞买,自旦至夕,其器不减。"这与现今的茶摊十分相似。南北朝时,又出现供喝茶住宿的茶寮,它可以说是现今茶馆的雏形。而关于茶馆的最早文字记述,则是唐代封演的《封氏闻见记》,其中谈到"自邹、齐、沧、棣,渐至京邑城市,多开店铺,煎茶卖之,不问道俗,投钱取饮。其茶自江淮而来,舟车相继,所在山积,色额甚多。"自唐开元以后,在许多城市已有煎茶卖茶的店铺,只要投钱即可自取随饮。

宋代,以卖茶为业的茶肆、茶坊(见图7.11)已很普遍。反映宋代农民起义的古典名著《水浒传》里,就有王婆开茶坊的记述。作为南宋京城的杭州,据宋人吴自牧《梦粱录》记载:"巷陌街坊,自有提茶壶沿门点茶,或朔望日,如遇凶吉一事,点水邻里茶水"专营的茶馆已经遍布全市。在闹市区清河坊一带,就有"清乐"、"八仙"等多家大茶坊,其室内陈设讲究,挂名人书画,插四时鲜花,奏鼓乐曲调。在街头巷尾,还有担茶卖茶的。

图 7.11　宋代茶馆

　　明代,据张岱《陶庵梦忆》记载:"崇祯癸酉,有好事者开茶馆,泉实玉带,茶实兰雪,汤以旋煮,无老汤。器以时涤,无秽器。其火候、汤候亦时有天合之者"。表明当时茶馆已有进一步发展,讲究经营买卖。对用茶、择水、选器、沏泡、火候等都有一定要求,以招徕茶客。与此同时,京城北京卖大碗茶业兴起,并将此列入三百六十行中的正式行业。

　　清代,满族八旗子弟饱食终日,无所事事,坐茶馆便成了他们消遣时间的重要形式,因而促使茶馆业更加兴旺,在大江南北,长城内外,大小城镇,茶馆遍布。特别是在康熙至乾隆年间,由于"太平父老清闲惯,多在酒楼茶社中",使得茶馆成了上至达官贵人,下及贩夫走卒的重要生活场所,如图 7.12 所示。

图 7.12 清代茶馆

现代,在我国,东南西北中,无论是城市还是乡镇,无论是大道沿线还是偏远乡村,几乎都有大小不等的茶馆或茶摊。

二、风格各异的茶馆

(一)四川茶馆

川民一直保留了喜欢喝茶的习惯。茶事最突出的表现便是川茶馆。有谚语说四川"头上晴天少,眼前茶馆多"。而四川茶馆又以成都最有名,所以又有"四川茶馆甲天下,成都茶馆甲四川"的说法。成都的茶馆有大有小,大的多达几百个座位,小的也有三五张桌面。四川茶馆社会功能突出。

1.信息交流功能

四川,山水秀丽,物产丰富,但四周环山,中间是一块盆地,对于这种天然封闭状态,古人有"蜀道之难,难于上青天"之叹,川民想了解全国形势实在不易。这样,近代四川茶馆便首先突出了"传播信息"的作用。川人进茶馆,不仅为饮茶,而首先为获得精神上的满足,自己的新闻告诉别人,又从他人那里获得更多的新闻与信息。川茶馆的第一功能是"摆龙门阵",一个大茶馆便是个小社会。

2.民间会社联谊功能

四川茶馆又是旧社会"袍哥们"谈公事的地方,"舵把子"关照过的朋友,每个茶馆都会关照。一架滑竿抬来客人,只要在当门口桌子上一坐,茶馆老板便认为是"袍哥大爷",上前问声好,恭恭敬敬献上茶来。茶罢,还不收钱,说:"某大爷打了招呼,你哥子也是茶抬上的朋友,哪有收钱的道理?"可见,四川茶馆的又一功能,是"民间会社联谊站"。

3."断案"功能

四川茶馆还有一项极特殊的功能,有人叫它"民间法院"。乡民们起了纠纷,逢"场"时可以到茶馆里去"讲理",由当地有势力的保长、乡绅或袍哥大爷来"断案"。四川茶馆的"政治"、"社会"功能似乎比其他地区更为突出。

4.文化功能

茶馆还是文化活动的场所。在那里,可以吟诗、作画、谈心,可以观赏川剧、四川清音、说唱等。

5.经济交易功能

四川茶馆也是"经济交易所"。民间主要生意买卖常在茶馆进行。旧时买官鬻爵,也是在茶馆里讲价钱。

(二)杭州茶室

杭州茶馆文化,起于南宋。金人灭北宋,南宋建都于杭州,把中原儒学、宫廷文化都带到这里,使这座美丽的城市茶肆大兴。当代的杭州茶馆,可能不如四川成都数量多,但比较茶馆的文化气氛,杭州却大胜一筹。此特点主要如下。

1.讲名茶配名水,品茗临佳境,能得茶艺真趣

表面看,杭州茶室,既没有功夫茶的成套器具,也没有四川茶馆坐椅壶碗配套及"幺师"的行茶绝技,但贵在一个"真"字。

2.西湖茶室,具有"仙"、"佛"与"儒雅"之气

在杭州,各种茶室皆典雅、古朴,像京津那种杂以说唱、曲艺的茶室不多;更没有上海澡堂子与茶结合的"孵茶馆";也很少像广州、香港,名曰"吃茶",实际吃点心、肉粥的风气。杭州茶馆所以叫"茶室",是别有意境的,一个"室"字,既可以是文人的书室,又可以是佛道的净室。总离不开雅洁清幽的意境,清新自然的文化氛围,超凡脱俗的"仙"、"佛"之气。

3.西湖茶室与自然景观水乳交融

整个杭城,构成一个"大茶寮",茶与人,与天地、山水、云雾、竹石、花木自然契合一体;人文与自然,茶文化与整个吴越文化相交融了。

（三）广东茶馆

1. 茶楼

广州称茶馆为茶楼,吃早点叫吃早茶,广州茶楼是茶中有饭,饭中有茶。广东人说:"停日请你去饮茶",那便是请你吃饭。旧时广东茶馆饮食并不贵,老茶客一般是一盅两件:一杯茶,两个叉烧包或烧卖、虾饺之类。现今,茶楼更气派了。你上茶楼入座,服务小姐先上一壶酽茶,然后食品车推过来,各种广东小吃琳琅满目,任你挑选。

2. 广东水乡的"叹茶"

广东乡间的小茶馆,傍河而建,小巧玲珑,虽然也讲"一盅两件",但饮茶的境界却比在广州、香港更贴近"文化"。那质朴的韵味,虽不比西湖茶室的儒雅,但多了一些水乡情趣。乡民们终日的劳累便在一日三茶中消融、化解了。所以,广东水乡坐茶馆称为"叹茶"。叹,可以是叹息,也可以是感叹,在"叹茶"中体会茶的味道,也体会人生的苦辣酸甜。

（四）北京茶馆

1. 市民文化味道浓郁的"书茶馆"

老北京的茶馆遍及京城内外,各种茶馆又有不同的形式与功用。这里,重点从文化、社会功用角度介绍几种。老北京有许多书茶馆,在这种茶馆里,饮茶只是媒介,听评书是主要内容。书茶馆,直接把茶与文学相联系,给人以历史知识,又达到消闲、娱乐的目的,于老人最宜。

2. 其乐融融的"清茶馆"与"棋茶馆"

北京的清茶馆,饮茶的主题较为突出,一般是方桌木椅,陈设雅洁简练。清茶馆皆用盖碗茶,春、夏、秋三季还在门外或内院高搭凉棚,前棚坐散客,室内是常客,院内有雅座。到这种茶馆来的多是悠闲老人,有清末的遗老遗少、破落子弟,也有一般市民。早晨茶客们在此论茶经、鸟道,谈家常,论时事。中午以后,商人、牙行、小贩们则在这里谈生意。专供茶客下棋的"棋茶馆",设备虽简陋,却朴洁无华,人们喝着不高贵的"花茶"、"高末",把棋盘暂作人生搏击的"战场",则会减几分人生不如意带来的烦恼,添几分人生的乐趣。

3. 颇具田园情趣的"野茶馆"

"野茶馆"多设置在风景秀丽之地,一派田园风光,在这种地方饮茶,人也感到返璞归真了。这些野茶馆,使终日生活在喧嚣中的城里人获得一时的清静,对于调节北京人的生活大有裨益,又使饮茶活动增添了不少自然情趣。

4. 功能齐全的"大茶馆"

在大茶馆里,既可以饮茶,又可品尝其他饮食,可以供生意人聚会、文人交往,又可为其他三教九流、各色人等提供服务。大茶馆集饮食、饮茶、社会交往、娱乐为一体,所以较其他种类茶馆不仅规模大,而且影响也深远。

第五节　茶与文学艺术

一、茶与诗词

(一)茶诗的产生

早期的文人常以酒助兴。从屈原的"奠桂酒兮椒浆"到曹操的"对酒当歌,人生几何?"均为酒诗。两晋社会多动乱,文人愤世嫉俗,但又无以匡扶,常高谈阔论,于是出现清谈家。早期清谈家如刘伶、阮籍等大多为酒徒。酒徒的诗常常是天下地上,玄想连篇,与现实却无干碍。恰恰在这时,茶加入了文人行列。茶,也从此走上诗坛。晋代左思、刘琨、陶渊明,是对抗反现实主义的"玄言诗派"而产生的优秀作家,正是由左思写出了我国第一首以茶为主题的《娇女诗》。这首诗,写的是民间小事,写两个小女儿吹嘘对鼎,烹茶自吃的妙趣。题材虽不重大,却充满了生活气息,不是酒人的癫狂与呻吟;而是从娇女饮茶中透出对生活的热爱,透出一派活泼的生机。

唐代前期,诗人主要仍以酒助兴。唐代诗人广结茶缘还是在陆羽、皎然等饮茶集团出现之后。《茶经》创造了一套完整的茶艺,皎然总结了一套茶道思想,颜真卿组织了文人茶会,皇甫曾、皇甫冉、刘长卿、刘禹锡等把茶艺、茶道精神通过诗歌加以渲染。把茶大量移入诗坛,使茶酒在诗坛中并驾齐驱的是白居易。白居易一生写了大量的茶诗。到中唐时期,正是从酒居上峰到茶占鳌头的一个转折点。所以,到唐末,茶在文人中便占了优势。

唐代,涌现了大批以茶为题材的诗篇。如李白的《答族侄僧中孚赠玉泉仙人掌茶》:"茗生此中石,玉泉流不歇";杜甫的《重过何氏五首之三》:"落日平台上,春风啜茗时";白居易的《夜闻贾常州、崔湖州茶山境会亭欢宴》:"遥闻境会茶山夜,珠翠歌钟俱绕身";卢仝的《走笔谢孟谏议寄新茶》:

"……一碗喉吻润。

二碗破孤闷。

三碗搜枯肠,唯有文字五千卷。

四碗发轻汗,平生不平事,尽向毛孔散。

五碗肌骨清,六碗通仙灵。

七碗吃不得也,唯觉两腋习习清风生。

蓬莱山，在何处？

玉川子乘此清风欲归去……"

此外，还有杜牧的《题茶山》、《题禅院》等，袁高的《茶山诗》、齐己的《谢邕湖茶》、《咏茶十二韵》等，以及元稹的《一字至七字诗·茶》、颜真卿等六人合作的《五言月夜啜茶联句》等，都显示了唐代茶诗的兴盛与繁荣。

（二）宋代茶诗茶词的发展

宋人茶诗较唐代还要多，有人统计可达千首。由于宋代朝廷提倡饮茶，贡茶、斗茶之风大兴，朝野上下，茶事更多。同时，宋代又是理学家统治思想界的时期。理学在儒家思想的发展中是一个重要阶段，强调士人自身的思想修养和内省；而要自我修养，茶是再好不过的伴侣。宋代各种社会矛盾加剧，知识分子经常十分苦恼，但他们又总是注意克制感情，磨砺自己。这使许多文人常以茶为伴，以便经常保持清醒。所以，文人儒者往往都把以茶入诗看作高雅之事，这便造就了茶诗、茶词的繁荣。像苏轼、陆游、黄庭坚、徐弦、林逋、范仲淹、欧阳修、王安石、梅尧臣、苏辙等，均是既爱饮茶，又好写茶的诗人。

北宋茶诗、茶词大多表现以茶会友，相互唱和，以及触景生情、抒怀寄兴的内容。如欧阳修的《双井茶》诗："西江水清江石老，石上生茶如凤爪。穷腊不寒春气早，双井茅生先百草。白毛囊以红碧纱，十斛茶养一两芽。长安富贵五侯家，一啜尤须三日夸。"苏轼的《次韵曹辅寄壑源试焙新茶》："仙山灵草湿行云，洗遍香肌粉末匀。明月来投玉川子，清风吹破武陵春。要知玉雪心肠好，不是膏油首面新。戏作小诗君勿笑，从来佳茗似佳人"。还有范仲淹的《斗茶歌》、蔡襄的《北苑茶》等。

南宋由于苟安江南，所以茶诗、茶词中出现了不少忧国忧民、伤事感怀的内容。如陆游的《晚秋杂兴十二首》："置酒何由办咄嗟，清言深愧谈生涯。聊将横浦红丝碾，自作蒙山紫笋茶。"杨万里的《以六一泉煮双井茶》："日铸建溪当近舍，落霞秋水梦还乡。何时归上滕王阁，自看风炉自煮尝。"

（三）元明清以来茶诗的发展状况

元代，由于饮茶之风从文人雅士吹到民间，加之文人生活降到底层，所以元代诗人不仅以诗表达个人情感，也注意到民间饮茶风尚。明代虽然有一些皓首穷茶的隐士，但大多数人饮茶是忙中偷闲，既超乎现实，又基于现实。因此，明代茶诗反映这方面的内容比较突出。明人饮茶强调茶中凝万象，从茶中体味大自然的好处，体会人与宇宙万物的交融。清代朝廷茶事很多，但大多是歌功颂德的俗品。但也有一些人写出了饱含感情的好茶诗。如卓尔堪的《大明寺泉烹武夷茶浇诗人雪帆墓》是一篇以茶为祭的典型诗章，犹如一篇祭文，但把茶的个性、诗人与茶的关系写得十分巧妙。又如郑板桥的《竹枝词》，以民歌形式写茶中蕴含的爱情：

溢江江口是奴家,郎若闲时来吃茶。

黄土筑墙茅盖屋,门前一树紫荆花。

诗中好像呈现出一幅真实的画图:茅屋、江水、土墙、紫荆,一个美丽的少女倚门相望,频频叮咛,用"请吃茶"来表达心中的恋情,一片美好纯真的心意。

当代也不乏茶诗佳作。而且,由于时代发生了天翻地覆的变化,茶诗的内容和思想也大不同于历代偏于清冷、闲适的气氛。新时代的茶诗,更突出了茶的豪放、热烈的一面,突出了积极参与、和谐万众的优良茶文化传统。

二、茶与辞赋、散文及对联

茶除了在诗词中有大量表现外,在辞赋和散文中也屡见不鲜。辞赋和散文具有表现手法灵活、语言优美的特点,更能表现茶的品性。如晋代杜育的《荈赋》:

灵山惟岳,奇产所钟。厥生荈草,弥谷被岗。承丰壤之滋润,受甘霖之霄降。月惟初秋,农功少休,结偶同旅,是采是求。水则岷方之注,挹彼清流;器择陶简,出自东隅;酌之以匏,取式公刘。惟兹初成,沫成华浮,焕如积雪,晔若春敷。

唐代诗人顾况《茶赋》,赞茶之功用:

稽天地之不平兮。兰何为兮早秀。菊何为兮迟荣。皇天既孕此灵物兮。厚地复糅之而萌。惜下国之偏多。嗟上林之不至。如罗玳筵。展瑶席。凝藻思。间灵液。赐名臣。留上客。谷莺转。宫女嚬。泛浓华。漱芳津。出恒品。先众珍。君门九重。圣寿万春。此茶上达于天子也。滋饭蔬之精素。攻肉食之膻腻。发当暑之清吟。涤通宵之昏寐。杏树桃花之深洞。竹林草堂之古寺。乘槎海上来。飞锡云中至。此茶下被于幽人也。雅日不知我者。谓我何求。可怜翠涧阴。中有泉流。舒铁如金之鼎。越泥似玉之瓯。轻烟细珠。霭然浮爽气。淡烟风雨。秋梦里还钱。怀中赠橘。虽神秘而焉求。

宋代吴淑《茶赋》,历数茶之功效、典故和茶中珍品:

夫其涤烦疗渴。换骨轻身。茶荈之利。其功若神。则有渠江薄片。西山白露。云垂绿脚。香浮碧乳。挹此霜华。却兹烦暑。清文既传于读杜育。精思亦闻于陆羽。若夫撷此皋卢。烹兹苦茶。桐君之录尤重。仙人之掌难逾。豫章之嘉甘露。王肃之贪酪奴。待枪旗而采摘。对鼎沥以吹嘘。则有疗彼斛瘪。困兹水厄。擢彼阴林。得于烂石。先火而造。乘雷以摘。吴主之忧韦曜。初沐殊恩。陆纳之待谢安。诚彰俭德。别有产于玉垒。造彼金沙。三等为号。五出成花。早春之来宾化。横纹之出阳坡。复闻觱湖含膏之作。龙安骑火之名。柏岩兮鹤岭。鸠坑兮西亭。嘉雀舌之纤嫩。玩蝉翼之轻盈。冬芽早秀。麦颗先成。或重四园之价。或俟团月之形。并明目而益思。岂瘴气而侵精。又有蜀冈牛岭。洪雅乌程。碧涧纪号。紫笋为称。陟仙厓而花坠。服丹丘而翼生。至于飞自狱中。煎于竹里。效在不眠。功存悦志。或言诗为报。或以钱见遗。复云叶如栀子。花若蔷薇。轻飚浮云之美。霜苛竹箨之差。唯芳茗之为用。盖饮食之所资。

宋代文学家黄庭坚,也善辞赋,他的《煎茶赋》善用典故,写尽茶叶的功效和煎茶的技艺。清代文学家全望祖的《十二雷茶灶赋》,描写浙江四明山区的茶叶盛景,其境界浪漫灿烂,气势非凡。

散文:以宋代苏轼的《叶嘉传》和元代杨维桢的《煮苏梦记》较著名。苏东坡《叶嘉传》以拟人手法,铺陈茶叶历史、性状、功能诸方面的内容,其中情节起伏,对话精彩,读来有栩栩如生的感受。元代文学家杨维桢的散文《煮茶梦记》充分表现了饮茶人在茶香的熏陶中,恍惚神游的心境。如仙如道,烟霞璀璨。此外,明代周履清的《茶德颂》,张岱的《斗茶檄》、《闵老子茶》等佳作。

对联:在我国茶馆、茶楼、茶亭、茶座等的门庭或石柱上,茶道、茶礼、茶艺表演的厅堂内,往往可以看到以茶为题材的楹联、对联和匾额,这既美化了环境,增强文化气息,又促进了品茗情趣。略举几联如下:

宋代大诗人苏东坡:

坐请坐请上坐;

茶敬茶敬香茶。

北京万和楼茶社:

茶亦醉人何必酒;

书能香我无须花。

清代乾隆年间,广东一茶对联:

为人忙,为己忙,忙里偷闲,吃杯茶去;

谋食苦,谋衣苦,苦中取乐,拿壶酒来。

清代广州著名茶楼陶陶居:

陶潜善饮,易牙善烹,饮烹有度;

陶侃惜分,夏禹惜寸,分寸无遗。

上海天然居茶楼一联:

客上天然居,居然天上客;

人来交易所,所易交来人。

(清)郑燮题焦山自然庵的茶联:

汲来江水烹新茗;

买尽青山当画屏。

一杯春露暂留客;

两腋清风几欲仙。

小天地,大场事,让我一席;

论英雄,谈古今,喝它几杯。

三、茶与小说

唐代以前,由于茶只是供帝王贵族享受的奢侈品,加之科学尚不发达,因此在小说中茶事往往在神话志怪传奇故事里出现。东晋干宝《搜神记》中的神异故事"夏侯恺死后饮茶",一般认为成书于西晋以后、隋代以前的《神异记》中的神话故事"虞洪获大茗",刘敬叔《异苑》中的鬼异故事"陈务妻好饮茶茗",还有《广陵耆老传》中的神话故事"姥姥卖茶",这些都开了小说记叙茶事的先河。唐宋时期,有关记叙茶事的著作很多,但其中多为茶叶专著或茶诗茶词;不过,《唐书》、封演的《封氏闻见记》等,宋代祝穆等著的《事文类聚》也有关于茶事的描绘。明清时代,记述茶事的多为话本小说和章回小说。在我国六大古典小说或四大奇书中,如《三国演义》、《水浒传》、《金瓶梅》、《西游记》、《红楼梦》、《聊斋志异》、"三言二拍"、《老残游记》等,无一例外地都有茶事的描写。清代的蒲松龄,大热天在村口铺上一张芦席,放上茶壶和茶碗,用茶会友,以茶换故事,终于写成了《聊斋志异》。在书中众多的故事情节里,又多次提及茶事。在刘鹗的《老残游记》中,有专门写茶事的"申子平桃花山品茶"一节。在施耐庵的《水浒传》中,则写了王婆开茶坊和喝大碗茶的情景。在众多的小说中,描写茶事最细腻最生动的莫过于《红楼梦》。《红楼梦》全书一百二十回,谈及茶事的就有近三百处。

四、茶与画

中国茶画的出现大约在盛唐时期。陆羽作《茶经》,已经设计茶图,但从其内容看,还是表现烹制过程,以便使人对茶有更多了解,从某种意义上,类似当今新食品的宣传画。唐人阎立本所作《萧翼赚兰亭图》,是世界最早的茶画。画中描绘了儒士与僧人共品香茗的场面。张萱所绘《明皇和乐图》是一幅宫廷帝王饮茶的图画。唐代佚名作品《宫乐图》,是描绘宫廷妇女集体饮茶的大场面。唐代是茶画的开拓时期,对烹茶、饮茶具体细节与场面的描绘比较具体、细腻,不过所反映的精神内涵尚不够深刻。

五代至宋,茶画内容十分丰富。有反映宫廷、士大夫大型茶宴的,有描绘士人书斋饮茶的,有表现民间斗茶、饮茶的。这些茶画作者,大多是名家大手笔,所以在艺术手法上也更提高了一步,其中不乏茶画中的上乘珍品。元明画家更注重茶画的思想内涵,而对茶艺的具体技巧不多追求。元明以后,中国封建社会文化可以说到了烂熟的阶段,各种社会矛盾和思想矛盾加深。所以这一时期的茶画也向更深邃的方向发展,注重与自然契合,反映社会各阶层的茶饮生活状况。

清代茶画重杯壶与场景,而不去描绘烹调细节,常以茶画反映社会生活。特别是康乾鼎盛时期的茶画,以和谐、欢快为主要内容。

五、茶与谣谚、传说、歌舞及戏曲

在长期的采茶、制茶活动中,广大茶农用自己的心血浇灌了茶,同时也播下民间艺术的种子,从而产生了茶谚、茶歌、茶戏以及茶的故事、传说。比较起来,上层文化与茶结合侧重于品饮活动,所以大部分茶诗、茶画是描绘文人与僧道品茶的情形;而民间茶文化则着重于茶的生产。文人多写个人饮茶的感受,民间则重点表现饮茶、制茶、种茶是为了以茶交友、普惠人间的思想。

(一)茶与谣谚

谚语是流传在民间的口头文学形式,它不是一般的传言,而是通过一两句歌谣式朗朗上口的概括性语言,总结劳动者的生产劳动经验和他们对生产、社会的认识。晋人孙楚《出歌》说:"姜桂茶荈出巴蜀,椒橘木兰出高山。"这是关于茶的产地的谚语。唐代出现记载饮茶茶谚的著作。唐人苏廙《十六汤品》中载:"谚曰:茶,瓶用瓦,如乘折脚骏登山。"元曲中许多剧作里有"早晨开门七件事:柴米油盐酱醋茶",这里讲茶在人们日常生活中的重要性,说明已是常见的谚语。茶谚中以生产谚语为多。早在明代就有一条关于茶树管理的重要谚语,叫做"七月锄金,八月锄银";意思是说给茶树锄草最好的时间是七月,其次是八月。广西农谚说:"茶山年年铲,松枝年年砍。"浙江有谚语:"若要茶,伏里耙。"湖北也有类似谚语:"秋冬茶园挖得深,胜于拿锄挖黄金。"关于采茶,湖南谚曰:"清明发芽,谷雨采茶。"或说:"吃好茶,雨前嫩尖采谷芽"。湖北又有一种说法:"谷雨前,嫌太早,后三天,刚刚好,过三天变成草。"茶谚,反映出不同地区、不同品种在茶业生产管理上的差异。

(二)茶的传说

中国产茶历史悠久,名茶众多,因而茶的传说也题材广泛,内容丰富。在关于茶的传说里,或讲其来历,或讲其特色,或讲其命名,同时又与各种各样的人物、故事、古迹和自然风光交织在一起,有利用茶的功效编织成情节奇特的故事,令人感恩生情的;也有歌颂和纪念茶祖、茶神的;有的则以批判社会现象、颂扬人的真善美的道德情操的,大多具有地方特色和乡土感情。

(三)茶与歌舞

在我国江南各省,凡是产茶的省份,诸如江西、浙江、福建、湖南、湖北、四川、贵州、云南等地,均有茶歌、茶舞和茶乐。其中以茶歌为最多,以湖北为例,仅采茶歌就不下百首。茶舞主要有采茶舞和采茶灯两类。茶乐多以采茶调为主,并由此逐渐形成糅合民间小调而成的地方剧种。如采茶戏、花鼓戏、花灯戏等,当初就是由民间茶歌、茶舞逐渐发展而成的。

（四）茶与戏曲

以茶为题材,或者情节与茶有关的戏剧很多。明代著名戏剧家汤显祖在他的代表作《牡丹亭》里,就有许多表达茶事的情节。如在《劝农》一折,当杜丽娘的父亲、太守杜宝在风和日丽的春天下乡劝勉农作,来到田间时,只见农妇们边采茶边唱道:"乘谷雨,采新茶,一旗半枪金缕芽。学士雪炊他,书生困想他,竹烟新瓦。"杜宝见到农妇们采茶如同采花一般的情景,不禁喜上眉梢,吟曰:"只因天上少茶星,地下先开百草精,闲煞女郎贪斗草,风光不似斗茶清。"还有不少表现茶事的情节与台词。如昆剧《西园记》的开场白中就有"买到兰陵美酒,烹来阳羡新茶"之句。昆剧《鸣凤记·吃茶》一折,杨继盛乘吃茶之机,借题发挥,怒斥奸雄赵文华,可谓淋漓尽致。现代著名剧作家田汉的《梵峨嶙与蔷薇》中也有不少煮水、沏茶、奉茶、斟茶的场面。戏剧与电影《沙家浜》的剧情就是在阿庆嫂开设的春来茶馆中展开的。老舍的话剧《茶馆》通过裕泰茶馆的兴衰和各种人物的遭遇,揭露了旧社会的腐朽和黑暗。我国还有以茶命名的戏剧剧种,如江西采茶戏、湖北采茶戏、广西茶灯戏、云南茶灯戏等。

复习思考题七

1. 试述中国茶文化的形成与发展过程及其原因。
2. 绿茶、红茶、青茶、白茶、黄茶及黑茶的加工方法与风味各有何特点?
3. 试述绿茶、红茶、乌龙茶与花茶的泡茶及品饮方法。
4. 茶艺与茶道有何关系?
5. 中国茶道有何特点? 与日本茶道有何区别?
6. 茶馆是怎样形成与发展的? 四川、杭州、广东、北京的茶馆各有何特点?

第八章

中国酒文化

学习目的

1. 了解酒的起源与发展。

2. 掌握酒的主要种类及特点,了解酒器的种类及特点。

3. 掌握常用酒的饮用方法。

4. 理解酒礼、酒道与酒令。

5. 了解酒旗、匾对、题壁与酒店。

6. 了解酒文学的基本内容。

本章概要

本章主要讲述黄酒、白酒、葡萄酒及啤酒的起源与发展;酒的种类及特点,酒器的种类及特点,黄酒、白酒、葡萄酒及啤酒的饮用方法;酒礼、酒道与酒令;酒旗、匾对、题壁与酒店;酒文学等内容。

第一节　酒的起源与发展

中国是世界上最早酿酒的国家之一。中国酒的原始发明者到底是谁,众说纷纭,莫衷一是。晋人江统的《酒诰》中讲:"酒之所兴,肇自上皇。一曰仪狄,一曰杜康。有饭不尽,委余空桑,积郁成味,反蓄成芳,本出于此,不由奇方。"仪狄和杜康,都是古史传说中的人物,如果确有其人的话,他们生活的年代应似当与禹同时或稍后。仪狄造酒的传说,分别见于《吕氏春秋》、《战国策》和《世本》等先秦典籍。它们分别有以下记载:"仪狄作酒。""昔者,帝女令狄作酒而美,进之禹,禹饮而甘之,遂疏仪狄,绝旨酒,曰:'后世必有以酒亡其国者。'""仪狄始作酒醪,变五味。"杜康造酒的文录则是《世本》和曹操的《短歌行》:"何以解忧?唯有杜康。"杜康,《说文解字》谓即少康,但历代研究者已"不知杜康何世人,而古今多言其始造酒也。一曰少康作秫酒。"(《古今图书集成·食货典》,第二百七十六卷,六百九十八册,中华书局影印本)史实已不可考。"上皇"指的是大禹王,说当时中国才开始酿酒,这当然不正确。考古学的大量资料和有关文献分析证明,中国发明酿酒的时间要比这个时间早得多。古史传说中关于酒的最初发明人,还有其他的说法,如据《四库全书提要》认定为"周、秦间人"著作的古代重要医典《素问》,便有黄帝与岐伯讨论"为五谷汤液及醪醴"的记载。黄帝是轩辕氏(一作有熊氏)部落的首领,后为炎黄部落联盟的组织者,他的时代早在大舜和仪狄之前。此外,还有舜的父亲瞽瞍用酒去害舜的说法(唐·陆龟蒙《笠泽丛书》丛甲,《四库全书》集部别集类),舜生于禹前,这种传说显然也与仪狄始知酿酒的说法在时间上有矛盾。事实上,酒的启蒙知识,应当是先民通过观察含糖野果在贮存过程自然发酵成酒逐渐获得的。后世饮的黄酒、白酒、葡萄酒、啤酒等,其起源和发展的情况不相同,下面分别加以介绍。

一、黄酒的起源与发展

黄酒是中国特有的酿造酒。多以糯米为原料,也可用粳米、籼米、黍米和玉米为原料,蒸熟后加入专门的酒曲和酒药,经糖化、发酵后压榨而成。酒度一般为16～18度。黄酒是中国最古老的饮料酒,起源于何时,难以考证。在保存下来的古文献《世本·作篇·酒诰》中,均认为由仪狄或杜康始创。不过在出土的新石器时代大汶口文化时期的陶器中,已有专用的酒器。其中,除一些壶、杯、瓠外,还有大口尊、瓮、底部有孔的漏器等大型陶器,它们可作为糖化、发酵、储存、沥酒之用,标志着四五千年前大汶口文化时期(原始社会)已可人工酿酒。经过夏商两代,酿酒技术有所发展,商朝武丁王时期(约公元前13～前12世纪),已创造了中国独有的边糖化、边发酵的黄酒酿造工艺。南北朝时,贾思勰编纂的《齐民要术》中详细记载了用小米或大米酿造黄酒的方法。北宋政和七年(1117),朱翼中写成《北山酒经》三卷,总结了大米黄酒的酿造经验,比《齐民要术》时的酿酒技术有了很大改进。福建的红曲酒——五月红,曾被誉为中国第一黄酒。南宋以后,绍兴黄酒的酿制逐渐发达起来;到明清两代时已畅销大江南北。

黄酒中的名酒有浙江绍兴黄酒、福建龙岩沉缸酒、江苏丹阳封缸酒、江西九江封缸酒、山东即墨老酒、江苏老酒、无锡老廒黄酒、兰陵美酒、福建老酒等。

二、白酒的起源与发展

白酒是中国传统蒸馏酒。以谷物及薯类等富含淀粉的作物为原料,经过糖化、发酵、蒸馏制成。酒度一般在40度以上,目前也有40度以下的低度酒。中国白酒是从黄酒演化而来。虽然中国早已利用酒曲、酒药酿酒,但在蒸馏器具出现以前,还只能酿造酒度较低的黄酒。蒸馏器具出现以后,用酒曲、酒药酿出的酒再经过蒸馏,可得到酒度较高的蒸馏酒——白酒。白酒起源于何时,尚无确考,一说起源于东汉,另一说起源于唐宋时期。唐朝以前,中国古代文献中还没有白酒生产的记载,到唐、宋时期,白酒(烧酒)一词开始在诗文里大量出现。1975年12月,河北出土了一件金世宗年间(1161—1189)的铜烧酒锅,证明中国在南宋时期已有白酒。也有元代起源说。据李时珍《本草纲目》中记载:"烧酒非古法也,自元时始创。"在相当长的一段时间内,中国白酒的酿造工艺技术习惯于世代相传,多为作坊式生产。1949年以后,开始变手工操作为机械操作,但是绝大多数名酒生产的关键工序,仍保留着手工操作的传统。

中国白酒生产的历史悠久,产地辽阔。各地在长期的发展中产生了一批深受消费者喜爱的著名酒种。在全国评酒会上,先后评出了多种国家名酒(见表8.1)。

表8.1　中国名酒——白酒类

产品名称	香型	届次
茅台酒	酱香	①②③④⑤
汾酒	清香	①②③④⑤
泸州老窖	浓香	①②③④⑤
西凤酒	其他香	①②④⑤
五粮液酒	浓香	②③④⑤
古井贡酒	浓香	②③④⑤
董酒	其他香	②③④⑤
全兴大曲酒	浓香	②④⑤
剑南春酒	浓香	③④⑤
洋河大曲	浓香	③④⑤
双沟大曲、特液	浓香	④⑤
黄鹤楼酒	浓香	④⑤
郎酒	酱香	④⑤
武陵酒	酱香	⑤
宝丰酒	清香	⑤
宋河粮液	浓香	⑤
沱牌曲酒	浓香	⑤

三、葡萄酒的起源与发展

葡萄酒是以葡萄为原料,经过酿造工艺制成的饮料酒。酒度一般较低,在8～22度。原产于亚洲西南小亚细亚地区,后广泛传播到世界各地。汉武帝建元三年(公元前138),张骞出使西域,将欧亚种葡萄引入内地,同时招来酿酒艺人,中国开始有了按西方制法酿造的葡萄酒。兰生、玉薤为汉武帝时的葡萄名酒。史书第一次明确记载内地用西域传来的方法酿造葡萄酒的是唐代《册府元龟》,唐贞观十四年(640)从高昌(今吐鲁番)得到马乳葡萄种子和当地的酿造方法,唐太宗李世民下令种在御园里,并亲自按其方法酿酒。清朝光绪十八年(1892),华侨张弼士在山东烟台开办张裕葡萄酿酒公司,建立了中国第一家规模较大的近代化葡萄酒厂,引起欧洲优良酿酒葡萄品种,开辟纯种葡萄园,采用欧洲现代酿酒技术生产优质葡萄酒。以后,太原、青岛、北京、通化等地又相继建立了一批葡萄酒厂和葡萄种植园,生产多种葡萄酒。进入20世纪50年代以后,中国葡萄酒的生产走上迅猛发展的道路。

在长期的发展过程中,涌现出一批深受消费者欢迎的著名品牌。1952年,在中国第一届全国评酒会上,玫瑰香红葡萄酒(今烟台红葡萄酒)、味美思(今烟台味美思)均被评为八大名酒之一。此后,在1963、1979和1983年举行的第二、三、四届全国评酒会上,又有中国红葡萄酒、青岛白葡萄酒、民权白葡萄酒、长城干白葡萄酒、王朝半白干葡萄酒先后荣获国家名酒称号。

四、啤酒的起源与发展

啤酒是以大麦为主要原料,经过麦芽糖化,加入啤酒花(蛇麻花),利用酵母发酵制成。酒精含量一般在2％～7.5％(质量)。它是一种含有多种氨基酸、维生素和二氧化碳的营养成分丰富、高热量、低酒度的饮料酒。啤酒的历史距今已有八千多年,最早出现于美索不达米亚(现属伊拉克)。啤酒是中国各类饮料酒中最年轻的酒种,只有百年历史。1900年,俄国人首先在哈尔滨建立了中国第一家啤酒厂。其后,德国人、英国人、捷克斯洛伐克人和日本人相继在东北三省、天津、上海、北京、山东等地建厂。如1903年在山东青岛建立的英德啤酒公司(今青岛啤酒厂)等;1904年,中国人自建的第一家啤酒厂——哈尔滨市东北三省啤酒厂投产。

中国生产啤酒的历史虽短,但各地还是涌现出一批优质品牌。自1963年在第二届全国评酒会上,青岛啤酒被评为国家名酒后,到1984年第四届全国评酒会时,已有青岛啤酒、特制北京啤酒、特制上海啤酒同时被评为国家名酒。

第二节　饮酒艺术

一、酒的种类

按酒的特点分,酒可分为白酒、黄酒、啤酒、果酒、药酒几类。按生产方法可分为蒸馏酒(发酵后蒸馏制取,如白酒、白兰地)、压榨酒(发酵后榨取,如黄酒、啤酒、果酒)、配制酒(以蒸馏酒、原汁酒或酒精配制,如竹叶清、参茸酒)。按酒精含量不同可分为高度酒(酒精＞40 度)、中度酒(酒精 20～40 度)、低度酒(酒精＜20度)。

（一）白酒的种类

1.按酒质分

白酒可分为国家名酒,国家级优质酒,各省、部评比的名优酒,一般白酒。

2.按酒度的高低分

白酒可分为高度白酒(酒度在 41 度以上,多在 55 度以上,一般不超过 65 度)、低度白酒(酒度一般在 38 度,也有的 20 多度)。

3.按酒的香型分

白酒可分为如下几类:

酱香型白酒。它主要特点是酱香突出,幽雅细腻,醇厚丰富,回味悠长。以茅台酒为代表。所用的大曲多为超高温酒曲。

浓香型白酒。它主要特点是醇香浓郁、清冽甘爽、饮后悠香、回味悠长。以泸州老窖特曲、五粮液、洋河大曲等酒为代表。发酵原料多种,以高粱为主,发酵采用混蒸续渣工艺。

清香型白酒。它主要特点是清香绵软、纯正柔和、余味爽净。以汾酒为代表。采用清蒸清渣发酵工艺,发酵采用地缸。

米香型白酒。它主要特点是蜜香清芬、入口柔绵、落口甘冽、回味怡畅。以桂林三花酒为代表。以大米为原料,小曲为糖化剂。

其他香型白酒。这类酒的主要代表有西凤酒、董酒、白沙液等,香型各有特征,这些酒的酿造工艺采用浓香型、酱香型、或汾香型白酒的一些工艺,有的酒的蒸馏工艺也采用串香法。

（二）黄酒的种类

按黄酒的含糖量将黄酒分为以下六类。

1.干黄酒

"干"表示酒中的含糖量少,糖分都发酵变成了酒精,故酒中的糖分含量最低,最新的国家标准中,其含糖量小于 1.00g/100mL (以葡萄糖计)的酒属稀醪发酵,总加水量为原料米的三倍左右。发酵温度控制得较低,开耙搅拌的时间间隔较短。酵母生长较为旺盛,故发酵彻底,残糖很低。在绍兴地区,干黄酒的代表是"元红酒"。

2.半干黄酒

"半干"表示酒中的糖分还未全部发酵成酒精,还保留了一些糖分。在生产上,这种酒的加水量较低,相当于在配料时增加了饭量,故又称为"加饭酒"。酒的含糖量在 1.00%～3.00%,在发酵过程要求较高;酒质厚浓,风味优良;可以长久贮藏,是黄酒中的上品。我国大多数出口酒,均属此种类型。

3.半甜黄酒

这种酒含糖分 3.00%～10.00%。这种酒采用的工艺独特,是用成品黄酒代水,加入到发酵醪中,使糖化发酵的开始之际,发酵醪中的酒精浓度就达到较高的水平,在一定程度上抑制了酵母菌的生长速度,由于酵母菌数量较少,对发酵醪中的产生的糖分不能转化成酒精,故成品酒中的糖分较高。这种酒,酒香浓郁,酒度适中,味甘甜醇厚,是黄酒中的珍品。但这种酒不宜久存,贮藏时间越长,色泽越深。

4.甜黄酒

这种酒,一般是采用淋饭操作法,拌入酒药,搭窝先酿成甜酒娘,当糖化至一定程度时,加入 40%～50%浓度的米白酒或糟烧酒,以抑制微生物的糖化发酵作用,酒中的糖分含量达到 10.00～20.00 g/100mL。由于加入了米白酒,酒度也较高。甜型黄酒可常年生产。

5.浓甜黄酒

糖分大于或等于 20g/100mL。

6.加香黄酒

这是以黄酒为酒基,经浸泡(或复蒸)芳香动、植物或加入芳香动、植物的浸出液而制成的黄酒。

(三)葡萄酒的种类

葡萄酒按酒的色泽分为红葡萄酒、白葡萄酒、桃红葡萄酒三大类。根据葡萄酒的含糖量,又可分为干红葡萄酒、半干红葡萄酒、半甜红葡萄酒和甜红葡萄酒。白葡萄酒也可按同样的方法细分为干白葡萄酒、半干白葡萄酒、半甜白葡萄酒和甜白葡萄酒。按照国家标准,各种葡萄酒的含糖量如下所述。

1.干葡萄酒,含糖(以葡萄糖计)小于或等于 4.0g/L

2.半干葡萄酒,含糖在 4.1～12.0g/L

3. 半甜葡萄酒,含糖在 12.1～50.1g/L

4. 甜葡萄酒,含糖等于或大于 50.1g/L

按酒中二氧化碳的压力分为三类。

1. 无气葡萄酒(包括加香葡萄酒)

这种葡萄酒不含有自身发酵产生的二氧化碳或人工添加的二氧化碳。

2. 起泡葡萄酒

这种葡萄酒中所含的二氧化碳是以葡萄酒加糖再发酵而产生的或用人工方法加入的,其酒中的二氧化碳含量在 20℃时保持压力 0.35 MPa 以上,酒精度不低于 8％(v/v)。香槟酒属于起泡葡萄酒,在法国规定只有在香槟省出产的起泡葡萄酒才能称为香槟酒。

3. 葡萄汽酒

葡萄酒中的二氧化碳是发酵产生的或是人工方法加入的,其酒中二氧化碳含量在 20℃时保持压力 0.0510～0.25 MPa,酒精度不低于 4％(v/v)。

葡萄酒经过再加工,还可生产加香葡萄酒和白兰地。根据品种的不同,生产技术也有所不同。

1. 加香葡萄酒也称开胃酒,是在葡萄酒中添加少量可食用并起增香作用的物质,混合而成的葡萄酒

按葡萄酒中所添加的主要呈香物质的不同可分为苦味型、花香型、果香型和芳香型。我国的味美思酒就属于这种类型。

2. 白兰地是葡萄酒经过蒸馏而制得的蒸馏酒

有些白兰地也可用其他水果酿成的酒制成,但需冠以原料水果的名称,如樱桃白兰地、苹果白兰地和李子白兰地。

(四)啤酒的种类

啤酒是当今世界各国销量最大的低酒精度的饮料,品种很多,一般可根据生产方式,产品浓度、啤酒的色泽、啤酒的消费对象、啤酒的包装容器、啤酒发酵所用的酵母菌的种类来分。

1. 按啤酒的色泽、浓度分

淡色啤酒。淡色啤酒的色度在 5～14EBC 单位,如高浓度淡色啤酒,是原麦汁浓度 13％(m/m)以上的啤酒;中等浓度淡色啤酒,原麦汁浓度 10％～13％(m/m)的啤酒;低浓度淡色啤酒,是原麦汁浓度 10％(m/m)以下的啤酒;干啤酒(高发酵度啤酒),实际发酵度在 72％以上的淡色啤酒;低醇啤酒,酒精含量 2％(m/m)〔或 2.5％(v/v)〕以下的啤酒。

浓色啤酒。浓色啤酒的色度在 15～40EBC 单位,如高浓度浓色啤酒,原麦汁浓

度 13％(m/m)以上的浓色啤酒;低浓度浓色啤酒,是原麦汁浓度 13％(m/m)以下的浓色啤酒;浓色干啤酒(高发酵度啤酒),实际发酵度在 72％以上的浓色啤酒。

黑啤酒。黑啤酒色度大于 40EBC 单位。

其他啤酒。在原辅材料或生产工艺方面有某些改变,成为独特风味的啤酒。如纯生啤酒:这是在生产工艺中不经热处理灭菌,就能达到一定的生物稳定性的啤酒。全麦芽啤酒:全部以麦芽为原料(或部分用大麦代替),采用浸出或煮出法糖化酿制的啤酒。小麦啤酒:以小麦芽为主要原料(占总原料 40％以上),采用上面发酵法或下面发酵法酿制的啤酒。浑浊啤酒:这种啤酒在成品中存在一定量的活酵母菌,浊度为 2.0~5.0EBC 浊度单位的啤酒。

2. 按啤酒的生产方式分

按生产方式可将啤酒分为鲜啤酒和熟啤酒。鲜啤酒是指啤酒经过包装后,不经过低温灭菌(也称巴氏灭菌)而销售的啤酒,这类啤酒一般就地销售,保存时间不宜太长,在低温下一般为一周。熟啤酒,是指啤酒经过包装后,经过低温灭菌的啤酒,保存时间较长,可达三个月左右。

3. 按啤酒的包装容器分

按啤酒的包装容器可分为瓶装啤酒、桶装啤酒和罐装啤酒。瓶装啤酒有 350mL 和 640mL 两种;罐装啤酒有 330mL 规格的。

4. 按消费对象分

按消费对象可将啤酒分为普通型啤酒、无酒精(或低酒精度)啤酒、无糖或低糖啤酒、酸啤酒等。无酒精或低酒精度啤酒适于司机或不会饮酒的人饮用。无糖或低糖啤酒适宜于糖尿病患者饮用。

二、酒　　器

在不同的历史时期,由于社会经济的不断发展,酒器的制作技术、材料,酒器的外形自然而然会产生相应的变化,故产生了种类繁多、令人目不暇接的酒器。按酒器的材料可分为几类。

(一) 陶制酒器(见图 8.1)

远古时期的人们,茹毛饮血,火的使用,使人们结束了这种原始的生活方式,农业的兴起,人们不仅有了赖以生存的粮食,随时还可以用谷物作酿酒原料酿酒。陶器的出现,人们开始有了炊具;从炊具开始,又分化出了专门的饮酒器具。究竟最早的专用酒具起源于何时,很难定论。因为在古代,一器多用应是很普遍的。远古时期的酒,是未经过滤的酒醪(这种酒醪在现在仍很流行),呈糊状和半流质,对于这种酒,就不适于饮用,而是食用。故食用的酒具应是一般的食具,如碗、钵等大口器皿。远古时代的酒器制作材料主要是陶器、角器、竹木制品等。早在公元六千多年前的新石器文化时期，已出现了形状类似于后世酒器的陶器，如裴李岗文化时期的陶器，南方的河姆渡文化时期的陶器，也能使人联想到在商代时期的酒具应有相当久远的历史渊源。酿酒业的发展、饮酒者身份的高贵等原因，使酒具从一般的饮食器具中分化出来成为可能。酒具质量的好坏，往往成为饮酒者身份高低的象征之一。专职的酒具制作者也就应运而生。在现今山东的大汶口文化时期的一个墓穴中，曾出土了大量的酒器，据考古人员的分析，死者生前可能是一个专职的酒具制作者。在新石器时期晚期，尤以龙山文化时期为代表，酒器的类型增加，用途明确，与后世的酒器有较大的相似性。

这些酒器有罐、瓮、盂、碗、杯等。酒杯的种类繁多，有平底杯、圈足杯、高圈足杯、高柄杯、斜壁杯、曲腹杯、觚形杯等。早在战国时期，人们结婚时就已经有喝交杯酒的习俗，如战国楚墓中曾出土的彩绘联体杯，即为结婚时喝交杯酒使用的"合卺杯"。大河村出土的这件彩陶双联壶亦是双腹相连，成双成对，是否也有新人喝交杯酒之意呢？此件器物造型新颖，色彩鲜艳，是仰韶文化大河村类型彩陶中唯一的一件联腹壶，堪称新石器时代仰韶文化的艺术精品。

彩陶双联壶（原始社会）

船形彩陶壶（新石器时代半坡文化）

人形彩陶壶（新石器时代
马家窑文化）

灰陶大酒尊（新石器大汶口
文化晚期）

商代灰陶大口尊

袋足陶鬶（新石器时代
大汶口文化）

猪形灰陶鬶（新石器时代　　　兽形灰陶鬶（新石器时代　　　袋足陶鬶（新石器
大汶口文化）　　　　　　　　大汶口文化）　　　　　　良渚文化遗址中出土）

黄陶鬶（山东龙山文化）　　　白陶鬶（山东龙山文化）　　　商代白陶鬶

蛋壳黑陶高柄杯（山东龙山文化）　　彩陶瓴（新石器时代　　　黑陶罍
　　　　　　　　　　　　　　　　大汶口文化）

河南省偃师市二里头遗址
黑陶象鼻盉

内蒙古自治区
敖汉旗大甸子遗址管流爵

唐代绿釉联体壶

河南省偃师市缑氏乡
唐代恭陵哀皇后墓蓝釉双耳壶

明末清初项圣思蟠桃形紫砂杯

图 8.1　陶制酒器

（二）青铜制酒器（见图 8.2）

在商代，由于酿酒业的发达，青铜器制作技术提高，中国的酒器达到前所未有的繁荣。当时的职业中还出现了"长勺氏"和"尾勺氏"这种专门以制作酒具为生的氏族。周代饮酒风气虽然不如商代，但酒器基本上还沿袭了商代的风格。在周代，也有专门制作酒具的"梓人"。

青铜器起于夏，现已发现的最早的铜制酒器为夏二里头文化时期的爵。青铜器在商周达到鼎盛，春秋没落，商周的酒器的用途基本上是专一的。据《殷周青铜器通论》，商周的青铜器共分为食器、酒器、水器和乐器四大部，共五十类，其中酒器占二十四类。按用途分为煮酒器、盛酒器、饮酒器、贮酒器。此外还有礼器。形制丰富，变化多样。但也有基本组合，其基本组合主要是爵与觚，或者再加上斝，同一形制，其外形、风格也带有不同历史时期的烙印。

盛酒器具是一种盛酒备饮的容器。其类型很多，主要有以下一些：

尊、壶、区、厄、皿、鉴、斛、觥、瓮、瓿、彝

每一种酒器又有许多式样,有普通型,有取动物造型的。以尊为例,有像尊、犀尊、牛尊、羊尊、虎尊等。

饮酒器的种类主要有:觚、觯、角、爵、杯。不同身份的人使用不同的饮酒器,如《礼记·礼器》篇明文规定:"宗庙之祭,尊者举觯,卑者举角。"

温酒器,饮酒前用于将酒加热,配以勺,便于取酒。温酒器有的称为樽,汉代流行。

湖北随州曾侯乙墓中的铜鉴,可置冰贮酒,故又称为冰鉴。

商代青铜方尊

商代象形铜尊

商周的青铜牛尊

河南省偃师市
二里头遗址铜爵

商周的青铜爵

河南省偃师市
二里头遗址铜斝

偃师商城铜斝

安阳殷墟象牙觥杯

河南新郑李家村莲鹤方壶

河南淅川下寺遗址的　　　　偃师商城铜尊　　　　战国青铜冰鉴
春秋龙耳虎足铜方壶

图 8.2　青铜制酒器

（三）漆制酒器（见图 8.3）

商周以降，青铜酒器逐渐衰落，秦汉之际，在中国的南方，漆制酒具流行。漆器成为两汉，魏晋时期的主要类型。漆制酒具，其形制基本上继承了青铜酒器的形制。还有盛酒器具、饮酒器具。饮酒器具中，漆制耳杯是常见的。在湖北省云梦睡虎地 11 座秦墓中，出土了漆耳杯 114 件，在长沙马王堆一号墓中也出土了耳杯 90件。汉代，人们饮酒一般是席地而坐，酒樽置在席地中间，里面放着挹酒的勺，饮酒器具也置于地上，故形体较矮胖。魏晋时期开始流行坐床，酒具变得较为瘦长。

战国双联漆杯　　　清代彩漆鸟形杯　　　春秋战国时期漆耳杯　　春秋战国
时期漆卮

图 8.3　漆制酒器

（四）瓷制酒器（图 8.4）

瓷器大致出现于东汉前后，与陶器相比，不管是酿造酒具还是盛酒或饮酒器具，瓷器的性能都超越陶器。唐代的酒杯形体比过去的要小得多，故有人认为唐代出现了蒸馏酒。唐代出现了桌子，也出现了一些适于在桌上使用的酒具，如注子，唐人称为"偏提"，其形状似今日之酒壶，有喙，有柄，即能盛酒，又可注酒于酒杯中。因而取代了以前的樽、勺。宋代是陶瓷生产鼎盛时期，有不少精美的酒器。宋代人喜欢将黄酒温热后饮用,故发明了注子和注碗配套组合。使用时,将盛有酒的注子置于注碗中,往注碗中注入热水,可以温酒。瓷制酒器一直沿用至今。明代的瓷制品酒器以青花、斗彩、祭红酒器最有特色,清代瓷制酒器具有清代特色的有珐琅彩、素三彩、青花玲珑瓷及各种仿古瓷。

陕西省长安县南里王村的一座
唐墓白瓷执壶

湖南长沙出土唐代春字诗执壶

湖南省望城唐代凤凰纹瓷执壶

陕西省西安市唐代带盖白瓷樽

陕西省铜川市唐代瓜棱纹黑
釉瓷执壶

陕西西安市隋代双身龙耳
白瓷瓶

凤首龙柄青瓷执壶　　　陕西唐墓三彩双鱼壶　　　浙江唐代白釉金扣瓜形注子

五代越窑鸟形杯　　　　安徽北宋影青温碗注子　　　宋代"醉乡酒海"经瓶

宋代登封窑虎纹经瓶　　　辽宁辽代黄釉带盖鸡冠壶　　　金代磁州窑"清沽美酒"经瓶

金代白釉黑花葫芦形倒装壶　　　金代"平素有酒"青釉四系壶　　　元代釉里红高足转杯

宋代耀州窑青瓷倒装壶　　　辽代白釉莲花温碗注子　　　元代蓝釉爵杯

元代镂空折枝花高足杯　　　西夏黑釉剔刻花瓷扁壶　　　西夏褐釉刻花瓷瓶

西夏褐釉剔刻花瓷瓶　　　明代斗彩高士杯　　　　　清代五彩十二月花卉杯

明代仿哥窑高足杯　　　明代青花海兽高足杯　　　明代青花缠枝莲纹杯

明代青花梅瓶　　　　明代"内府"梅瓶　　　　明代青花松竹梅三羊杯

图 8.4　瓷制酒器

（五）其他酒器（见图 8.5）

在我国历史上还有一些独特材料或独特造型的酒器，虽然不很普及，但具有很高的欣赏价值，如金、银、象牙、玉石、景泰蓝等材料制成的酒器。此外，还有木制酒器、竹制酒器、兽角酒器、海螺酒器、水晶酒器、锡制酒器、玻璃酒器、不锈钢饮酒器、袋装塑料软包装、纸包装容器等。

湖北随州曾侯乙墓出
土的战国金盏和金勺

河南省偃师市杏园村的唐墓鹦鹉
杯（牙骨器）

西安市南郊何家庄的唐代
金银器窖藏坑出土舞马
银壶

陕西省西安市唐墓花鸟纹鎏金三
足银樽

内蒙古辽代鱼形提梁
银壶

河南省偃师市杏园村唐代李郁夫妇墓
海棠花形滑石杯

陕西省西安市何家庄的唐代镶金牛
首玛瑙觥（玉器）

陕西省西安市南郊何家庄的唐代
窖藏出土鸳鸯莲瓣金碗

河南伊川唐代双鱼大雁纹荷叶
金杯

宁夏固原出土鎏金胡人头执壶

陕西省西安市何家庄的唐代玛瑙羽觞

陕西西安市郊隋代金杯和金玉碗

陕西省西安市唐代掐丝团花金杯

唐代八棱人物金杯

唐代八棱人物金杯

河南省偃师市唐墓鸬鹚勺（银器）

西安市唐代金花鸳鸯银羽觞

西安市何家庄唐代仕女狩猎纹八瓣银杯

西安市唐代双狮金铛

江苏唐代论语玉烛
银筹筒

唐代狩猎纹高足银杯

陕西唐代鸿雁折枝花纹银杯

元代渎山大玉海

内蒙古辽代鹿纹银马镫壶

元代伎乐纹双人耳玉杯

清代金瓯永固金杯

清代琥珀荷叶杯（玉器）

明代犀角槎杯　　　　　　　明代莲花白玉杯　　　　　　明代金托玉爵

明代带托金酒注　　　　　明代金托金爵杯　　　　　　明代金箭壶

图 8.5　其他酒器

三、酒的饮用方法

(一)白酒的饮法

饮用白酒,可用利口酒杯或高脚烈酒杯,亦可用陶瓷酒具。采用小口高脚杯时,宜用捧斟,以免沾湿桌面。

白酒一般是在室温下饮用,但是稍稍加温后再饮,口味较为柔和,香气也浓郁,邪杂味消失。其主要原因是在较高的温度下,酒中的一些低沸点的成分,如乙醛、甲醇等较易挥发,这些成分通常都含有较辛辣的口味。东南亚一带习惯将白酒冰镇后饮用。

饮用白酒每客标准用量为 25mL,不宜一次斟入太多的酒,以免散失酒味。白酒可以作为调制中式鸡尾酒的酒基,如用茅台酒调制的"中国马天尼",用洋河大曲调制的"梦幻洋河",用五粮液调成的"遍地黄金"等鸡尾酒。

中国白酒可长期保存,竖立瓶子,避光、常温存放。用毕应立即将瓶塞盖紧,以免失去酒香,降低酒度。

（二）黄酒的饮法

黄酒的饮法,采用陶瓷酒杯盛酒,亦可用小型玻璃杯盛饮。可带糟食用,也可仅饮酒汁。后者较为普遍。黄酒主要作为佐食酒单饮,常温或加热后饮用。

黄酒饮用时一般要温酒。在冬季,黄酒宜温热后喝,酒中的一些芳香成分会随着温度的升高挥发出来,饮用时更能使人心旷神怡。酒的温度一般以 40～50℃为好,酒温可随个人的饮用习惯而定。古代人饮用黄酒时通常用燋斗,燋斗呈三角带柄状,温酒时在燋斗下用火加热,便可使酒温好,然后斟入杯中饮用。温酒的方法还有一种,即注碗烫酒。明朝以后,人们习惯于用锡制小酒壶放在盛热水的器皿里烫酒,这种方法一直沿用至今。现在由于酒店、酒吧的设施原因,且黄酒大多改用玻璃瓶装,温酒过程相对简单多了,一般只需要将酒瓶直接放入盛热水的酒桶里温烫即可。温饮的显著特点是酒香浓郁,酒味柔和。但加热时间不宜过久,否则酒精都挥发掉了,反而淡而无味。夏季黄酒可以作冷饮饮用。其方法是将酒放入冰箱直接冰镇或在酒中加冰块,这样能降低酒温,加冰块还可降低酒度。冷饮黄酒,不仅消暑解渴,而且清凉爽口,给人以美的享受。

不习惯饮黄酒的人或妇女,可以饮用甜型黄酒,或将几种果汁、矿泉水对入黄酒中饮用,也可把一般啤酒或果汁对入黄酒中饮用。

加饭酒适宜吃冷菜时饮用,可温烫后上桌服务;元红酒饮用时可稍加温,吃鸡鸭时佐饮最适宜;善酿酒宜佐食甜味菜肴。

黄酒应该慢慢地喝,喝一小口细细地回味品尝一番,然后徐徐咽下,这样才能真正领略到黄酒的独特滋味。

（三）葡萄酒的饮法

通常情况下,葡萄酒杯都是带脚的高脚杯。葡萄酒杯应该晶莹透亮,杯体厚实。高档葡萄酒杯要求没有花纹和颜色,因为这些会影响饮酒者充分领略葡萄酒迷人的色彩。此外,酒杯应绝对清洁、无破损,否则会给人留下不好的印象。通常,红葡萄酒杯开口较大。这样可以使红葡萄酒在杯中充分展示其芳香。白葡萄酒开口较小,为的是保持葡萄酒香味。香槟酒或葡萄汽酒应该用笛形或郁金香形的杯具,这样可以很好地保持酒中的气泡。浅碟香槟杯并不是香槟酒理想的杯具,因为它会使酒液中的二氧化碳气体迅速挥发,而在杯中留下平淡无味的酒液。

温度对于饮用葡萄酒是非常重要的,各种葡萄酒应在最适宜的温度下饮用才会使酒的味道淋漓尽致地发挥出来。由于酒的类型、品种、酒龄及饮用者等不同,其最佳饮用温度也各异。原则上即使是同类型的酒,酒龄短的酒饮用温度应相对低些;浓、甜型的酒饮用温度应比淡、干型的酒低些。不同葡萄酒的最佳饮用温度如下:

　　红葡萄酒:在 16～18℃,即室温饮用,一般提前 1 小时开瓶,让酒与空气接触一下,称为"呼吸",可以增加酒香和醇味。

　　白葡萄酒:在 10～12℃,即冷却后饮用,特别清新怡神。

　　玫瑰红葡萄酒:在 12～14℃,即稍微冷却一下饮用。

　　香槟、汽酒:需冷却到较低的温度饮用,一般在 4～8℃,并且在 2 小时内保持不动,才适宜开瓶。

　　酒与菜相配的原则是:风味相谐,为饮食者所欢迎。总体要求是:酒品与菜肴的色泽、口味相配,即红酒配红肉,白酒配白肉,玫瑰红葡萄酒、香槟酒及葡萄汽酒可配任何食物。色、香、味淡雅的酒品与色调冷、香气雅、口味纯的菜点相配,例如干白葡萄酒配海鲜;色、香、味浓郁的酒品与色调暖、香气馥、口味杂的菜点相配,例如,红葡萄酒配红肉,爽口解腻;咸辣食品配以强香型葡萄酒。

　　白葡萄酒一般斟至六成满,红葡萄酒一般斟至五成满。应注意始终以右手持瓶给客人斟酒,手应牢牢地握住酒瓶下部,不能握住瓶颈;给客人添酒时,应先征询对方的意见;倒完酒后,应转一下酒瓶,使瓶口的最后一滴酒滴入杯中。香槟酒开瓶后应迅速斟酒。最好采用捧斟法,即用左手握住瓶颈下部,右手握住瓶底。可采用两次倒酒的方法,初倒时,酒液会起很多泡,倒至杯的 1/3 处待泡稍平息后,再倒第二次。斟酒不能太快,切忌冲倒,这样会将酒中的二氧化碳冲起来,使泡沫不易控制而溢出杯子。待所有杯子斟满后,将酒放回冰桶中,以保持起泡酒的冷度,防止发泡。

　　在上葡萄酒时,如有多种葡萄酒,哪种酒先上,哪种酒后上,有几条国际通用规则:先上白葡萄酒,后上红葡萄酒;先上新酒,后上陈酒;先上淡酒,后上醇酒;先上干酒,后上甜酒。

　　(四)啤酒的饮法

　　饮用啤酒的杯具种类较多,常用的标准啤酒杯有三种形状:第一种是皮尔森杯(杯口大,杯底小呈喇叭形平底杯);第二种是类似第一种的高脚或矮脚啤酒杯,这两种酒杯倒酒比较方便、容易,常用来服务瓶装啤酒,目前我国很多酒吧使用直身酒杯,增加了倒酒的难度;第三种是带把柄的扎啤(即高级桶装鲜啤酒)杯,酒杯容量大,一般用来服务桶装啤酒。

　　洁净的啤酒杯能让泡沫在酒杯中呈圆形,自始至终保持新鲜口感。啤酒杯必须是绝对干净的,没有油污、灰尘及其他杂物。油脂是泡沫的大敌,它的低 α-酸的表面张力,对泡沫形成极大的销蚀作用。任何油污,无论能否看出,都会浮在酒的液面上,使浓郁而洁白的泡沫层受到影响甚至会很快消失。不洁净的杯子还会破坏啤酒的口感和味道。将洗涤和消毒后的啤酒杯放在干净的滴水板上,使之自然风干,切忌用毛巾擦杯,以免杯子再受污染。另外,切勿用手触及啤酒杯内壁。

啤酒的最佳饮用温度是 8～11℃,高级啤酒的饮用温度是 12℃左右。啤酒适宜低温饮用,但是啤酒冷冻的温度又不宜太低,太凉了会使啤酒平淡无味而混浊,泡沫消失;饮用温度过高会产生过多的泡沫,甚至苦味太浓,特别是鲜啤酒,温度过高就会失去其独特的风味。

理想的泡沫层对顾客很有吸引力。斟酒时,通常使泡沫缓慢上升并略高出杯子边沿 1.3cm 左右为宜,泡沫与酒液的最佳比例是 1:3。如果杯中啤酒少而泡沫太多并溢出,或无泡沫,都会使客人扫兴。

泡沫的状态与斟酒方式密切相关,瓶装与桶装酒的斟酒方式各异。

瓶装和灌装啤酒,如采用标准啤酒杯服务,应先将瓶装或罐装啤酒呈递给客人,客人确认后,当着客人的面打开,将酒杯直立,用啤酒瓶或罐来代替杯子的倾斜角度,慢慢把杯子倒满,让泡沫刚好超出杯沿 1.3cm 左右。若用直身酒杯代替啤酒杯时,应先将酒杯微倾,顺杯壁倒入 2/3 的无泡沫酒液,再将酒杯放正,采用倾注法,使泡沫产生。

桶装啤酒斟注时,将酒杯倾斜成 45°,打开开关,注入 3/4 杯酒液后,将酒杯放于一边,待泡沫稍平息,然后再注满酒杯。衡量啤酒服务操作的标准是:注入杯中的酒液清澈,二氧化碳含量适当,温度适中,泡沫洁白而厚实。

第三节　酒礼、酒道与酒令

一、酒　礼

酒礼是饮酒的礼仪、礼节。我国自古有"酒以成礼"之说,《左传》云:君子曰:"酒以成礼,不继以淫,义也。以君成礼,弗纳于淫,仁也。""酒以成礼",是佐礼之成,源于古俗古义。史前时代,酒产量极少,又难以掌握技术,先民平时不得饮酒。只有当崇拜祭祀的重大观庆典礼之时,才可依一定规矩分饮。饮必先献于鬼神。饮酒,同神鬼相接,同重大热烈、庄严神秘的祭祀庆典相连,成为"礼"的一部分,是"礼"的演示的重要程序,是"礼"得以成立的重要依据和礼完成的重要手段。周公就曾严厉告诫臣属"饮惟祀,德将无醉"。只有祭祀时才可以喝酒,而且绝不允许喝醉。酒,在先民看来,与祭祀活动本身一样,都具有极其神秘庄严的性格。

酿酒只是为了用于祭祀,表示下民对上天的感激与崇敬。若违背了这一宗旨,下民自行饮用起来,即成莫大罪过。个人如此则丧乱行德,邦国如此则败乱绝祀。这就是"酒为祭不主饮"的道理。饮酒之前要行礼拜之礼,《世说新语》有两则内容讲到饮酒前要行拜礼。其一曰："孔文举有二子,大者六岁,小者五岁。昼日父眠,小者床头盗酒饮之,大儿谓曰:'何以不拜?'答曰:'偷,那得行礼!'"其二云:"钟毓兄弟小时,值父昼寝,因共偷服药酒。其父时觉,且托寐以观之。毓拜而后饮,会饮而不拜。既而问毓何以拜,毓曰:'酒以成礼,不敢不拜。'又问会何以不拜,会曰:'偷本非礼,所以不拜。'"

尔后,由于政治的分散,权力的下移,经济文化的发展变化,关于酒的观念和风气也发生很大改变,约束和恐惧都极大地松弛淡化了。于是,"拜"便是象征性的了。既然最初严格规定"饮惟祀",那"祀"所礼拜的便是天、地、鬼(祖先)、神。而这种酒祀,在三代以后虽然仍保留在礼拜鬼神的祭奠中,可非祀的饮酒却大量存在了。

于是,饮酒逐渐演变成一套象征性的仪式和可行的礼节。

主人和宾客一起饮酒时,要相互跪拜。晚辈在长辈面前饮酒,叫侍饮,通常要先行跪拜礼,然后坐入次席。长辈命晚辈饮酒,晚辈才可举杯;长辈酒杯中的酒尚未饮完,晚辈也不能先饮尽。古代饮酒的礼仪约有四步:拜、祭、啐、卒爵。就是先作出拜的动作,表示敬意,接着把酒倒出一点在地上,祭谢大地生养之德;然后尝尝酒味,并加以赞扬令主人高兴;最后仰杯而尽。在酒宴上,主人要向客人敬酒(叫酬),客人要回敬主人(叫酢),敬酒时还有说上几句敬酒辞。客人之间相互也可敬酒(叫旅酬)。有时还要依次向人敬酒(叫行酒)。敬酒时,敬酒的人和被敬酒的人都要"避席",起立。普通敬酒以三杯为度。

后世的酒礼多偏重于宴会规矩,如发柬、恭迎、让座、斟酒、敬酒、祝酒、致谢、道别等等,将礼仪规范融注在觥筹交错之中,使宴会既欢愉又节制,既洒脱又文雅,不失秩序,不失分寸。中国历史悠久,地域辽阔,文化构成复杂,在不同的风俗人情影响下,各时代、各地方、各民族的酒礼有着不同的表现形式和特点。

二、酒　道

在中国古代先哲看来,万物之有无生死变化皆有其"道",人的各种心理、情绪、意念、主张、行为亦皆有"道"。饮酒也就自然有酒道。

中国古代酒道的根本要求就是"中和"二字。"未发,谓之中",即是对酒无嗜饮,也就是庄子的"无累",无所贪恋,无所嗜求。"无累则正平",无酒不思酒,有酒不贪酒。"发而皆中节",有酒,可饮,亦能饮,但饮而不过,饮而不贪;饮似若未饮,绝不及乱,故谓之"和"。和,是平和谐调,不偏不倚,无过无不及。这就是说,酒要饮到不影响身心,不影响正常生活和思维规范的程度最好,要以不产生任何消极不良的身心影响与后果为度。对酒道的理解,就不仅是着眼于既饮而后的效果,而是贯穿于酒事的自始至终。"庶民以为欢,君子以为礼"(邹阳《酒赋》),合乎"礼",就是酒道的基本原则。但"礼"并不是超越时空永恒不变的,随着历史的发展、时代的变迁,礼的规范也在不断变化中。在"礼"的淡化与转化中,"道"却没有淡化,相反的更趋实际和科学化。

于是,由传统"饮惟祀"的对天地鬼神的诚敬转化为对尊者、长者之敬,对客人之敬。儒家思想是悦敬朋友的,孔子就曾说过:"有朋自远方来,不亦乐乎!"以美酒表达悦敬并请客人先饮(或与客同饮,但不得先客人而饮)是不为过的。贵族和大人政治时代,是很讲尊卑、长幼、亲疏礼分的,因此在宴享座位的确定和饮酒的顺序上都不能乱了先尊长后卑幼的名分。民主时代虽已否定等级,但中华民族尊上敬老的文化与心理传统却根深蒂固,饮酒时礼让长者尊者仍成习惯。不过,这已经不是严格的尊长"饮讫"之后他人才依次饮讫的顺序了,而是体现出对尊长的礼让、谦恭、尊敬。既是"敬",便不可"强酒",随各人之所愿,尽各人之所能,酒事活动充分体现一个"尽其欢"的"欢"字。这个欢是欢快、愉悦之意,而非欢声雷动、手舞足蹈的"裒饮"。无论是聚饮的示敬、贺庆、联谊,还有独酌的悦性,都循从一个不"被酒"的原则,即饮不过量。即不贪杯,也不耽于酒,仍是传统的"中和",可以这样理解,源于古"礼"的传统酒道,似乎用以上"敬"、"欢"、"宜"三字便可以概括无疑了。

四、酒　令

酒令也称行令饮酒,是酒席上饮酒时助兴劝饮的一种游戏。通行情况是推一人为令官,余者听令,按一定的规则,或搳拳,或猜枚,或巧编文句,或进行其他游艺

图 8.6　行酒令图(清代)

活动,负者、违令者、不能完成者,均罚饮,若遇同喜可庆之事象时,则共贺之,谓之劝饮,含奖勉之意。相对地讲,酒令是一种公平的劝酒手段,可避免恃强凌弱,多人联手算计人的场面,人们凭的是智慧和运气。酒令是酒礼施行的重要手段。

酒令的产生可上溯到东周时代。有一句成语叫"画蛇添足",这个成语有一典故,《战国策·齐策二》云:"楚有祠者,赐其舍人卮酒。舍人相谓曰:'数人饮之不足,'一人饮之有余;请画地为蛇,先成者饮酒,一人蛇先成,引酒且饮之;乃左手持卮,右手画蛇,曰:'吾能为之足。'未成,一人之蛇成,夺其卮曰:'蛇固无足,子安能为之足!'遂饮其酒。为蛇足者,终亡其酒。"这其实就是一则最古老的酒类故事。《战国策》是西汉末刘向根据战国末年开始编定的有关游说之士言行的各种小册子总纂而成的,故此酒令的出现,距今已有2100多年的历史。

据《韩诗外传》中记载:"齐桓公置酒令曰:'后者罚一经程!'管仲后,当饮一经程(酒器),而弃其斗,曰:'与其弃身,不宁弃酒乎'。"齐桓公和管仲为东周初年人,这表明距今2600多年前已有了酒令的名称。汉代,由于国家的统一,经济空前繁荣,人民过着安定的生活,饮酒行令之风开始盛行。在东汉时期还出现了贾逵编纂的《酒令》专著。

酒令的真正兴盛在唐代,由于贞观之治,人民安居乐业,经济空前繁荣,后代流行的各种类型的酒令,几乎都是在唐代形成的。酒令的种类众多,且各有特点,现分类加以简介。

(一)流觞传花类

曲水流觞是古人所行的一种带有迷信色彩的饮酒娱乐活动。我国古代最有名的流觞活动,要算公元353年3月3日在绍兴兰亭举行的一次。大书法家王羲之与群贤聚会于九曲水池之滨,各人在岸边择处席地而坐。在水之上游放置一只酒杯,任其漂流曲转而下,酒杯停在谁的面前,谁就要取饮吟诗。

也有人用花来代替酒杯,用顺序传递来象征流动的曲水。传花过程中,以鼓击点,鼓声止,传花亦止。花停在谁的手上,犹如漂浮的酒杯停在谁的面前,谁就被罚饮酒。与曲水流觞相比,击鼓传花已是单纯的饮酒娱乐活动,它不受自然条件的限制,很适合在酒宴席上进行。宋代孙宗鉴《东皋杂录》中称,唐诗有"城头击鼓传花枝,席上搏拳握松子"的记载,可见唐代就已盛行击鼓传花的酒令。在无任何器具的情况下,文人饮酒行令,又常用诗句流觞。曲水流觞是一种很古老的民俗活动,后世不少酒令,都是由流觞脱胎变化出来的,堪称我国酒令之嚆矢。

(二)手势类

搳拳又称划拳、豁拳、拇战,是一种手势酒令,两人相对同时出手,各猜所伸出手指之合计数,猜对者为胜。因是互猜,故又称猜拳,如图8.6所示。

猜拳由于简便易行,故流传极广而又久盛不衰,是所有酒令中最有影响,最有群众基础的一种。如猜拳令中有这样一种:行令者二人各出一拳,且同时各呼一数,猜度二人所伸指数之和,猜对者胜家,由负家饮酒。如皆猜对,则各饮酒一杯。如皆未猜对,则重新开拳。每次每人最多出五指,最多呼十数。猜拳令辞因时代、地域的不同,略有区别。拇指必出,是"好"意。令词很多,如:

一点儿。

哥俩好。

三指头(三星照)。

四季财(四敬财)。

五魁首。

六六六。

七个巧。

八匹马。

快喝酒。

全来到。

猜拳时往往附加"哇"、"啊"、"哪",节奏感强,朗朗上口。另有"剪刀、石头、布"手势拳等。

(三)骰子类

骰子是边长约为五毫米的正立方体,用兽骨、塑料、玉石等制成,白色,共有六个面,每面分别镂上一、二、三、四、五、六个圆形凹坑,酒宴席上常用它行酒令。

骰子的四点涂红色(近世幺点亦涂红色),其余皆涂黑色。将骰子握在手中,投之于盘,令其旋转,或将骰子放在骰盘内,盖上盖子摇。俟停,按游戏规则,以所见之色点定胜负,故骰子又称色子。

(四)猜枚类

猜枚是饮酒时助兴的游戏,是一种酒令。行酒令的人取些小物件,如棋子、瓜子、钱币、莲子等握于手中,让人猜测,一猜单双,二猜数目,三猜颜色,中者胜,负者则罚饮酒。

(五)筹类

筹,本为记数之用,后来又被引用到酒宴席上,做行酒令之用,称作觥筹或酒筹。筹在酒令中主要有两种用途:其一,仍作记数之用。唐代王建《书赠旧浑二曹长》:"替饮觥筹知户小,助成书屋见家贫。"酒量大者,谓之大户,酒量小者,即是小户。多少觥筹就得饮多少酒,如应饮的觥筹之数自己不能胜任,还要请别人代饮,可知是个酒量小的小户了。很明显,这里的觥筹是作记数之用的。酒令如军令,为保证酒令的正常进行,当遇有违反酒令不遵守规则之人,可取出一种特制的酒筹,形如旗状或纛状,谓之罚筹,有如军中之令箭,或如今日足球裁判所使用之黄牌、红牌(见图8.7)。

以上两种作用的酒筹,都是行酒令时的辅助工具。而作为一种以筹为主的筹令,则是由筹筒和一定数量的酒筹组成,每根酒筹上都注有如何行令的具体内容。

图 8.7　酒筹

(六)骨牌类

骨牌一般是以竹为背,以兽骨为面,两者以燕尾榫互相铆合的长方体,也有的采用高贵的象牙做面,故又称牙牌。现在以不同颜色的有机玻璃制成背和面,用胶黏合。骨牌共计三十二张,其点分别涂以红、绿两种颜色。每张骨牌都有特定的名称,如:

天牌:上下皆六点。

地牌:上下皆幺点。

人牌:上下皆四点。

和牌:上为幺点,下为三点。

用骨牌行酒令,主要根据骨牌的色点象形进行附会,行令者或说诗词曲赋,或说成语俗谚,只要应上色点就行。有时为了翻花样,又常将三张骨牌的色点配合起来,附会一个名目,称作"一副儿"。行令时首先由令官洗牌,每三张码成一副儿,挨次逐一翻出并宣出名目,行令者则相应与之对句,这犹如单张骨牌的组合,只是增加了一个必须押韵的要求而已。

(七)游艺类

酒令中还有一种是以动作或技巧为主来进行的,如行令者作一杂耍,以自忖他人不能效行为度,如鼻子动、手技、戏法等,然后要求他人仿作,不能者饮。简便易行的拍七令,当代颇受欢迎的"钓鱼"的游艺活动也属此类。

（八）谜语类

谜语类是以谜语作酒令。方式很多,比如"求底令",令官出一谜面,行令者轮流配出不同的底来,配不出或配不切者,皆罚饮。如果令官以成语"哄堂大笑"为面,则可从不同的谜目范围内构思,先报谜目,再报谜底,可有许多配法,略举几例如下:

打文学名词一:乐府

打音乐名词一:室内乐

打《水浒》人名一:乐和

打影片名一:喜盈门

打黑龙江地名一:齐齐哈尔

再如"配面令",令官出一谜底,行令者依次为之配面,不得雷同。配不出或配不切者,罚饮。如果令官要求为字"一"配面,则可配出许多面来,略举几例如下:

大干快上,个个有份。

无木之本。

天上有它,土下有它,画上面也有它。

乘以它一样大,除以它一样大。

上不在上,下不在下,不可在上,且宜在下。

（九）文戏类

文戏类是将文字游戏引用到饮宴席上作为酒令,约起于唐而盛于宋。所谓文戏,或为嵌字联句,或为字体变化,或为辞格趣引。酒席上行文戏类酒令,既是智慧与才识的较量,也可通过游戏以达到培养人们敏捷的构思和诙谐风趣的目的。

（十）阄类

在遇到难以决断之事时,古人往往采取一种机遇的方法,即取一些外形相同的小物具,做上记号,放置在器物之中,供拈取以做决断,这些物具,便称作阄。用这种方法做出决断,对所有拈阄的人机遇是均等的、公平的。把这种方法用于酒席上,阄作为酒令之用,便成了阄令。阄令与筹令相似,但比筹令灵活机动,可在宴饮时现做现用。

第四节　酒旗、匾对、题壁与酒店

一、酒　旗

"酒旗"最初是官方的政令、标识、信义之义,是"王"者所用。后来渐渐变成了经营者的标识与号召。酒市悬旗的目的,是招徕顾客。作为一种标识,一般又称为"表",如《韩诗外传》:"人有市酒而甚美者,置表甚长。"这种标识,一般都高悬在酒家门首,非常醒目,使过往行人在很远处便能见到。标识一般用布(素、青)缝制而成,大小不一。上面大书"酒"字,或标以名酒,或书写店名,甚至有警语文句书其上者。酒旗,又叫"酒帘"、"望子"。如《清明上河图》名画中的诸多酒店便在酒旗上标有"新酒"、"小酒"等字样,旗布为白或青色。但酒旗用料不限于青、白两色。如唐韦应物《酒肆行》,描写了京师长安酒肆及豪华大酒楼拔地而起,和彩色酒旗在春风中招展的繁华景象。

　　古时酒旗上的字多为方家或妙手所写,这是不必怀疑的。酒旗上书以招徕文句的历史文化现象,自然而然地反映到当时的文学作品中。《水浒》中好汉武松乘醉以"五环步,鸳鸯脚"踢翻蒋门神的精彩故事,发生在孟州道快活林酒店。且看书中描述:武松"又行不到三五十步,早见丁字路口一个大酒店,檐前立着望竿,上面挂着一个酒望子,写着四个大字道:'河阳风月'。转过来看时,门前一带绿油栏杆,插着两把销金旗;每把上五个金字,写道:'醉里乾坤大,壶中日月长。'"(《水浒》第二十九回《施恩重霸孟州道武松醉打蒋门神》)后来,那"两把销金旗"渐渐变成了风吹不动的木、竹或金属等制的楹联,至于酒旗则为光彩夺目的各种闪光金属或霓虹灯等现代化招牌所取代。那种帘望高悬,随风飘扬的诗情画意多是电视屏幕中历史文化场景的臆造了。

二、匾、对

　　匾、对为两物,匾悬之门楣或堂奥,其数一(虽庙宇等雄堂有非一数者,但极为特殊);对则列于抱柱或门之两侧,或堂壁两厢。古时多以木、竹为之,亦有金属如铜等为之者。匾对的意义应互相照应连贯,匾文多寓意主旨,古代酒店一般都有匾对,有的还多至数对或更多。这些匾对目的在于招徕顾客,吸引游人。匾对内容或辑自传统诗文名句,或由墨客文士撰题,本身又是书法或诗文艺术作品。如五代时,张逸人题崔氏酒垆句:"武陵城里崔家酒,地上应无天上有;云游道士饮一斗,醉卧白云深洞口。"(胡山源《古今酒事》)因是名人、名字、名句,小小酒店的生意便名噪一时,"自是沽酒者愈众"。又徐充《暖姝由笔》载:明武宗正德(1506—1521)年间,顽童天子别出心裁地开设皇家酒馆,两匾文字为:"天下第一酒馆","四时应饥食店"。酒旗高悬,大书"本店出卖四时荷花高酒"。此事虽如同嬉戏,却是全照世俗而行。匾对之于酒店,那是中国传统文化的一大特点,亦是中国食文化的一大成就。

三、题　壁

题壁为古代文士骚人的雅事，多在风物名胜之所，楼阁堂榭之处，酒店壁上固是一区。酒店为八方咸聚、四海皆来的文客荟萃之所，乘兴挥毫于白壁，自是倜傥风流之至。大凡问壁留吟者，都是诗句文字并佳，才能光耀侪人、留誉后世，否则岂不被人耻笑。

文人倜傥、才子风流挥洒无余，酒店之中，顿然白壁为之生辉。《水浒》讲那位文武不济的刀笔吏宋江在苏东坡手书匾额的"浔阳楼"酒楼上醉后，也曾"乘着酒兴，磨得墨浓，蘸得笔饱，去那白粉壁上"题了两首歪诗。其一曰："自幼曾攻经史，长成亦有权谋，恰如猛虎卧荒丘，潜伏爪牙忍受。不幸刺文双颊，那堪配在江州！他年若得报冤仇，血染浔阳江口！"其二云："心在山东身在吴，飘蓬江海漫嗟吁。他时若遂凌云志，敢笑黄巢不丈夫！"正是这两首歪诗，虽没丢了脑袋，却也让他吃尽苦头。相比之下，陆放翁淳熙四年(1177)正月于成都一酒楼的题壁则胸宇磅礴、荡气回肠，意境高远，远非仅抒个人胸臆的骚人墨客所能及："丈夫不虚生世间，本意灭虏收河山；岂知蹭蹬不称意，八年梁益凋朱颜。三更抚枕忽大叫，梦中夺得松亭关。中原机会嗟屡失，明日茵席留余潜。益州官楼酒如海，我来解旗论日买。酒酣博簺为欢娱，信手枭卢喝成采。牛背烂烂电目光，狂杀自谓元非狂。故都九庙臣敢忘？祖宗神灵在帝旁。"(《楼上醉书》，《剑南诗稿》卷八)可谓不多的长句。

四、酒　店

(一)先秦至南北朝时期的酒店

酒店又有酒楼、酒馆、酒家等称谓，在古代，泛指酒食店。中国酒店的历史由来已久，饮食业的兴起，可以说是相伴商业而产生的。谯周《古史考》说姜尚微时，曾"屠牛之朝歌，卖饮于孟津"，这里讲的是商末的情况。汉代，饮食市场上"熟食遍列，殽旅成市"、"殽旅重叠，燔炙满案"。司马相如和卓文君为追求婚姻自主，卖掉车马到四川临邛开"酒舍"，产生了一段才子佳人开酒店的佳话。

一些西北少数民族和西域的商人，也到中原经营饮食业，将"胡食"传入内地。辛延年《羽林郎》诗反映了这一情况："昔有霍家奴，姓冯名子都。倚仗将军势，调笑酒家胡。胡姬年十五，春日独当垆。"胡酒店不仅卖酒，而且兼营下酒菜肴。

(二)唐宋时期的酒店

唐宋时期，酒店业十分繁荣。就经营项目而言，有各种类型的酒店。如南宋杭州，有专卖酒的直卖店，还有茶酒店、包子酒店、宅子酒店(门外装饰如官仕住宅)、散酒店(普通酒店)、苍酒店(有娼妓)。

就经营风味而言，宋代开封、杭州均有北食店、南食店、川饭店，还有山东河北风味的"罗酒店"。

就酒店档次而言，有"正店"和小酒店之分。"正店"为较高级的酒店，多以"楼"为名，服务对象是达官贵人、文士名流。据《东京梦华录》载：

（开封）麦曲院街南遇仙正店，前有楼子后有台，都人谓之"台上"，此一店最是酒店上户，银瓶酒七十二文一角，羊羔酒八十一文一角。

郑东仁和店、新门里会仙酒楼正店，常有百十分厅馆，动使个个足备不尚少阙一物。大抵都人奢侈，度量稍宽。凡酒店中不问何人，只两人对坐饮酒，亦须用注碗一副，盘盏两副，果菜碟各五片，水果碗三五只，即银近百两矣。

这种豪华酒店，消费水平如此之高，平民百姓是绝不敢问津的。

另一类是普通的或低级的酒店。宋元以后，酒楼一般专指建筑巍峨崇华、服务档次高的大酒店，而酒店则逐渐特指专营酒品，没有或只有简单佐酒菜肴的酒家。

就经营所有制而言，既有私厨酒店，也有寺院营业的素斋厨房，还有官卖的酒店。

（三）明清时期的酒店

明清时期酒店业进一步发展。早在明初，太祖朱元璋承元末战争破坏的经济凋敝之后，令在首都应天（今南京）城内建造十座大酒楼，以便商旅、娱官宦、饰太平：

洪武二十七年（1394），上以海内太平，思与民偕乐，命工部建十酒楼于东门外，有鹤鸣、醉仙、讴歌、鼓腹、来宾、重译等名。既而又增作五楼，至是皆成。诏赐文武百官钞，命宴于醉仙楼，而五楼则专以处侑歌妓者……宴百官后不数日……上又命宴博士钱宰等于新成酒楼，各献诗谢，上大悦……太祖所建十楼，尚有清江、石城、乐民、集贤四名，而五楼则云轻烟、淡粉、梅妍、柳翼，而遗其一，此史所未载者，皆歌妓之薮也。时人曾咏诗以志其事："诏出金钱送酒垆，绮楼胜会集文儒。江头鱼藻新开宴，苑外莺花又赐酺。赵女酒翻歌扇湿，燕姬香袭舞裙纤。绣筵莫道知音少，司马能琴绝代无。"（沈德符《万历野获编·补遗》卷三）

这种由至尊天子倡令，在国家政策支持下开办的酒楼，其起造雄阔，粉饰豪华，声价隆盛，生意兴旺，自是可想而知。按朱元璋旨令在南京开张的酒楼，相继共有16座，京中官宦到这些由"工部"建造的"国营"——朱记政府官营的大酒楼中去饮宴，也是按市场规矩，现钞交易。京中文武百官虽是酒楼涉足者中的贵客，毕竟也是稀客，更经常和大数量的还是来自帝国域内外的众多商人，因此"待四方之商贾"（周晖《续金陵琐事》卷一）才是最主要的业务。尽管如此，大概因为官商管理体制的失灵，终于到了宣宗宣德二年（1427），由"大中丞顾公佐始奏革之"（周晖《续金陵琐事》卷一)。

　　有理由认为,明初官营大酒楼的撤销,除了管理弊窦、滋生腐败等内部原因之外,外部因素则是兴旺发达起来的各种私营酒店企业的竞争压力所迫。因为明中叶时,已经是"今千乘之国,以及十室之邑,无处不有酒肆"(胡侍《珍珠船》卷六)的餐饮业十分繁兴发展的时态了。酒肆的"肆",意为"店"、"铺",古代一般将规模较小,设备简陋的酒店、酒馆、酒家统称为"酒肆"。

　　除了地处繁华都市的规模较大的酒楼、酒店之外,更多的则是些小店,但这些远离城镇偏处一隅的小店却有贴近自然、淳朴轻松的一种雅逸之趣。因而它们往往更能引得文化人的钟情和雅兴。明清两代的史文典献,尤其是文人墨客的笔记文录中多有此类小店引人入胜的描写。同时,由于读书人的增多、入仕的艰难和商业的发展等诸多原因,一方面是更多的读书人汇入商民队伍,另一方面是经商者文化素养的提高,市民文化有了更深广的发展。明代中叶一则关于"小村店"的记述很能发人深省:"上与刘三吾微行出游,入市小饮,无物下饭。上出句云:'小村店三杯五盏,无有东西,'三吾未及对,店主适送酒至,随口对曰:'大明国一统万方,不分南北。'明日早朝召官,固辞不受。"(明·蒋一葵《长安客话》·卷二《小村店》)文中的"上",当是今北京昌平明十三陵"地下宫殿"定陵墓主神宗朱翊钧。这个在位48年之久(1573—1620)的尸位皇帝,于国事几乎一无建树,明帝国其时已经是落叶飘忽,满目西风了。那位小村店主人或许就是位洞悉时局的大隐于市者,因而才坚定地拒绝皇帝让他做官的恩赐。

　　清代酒肆的发展,超过以往任何时代。"九衢处处酒帘飘,淶雪凝香贯九霄。万国衣冠咸列坐,不妨晨夕恋黄娇。"(清·赵骏烈《燕城灯市竹枝词·北京风俗杂咏》)乾隆(1736—1795)时期是清帝国的太平盛世,是中国封建社会经济活跃繁荣的鼎盛时代,西方文明虽蒸蒸日上,但尚未在总态势与观念上超越东方文明中心的中国。这首描述清帝国京师北京餐饮业繁华兴盛的竹枝词,堪称形象而深刻的历史实录:早春时节,日朗气清,银屑扬逸,暖意可人。京师内外城衢,酒肆相属,鳞次栉比,棋布星罗。各类酒店中落座买饮的,不仅是五行八作、三教九流的中下社会中人,而且有"微行显达"等各类上层社会中人;不仅有无数黑头发人种,而且有来自世界各国的异邦食客,东西两半球操着说不清多少语言,服饰各异的饮啖者聚坐在大大小小的各色风格、各种档次的酒店中,那情景的确是既富诗意又极销魂的。

　　清代,一些酒店时兴将娱乐活动与饮食买卖结合起来,有的地区还兴起了船宴、旅游酒店以及中西合璧的酒店,酒店业空前繁荣。中国酒店演变的历史,总的趋势是越来越豪华,越来越多样化。

第五节　酒文学

一、中国酒文学兴盛的原因

"李白斗酒诗百篇","酒隐凌晨醉,诗狂彻旦歌",很难说哪一种物质文化、一种物质生活,同文化活动有如酒和文学这样亲近紧密的关系了。在中国历史上,这种关系可以说是中华民族饮食文化史上的一种特有现象,一种特定的历史现象,一座不可企及的历史文化高峰。这种特有的文化现象,既是属于中国历史上的,也是属于历史上的中国的。它是文化人充分活跃于政治舞台与文酒社会,和文化被文化人所垄断的历史结果;是历史文化在封建制度所留有的自由空间里充分发展的结果。

在蒸馏酒开始普及的明代以前,人们饮用的基本是米酒和黄酒。即便是明代以后,乃至整个明清时代,白酒的饮用基本是以下层社会和北方为主,只是到了近现代,白酒的饮用才有了进一步的扩展。黄酒和果酒(包括葡萄酒),照中国的历史传统酿制法,酒精含量都比较低,现在行销的黄酒和葡萄酒的酒精度一般在12～16度(加蒸馏酒者不计在内)。而历史上的这两种酒,尤其是随用随酿的"事酒"或者平时饮用的普通酒,酒度可能更低,甚至低得多。这种酒低酌慢饮,酒精刺激神经中枢,使兴奋中心缓慢形成,有"渐入佳境"的功用和效果。使文人士子、迁客骚人悦乎其色,倾乎其气,甘乎其味,颐乎其韵,陶乎其性,通乎其神,兴乎其情,然后比兴于物、直抒胸臆,如马走平川、水泻断崖,行云飞雨、无遮无碍! 酒对人的这种生理和心理作用,这种慢慢吟来的节奏和韵致,这种饮法和诗文创作过程灵感兴发内在规律的巧妙一致与吻合,使文人更爱酒、与酒结下了不解之缘,留下了不尽的趣闻佳话,也易使人从表面上觉得,似乎兴从酒出,文从酒来。于是,有会朋延客、庆功歌德的喜庆酒,有节令佳期的欢乐酒,有祭祀奠仪的"事酒",有哀痛忧悲的伤心酒,有郁闷愁结的浇愁酒,有闲情逸致的消磨酒……"心有所思,口有所言",酒话、酒诗、酒词、酒歌、酒赋、酒文——酒文学便油然而发,蔚为大观,成为中国文学史上的一大奇迹!

二、繁荣的酒文学

一部中国诗歌发展的历史,从《诗经》的"宾之初筵"(《小雅》)、"瓠叶"(《小雅》)、"荡"(《大雅》)"有驲"(《鲁颂》)之章,到《楚辞》的"奠桂酒兮椒浆"(《东皇太一》)、《短歌行》的"何以解忧? 唯有杜康";从《文选》、《全唐诗》到《酒词》、《酒颂》;

数不尽的斐然大赋、五字七言,多叙酒之事、歌酒之章! 屈子、荆卿、高阳酒徒、蜀都长卿,孔北海、曹子建、阮嗣宗、陶渊明,李白、杜甫、白居易,王维、李贺、王昌龄、子瞻(苏轼)、鲁直(黄庭坚)、务观(陆游)、同叔(晏殊)、耆卿(柳永字)、尧章(姜夔)、文翰林(徵明)、袁中郎(宏道)、归愚(沈德潜)、板桥(郑燮)、随园(袁枚)、渔阳(王士祯)、北江(洪亮吉)、龚定庵……万千才子,无数酒郎!

　　谷,年复一年地收;酒,年复一年地流。数千年来,在偌大的国土上,几乎可以说,无处不酿酒,无人不饮酒。酿了数千年的酒,饮了数千年的酒,但真正优游于酒中的,只能是那些达官贵人、文人士子;一部酒文化,某种意义上就是上层社会的文化,酒文学也是他们的文学。无数的祭享祀颂、公宴祖饯、欢会酬酢,便有无数的吟联唱和、歌咏抒情。酒必有诗,诗必有酒,中国的诗是酒的诗,中国的文学是酒的文学。

复习思考题八

1.酒是怎样起源与发展的?

2.按酒的特点分,酒可分为哪几类? 各有什么特点?

3.试述白酒、黄酒、啤酒及葡萄酒的引用方法。

4.中国酒道有什么特点?

5.什么是酒令? 酒令有哪些常见的种类?

6.试比较茶文化与酒文化的异同。

参考文献

[1] 郑玄注,陆德明音义,贾公彦疏.周礼注疏

[2] 玉王章句,洪兴祖补注.楚辞

[3] 吕不韦等撰,高诱注.吕氏春秋

[4] 崔寔.四民月令

[5] 周处.风土记

[6] 刘歆.西京杂记

[7] 刘安撰,高诱注.淮南子

[8] 贾思勰.齐民要术

[9] 宗懔.荆楚岁时记

[10] 段成式.酉阳杂俎

[11] 陆羽.茶经

[12] 陶谷.清异录

[13] 孟元老.东京梦华录

[14] 浦江吴氏.中馈录

[15] 林洪.山家清供

[16] 陈元靓.岁时广记

[17] 吴自牧.梦粱录

[18] 忽思慧.饮膳正要

[19] 佚名.居家必用事类全集

[20] 倪瓒.云林堂饮食制度集

[21] 贾铭.饮食须知

[22] 韩奕.易牙遗意

[23] 宋诩.宋氏养生部

[24] 李时珍.本草纲目

[25] 徐珂.清稗类钞

［26］李渔.闲情偶寄

［27］袁枚.随园食单

［28］顾仲.养小录

［29］李调元.醒园录

［30］傅崇榘.成都通览

［31］王士雄. 随息居饮食谱

［32］陶文治.中国烹饪史略.南京:江苏科学技术出版社,1983

［33］邱庞同.古烹饪漫谈.南京:江苏科学技术出版社,1983

［34］洪光住.中国食品科技史稿(上).北京:中国商业出版社,1984

［35］周光武.中国烹饪史简编.广州:科学普及出版社广州分社,1984

［36］邢渤涛.全聚德史话. 北京:中国商业出版社,1984

［37］王仁兴.中国饮食谈古. 北京:轻工业出版社,1985

［38］王子辉.素食纵横谈.西安:陕西科学技术出版社,1985

［39］张起钧.烹调原理.北京:中国商业出版社,1985

［40］陶振纲,张廉明.中国烹饪文献提要. 北京:中国商业出版社,1986

［41］王仁兴.满汉全席源流. 北京:中国旅游出版社,1986

［42］吴正格.满汉全席.天津:天津科学技术出版社,1986

［43］熊四智.中国烹饪学概论.成都:四川科学技术出版社,1987

［44］王仁兴.中国古代名菜.北京:中国食品出版社,1987

［45］王尚殿.中国食品工业发展简史.太原:山西科学教育出版社,1987

［46］洪光住.中国豆腐.北京:中国商业出版社,1987

［47］(日)篠田统.中国食物史研究. 北京:中国商业出版社,1987

［48］王明德,王子辉.中国古代饮食.西安:陕西人民出版社,1988

［49］曾纵野.中国饮馔史(第一册). 北京:中国商业出版社,1988

［50］吴正格.满族食俗与清宫御膳.沈阳:辽宁科学技术出版社 1988

［51］陶文台.中国烹饪概论. 北京:中国商业出版社,1988

［52］马之骕.中国的婚俗.长沙:岳麓书社,1988

［53］马承源.中国青铜器.上海:上海古籍出版社,1988

［54］夏家馂.中国人与酒. 北京:中国商业出版社,1988

［55］林正秋,徐海荣,隋海清.中国宋代果点概述.北京:中国食品出版社,1989

［56］林乃燊.中国饮食文化.上海:上海人民出版社,1989

［57］林永匡,王熹.食道·官道·医道——中国古代饮食文化透视.西安:陕西人民教育出版社,1989

[58] 姚伟钧.中国饮食文化探源.南宁:广西人民出版社,1989

[59] 施继章,邵万宽.中国烹饪纵横.北京:中国食品出版社,1989

[60] 邱庞同.中国烹饪古籍概述.北京:中国商业出版社,1989

[61] 张廉明.中国烹饪文化.济南:山东教育出版社,1989

[62] 王仁湘.民以食为天(Ⅰ、Ⅱ).香港:香港中华书局,1989

[63] 赵荣光,天下第一家衍圣公府饮食生活.哈尔滨:黑龙江科学技术出版社,1989

[64] 熊四智.食之乐.重庆:重庆出版社,1989

[65] 郑奇.烹饪美学.昆明:云南人民出版社,1989

[66] 赵荣光.中国饮食史论.哈尔滨:黑龙江科学技术出版社,1990

[67] 林永匡,王熹.清代饮食文化研究.哈尔滨:黑龙江教育出版社,1990

[68] 高启东,曾纵野主编.中国烹调大全.哈尔滨:黑龙江科学技术出版社,1990

[69] 王仁兴.中国饮食结构史概论.北京:北京市食品研究所,1990

[70] 叶大宾,乌丙安主编.中国风俗词典.上海:上海辞书出版社,1990

[71] 金小曼.中国酒令.天津:天津科学技术出版社,1991

[72] 姚国坤,王存礼,程启坤.中国茶文化.上海:上海文化出版社,1991

[73] 王子辉.隋唐五代烹饪史纲.西安:陕西科技出版社,1991

[74] 林正秋,徐海荣主编.中国饮食大辞典.杭州:浙江大学出版社,1991

[75] 梅方.中国饮食文化.南宁:广西民族出版社,1991

[76] 陈诏.美食寻趣:中国馔食文化.上海:上海古籍出版社,1991

[77] 烹饪理论与实践——首届中国烹饪学术研讨会论文选集.北京:中国商业出版社,1991

[78] 王玲.中国茶文化.北京:中国书店,1992

[79] 郑昌江.中国菜系及其比较.北京:中国财经出版社,1992

[80] 谭天星.御厨天香——宫廷饮食.昆明:云南人民出版社,1992

[81] 鲁克才.中华民族饮食风俗大观.北京:世界知识出版社,1992

[82] 姜习主编.中国烹饪百科全书.北京:中国大百科全书出版社,1992

[83] 萧帆主编.中国烹饪辞典.北京:中国商业出版社,1992

[84] 熊四智.中国人的饮食奥秘.郑州:河南人民出版社,1992

[85] 赵荣光.天下第一家衍圣公府食单.哈尔滨:黑龙江科学技术出版社,1992

[86] (日)中山时子.中国饮食文化.北京:中国社会科学出版社,1992

[87] (日)石毛直道著,赵荣光译.饮食文明论.哈尔滨:黑龙江科学技术出版

　　　　　社,1992

[88] 季鸿崑.烹饪学基本原理.上海:上海科技出版社,1993

[89] 王学泰.华夏饮食文华.北京:中华书局,1993

[90] 马宏伟.中国饮食文化.呼和浩特:内蒙古人民出版社,1993

[91] 王仁湘.饮食与中国文化.北京:人民出版社,1993

[92] 蓝翔.筷子古今谈.北京:中国商业出版社,1993

[93] 王仁湘.饮食考古初集.北京:中国商业出版社,1994

[94] 姚伟钧.宫廷饮食.武汉:华中理工大学出版社,1994

[95] 杨福泉.灶与灶神.北京:学苑出版社,1994

[96] 李士靖.中华食苑(第1集).北京:经济科学出版社,1994

[97] 赵荣光.赵荣光食文化论集.哈尔滨:黑龙江人民出版社,1995

[98] 林永匡.饮德·食艺·宴道——中国古代饮食智道透析.南宁:广西教育
　　　　　出版社,1995

[99] 陈光新.中国筵宴大典.青岛:青岛出版社,1995

[100] 万建中.饮食与中国文化.南昌:江西高校出版社,1995

[101] 邱庞同.中国面点史.青岛:青岛出版社,1995

[102] 章仪明.淮扬饮食文化史.青岛:青岛出版社,1995

[103] 李士靖.中华食苑(第2—10集).北京:中国社会科学出版社,1996

[104] 曾纵野.中国饮馔史(第二卷).北京:中国商业出版社,1996

[105] 潘英.中国饮食文化谈.北京:中国少年儿童出版社,1996

[106] 陈诏.美食源流.上海:上海古籍出版社,1996

[107] 赵荣光.满族食文化变迁和满汉全席问题研究.哈尔滨:黑龙江人民出版
　　　　　社,1996

[108] 刘云.中国箸文化大观.北京:科学出版社,1996

[109] 季羡林.文化交流的轨迹——中华蔗糖史.北京:经济日报出版社,1997

[110] 赵荣光.中国古代庶民饮食生活.北京:商务印书馆国际有限公司,1997

[111] 王仁湘.中国史前饮食史.青岛:青岛出版社,1997

[112] 朱伟.考吃.北京:中国书店,1997

[113] 王子辉.中国饮食文化研究.西安:陕西人民出版社,1997

[114] 丁文.大唐茶文化.北京:东方出版社,1997

[115] 严文儒.中国茶文化史话.合肥:黄山书社,1997

[116] 黎虎.汉唐饮食文化.北京:北京师大出版社,1998

[117] 王明德.中国古代饮食.西安:陕西人民教育出版社,1998

［118］任百尊.食经.上海：上海文化出版社,1999

［119］徐海荣.中国饮食史(六卷).北京：华夏出版社,1999

［120］刘芝凤.中国侗族民俗与稻作文化.北京：人民出版社,1999

［121］姚伟钧.中国传统饮食礼俗研究.武汉：华中师范大学出版社,1999

［122］陈光新.春华秋实：陈光新教授烹饪论文集.武汉：武汉测绘科技大学出版社,1999

［123］崔桂友.食品与烹饪文献检索.北京：中国轻工业出版社,1999

［124］赵荣光,谢定源.饮食文化概论.北京：中国轻工业出版社,2000

［125］刘云.筷子春秋.天津：百花文艺出版社,2000

［126］双长明.饮品知识.北京：中国轻工业出版社,2000

［127］邱庞同.中国菜肴史.青岛：青岛出版社,2001

［128］王远坤.饮食美论.武汉：湖北美术出版社,2001

［129］刘芝凤.中国土家族民俗与稻作文化.北京：人民出版社,2001

［130］姚伟钧,方爱平,谢定源.饮食风俗.武汉：湖北教育出版社,2001

［131］熊四智,杜莉.举箸醉杯思吾蜀：巴蜀饮食文化纵横.成都：四川人民出版社,2001

［132］刘广伟主编.中国烹饪高等教育问题研究.香港：东方美食出版社有限公司,2001

［133］颜其香主编.中国少数民族饮食文化荟萃.北京：商务印书馆国际有限公司,2001

［134］何满子.中国酒文化.上海：上海古籍出版社,2001

［135］王赛时.中国千年饮食.北京：中国文史出版社,2002

［136］王仁湘.珍馐玉馔：古代饮食文化.南京：江苏古籍出版社,2002

［137］华国梁.中国饮食文化.大连：东北财经大学出版社,2002

［138］王赛时.唐代饮食.济南：齐鲁书社,2003

［139］赵荣光等.中国旅游文化.大连：东北财经大学出版社,2003

［140］赵荣光.中国饮食文化概论.北京：高等教育出版社,2003

［141］杜莉.川菜文化概论.成都：四川大学出版社,2003

［142］［美］尤金·N.安德森.中国食物.南京：江苏人民出版社,2003

［143］李波.吃垮中国：中国食文化反思.北京：光明日报出版社,2004

［144］高启安.敦煌饮食探秘.北京：民族出版社,2004

［145］高启安.唐五代敦煌饮食文化研究.北京：民族出版社,2004

［146］姚伟钧.长江流域的饮食文化.武汉：湖北教育出版社,2004

［147］杜莉,姚辉.中国饮食文化.北京:旅游教育出版社,2005

［148］徐文苑.中国饮食文化概论.北京:清华大学出版社,2005

［149］何宏.中外饮食文化.北京:北京大学出版社,2006

［150］邵万宽.现代烹饪与厨艺秘笈.北京:中国轻工业出版社,2006